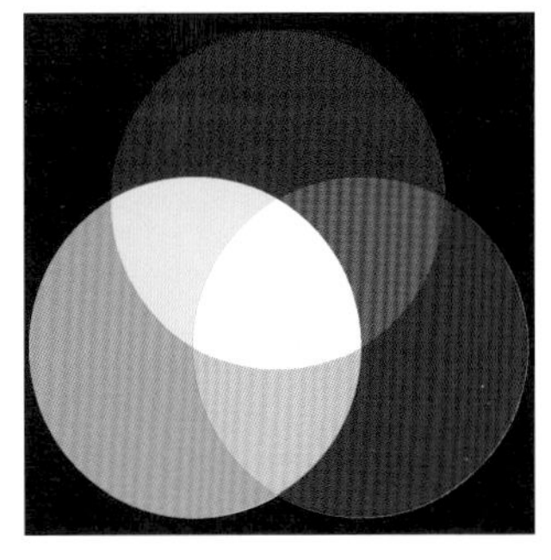

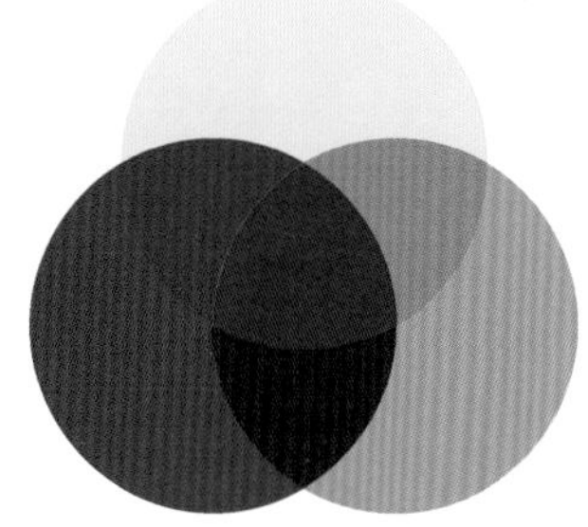

FIGURE 1.2

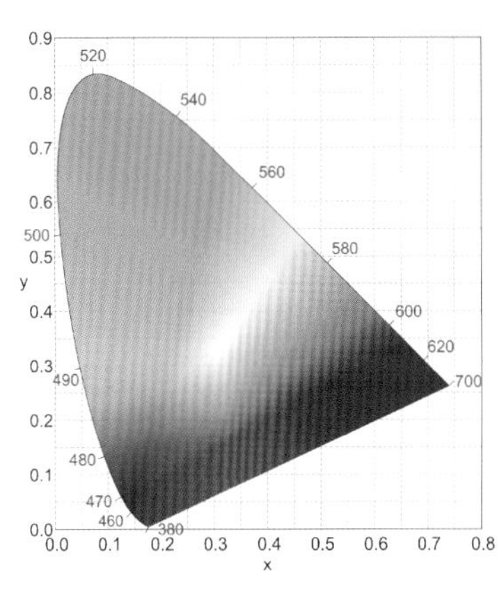

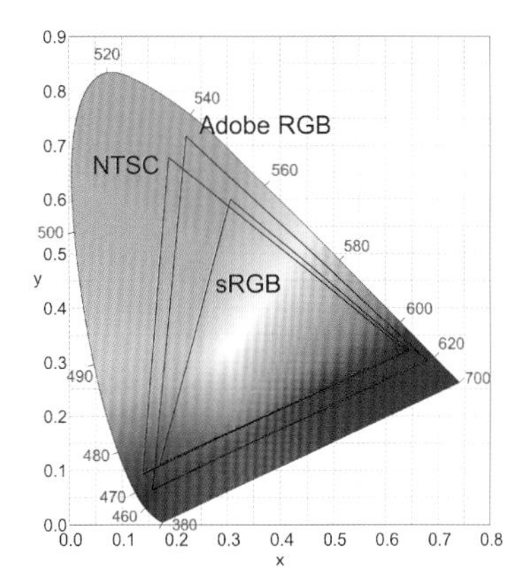

FIGURE 1.4

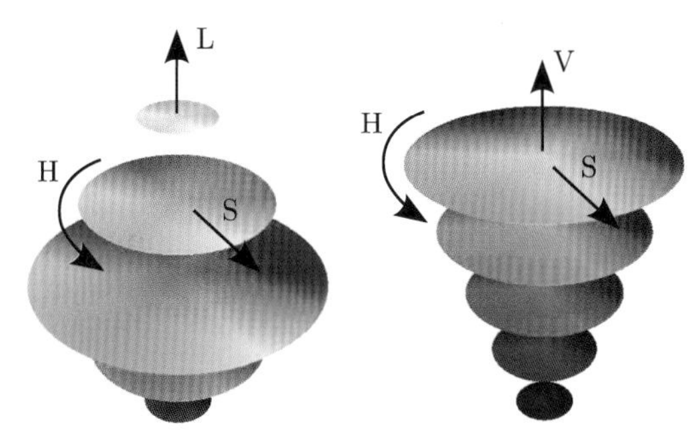

FIGURE 1.5

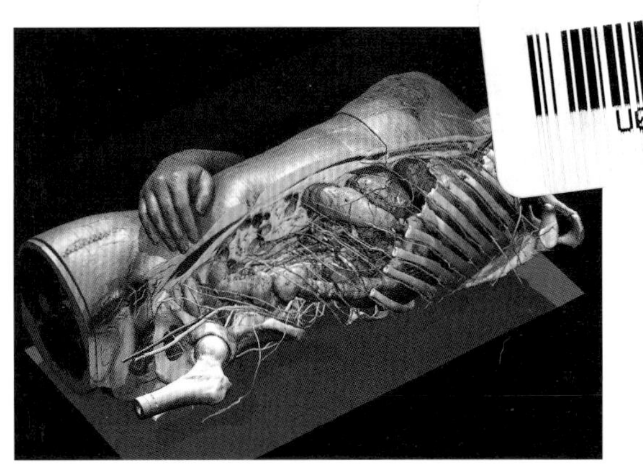

FIGURE 3.17

FIGURE 5.14

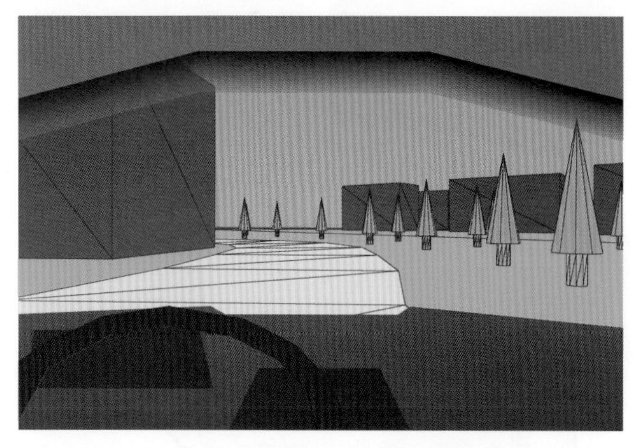

FIGURE 5.18

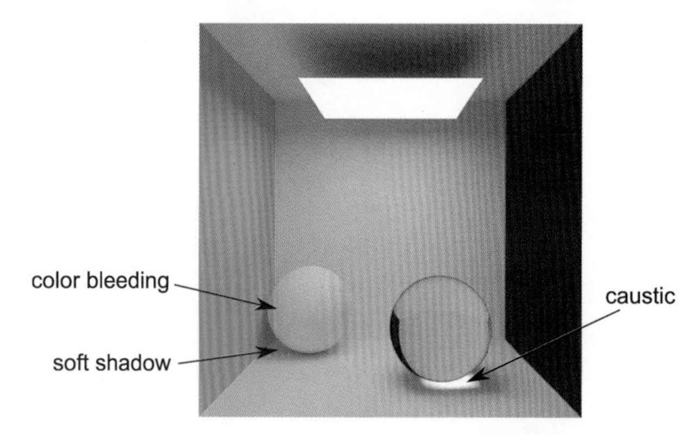

FIGURE 6.9

FIGURE 6.15

FIGURE 6.16

FIGURE 6.18

FIGURE 6.20

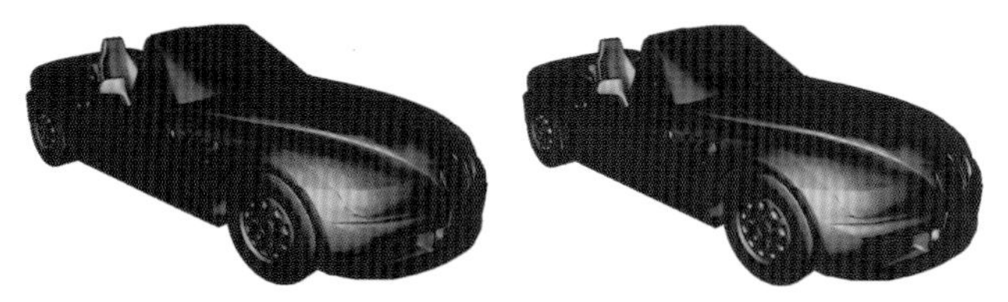

FIGURE 6.22

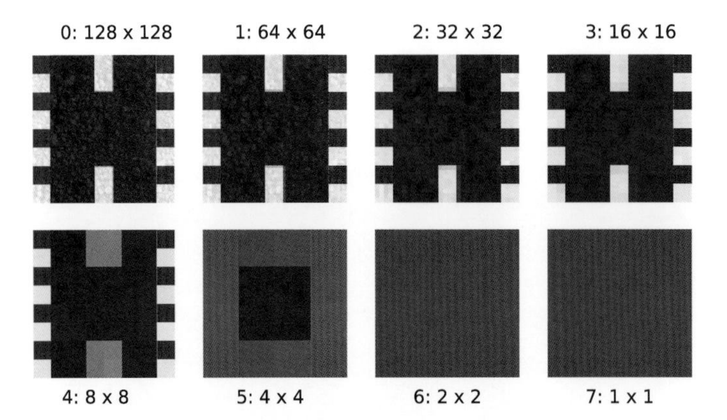

FIGURE 7.7

FIGURE 7.9

FIGURE 7.13

FIGURE 7.15

FIGURE 7.19

FIGURE 7.23

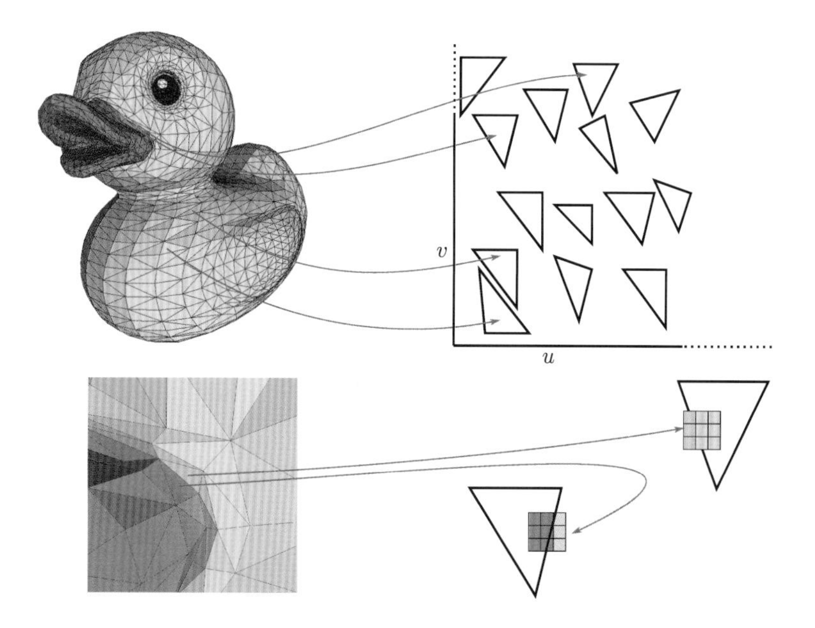

FIGURE 7.26

FIGURE 8.7

FIGURE 9.4

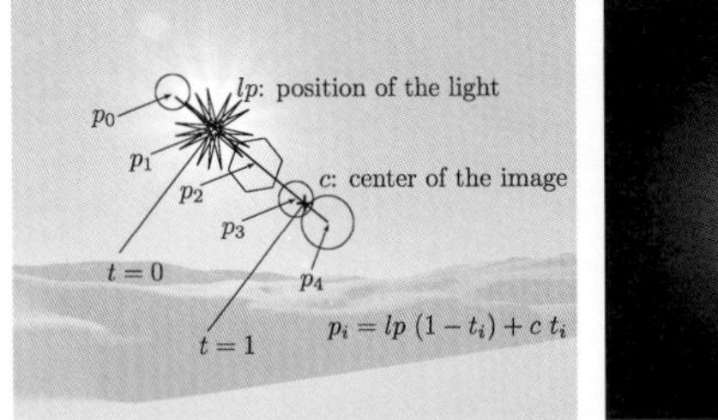

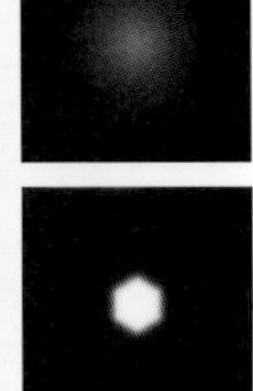

FIGURE 9.6

FIGURE 9.7

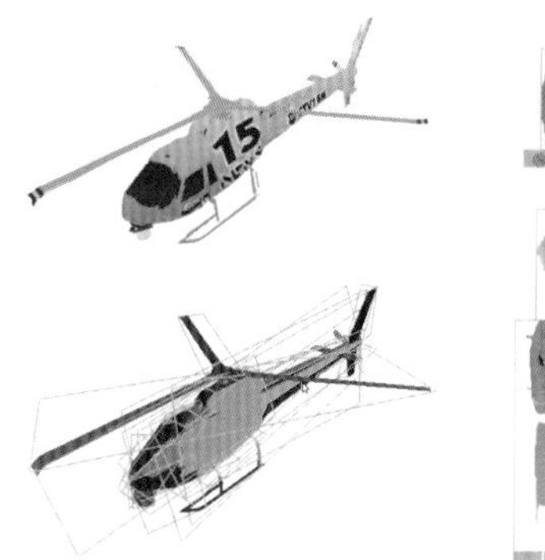
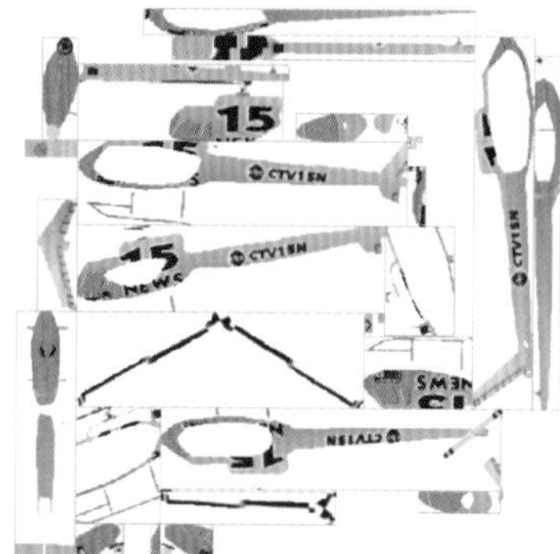

FIGURE 9.10

FIGURE 9.11

FIGURE 10.3

FIGURE 10.5

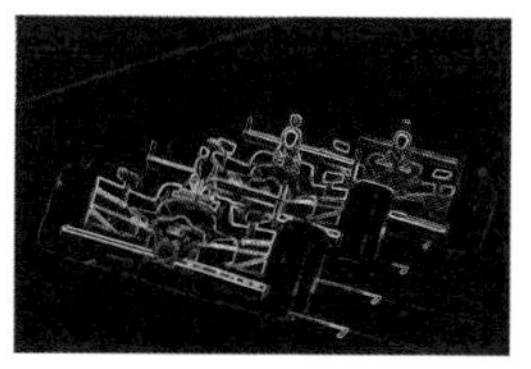
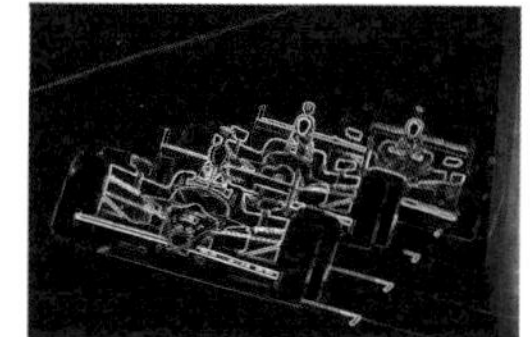

FIGURE 10.9

FIGURE 10.10

FIGURE 10.12

FIGURE 10.13

FIGURE 10.14

国外计算机科学教材系列

计算机图形学导论

——实用学习指南(WebGL 版)

Introduction to Computer Graphics

A Practical Learning Approach

[意] Fabio Ganovelli
[意] Massimiliano Corsini
[美] Sumanta Pattanaik
[意] Marco Di Benedetto
著

邵绪强　李继荣　姜丽梅　刘　艳　等译

张荣华　廖尔崇　审校

電子工業出版社
Publishing House of Electronics Industry
北京 · BEIJING

内容简介

本书是作者多年来教学与科研工作的总结，采用 WebGL 图形编程接口以循序渐进地开发一个赛车游戏的方式对计算机图形学基础知识和真实感渲染的物理原理进行讲解，涵盖了图形学基本概念、WebGL 图形编程接口、3D 图形表示、几何变换、光栅化、光照和阴影技术、纹理映射等基本的计算机图形学内容，以及粒子系统、光线跟踪、光子跟踪、基于图像的绘制和全局光照等高级内容。为读者进一步深入学习和研究，在每章里都给出了相关的程序实例。

本书面向的读者范围非常广泛，既可作为高等院校相关专业的图形学教材，也适合想从事计算机图形学相关领域工作的初学者，同样也可作为计算机图形学领域高级研究人员的参考书。

Introduction to Computer Graphics: A Practical Learning Approach, Fabio Ganovelli, Massimiliano Corsini, Sumanta Pattanaik, Marco Di Benedetto.
ISBN: 978-1-4398-5279-8

图书在版编目(CIP)数据

计算机图形学导论：实用学习指南：WebGL 版/(意)法比奥·加诺韦利(Fabio Ganovelli)等著；邵绪强等译. —北京：电子工业出版社，2017.10
(国外计算机科学教材系列)
书名原文：Introduction to Computer Graphics: A Practical Learning Approach
ISBN 978-7-121-32738-4

I. ①计… II. ①法… ②邵… III. ①计算机图形学－高等学校－教材 IV. ①TP391.411

中国版本图书馆 CIP 数据核字(2017)第 229784 号

策划编辑：冯小贝
责任编辑：李秦华
印　　刷：三河市良远印务有限公司
装　　订：三河市良远印务有限公司
出版发行：电子工业出版社
　　　　　北京市海淀区万寿路 173 信箱　邮编　100036
开　　本：787×1092　1/16　印张：17　字数：435 千字　彩插：4
版　　次：2017 年 10 月第 1 版
印　　次：2017 年 10 月第 1 次印刷
定　　价：59.00 元

凡所购买电子工业出版社图书有缺损问题，请向购买书店调换。若书店售缺，请与本社发行部联系，联系及邮购电话：(010)88254888，88258888。

质量投诉请发邮件至 zlts@phei.com.cn，盗版侵权举报请发邮件至 dbqq@phei.com.cn。

本书咨询联系方式：fengxiaobei@phei.com.cn。

译 者 序

很多计算机图形学方面的教材都是基于图形 API 来介绍计算机图形学的基本原理、方法和技术，并在本地主机运行应用程序。WebGL（Web Graphics Library）作为一种 Web 3D 绘图标准，允许把 JavaScript 和 OpenGL ES 2.0 结合在一起，通过增加 OpenGL ES 2.0 的一个 JavaScript 绑定为 HTML5 Canvas 提供硬件 3D 加速渲染，这样 Web 开发人员就可以借助系统显卡来在浏览器里更流畅地展示 3D 场景和模型了，还能创建复杂的导航和数据视觉化。显然，WebGL 技术标准免去了开发网页专用渲染插件的麻烦，可被用于创建具有复杂 3D 结构的网站页面，甚至可以用来设计 3D 网页+ 游戏等，为 Web 用户提供高质量的 3D 体验。2011 年，Khronos Group 发布的第一个 WebGL 版本源自 OpenGL ES 2.0。2017 年发布的 WebGL 2.0 底层使用了 OpenGL ES 3.0，为 HTML 的<canvas>元素提供了绘图上下文，增加了延迟渲染、色调映射、粒子效果等图形学技术，可以创建出更加绚丽的页面。

本书采用 WebGL 图形编程接口以循序渐进地开发一个赛车游戏的方式对计算机图形学基础知识和真实感渲染的物理原理进行讲解，涵盖了图形学基本概念、WebGL 图形编程接口、3D 图形表示、几何变换、光栅化、光照和阴影技术、纹理映射等基本的计算机图形学内容，以及粒子系统、光线跟踪、光子跟踪、基于图像的绘制和全局光照等高级内容，并在每章里都给出了相关的程序实例。本书能很好地满足现代教学模式的需求，是读者深入学习和研究计算机图形学的优秀教材。

本书的主要特色如下：

- 内容编排和组织独具特色，综合了知识性和实用性。本书以“赛车游戏”的渐进式开发为主线，对计算机图形学的基本原理、方法和技术进行介绍，将理论知识与实例相结合，使学生既能使用 WebGL 快速编写交互式三维 Web 图形应用程序，又进一步加深了读者对计算机图形学基础知识的理解。
- 本书作者结合自己在计算机图形学领域多年的教学和科研成果，为本书提供了大量插图、彩图和习题，并在每章提供了程序实例，为加深和扩展读者对有关内容的理解提供了有力支持。
- 本书及时反映了近几年计算机图形学发展的最新成果，所有的应用程序使用 WebGL 这一 Web 3D 技术标准开发，而 WebGL 应用程序包含三种语言：HTML5、JavaScript 和 OpenGL ES 2.0，可使读者全面掌握 Web 3D 程序开发理论和技术。

本书原版是作者多年来教学与科研工作的总结，译者甚感荣幸承接了本书的翻译工作。为了确保译文的质量，译者和校对人员花了大量时间对译文进行认真的校对和统稿。对于原文中显而易见的错误，译者在译文中直接进行了更正，而对于原文中可能有误的地方，译文中均以“译者注”的形式做了标注，以供读者参照。

本书的翻译得到了很多人的帮助与参与，在此衷心感谢为本书翻译付出努力的每一个人！

参加本书翻译的人员主要有：邵绪强、李继荣、姜丽梅、刘艳、宋雨。此外，张荣华、廖尔崇也参与了全书的统稿与审校工作。在此感谢本书的所有译者！

译者在翻译过程中虽然力求准确地反映原著内容，但由于自身的知识局限性，译文中难免有不妥之处，谨向原书作者和读者表示歉意，并敬请读者批评指正。

华北电力大学计算机系
邵绪强
2017年5月于保定

前　　言

目前有很多关于计算机图形学的书籍，其中大多数都处于初级阶段，重点在于讲解如何使用图形 API 来生成漂亮的图片。还有相当多的高级图形学书籍，只专门介绍计算机图形学的部分领域，如全局光照、几何建模和非真实感绘制。然而，很少有图形学书籍能够同时涵盖计算机图形学基础知识的细节和真实感绘制背后的物理原理，因此，本书适用的读者范围广泛，从初学者到高水平计算机图形学课程的学生，以及希望从事计算机图形学相关领域的工作的人和/或希望在计算机图形学领域进行研究的学者。此外，很少有书籍将理论和实践作为同一知识体系进行阐述。我们相信，读者需要这样一本图形学书籍，因而在本书中致力满足这一需求。

本书的中心内容是实时渲染，即三维场景的交互式可视化。关于这一点，我们从初级到中间层次，渐进地涵盖实时渲染的有关主题。对于每个主题，本书都对基本数学概念和/或物理原理进行解释，并推导出相关的方法和算法。本书还涵盖了建模，从多边形表示到 NURBS 以及细分表面表示。

没有操作实例和交互而讲授计算机图形学几乎是不可能的。因此，这本书的许多章节都配有实例。本书的特别之处在于，它遵循在上下文中教学的方法，也就是说，所有的实例都是为开发一个大型图形应用程序而设计的，提供了将理论付诸实践的环境。我们选择的图形应用程序是赛车游戏，驾驶员控制汽车在轨道上移动。这个实例程序从场景中没有任何图形开始，然后每章都添加一些图形，最后，期望能够接近经典视频游戏中的场景。

这本书面向相对较广范围的读者而设计。假设读者已掌握微积分的基本知识和一些编程语言技术。尽管本书包含了从初级到高级的各种主题，读者可以根据本书的章节来扩展基础内容之外所需要的专业知识。因此，我们相信，初级水平和高级水平的计算机图形学专业学生将成为本书的主要读者。除了能够从本书获得计算机图形学的各方面知识外，从教育的角度来看，学生将会精通许多基本算法，有助于深入理解更高级的算法。本书对于从事任何计算机图形交互式应用程序的软件开发人员，以及想要了解更多计算机图形学的工作者都是非常有用的。

目前，将实时渲染与 GPU 编程分开是不可能的，因此对于实时算法，需要借助于 GPU 兼容的 API。本书选择 WebGL 作为所有操作实例的图形 API，其为 JavaScript 绑定了 OpenGL-ES。选择 WebGL 的原因是多方面的：首先，智能手机、平板电脑和笔记本电脑已经变得无处不在，几乎所有这些设备都具有支持 WebGL 的浏览器。其次，除了 Web 浏览器和简单的文本编辑器，WebGL 不需要任何专门的开发平台。最后，还有大量公开可用的高质量教程来获取有关 WebGL 的更多信息。

最后，由于使用了 WebGL，本书有大量的在线组件。所有的示例代码都可以在本书的网站（http://www.envymycarbook.com）上获得。我们也承诺将来在本网站上提供最新的在线信息以及更多实例。

目　录

第 1 章　计算机图形学概述

计算机图形学是一门交叉学科。计算机科学家、数学家、物理学家、工程师、艺术家和实践家在这一领域内共同努力，希望为世界打开一扇视窗。这里所说的世界可以是数字模型、科学仿真结果或者任何可以获得视觉表示的实体，视窗则可以是计算机的显示器、平板电脑或智能手机的屏幕等可以显示图像的一切物体。本章将介绍在后续章节中学习交互式图形应用开发方法时所需的基础知识。

1.1　计算机图形学的应用范围和研究领域

计算机图形学(Computer Graphics，CG)的研究内容包括一切用于从数据集构造计算机合成图像的算法、方法和技术。这里所指的数据可以是三维场景的描述，例如，应用于视频游戏中；也可以是一些源于科学实验的物理测量值，例如，应用于科学可视化中；或者是 Web 可视化过程中收集的用于汇总的压缩格式的统计量，例如，信息可视化应用中。将输入数据转换为图像的过程称为渲染(Rendering)。

近 20 年来，计算机图形学已经逐步渗透到几乎所有的生活领域。这一发展主要归功于图形硬件耗材与日俱增的性能以及灵活性，使得标配 PC 具有绘制更加复杂的三维场景的能力。此外，在计算机图形学领域的研究人员与开发人员的努力之下，开发出来的高效的算法使得开发人员能够开展多种类型的可视化任务。当人们沉浸于电脑游戏时，许多复杂的计算机图形学算法正在用于战场、宇宙飞船、赛车的绘制；当人们观看电影时将发现，一部现代电影的部分或者全部都是由计算机以及一系列图形学算法生成的；当人们制定商业计划时，图形可以将发展趋势或者其他信息用一种更加容易理解的方式进行汇总。

1.1.1　应用范围

计算机图形学的应用涉及许多不同的领域。为了避免长篇赘述，我们以简短列表的形式给出了计算机图形学的一些典型应用领域。

娱乐业　用于生成电影或动画片，创建特殊可视化效果，创作视觉效果良好的电脑游戏。

建筑　建筑物建造之前与之后的城市景观的可视化，复杂建筑物结构的设计优化。

机械工程　例如，在汽车工业中机械部件实际加工之前的虚拟原型创建。

设计　促进或辅助设计师的创造，在实现最终创意之前制作多个原型，以测试制造对象的可行性。

医药　通过虚拟手术仿真培训外科大夫；诊断仪数据的有效可视化；介入治疗之前在虚拟模型上规划复杂的实施步骤。

自然科学　可视化药物研发过程中复杂分子；增强显微图像；可视化物理现象蕴含的原理；物理实验中测量结果的可视化。

文化遗产　古庙宇或考古遗迹的虚拟重构；假想的复原再现，如为记载和保存目的而再现古罗马帝国的辉煌。

1.1.2　研究领域

在简介中曾提到，计算机图形学是一个非常宽泛的概念，涵盖大量背景知识。因此，计算机图形学的研究范围自然涉及众多专业领域，例如：

成像　近些年，图形学界采用了许多图像处理算法和技术，并通过将其扩展用以生成高质量的图像或视频。其中，图像的抠图、合成、扭曲、滤波和编辑是这些算法和技术中常用的几种。更为高级的任务类型包括：纹理合成(Texture Synthesis)，用于生成物体表面的可视图像，如砖砌墙面、多云的天空、皮肤、建筑立面等；智能剪切–粘贴(Intelligent Cut-and-paste)，是一种图像编辑操作，允许用户选择图像中的一部分，通过交互移动方式进行修改，然后将其融入同一幅或者其他图像的背景中；媒体重定向(Media Retargeting)，通过变换一副图像使其在特定媒体上以最佳的效果显示。一个经典的实例是，将电影原始镜头的 2.39:1 格式图像通过修剪和扩展，变换为 16:9 的电视显示格式(常用概念宽高比 x:y 表示图像宽度和高度的比例)。

三维扫描　三维扫描通过将现实世界对象转换为数字表示形式，使其适用于计算机图形学应用。如今，已有许多设备和算法用于获取真实对象的几何形状以及视觉外观。

几何建模　几何建模旨在构建适于计算机图形学应用的三维对象。三维模型可由专家利用特殊工具手工生成，或通过专门绘图程序在照片上构建三维物体草图的方式半自动地生成(这种建模方式称为基于图像的建模)。

几何处理　几何处理包括用于处理三维对象几何图形的各种算法。三维对象简化，即降低几何部件的细节层次；三维对象优化，即去除表面或其他拓扑异常的噪声；三维对象重构，用于满足一定的特性；三维对象表示类型转换，参见第 3 章。这些技术大多与计算几何领域相关。

动画与仿真　动画与仿真研究能够使静态三维模型产生动态效果的技术和算法。例如，电影中辅助艺术家定义人物形象的动作，外科手术模拟中的活体器官的实时物理仿真。这一领域的研究成果大多基于机械工程领域的复杂算法，通过一定程度上牺牲算法的物理精度来提高计算速度，以保证在低配终端计算机上运行的实时性能。

计算摄影　计算摄影研究用于增强数码摄影能力和数字捕捉图像质量的技术。这一计算机图形学领域研究涉及光学、图像处理和计算机视觉。计算摄影是一个发展中的领域，使得人们可以生产价格低廉的数码摄影设备用于人脸识别、图像重聚焦、全景图自动生成、高动态范围下的图像捕捉、景深评估等。

渲染　上文曾提到，渲染是基于特定类型的数据生成最终图像的过程。根据渲染算法的特征，渲染可以有多种分类方式。通常，将渲染技术划分为真实感渲染(Photorealistic

Rendering)、非真实感渲染(Non-photorealistic Rendering)和信息可视化(Information Visualization)。真实感渲染旨在利用三维场景的宏观、微观几何结构和材料属性的详细描述，而尽可能逼真地创建合成图像。非真实感渲染是放宽真实感目标的渲染技术。例如，对于汽车引擎的可视化，渲染技术应该强调引擎的每一个组成部分，此时真实感可视化从感知角度看并没有用处。因此，非真实感渲染方式有时也称为说明性渲染。信息可视化是海量数据以及数据关系的可视化，通常采用大纲、图形和图表的视觉形式。信息可视化技术通常较为简单，其主要目标在于以可视化方式更加清晰地表示数据及其蕴含的关系。

渲染算法的另一种分类方式是依据创建合成图像所需要的时间多少。实时渲染(Real-time Rendering)是指图形应用中用于快速生成图像以确保用户交互性的算法和技术。在实时渲染应用中，电脑游戏开发人员通过改进渲染技术使其能够以交互速率处理复杂度和真实感不断提高的三维场景，也就是说，以 40～50 ms 的速度生成每幅合成图像，以保证场景绘制达到每秒 20～25 次的速率。场景在显示屏幕上的绘制次数称为帧速，单位是帧每秒 (Frames-Per-Second，FPS)。许多现代电脑游戏可以达到 100 FPS 或者更高。离线渲染是用于在没有交互性要求的情况下生成场景的照片级真实感图像的算法和技术。例如，为动画电影所生成的图像通常是离线渲染算法花费几个小时在专用 PC 集群(集群渲染系统)上，利用全局光照(Global Illumination)技术模拟光线和材质的交互产生的结果。传统上，全局光照技术就代表了离线渲染。然而，得益于计算机图形学硬件的发展，这一传统观点已经被改变，许多先进渲染技术将全局光照效果引入了实时渲染引擎。

1.2　颜色和图像

颜色作为计算机图形学的一部分基础内容，具有多种视觉交互方式，例如，充满冷色调的图像(蓝色、灰色、绿色)比起充满暖色调(红色、黄色、橘色)的图像会给人一种完全不同的感觉。颜色也会影响人们的注意力，例如，橘色比其他颜色更能引起观察者的注意。

讨论颜色时需要在两个层面上进行考量：物理层，包括光到达物体表面然后到达人眼时产生颜色刺激所涉及的物理规则；主观或者感知层，包括人类感知到颜色刺激的机理。物理层和感知层的处理都涉及人类如何看到颜色，这允许管理颜色产生过程。完整的颜色处理超出了本书的讨论范围。下面将介绍一些用于理解在图形应用中如何处理颜色的基本概念。

1.2.1　人类视觉系统

人类视觉系统(Human Visual System，HVS)由眼睛和大脑两部分组成。眼睛负责捕捉光线和物理颜色刺激，大脑负责解释这些视觉刺激。人类的眼睛会对颜色刺激产生反应。颜色刺激(Color Stimulus)是一种辐射能，它由某种源射出，经过物体的反射，然后通过角膜进入眼睛，最后到达视网膜(如图 1.1 所示)。视网膜含有接收器，当接收到入射光线的能量刺激时将产生神经信号。视觉系统并不能感知所有的辐射。光可以根据波长进行描述。可见光是人类视觉系统唯一可以感知的辐射，波长范围是 380 nm 至 780 nm；红外线和微波的波长超过 780 nm；紫外线和 X 射线的波长小于 380 nm。

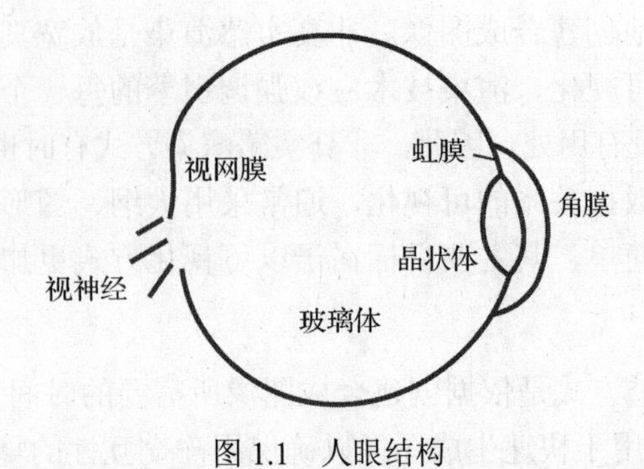

图 1.1　人眼结构

视网膜上有两种光线接收器，视杆细胞和视锥细胞。视杆细胞能够探测到微量的光，并且产生单色的信号。例如，在夜间观察星辰时，视杆细胞此时就在起作用。视锥细胞没有视杆细胞对于光线的敏感，但是它们是颜色接收器。在白天，光强非常高以至于视杆细胞达到饱和而变得毫无功能性，此时视锥细胞开始起作用。根据对可见光谱各波长部分敏感度的不同，视锥细胞分为三种类型：长、中、短视锥细胞。短视锥细胞对波长低的部分敏感，中视锥细胞对中间波长部分敏感，长视锥细胞对波长高的部分敏感。当视锥细胞接收入射光线，通过敏感度和光强度产生信号，将信号发送给大脑以进行解释。三种不同的视锥细胞产生的不同信号导致了光的三色视觉(Trichromacy)特征，因此人类是三色视的(Trichromats)。三色视觉解释了为什么不同的颜色刺激会被认为是相同的颜色，这种结果称为同色异谱(Metamerism)。同色异谱可分为光照同色异谱(Illumination Metamerism)和观察者同色异谱(Observer Metamerism)。光照同色异谱是当光照改变的时候相同的颜色被认为是不同的，观察者同色异谱是相同的颜色刺激被不同的观察者认为是不同的颜色。

光线接收器(视杆细胞和视锥细胞)与大脑之间不具备直接、特定的单一联系，但是成组的视杆细胞和视锥细胞的相互连接形成了感知区域。这些感知区域传来的信号经过视神经到达大脑。这种互连将影响由光接收器产生的信号。感知区域可以分为三种：黑-白、红-绿和黄-蓝，这三种感知区域称为对立通道(Opponent Channel)。需要指出，黑-白通道是视网膜上具有最高空间分辨率信号的感知通道。这也正是为什么人眼对于图像中的亮度变化比颜色变化更为敏感的原因。这一特性可应用于图像压缩过程，因为颜色信息相比于光照信息压缩程度更高。

1.2.2　颜色空间

由于颜色受很多主观和客观因素的影响，因此难以定义一个唯一的表示方法。如果将颜色仅仅看成是人眼系统三色视特性的结果，那么最自然的颜色描述方式是将其定义为三原色(Primary Colors)的组合。三原色通常有两种组合方式：加色法(Additive)和减色法(Subtractive)。

加色颜色模型通过三个单色的不同结合方式产生刺激。如果利用三个灯投射出一组原色到完全黑暗的房间的白色墙壁上，如红、绿和蓝，白色墙壁会将三个元色的加色组合反射到人眼中。通过适当的调整红、绿和蓝光的强度可以获得所有的颜色。

减色颜色模型通过减小反射器上入射光的波长的方式产生刺激。最著名的应用实例是青色、品红、黄和主(黑)色的打印模式。假设，在白色光线下在白纸上进行打印。如果不在纸上喷涂任何墨水，那么纸看上去就是白色的。如果在纸上喷涂青色墨水，纸看上去就是青色的，因为墨水吸收了红色波。如果再加入黄色，蓝色波也将被吸收，纸看上去就是绿色的。最后，如果将品红加入，将实现墨水的结合，墨水将吸收所有的波长，纸看上去就是黑色的。基于上述原理，通过对纸上每一种主墨水或颜色的数量进行建模，可以表示色谱上的任意颜色。那么，为什么需要黑色墨水呢？因为墨水或者纸都不是理想的，在实际情况下，难以得到黑色，而只是一个非常暗的颜色，所以需要另外使用黑色墨水。通常，特定量的黑色用来吸收所有的光波，这一定量是颜色的三原色部分的最小值。例如，如果希望得到颜色(c,m,y)，打印机将进行如下颜色组合：

$$K = \min(c,m,y) \tag{1.1}$$

$$\begin{aligned} C &= c-K \\ M &= m-K \\ Y &= y-K \end{aligned} \tag{1.2}$$

图 1.2(a)展示了加色法三原色的实例，而图 1.2(b)展示的是减色法三原色的实例。

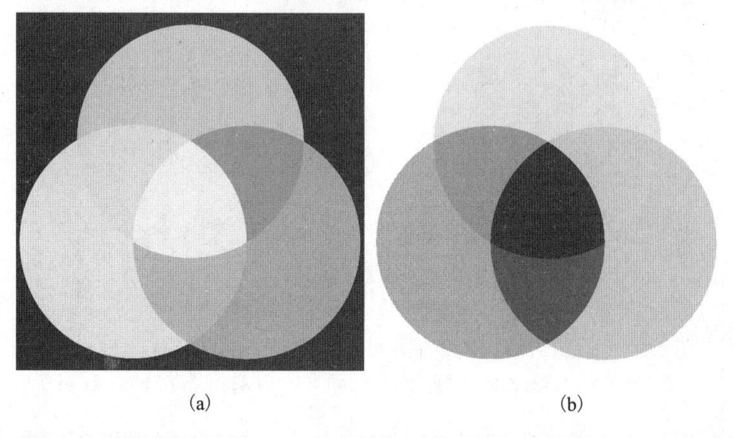

图 1.2　(参见彩插)(a)RGB 加色法三原色；(b)CMY 减色法三原色

基于特定的应用领域和原色的特性，可以定义多种颜色系统。下面，将介绍其中一些最重要的颜色系统。

1.2.2.1　CIE XYZ

1931 年由 CIE 国际委员会(Commission International de l'Eclairage，CIE)定义的标准是最重要的颜色系统之一。这个颜色系统基于以下实验：定义一组特定的视觉条件后，例如与目标的距离和光照条件，实验对象被要求通过调节特定的参数来匹配两个不同的颜色。通过收集实验对象(总共 17 名正常色彩观察者)对若干单色可见光波的反应来定义人类观察者平均的反应。这些观察者称为颜色刺激的标准观察者。标准观察者的反应通过一组函数进行编码，这些函数称为颜色匹配函数(Color Matching Function)，如图 1.3 所示。颜色匹配函数通常表示为$\overline{r}(\lambda)$，$\overline{g}(\lambda)$和$\overline{b}(\lambda)$，通过将其与功率谱分布函数$I(\lambda)$进行积分，可以将颜色定义为

$$
\begin{aligned}
R &= \int_{380}^{780} I(\lambda)\bar{r}(\lambda)\mathrm{d}\lambda \\
G &= \int_{380}^{780} I(\lambda)\bar{g}(\lambda)\mathrm{d}\lambda \\
B &= \int_{380}^{780} I(\lambda)\bar{b}(\lambda)\mathrm{d}\lambda
\end{aligned}
\tag{1.3}
$$

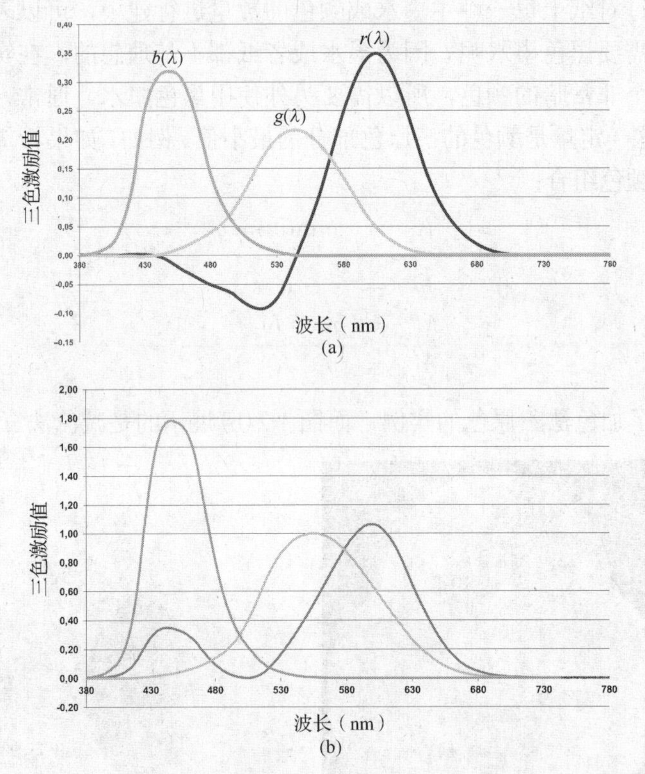

图 1.3　(a) CIE 1931 RGB 颜色匹配函数($\bar{r}(\lambda)$，$\bar{g}(\lambda)$，$\bar{b}(\lambda)$)；(b) CIEXYZ 颜色匹配函数($\bar{x}(\lambda)$，$\bar{y}(\lambda)$，$\bar{z}(\lambda)$)

图 1.3(b) 的图形展示了 CIEXYZ 原色 $\bar{x}(\lambda)$，$\bar{y}(\lambda)$，$\bar{z}(\lambda)$。这些匹配函数是 CIERGB 颜色匹配函数的转换版本。经过转换，所有匹配函数均为正函数，这样可以简化色彩再现设备的设计。将 CIERGB 颜色空间转换为 CIEXYZ 颜色空间的公式如下所示：

$$
\begin{bmatrix} X \\ Y \\ Z \end{bmatrix} = \begin{bmatrix} 0.4887180 & 0.3106803 & 0.2006017 \\ 0.1762044 & 0.8129847 & 0.0108109 \\ 0.0000000 & 0.0102048 & 0.9897952 \end{bmatrix} \begin{bmatrix} R \\ G \\ B \end{bmatrix}
\tag{1.4}
$$

XYZ 颜色坐标的标准形式可以用来定义色度坐标(Chromaticity Coordinate)

$$
x = \frac{X}{X+Y+Z} \quad y = \frac{Y}{X+Y+Z} \quad z = \frac{Z}{X+Y+Z}
\tag{1.5}
$$

色度坐标无法完全确定一个颜色，这是由于其和总是为 1。因此色度坐标仅需要利用两个坐标以二维的形式就可以确定。通常，将 Y 与 x 和 y 进行组合来完整定义三色空间，即 xyY。色坐标 x 和 y 通常用来可视化如图 1.4(b) 所示的色度图上的颜色。注意，即便是专业打印机的墨水也无法再现色度图上的所有颜色。

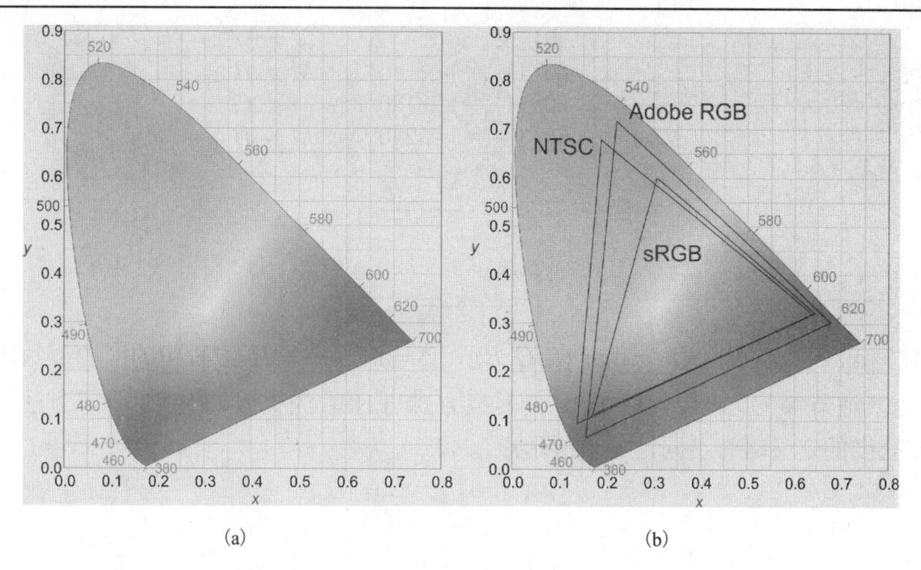

(a)　(b)

图 1.4 （参见彩插）(a) 色度图；(b) 不同的 RGB 颜色系统的整个范围

1.2.2.2 设备相关与设备无关的颜色空间

目前为止讨论的颜色空间都是设备无关的，也就是在不考虑特定的物理生成方法的情况下，颜色空间可以表示每一个颜色。真实世界的颜色设备，如打印机和显示器，所面对的现实问题是，任何一个物理系统无法再现所有的颜色。颜色谱(Gamut)是特定设备能够输出的颜色集合。通常，可以利用上述色度图表示颜色谱。图 1.4(b) 展示了常用的 RGB 颜色空间的颜色谱，例如 Adobe RGB、sRGB 系统(由 HP 和 Microsoft 定义)以及 NTSC RGB 颜色系统。注意，不要将 RGB 颜色空间与上节介绍的 CIERGB 颜色匹配函数相混淆。CIERGB 是一个颜色匹配函数系统，可用于表示任何存在的颜色；而一个 RGB 颜色空间是利用某种 RGB 原色加色法的组合方式，物理再现特定颜色的系统。基于特定的 RGB 系统，不同的颜色可以根据其颜色谱再现。

1.2.2.3 HSL 和 HSV

图形学应用中常用的两种颜色空间是 HSL 和 HSV。这两个颜色空间使用颜色坐标来更直观地描述颜色。在 HSL 中，颜色由色调(Hue，H)、饱和度(Saturation，S)和亮度(Lightness，L)来描述，而在 HSV 颜色系统中亮度被替换为值 V(Value，V)。色调表示待定义颜色的基本色度，亮度(颜色的物理特征)与颜色的强度成正比，饱和度与颜色的纯度有一定关联。

为了更好地理解什么是亮度和饱和度，可以设想自己是一位画家。绘画时从调色板上选择了一个特定的青色作为色调；从黑色到白色之间为画布选择一个灰色的阴影，这就是最终的颜色亮度；然后，将颜色以小点的方式点在画布上，点的浓度就是饱和度。

HSL 和 HSV 颜色空间的几何描述如图 1.5 所示。可以看出，HSL 的颜色可以自然地映射到棱镜上，而 HSV 的颜色可以被映射到圆锥上。

如同 CIEXYZ 和 CIERGB 颜色空间的坐标可以进行转换，RGB 和 HSL/HSV 颜色空间之间也可以进行转换。例如，下面给出将 RGB 颜色空间转换为 HSL 模式的方法：

$$H = \begin{cases} 未定义, & \Delta = 0 \\ 60^\circ\left(\frac{G-B}{\Delta}\right), & M = R \\ 60^\circ\left(\frac{B-R}{\Delta}\right) + 120^\circ, & M = G \\ 60^\circ\left(\frac{R-G}{\Delta}\right) + 240^\circ, & M = B \end{cases} \tag{1.6}$$

$$L = \frac{M+m}{2} \tag{1.7}$$

$$S = \begin{cases} 0, & \Delta = 0 \\ \frac{\Delta}{1-|2L-1|}, & 其他 \end{cases} \tag{1.8}$$

其中，$M = \max\{R,G,B\}$，$m = \max\{R,G,B\}$，$\Delta = M - m$。H 方程中的度源于六边形定义的色调(更多细节参见文献[37])。HSV 的转换方式与 HSL 的类似，色调的计算方法相同，而饱和度和亮度的定义略有不同，如下所示：

$$S = \begin{cases} 0, & \Delta = 0 \\ \frac{\Delta}{V}, & 其他 \end{cases} \tag{1.9}$$

$$V = M \tag{1.10}$$

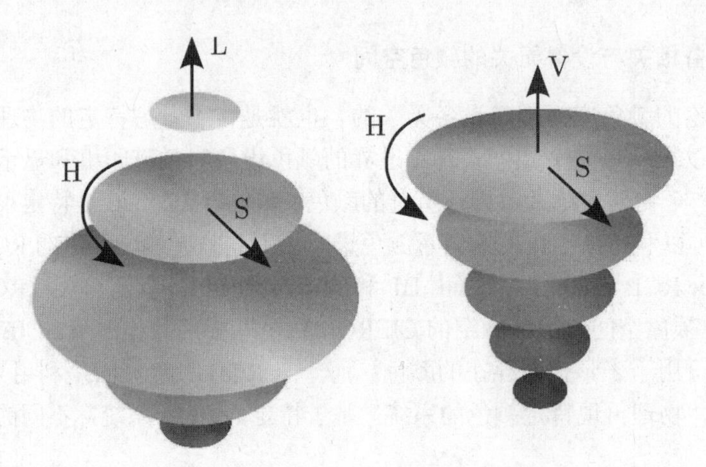

图 1.5 (参见彩插)HSL 和 HSV 颜色空间

1.2.2.4 CIELab

CIELab 是 1976 年由 CIE 定义的另一个颜色空间，这个颜色空间具有一些有趣的特征。CIELab 颜色系统的颜色坐标通常由 L^*，a^*和 b^*定义。L^*代表亮度，a^*和 b^*代表颜色的色度。这个颜色空间的特性在于利用欧氏距离度量颜色之间的距离

$$\Delta \text{Lab} = \sqrt{(L_1^* - L_2^*)^2 + (a_1^* - a_2^*)^2 + (b_1^* - b_2^*)^2} \tag{1.11}$$

这与人类的感知有非常紧密的关联。换句话说，其他颜色空间中两个颜色之间的距离无法按比例感知(如距离远的颜色可能被感知为距离相近的颜色)，而在 CIELab 颜色空间，距离相近的颜色将被感知为相似的颜色，而距离远的颜色被感知为不同的颜色。

将 CIEXYZ 颜色空间的颜色转换为 CIELab 颜色空间的颜色的计算方法为

$$\begin{aligned} L^* &= 116\, f(X/X_n) - 16 \\ a^* &= 500\, f(X/X_n) - f(Y/Y_n) \\ b^* &= 200\, f(Y/Y_n) - f(Z/Z_n) \end{aligned} \tag{1.12}$$

其中，X_n，Y_n，Z_n 是归一化因子，取决于光源(参见下节)，$f(\cdot)$ 为如下函数：

$$f(x)=\begin{cases} x^{1/3}, & x > 0.008856 \\ 7.787037x + 0.137931, & \text{其他} \end{cases} \tag{1.13}$$

上述公式的复杂性反映出刺激的感知与 CIEXYZ 颜色空间的颜色坐标之间的复杂匹配。

1.2.3　光源

上一节介绍到 CIEXYZ 和 CIELab 颜色空间的转换是基于特定的假设光源的。在讨论不同颜色空间的颜色转换时，将总是在这一假设条件下的。

CIE 通过发布假设光源谱将不同的亮度条件标准化。这些标准的亮度条件被称为标准照明体(Standard Illuminant)。例如，光源 A 对应普通白炽灯，光源 B 对应日光等。与光照有关的颜色三刺激值被称为白点(White Point)，是在这一光源下的白色物体的色度坐标。例如，根据式(1.4)所示的 CIERGB 和 CIEXYZ 之间的转换定义，因此 CIERGB 的白点为 $x=y=z=1/3$ (光源 E，等能量光源)。

因此，在定义不同颜色空间之间的颜色转换公式时，需要将假定光源考虑在内。不同光源下颜色空间之间也可以进行转换。不同光源条件下的不同颜色空间之间的转换公式可以参见 Bruce Lindbloom 的网站http://www.brucelindbloom.com/。这是一个出色的网站，其中包含很多有用的信息以及颜色空间及其相关转换方法。

1.2.4　伽马值

对于颜色的显示而言，一旦选择了表示颜色的颜色系统，就需要基于特定的显示特性将原色值转化为电信号用以再现颜色。

CRT 显示器荧光粉的 RGB 强度通常是施加电压的非线性函数。更准确地说，CRT 显示器的幂律曲线是需要施加电压升至 2.5。更一般的表示为

$$I = V^{\gamma} \tag{1.14}$$

式中，V 是电压，单位伏特，I 是光强。这个公式对于其他类型的显示也是有效的。公式中的指数称为伽马(Gamma)值。

伽马值是非常重要的一个概念，因为当需要以某种程度的高保真度再现特定的颜色时，必须将这一非线性关系考虑在内。这也正是伽马校正(Gamma Correction)的意图。

1.2.5　图像表示

不论是从硬件的角度还是软件的角度来看，图像都是计算机图形学的基础。因此，了解图像的显示方式尤其重要，其中包括图像的类型，图形硬件如何处理图像，等等。下面，将介绍一些关于图像及其表示的基本知识。向量图和光栅图是二维图像的两种基本定义方法。

1.2.5.1　向量图像

向量图(Vector Graphics)是一种将图像表示为一组基本绘制图元的方法。向量图像(Vector Image)是通过组合点、直线、曲线、矩形、星形以及其他形状而定义的图像。图 1.6 展示了如何通过组合圆弧和线段来绘制数字 9 的图像。

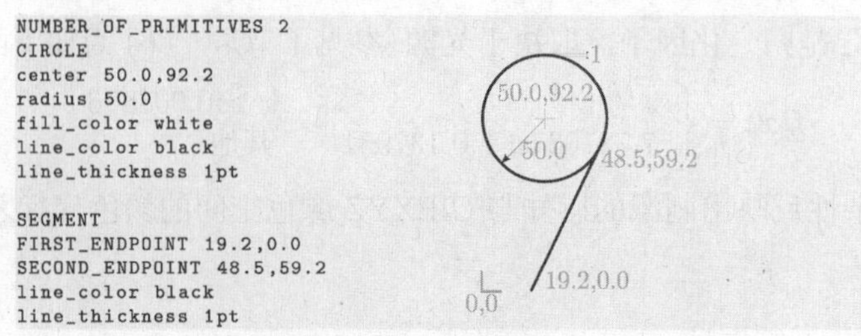

图 1.6 向量图描述实例(左)及其相应绘制图形(右)

最著名的向量图格式是 SVG 和 PS 格式。

SVG(Scalable Vector Graphics)的含义为可扩展向量图，同时也是基于 XML 文件格式规范的家族成员，并且支持动态内容，即动画向量图形。SVG 格式由万维网联盟(World Wide Web Consortium，W3C)制定，这是一个管理着许多 Web 标准的组织。实际上，所有现代主流的 Web 浏览器，包括 Mozilla Firefox，Internet Explorer，Google Chrome，Opera 和 Safari，都对 SVG 标记的绘制具有一定程度的直接支持。SVG 支持一些用于定义图像的基元，如路径(表示为曲线或直线)，基本形状(如开放或封闭多边形、矩形、圆形和椭圆形)，基于 Unicode 的文本、颜色、填充形状时的不同梯度/模式，等等。

PS 的含义为 PostScript 语言。PostScript 是一种打印插图和文本的编程语言，最初由 John Warnock 和 Charles Geschke 于 1982 年定义。1984 年 Adobe 发布了基于 PostScript 语言初始版本的第一个激光打印机驱动程序。目前，Adobe PostScript 3 已经成为用于印刷和成像系统的事实上的全球性标准。由于 Adobe PostScript 3 设计用来处理高质量页面打印，因此不仅仅是用于定义向量图的语言，例如，还能够控制用于生成绘图的墨水。

1.2.5.2 光栅图像

光栅图像(Raster Image)是由规则放置的小颜色块构成的矩形排列，如在 PC 屏幕上所看到的图像。这些小的颜色块称为像素(Picture Element，Pixel)。通过组装一些颜色和尺寸一致的方形 Lego 块，可以自己制作光栅图像以生成图像，如图 1.7 所示。像素大小是沿着图像宽和高方向的像素数量。在 Lego 实例中像素数大小为 16×10。图像的像素数大小常用来代替像素分辨率(Pixel Resolution)，简称为分辨率。但是需要强调，二者有非常重要的区别。分辨率表示一个图像的细节可以描述到多么小的程度，通常量化为图像上的两条直线在不被显示为一条直线时能够靠多近。分辨率的测量单位是每英寸像素数，即一英寸上具有的像素数。图 1.7 所示实例的分辨率是 16/3.2 = 5 px/in。

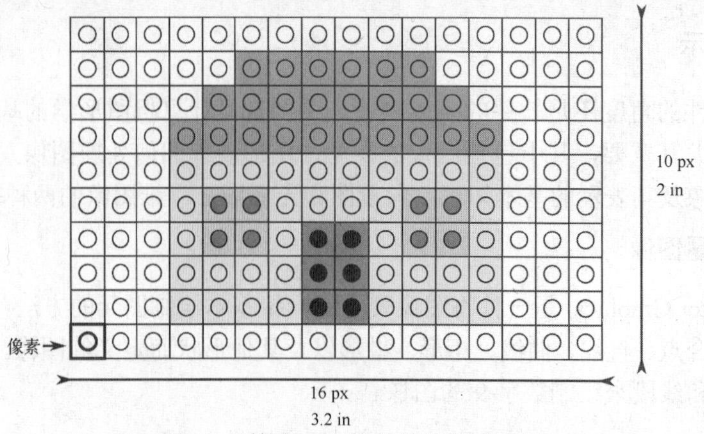

图 1.7 利用 Lego 块组装的房子图形

因此，相同的图像根据所使用的显示媒介可以有不同的分辨率。例如，如果手机和电视的像素数大小都是 1280×800，并不意味其分辨率相同，因为手机是在较小的屏幕上具有相同的像素数。然而，媒体都是在一定距离下进行观看的，所以有时也用像素数大小来表示分辨率。手机的观看距离设计为 20 cm，而电视的观看距离通常为数米。换句话说，它们具有相似的视野比例，这就是为什么使用像素数来表示分辨率是有意义的。

依据图像的性质，可以将像素定义为标量或向量。例如，灰度图像(Grayscale Image)的每一个像素是一个标量值，代表图像在这一位置的亮度(如图 1.8 所示)。在彩色图像中则不同，每个像素由包含若干标量分量(通常是 3 个)的向量来表明图像相应位置的颜色。

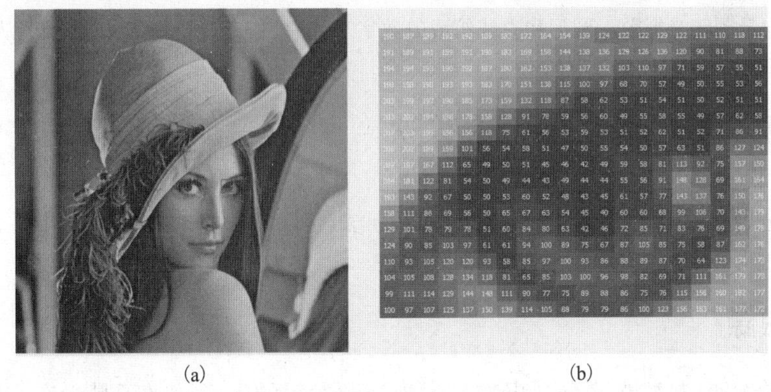

(a)　(b)

图 1.8　灰度图像。(a)利用高亮区域表示细节的完整图像；(b)利用矩阵值展示的图像

表示像素的向量的长度定义了图像的图像通道(Image Channels)。由 RGB 颜色空间所定义的彩色图像包含三个通道：红色、绿色和蓝色通道，这是彩色图像最常用的表示方式。图像可以有更多的组成部分，这些部分可以用于表示其他附加信息。对于特定类型的图像，如多光谱图像，其颜色表示需要大于三个值来表示多个波段。四通道最重要的用处是透明性处理，透明性通道通常被称为 alpha 通道。图 1.9 展示了一个具有透明背景的图像。

(a)　(b)　(c)

图 1.9　(a)具有不透明背景的原始图像；(b)通过将 alpha 设置为 0 使得背景色透明(透明度通过 dark gray-light gray 方格模式展示)；(c)透明图像与砖墙图像组合后的图像

分辨率对于区分光栅图和向量图具有重要的作用。向量图可以认为是具有无限分辨率的图像。实际上，向量图可以简单地通过施加缩放因子被放大，而不会损失其所描述图像的质量。例如，可以在不损失最终再现质量的情况下打印巨幅图像。相反，光栅图像的质量严重依赖于其分辨率。如图 1.10 所示，利用光栅图绘制平滑的曲线需要较高的分辨率，而这对于向量图来说是自然的事情。此外，如果分辨率较低，像素将变得可见(如图 1.10 所示)，这种视觉效果称为像素化(Pixellation)。另一方面，向量图在描述自然场景等复杂图像时具有一定的局限性。在这种或者相似的情况下，为了确保表现效果，向量图需要大量的非常小的绘制粒度，而光栅图更适合表示这种图像。所以，向量图常用来设计标志、商标、个性化绘图、图标以及其他类似图像，而不适合于表示自然景观图像或者需要丰富视觉内容的图像。

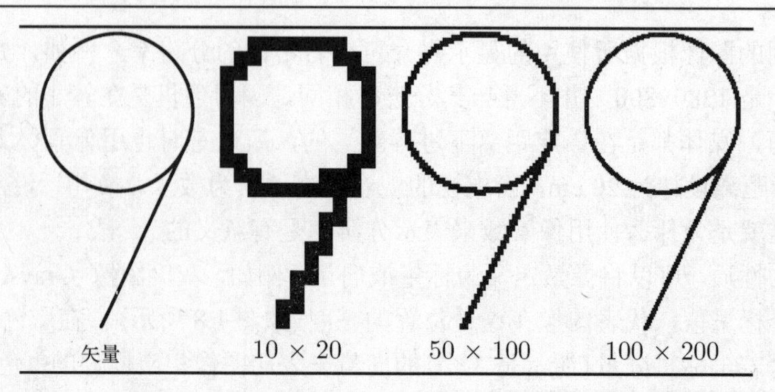

图 1.10 向量图和光栅图。圆形和直线组成的数字 9，逐步提升分辨率的光栅图像(从左至右)

1.3 三维场景的光栅图像生成算法

渲染算法是用于在屏幕上显示三维场景的方法。本节将讨论两种常用于生成合成图像的基本渲染模式。

1.3.1 光线跟踪

第 6 章将介绍到人类能够看到事物是因为光源发射的光子。光子是光在空间中传播的基本粒子。光子在传播过程中撞击到物体表面而改变方向，最终将有一部分到达人眼。人眼所看到的颜色取决于光源和物体材料的特性。

假如希望模拟光子的传播过程，并且计算光和物体的交互以跟踪每一光子到达眼睛的路径。很显然，多数光子没有到达人眼，而仅仅是丢失在空间中。因此，没有必要执行所有的大开销交互计算，而只需要考虑到达人眼的光子的路径。光线跟踪背后的思想正是上述过程的反过程：从眼睛出发跟踪光线到场景中，计算光线与物体的交互过程，观察最终到达光源的光线。如果光线到达光源，就意味着光子将经过相反的路径由光源到达眼睛。光线跟踪的思想如图 1.11 所示。

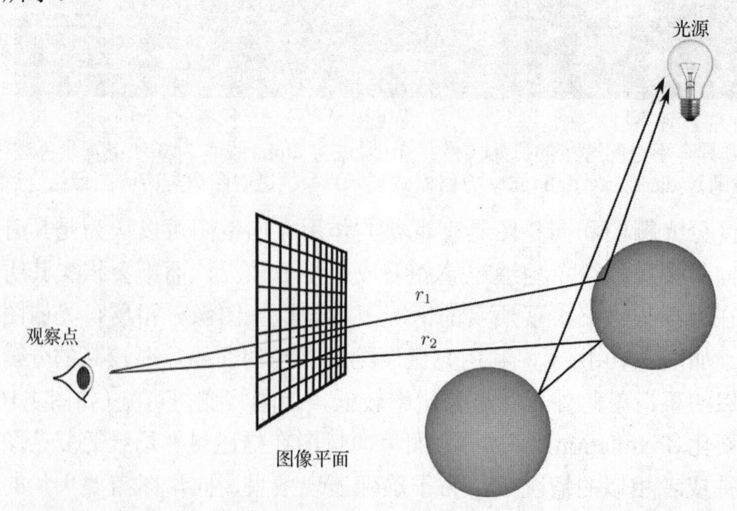

图 1.11 光线跟踪算法原理。跟踪从眼睛出发的并且穿过图像平面与场景相交的光线。每次光线与表面碰撞后被表面反射并且可能达到光源(光线 r_1 一次反射，光线 r_2 两次反射)

光线跟踪的基本形式可以描述为如下算法(参见算法 1.1)：

对于图像中的每一像素：
1. 由视点穿过像素构造光线
2. 对于场景中的每一对象
　2.1. 寻找其与光线的交点
3. 选取最近的交点
4. 计算最近的交点处的颜色

算法 1.1　基本光线跟踪算法

像素点颜色的计算需要考虑材料特性以及光源的特性。第 6 章将详细阐述相关内容。注意，在光线跟踪过程中并不要求光线必须到达光源。在以上算法中省略步骤 4 将得到场景中对象的可视图(Visibility Map)。可视图是一张图像，其中每一像素都是三维场景的一个可见部分。此时，算法称为光线投射(Ray Casting)。在实践中，由于计算仅仅停留于第一次光线反射，因此光线投射算法是一种可视技术而不是渲染技术。

更完善的版本(参见算法 1.2)常被称为经典光线跟踪(Classic Ray Tracing)算法

对于于图像中的每一像素：
1. 由视点穿过像素构造光线
2. 重复直至满足终止条件
　2.1. 对于场景中的每一对象
　　2.1.1寻找对象与光线的交点
　2.2. 选取最近的交点
　2.3. 计算光线跟踪算法
3. 基于光线路径计算颜色

算法 1.2　经典光线跟踪算法

有若干准则可用于步骤 2 的终止条件。如果没有时间限制，当光线到达光源或者射出场景而终止将十分简单。但是，算法不可能无限次执行，因此需要增加终止条件以判定光线已追踪到光源，包括限制迭代次数(即光线在表面反射次数)，限制光线穿越的距离或者降低追踪光线需要花费的时间。当终止条件满足时光线跟踪算法执行结束，基于光线到达的表面属性为像素分配一个颜色值。

步骤 2.3 计算光线方向的变化依赖于材料类型。基本情形是在被视为完美镜面(如理想的镜子)的物体表面处，光线将被镜面反射(Specularly Reflected)。如果算法要适于更普遍材质，就需要考虑光线到达物体表面而产生折射(Refracted)的情形，即光线进入物体，这种情况常出现于玻璃、大理石、水或皮肤等材质物体；或者需要考虑漫反射(Diffuses)的情形，即光线在多个方向被均匀地反射。到达眼睛的光线要包括上述所有情况：即考虑由光源发射出的、在场景中传播并经过多次方向改变之后到达人眼的所有光子。此时算法的计算结果是：每当一条光线到达物体表面，依据材质的特性，将生成一束或者更多的光束。这种情况下，一束光线可能产生多条路径。

第 6 章将详细地阐述反射与折射，以及光线-物体交互的一般性概念，而第 11 章将更详细地阐述经典光线跟踪和路径跟踪。

光线跟踪算法的开销可以进行如下评估：对于一束光线，进行其与所有 m 个物体的相交测试，对于 n_r 条光线的任意一条，至多进行 k 次反射(k 是允许的最大反射次数)。通常，如果

屏幕像素总数为 n_p，则应满足 $n_r > n_p$，因为需要每个像素至少有一束光线。因此光线跟踪算法的开销为

$$\text{开销(光线跟踪)} = n_p\ k\ \sum_{i=0}^{m} \mathrm{Int}\,(o_i) \tag{1.15}$$

其中，$\mathrm{Int}(o_i)$ 是一条光线与物体 o_i 相交测试的开销。然而，通过采用加速数据结构可以把相交测试开销由 $\sum_{i=0}^{m}\mathrm{Int}(o_i)$ 减少至 $O(\log(m))$。

1.3.2 光栅化流水线

光栅化绘制流水线(Rasterization-based Rendering Pipeline)是应用最广泛的交互性图像绘制方法。各种图形平台几乎都在使用这种绘制方法，尽管依据不同的硬件、开发者和时间其执行会有所不同。如图 1.12 所示，下面将介绍绘制流水线的逻辑抽象描述。

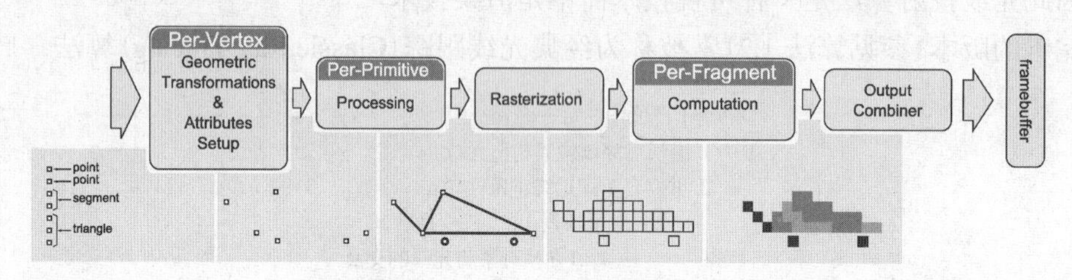

图 1.12　光栅化流水线的逻辑架构

图 1.12 展示了将一组几何图元转换为屏幕上图像的一系列操作。本书将始终使用这一流水线架构，当需要阐述更多细节的时候，将在这一架构上进行修改。可以在其他教科书或网上找到许多类似的专门应用于特定 API 的硬件的流水线架构。下一章将深入讨论其中之一。

绘制流水线的输入是一组几何图元，包括点、线段(在所有 API 中被称为直线)、三角形和多边形。

所有的几何图元都通过顶点定义，例如：点需要 1 个顶点，线段需要 2 个顶点，等等。通常，需要提供坐标来指定一个顶点(Vertex)，但是也常常需要使用顶点的其他属性。例如，需要为一个顶点指定颜色，或者是描述速度的向量，或者是应用中任意的有意义的值。流水线的第一个阶段是顶点变换和属性构建(Per-Vertex Transformations & Atrributes Setup)。这一阶段将对每一顶点进行处理，以用户规定的方式对其属性进行变换。在这一阶段通常根据线性变换(旋转、变换和缩放)确定从哪里观看场景，也可以根据一个依赖于时间的值沿着一个方向放置顶点，例如，场景中汽车的运动。

下一阶段是图元处理(Per-Primitive Processing)。这一阶段的输入是变换后的顶点以及用户定义的图元，然后将点、线段和三角形输出至下一阶段。这一阶段的作用看似很小，因为它看上去就像是仅仅把用户的输入传递给下一阶段。实际上，在光栅化流水线的较早架构中，这一阶段与光栅化阶段是合并在一起的，称为图元装配(Primitive Assembly)。现在的流水线架构中，这一阶段不仅仅是将输入传递给光栅化阶段，也将根据给定数据创建新的图元。例如，将给定一个三角形进行细分产生多个三角形。

光栅化阶段将点、线和三角形转换为光栅表示，并且对正在光栅化的图元的顶点属性值

进行插值处理。光栅化阶段将由点、线和多边形定义的三维空间转换为由像素组成的二维空间。图像(或者屏幕)的像素是通过坐标及其颜色而定义的，然而，除了颜色，光栅化产生的像素还将包含一组插值，这些包含更多信息的像素被称为片元(Fragment)，并且将输入到下一阶段——片元计算(Per-Fragment Computation)。片元计算阶段处理每一个片元，计算片元属性的最终值。最终，流水线的最后一个阶段确定每一个片元如何与当前存储于帧缓存(Framebuffer)的数据进行组合以获得相应像素的最终颜色。帧缓存是在格式化过程中存储图像的数据缓存。组合方式可以是混合两种颜色、选择其中之一或者仅仅是简单的删除片元。

光栅化流水线的执行开销包括所有顶点 n_v 的处理(即变换)以及所有几何图元的光栅化操作

$$\text{开销(光栅化)} = K_{tr}\ n_v\ + \sum_{i=0}^{m} \text{Ras}\,(p_i) \tag{1.16}$$

其中，K_{tr} 是转换一个顶点的开销，而 $\text{Ras}\,(p_i)$ 是光栅化一个图元的开销。

1.3.3　光线跟踪与光栅化流水线

光线跟踪和光栅化流水线哪一个是更好的绘制模式呢？这是一个长久争论的问题，而且在本节也不会结束。这里，我们将仅仅明确给出两种方法的优缺点。

1.3.3.1　光线跟踪绘制的优劣

光线跟踪算法需要跟踪到达眼睛的每一束光线的反射，因此在设计过程中考虑光照的全局影响。所以，光线跟踪自然地包含了透明化、阴影和折射等，而其中每一项内容在光栅化绘制方法中都需要大量复杂处理，而且通常难以实现对全局效果的组合。注意，通过限制反射次数为 1，即仅仅进行光线投射计算，光线跟踪与光栅化流水线将产生相同的结果。

如果能够检测到与光线的交互，光线跟踪可以使用任何类型的物体表面的表示方法。在光栅化流水线绘制中，每一物体表面最终被离散为一组几何图元，而离散化则带来了近似性。如果以一个球体作为简单实例，使用光栅化绘制模式需要利用一些多边形近似表示球体，而利用光线跟踪模式可以获得视线与球体的解析表示形式的精确交点(等于机器有限运算的数值精度)。

光线跟踪的执行比较容易但计算不够高效，而光栅化执行复杂，就是最基本的光栅化流水线也需要执行一系列算法。

1.3.3.2　光栅化绘制的优劣

尽管人们常常倾向于认为光栅化比光线跟踪速度更快，但这种假设是不公平的。因为可以以相同的方式独立地处理每一个多边形，因此光栅化具有线性的、更可预测的时间消耗。光栅化时间取决于屏幕上每一多边形的大小，但是现代硬件对于此类任务进行了高度并行化和优化。而光线跟踪的执行时间与图元的数量呈对数关系(甚至比线性更少)，前提是明确知道建立场景的所有元素，以便用于构建加速数据结构来快速计算光线–图元交互。这也意味着，对于动态场景，即场景中的元素是移动的，那么则需要更新数据结构。

光栅化可以很自然地处理反走样(Antialiasing)，关于这一概念将在 5.3.3 节进行详细阐述，此处仅仅给出一个基本概念，即由于在屏幕上使用像素离散化直线，那么斜线看上去将呈现出锯齿状(Jagged)外观。光栅化绘制模式通过调整线段相邻像素的颜色而缓解这一问题。而在光线跟踪绘制中，需要对一个像素发射出更多的光束来处理走样。

过去，对于光栅化流水线，由于其线性和流水线特征，图形硬件的发展一直针对它进行。然而，比起为光栅化绘制提供的图形加速性能，现在的图形硬件的通用性更重要。因此，现代图形硬件被认为更像高度并行的快速处理器，虽然这种处理器在内存访问和管理上存在一些限制，但仍能够胜任光线跟踪算法的执行。

第2章 基本步骤

本章将介绍图形绘制的基本操作步骤，本书将始终遵循这些步骤。

首先，将介绍如何利用 WebGL 在 HTML 页面中建立第一个工作渲染。更确切地说，将详细阐述如何绘制一个三角形。读者将发现，绘制三角形这样的简单任务涉及大量需要学习的知识。但是，为这个简单绘制实例做的所有工作与完成大规模项目需要的工作是一样的。简言之，将车开动 10 m 所需要学习的技术与将车开动 100 m 所需要的一样。

然后，将介绍 EnvyMyCar(NVMC)框架。本书后续内容将利用这一框架实践所学原理。简单地说，NVMC 是一个赛车游戏，玩家控制赛车在赛道上行驶。NVMC 与其他电子游戏的不同之处在于 NVMC 没有任何图形，图形需要由读者负责进行开发。本章以及后续章节将介绍如何根据给定的完整场景描述(赛车的位置、方向如何、形状、赛道，等等)绘制图形元素以及达到所需的效果，最后呈现出一个视觉良好的赛车游戏。

2.1 应用程序接口

基于光栅化的流水线是多种可行的图形体系架构之一。1.3.2 节已经介绍到基于光栅化的逻辑绘制流水线由不同的阶段组成，图形应用中的数据经过这些阶段的处理后将生成相应的光栅图像。可以将逻辑流水线看成是进行图形结构和技术背后理论解释的平台。

特定的技术需要基于通用的子结构进行表示，许多计算机科学领域都是如此。在子结构上需要定义交互协议，协议通常都是标准化的。如果希望与这些协议一致则必须遵从它们。我们在上下文中探讨的是由计算机图形系统实现的技术，其中包括软件部分以及硬件芯片，协议就是应用程序编程接口(Application Programming Interface，API)。API 定义了常量、数据结构和函数(如符号名称以及函数接口)的语法，更重要的是其语义(意义是什么、功能是什么)。图形学 API 是与图形系统进行交互以及编写计算机图形应用的工具。

下面，以汽车为例说明上述概念。授权方将规定如何制造汽车，其行为如何。例如，一辆汽车必须具备车辆车轮、方向盘、踏板、操纵杆等。授权方还将规定当踩下特定的踏板(如加速踏板或刹车踏板)，或者移动特定的手柄(如指示灯手柄)时应该产生什么效果。汽车制造商必须遵守这些规范以生产授权方认可的车辆。汽车驾驶者在了解规范的情况下通过对踏板和手柄一定的操作过程而到达其目的地。汽车实例中，授权方定义了汽车的规范，制造商进行生产，驾驶者使用产品。

目前，DirectX[42]和 OpenGL[17]是应用最多的实时图形绘制 API。例如，当利用 OpenGL 绘制汽车时，Khronos Groups 是授权方[19]，NVidia、ATI 或 Intel 是制造商，图形开发人员是驾驶者。

最初的 OpenGL API 是面向超级台式机的。基于不同的学术以及工业背景提出了 OpenGL API 的各种衍生物。例如，针对高安全性需求应用的 OpenGL|SC，针对低端家用 PC 嵌入式系统的 OpenGL|ES。API 说明是编程语言无关的(即可以利用任何现代编程语言实现)，而且都基本设计用于在非严格限制的环境中执行(也就是低级的可执行的二进制代码)。这意味着，在

严格受控的平台上使用 OpenGL 时必须对其施加一些附加限制，例如在现代 Web 浏览器的 JavaScript 虚拟机上。

OpenGL 规范由 Khronos Group 组织定义，通过第三方实现这一规范，并提供 API，图形编程人员使用 API 创建图形应用或图形库。从编程人员的角度，只要是严格遵守规范的，第三方究竟如何实现 API 并不重要(如在汽车实例中，制造商使用的是汽油发动机还是电动机)。这意味着，OpenGL 的实现既可以是软件库的形式也可以是与硬件设备交互的系统驱动(如图形加速器)。

为使得 Web 页面能够利用主机系统图形能力的优势，Khronos Group 将 WebGL 图形 API 进行标准化[18]。WebGL 是嵌入了 OpenGL|ES 2.0 规范的图形 API，能够从标准的 HTML 页面内部通过引入一些小的限制以处理安全问题而访问图形系统，即硬件图形芯片。

在学习概念的过程中需要一个舒适的平台来尽可能轻松地练习所学的知识。因此，将选择使用 WebGL 进行实例代码开发。不需要安装并使用 ad-hoc 编程工具，通过使用 HTML、JavaScript 以及 WebGL 这些标准技术，只需要一个支持 WebGL 和文本编辑的 Web 浏览器，就能够在多种设备上(从功能强大的个人机到智能手机)进行测试、运行和部署编写的代码。

2.2 WebGL 光栅化流水线

WebGL 流水线是本书将一直使用的实际图形流水线。在开展实际绘制之前，将首先利用一个图表来展示渲染工作的流程。图 2.1 给出了构成 WebGL 流水线的各个阶段及其所处理的实体数据。图形应用通过 WebGL API 与图形系统(如图形硬件或软件库)进行交互。当接收到绘制命令时，数据从图形存储器流出，经由流水线的各个阶段时被使用或者变换。下面，将介绍流水线的各个阶段。

顶点提取器(Vertex Puller，VP) 顶点提取阶段的目是将与顶点属性相关的数据填入图形内存，将属性数据压缩后传递到下一阶段(顶点着色器)。顶点提取是几何流水线的第一个阶段，能够处理的顶点属性的最大数值与 WebGL 的实现相关。每一属性通过属性索引标识，只有顶点着色器真正需要的属性才被填充。顶点提取器必须被告知图像存储器中属性的相关数据需要填充到什么位置以及以何种方式进行填充。完成属性填充后，所有的数据构成一个原始数据包，称为流水线的输入顶点(Input Vertex)。将顶点传递到下一阶段之后，上述过程重新开始，重复直到所需的全部顶点完成组装和传递工作。例如，可以配置顶点提取器，使得与属性 0 相关的数据是一个四维常量，属性 3 的数据是需要从图形内存中特定起始地址读取的一个二维值。

顶点着色器(Vertex Shader，VS) 输入的顶点属性经由顶点提取器组装后传递到顶点着色器，用于生成新的属性以构成转换顶点(Transformed Vertex)。顶点着色通过执行 OpenGL 着色语言(OpenGL Shading Language，GLSL)编写的用户自定义的过程程序完成。用户自定义的过程被称为顶点着色器，这与流水线相应阶段的名字是一致的。顶点着色器的输入是来自于顶点提取阶段的 n 个普通属性，输出包括 m 个普通的属性以及一个称为顶点位置的特殊附加属性。转换后的顶点将被传递到下一阶段(图元组装)。例如，地球表面温度的可视化过程中，顶点着色器接收三个标量形式的输入属性，分别为温度、经度和维度，输出两个三维属性，分别为 RGB 颜色和空间位置。

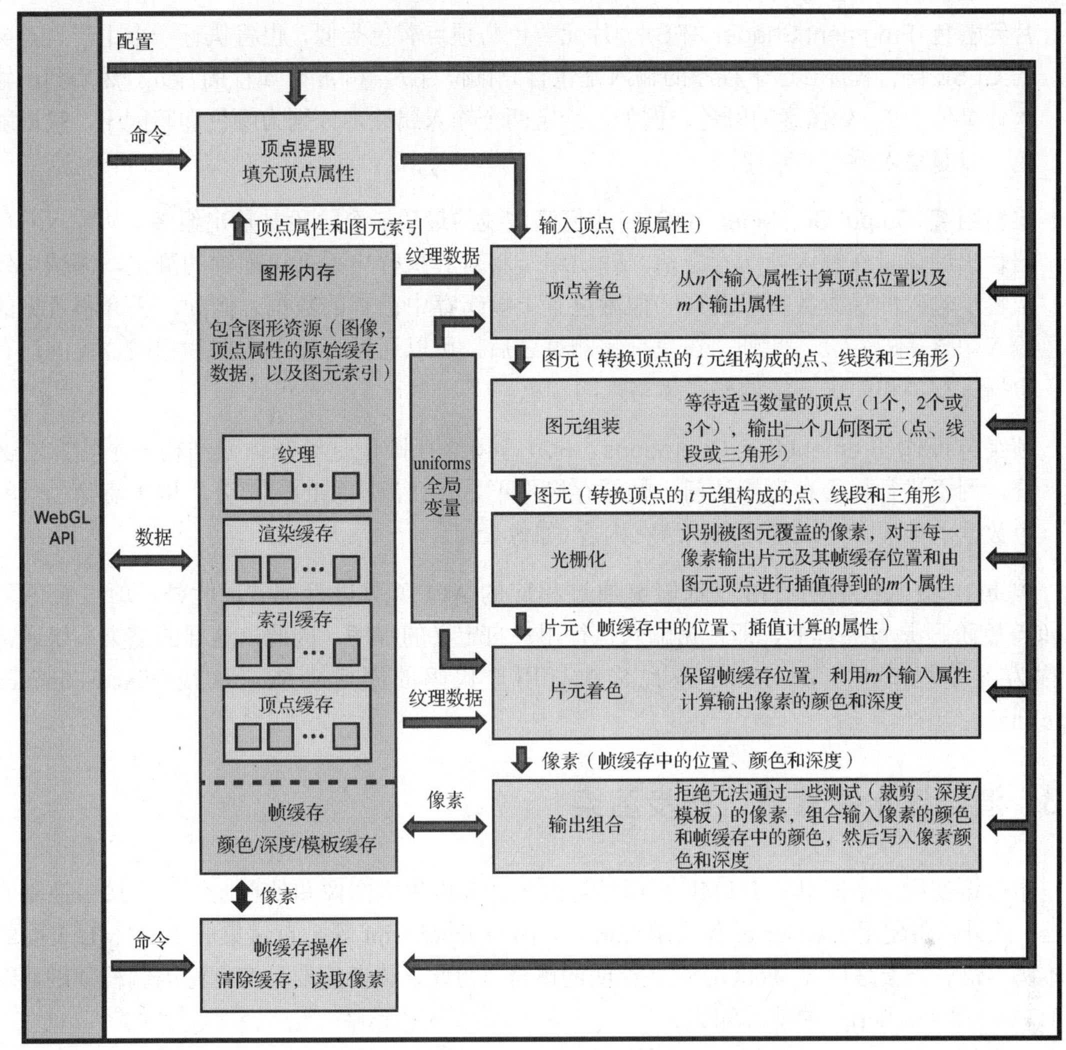

图 2.1 WebGL 流水线

图元组装(Primitive Assembler，PA) 光栅化流水线只能够绘制三种形式的基本几何图元：点、线段和三角形。顾名思义，图元组装负责收集来自于顶点着色阶段的一定数量的顶点，并将其组装为一个 t 元组，然后传递到下一个阶段(光栅化)。顶点的数目取决于待绘制的图元：1 对应于点、2 对应于线段、3 对应于三角形。当用户提交一个 API 绘制命令时，需要规定流水线应该绘制的图元类型，并且配置图元组装器。

光栅化(Rasterizer，RS) 光栅化阶段的输入是包含 t 个变换顶点的图元，根据输入计算图元覆盖的像素。光栅化阶段使用顶点位置这一特殊属性来标识被覆盖的区域，并且针对每一个像素，对顶点的 m 个属性进行插值计算。计算结果将创建一个数据包，称为片元。片元包含像素的位置以及 m 个插值结果。组装后的片元将被传递到下一阶段(片元着色器)。例如，绘制一条端点具有颜色属性的线段，线段两个端点的颜色分别为红色和绿色。光栅化将生成一组用于构成线段的片元：靠近第一个顶点的片元颜色为红色，线段中间位置的片元为黄色，靠近第二个顶点的片元为绿色。

片元着色(Fragment Shader，FS) 片元着色与顶点着色类似，也将执行一个用户自定义的 GLSL 语言程序。这个程序的输入是包含只读位置 F_{xy} 和 m 个属性的片元，然后利用输入计算位于 F_{xy} 处像素的颜色。例如，给定两个输入属性，分别为颜色和暗因子，输出颜色可以是输入颜色的暗化。

输出组装(Output Combiner，OC) 几何流水线的最后一个阶段是输出组装。从片元着色器输出的像素在写入帧缓存之前，输出组装将对其执行一系列可配置的测试，测试可以依赖于输入的像素数据以及同一像素位置上帧缓存中已有的数据。例如，丢弃不可见的输入像素(不写入)。此外，在执行完测试之后，可以通过将输入数据和相同位置的已有数据进行调和而进一步调整实际写入的颜色。

帧缓存操作(Framebuffer Operations，FO) 帧缓存操作是绘制体系结构一个特殊的部分，用于进行帧缓存直接访问。帧缓存操作不是几何流水线的一部分，用于清除包含颜色数据的帧缓存，或者读取帧缓存内容(如像素)。

WebGL 流水线的所有阶段都能够通过相应的 API 函数进行配置。此外，顶点着色和片元着色阶段是可编程的，即依据输入执行用户自定义的程序。因此，这样的渲染系统通常被称为可编程流水线，对应于不允许执行用户代码的固定功能流水线(Fixed-Function Pipeline)。

2.3 渲染流水线算法：初步渲染

本书将使用一个简单的 HTML 页面作为展示计算机生成图像和处理通用用户接口控制的容器。此外，将使用 JavaScript 作为编程语言，因为 JavaScript 既是自然集成于 HTML 页面的基本脚本语言，又是遵守 WebGL 规格说明的语言。为此，读者需要具有良好的编程基础，以及 HTML 和 JavaScript 的基础知识。

下面的绘制实践过程将创建一个简单的 HTML 页面，并且利用 JavaScript 和 WebGL 绘制最基本的多边形图元——三角形。绘制过程可以被分解为以下主要步骤：

1. 定义显示图形的 HTML 页面
2. 初始化 WebGL
3. 定义绘制内容
4. 定义绘制方法
5. 执行绘制

步骤 3 和步骤 4 没有内在关联，可以互换顺序。虽然是第一个绘制实例，但是实例中展示出一些贯穿本书的基本概念，扩展这些概念将成为所需的新理论知识。下面，将以自上而下的方式执行上述步骤，即在每一执行步骤中改进代码。

步骤 1 HTML 页面

首先，需要定义用于显示绘图的 HTML 页面：

以下讨论将假设读者熟悉 HTML 基本概念。简单说来，HTML 的根标签(第 1 行到第 15 行)封装了整个页面。根标签是两个基本部分的容器，分别为包含元数据和脚本的 head 段(第 2 行到第 6 行)，以及包含对于用户进行元素显示的 body 段(第 7 行到第 14 行)。第 8 行到第 13 行的 canvas 标签是页面的基本元素。根据 HTML5 标准，HTMLCanvasElement 代表页面上的一个(矩形)区域，这个区域是绘制命令的目标区域。就像使用画刷和颜料在画布上绘画的画家一样，图形开发人员在 JavaScript 中使用 WebGL 在输出区域内设置像素的颜色。通过在 HTML 代码中定义 id，width 和 height 属性来设置画布的标识、宽度和高度。属性 style 用于建立 1 个像素宽度的黑色边框以辅助显示页面中画布所占据的矩形区域。后续的工作就是在 script 标签内编写 JavaScript 代码，所采用的基本代码架构如程序清单 2.1 所示。

```
1  <html>
2    <head>
3      <script type="text/javascript">
4        // ... draw code here ...
5      </script>
6    </head>
7    <body>
8      <canvas
9        id     = "OUTPUT-CANVAS"
10       width  = "500px"
11       height = "500px"
12       style  = "border: 1px solid black"
13     ></canvas>
14   </body>
15 </html>
```

程序清单 2.1　运行客户端的 HTML 页面

本例中需要注意，在页面加载完成之前不会执行所编写的代码。此时，因为 canvas 标签还没有被分析而无法进行查询，所以无法简单利用 document.getElementById( )获取画布。因此，当页面准备好时需要得到浏览器发出的通知，可以利用广泛使用的 Web 环境原生的对象事件，通过简单地将 helloDraw 函数注册为页面加载事件的句柄完成这一任务，如程序清单 2.2 第 17 行所示。

```
1  // <script type="text/javascript">
2  // global variables
3  // ...
4
5  function setupWebGL       () { /* ... */}
6  function setupWhatToDraw  () { /* ... */}
7  function setupHowToDraw   () { /* ... */}
8  function draw             () { /* ... */}
9
10 function helloDraw() {
11   setupWebGL();
12   setupWhatToDraw();
13   setupHowToDraw();
14   draw();
15 }
16
17 window.onload = helloDraw;
18 // </script>
```

程序清单 2.2　代码框架

步骤 2 初始化 WebGL

作为预备知识，需要了解与 WebGL API 交互的方式。在 OpenGL 及其所有衍生版本中，图形流水线以状态机(State Machine)的方式工作：每一操作(即 API 函数的调用)的输出由状态机内部的状态决定。实际的 OpenGL 状态机的状态是指绘制上下文(Rendering Context)，简称上下文(Context)。为更加形象地阐述这一概念，可以将上下文想象为一辆车，上下文状态对应于车的状态，可以是位置、加速度、方向盘的转角、踏板的位置。所执行动作的结果依赖于所处的状态：例如，汽车行进和停止的情况下转动方向盘的结果是不同的。

当使用 OpenGL 或 OpenGL|ES 建立并且激活上下文后，上下文对于 API 则是句法隐藏的(Syntactically Hidden)。也就是说，每一函数调用隐含地对当前活跃的上下文起作用，因此不需要将上下文作为参数进行传递。WebGL 将上下文利用特殊接口 WebGLRenderingContext 封装在一个 JavaScript 对象中，使得上下文对于程序员是可见的。利用 WebGL 就是创建一个上下文对象，然后通过方法调用与其进行交互。

每一 WebGLRenderingContext 对象都与一个 HTMLCanvasElement 绑定，用于输出绘制命令。上下文的创建通过画布请求命令完成，如程序清单 2.3 所示。

```
1  // global variables
2  var gl = null; // the rendering context
3
4  function setupWebGL() {
5    var canvas = document.getElementById("OUTPUT-CANVAS");
6    gl = canvas.getContext("webgl");
7  }
```

程序清单 2.3 建立 WebGL 绘制环境

建立 WebGL 绘制环境首先需要获得 HTMLCanvasElement 对象的引用，在第 5 行通过使用方法 getElementById 请求全局 document 对象来检索标识为 OUTPUT-CANVAS 的元素完成。读者也许会产生疑问，程序清单 2.1 中第 8 行，变量 canvas 正在引用画布元素。通常，画布将提供绘制上下文以及一个包含 4 个 8 比特通道的颜色缓存帧缓存，称为 RGBA，还有一个深度缓存，根据不同的主机设备精度为 16 或 24 字节。注意，浏览器将使用颜色缓存的 alpha 通道作为透明因子，即使用 WebGL 写入的颜色将依照 HTML 规范在页面中覆写。

下面将创建 WebGLRenderingContext。通过调用画布对象的 getContext 方法将创建并返回 WebGL 上下文以进行绘制，方法具有单一字符串参数 WebgL。对于一些浏览器，字符串 WebgL 需要替换为 experimentalwebgl。注意，一块画布只关联一个上下文，第一个在画布上调用的 getContext 将创建并返回上下文对象。任何其他调用将仅仅返回相同的上下文对象。在第 6 行，将上下文存储于 gl 变量中。除非另外规定，本书代码中的标识符 gl 将总是仅仅用于 WebGL 绘制上下文的引用变量。

步骤 3 定义绘制内容

注意，WebGL 规范以及其他光栅化图形 API 都是被设计用来高效使用设备上的图形硬件的，从智能手机到个人计算机。这种设计的最重要的实际影响在于，程序员用于描述实体的通用数据结构必须是 API 中实体对应物的镜像。也就是说，在使用实体的数据之前必须将其封装于一个适当的 WebGL 结构。

由于稍后会进行解释。现在将 500×500 像素的画布视为横向和纵向上−1 到+1 的区域，而不是由 0～499，那么，在假设的测量单位下，画布是两个单位宽、两个单位高。以图 2.2(a)所示的三角形为第一个实例，三角形由 XY 平面上的三个顶点构成，顶点坐标分别为(0.0，0.0)，(1.0，0.0)和(0.0，1.0)。利用 JavaScript 直接表示这个三角形的方式如程序清单 2.4 所示。

```
1 var triangle = {
2   vertexPositions : [
3     [0.0, 0.0],  // 1st vertex
4     [1.0, 0.0],  // 2nd vertex
5     [0.0, 1.0]   // 3rd vertex
6   ]
7 };
```

程序清单 2.4　利用 JavaScript 定义三角形

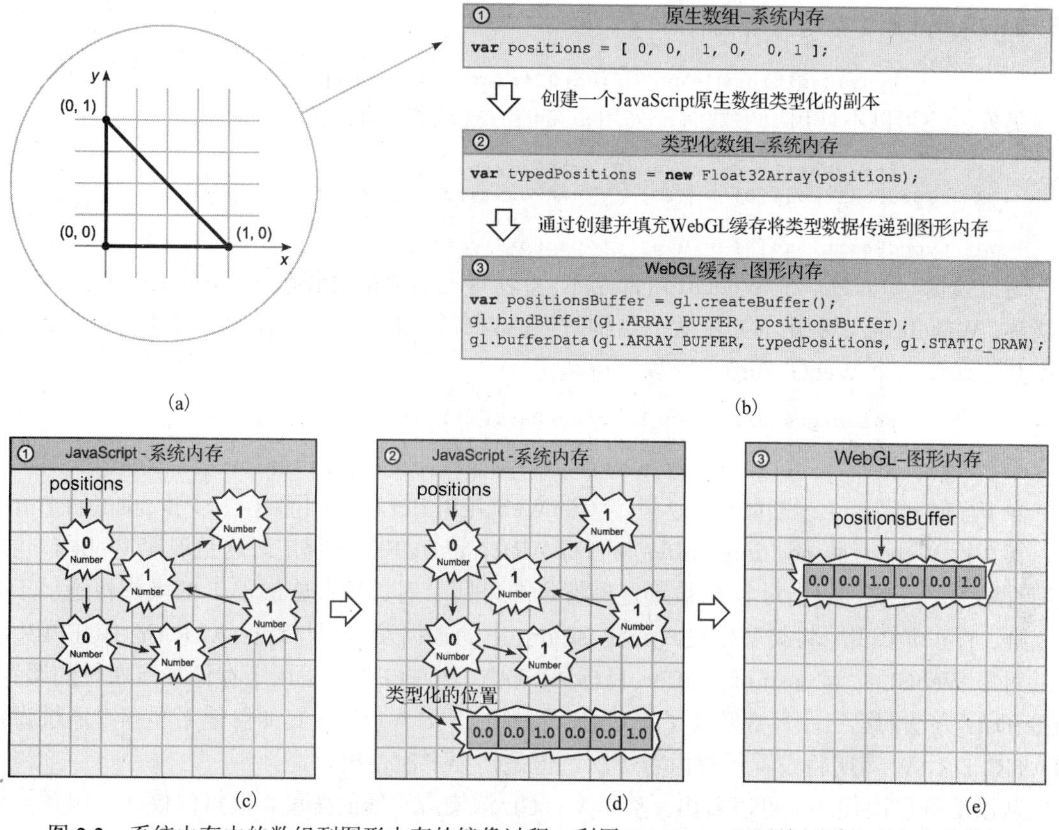

图 2.2　系统内存中的数组到图形内存的镜像过程，利用 JavaScript 可以访问系统内存中的数组

变量 triangle 引用了一个包含单个属性的对象 vertexPositions。接下来，vertexPositions 引用了一个包含三个元素的数组，每个元素代表一个顶点。每个元素又利用包含两个数字的数组存储了顶点的 x 和 y 坐标。从设计角度看，上述表示方法十分清楚，但是在空间占用和数据访问模式上却不十分紧凑。为达到最佳的执行效果，需要以一种更加原始的方式表示三角形，如程序清单 2.5 所示。

```
1 var positions = [
2   0.0, 0.0,  // 1st vertex
3   1.0, 0.0,  // 2nd vertex
4   0.0, 1.0   // 3rd vertex
5 ];
```

程序清单 2.5　利用标量数组定义三角形

注意，程序清单 2.5 将三角形表示为一个包含 6 个数值的数组，其中，每一个数值对代表一个顶点的二维坐标。通常，在一个一维数值数组中按顶点顺序以及坐标顺序逐个存储几何图元顶点的属性(构成三角形的三个顶点的位置)正是 WebGL 要求定义几何数据时应该遵循的规范。

下面将更进一步，将图形数据转换为低层次的表示形式。JavaScript 数组不是存储于连续的内存块中，而且也是非一致性的(元素可以具有不同的类型)，而 WebGL 要求数据以原始格式存储于连续的存储空间中，因此数据无法直接传递给 WebGL。因此，WebGL 规范导致了用于表示连续的强类型数组的新 JavaScript 对象的定义。类型数组(Typed Array)规范定义了一系列对象，例如 Uint8Array(无符号 8 位整数)，Float32Array(32 位浮点数)。这些类型可用于创建 JavaScript 原生数组的低层形式。

```
1  var typedPositions = new Float32Array(positions);
```

另外，还可以不使用原生数组，采用直接的方式填充数组

```
1  var typedPositions = new Float32Array(6); // 6 floats
2  typedPositions[0] = 0.0;  typedPositions[1] = 0.0;
3  typedPositions[2] = 1.0;  typedPositions[3] = 0.0;
4  typedPositions[4] = 0.0;  typedPositions[5] = 1.0;
```

通过镜像(如创建一个 WebGL 内部副本)可以将上述数据封装在一个 WebGL 对象中。如上所述，WebGL 需要利用与原生数据结构对应的自身结构，此时，包含顶点属性的 JavaScript 类型数组通过一个 WebGLBuffer 对象实现镜像

```
1  var positionsBuffer = gl.createBuffer();
2  gl.bindBuffer(gl.ARRAY_BUFFER, positionsBuffer);
3  gl.bufferData(gl.ARRAY_BUFFER, typedPositions, gl.STATIC_DRAW);
```

第 1 行创建了一个未初始化的大小为 0 的 WebGLBuffer，其引用保存于变量 positionsBuffer 中。第 2 行 WebGL 将 positionsBuffer 与目标 ARRAY_BUFFER 绑定。这是展现 WebGL 状态机特性的第一个实例：当对象 O 被绑定到特定的目标 T 时，每一施加于 T 的操作将施加于 O 上。第 3 行正是如此：将类型数组 typedPositions 中的数据发送到与目标 ARRAY_BUFFER 绑定的对象 WebGL 缓存 positionsBuffer。目标 ARRAY_BUFFER 仅限用于存储顶点属性的缓存。bufferData 方法的第三个参数暗含了 WebGL 绘制上下文，并告知其如何使用缓存：通过设定 STATIC_DRAW 声明将设置缓存内容一次，但是需要多次使用。

从以上低层次代码中可以看出，基于 WebGL 渲染流水线的角度，顶点仅仅是一组顶点属性值。因此，顶点属性可以是一个标量值(如一个数值)，也可以是二维、三维或者四维向量。数值或向量可以使用的标量类型包括整数、定点或浮点数。WebGL 规范对每一种表示方式的数值位数施加限制。对于代码质量和执行效率来说，为顶点属性确定最恰当的数据格式非常重要，数据结构性能的评估依赖于具体应用以及可支配的软硬件资源。

当准备好缓冲器，对于 WebGL 编程人员来说顶点属性是包含 1～4 个数字的一小块存储区，而一个顶点由若干属性构成。下面，需要告诉上下文如何逐个为顶点属性填充数据(本例只需要二维的位置属性)。流水线执行的第一个操作是收集顶点的所有属性，然后将数据包传递给顶点处理阶段。如图 2.3 所示，有若干属性槽(Slot)可以用来构成顶点(槽的实际数量取决于实现)。

下一步是选择一个槽，告诉上下文如何从中填充数据，代码如下：

```
1 var positionAttribIndex = 0;
2 gl.enableVertexAttribArray(positionAttribIndex);
3 gl.vertexAttribPointer(positionAttribIndex, 2, gl.FLOAT, false, ↩
    0, 0);
```

在第 1 行，将选中槽的索引存储于全局变量待用。索引值 0 是任意选择的，可以选择任意一个索引(在多属性情况下)。第 2 行，利用方法 enableVertexAttribArray 告知上下文 positionAttribIndex 槽(0)中的顶点属性应该从一个值数组进行填充，即以一个顶点缓存为属性数据源。最后，必须规范上下文，包括属性的数据类型以及如何进行填充。第 3 行中，方法 vertexAttribPointer 使用类 C 语法完成了这一任务，代码原型为

```
1 void vertexAttribPointer(unsigned int index, int size, int type,
2     bool normalized, unsigned int stride, unsigned int offset);
```

参数 index 是需要被规定的索引属性; size 代表属性的维数(二维向量); type 是符号常量，表明标量类型属性(如 gl.FLOAT 代表浮点数)；normalized 是标志，表示整数标量类型的属性是否必须被归一化(以后将看到更多，在任何刷新率下这个值将被忽略，因为属性标量类型不是整数类型)；stride 是顶点属性流中某一项起始地址到流中下一入口起始地址的字节数(0 代表没有缝隙，也就是属性紧密压缩，3 个浮点数一个挨着一个)；offset 是字节的偏移量，从当前绑定到 ARRAY_BUFFER 目标的 WebGLBuffer 的开始(本例中是 positionsBuffer)到数组中第一个属性的开始(0 代表恰好由存储缓存的起点开始)。

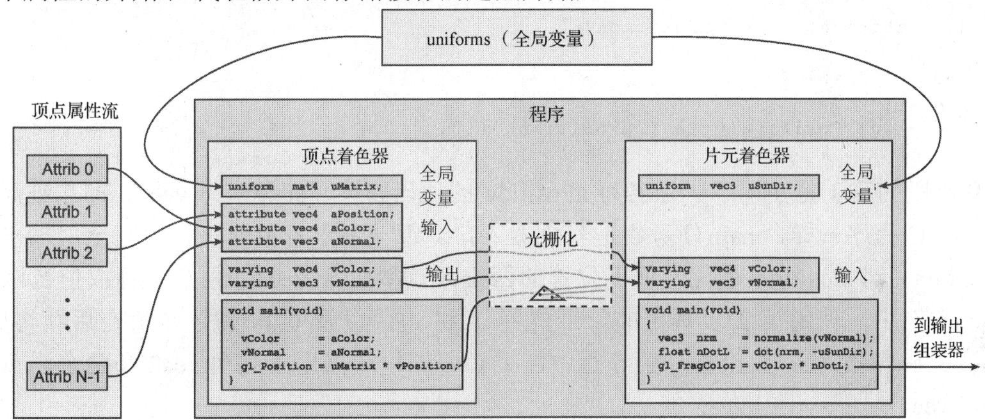

图 2.3　顶点流

创建几何图形的完整代码如程序清单 2.6 所示。

```
1 // global variables
2 // ...
3 var positionAttribIndex = 0;
4
5 function setupWhatToDraw() {
6   var positions = [
7     0.0, 0.0,  // 1st vertex
8     1.0, 0.0,  // 2nd vertex
9     0.0, 1.0   // 3rd vertex
10  ];
11
12  var typedPositions = new Float32Array(positions);
13
14  var positionsBuffer = gl.createBuffer();
15  gl.bindBuffer(gl.ARRAY_BUFFER, positionsBuffer);
16  gl.bufferData(gl.ARRAY_BUFFER, typedPositions,gl.STATIC_DRAW);
17
18  gl.enableVertexAttribArray(positionAttribIndex);
19  gl.vertexAttribPointer(positionAttribIndex, 2, gl.FLOAT, false↩
      , 0, 0);
20 }
```

程序清单 2.6　创建三角形的完整代码

至此，绘制上下文完成配置，可用于利用刚建立的顶点属性流来填充流水线。

步骤 4　定义绘制方法

将流水线配置用以填充三角形顶点后，需要规定对顶点将要执行的操作。如 2.2 节所述，WebGL 流水线的顶点着色阶段对应于逻辑流水线(参见 1.3.2 节)中的逐顶点操作阶段。这一阶段将于不具备顶点在几何图元(如三角形等)中的相邻信息的情况下依次处理顶点。这一阶段通过对输入流中的每个顶点依次执行顶点着色而完成操作：顶点着色器是由类 C 语言，即 OpenGL 着色语言(OpenGL Shading Language，GLSL)编写的用户程序，程序需要传递给绘制上下文然后进行编译。本书将不提供完整的 GLSL 概述，感兴趣的读者可以参考特定的手册。后续介绍 WebGL 时将利用特定的代码段解释 GLSL 的命令及其功能。下述代码将建立一个简单的顶点着色器：

```
1 var vsSource = " ... "; // GLSL source code
2 var vertexShader = gl.createShader(gl.VERTEX_SHADER);
3 gl.shaderSource(vertexShader, vsSource);
4 gl.compileShader(vertexShader);
```

注意，当完成 WebGLShader 对象的创建(第 2 行)之后，其源代码通过一个 JavaScript 原生串传递到 shader-Source( )方法而简单完成代码设置(第 3 行)。最后，需要编译着色器(第 4 行)。实例的 GLSL 源代码 vsSource 为

```
1 attribute vec2 aPosition;
2
3 void main(void)
4 {
5   gl_Position = vec4(aPosition, 0.0, 1.0);
6 }
```

代码段的第 1 行声明了一个名为 aPosition 的顶点属性，其类型为 vec2，即二维浮点型向量。与 C 程序一样，main()函数是着色器入口。每一顶点着色器负责改写全局输出变量 gl_Position。gl_Position 是代表顶点位置的四维浮点型向量 vec4，顶点坐标取值范围由−1 到+1。本例中，使用第 2 步规定的二维位置(x 和 y)，以及 0 和 1(这个值在后续将更多)作为第 3(z)和第 4(w)维坐标。第 5 行中，类 C++的构造器用于利用 vec2 和两个浮点型标量创建 vec4。

顶点着色器将依次处理输入流中的每一顶点，计算位置并将结果发送到图元组装阶段而组装顶点以形成几何图元。图元组装阶段将图元传递给光栅化阶段，光栅化通过对顶点着色器的输出属性(如果存在)进行插值而得到将在屏幕上显示的图元的片元。

类似对顶点的处理，通过建立片元色器(Fragment Shader，FS)以处理生成的每一个片元。创建片元着色器的方法与顶点着色器类似

```
1 var fsSource = " ... "; // GLSL source code
2 var fragmentShader = gl.createShader(gl.FRAGMENT_SHADER);
3 gl.shaderSource(fragmentShader, fsSource);
4 gl.compileShader(fragmentShader);
```

唯一不同的是在第 2 行需要将符号常量 FRAGMENT_SHADER 传递给创建函数而不是 VERTEX_SHADER。

在实例中，片元着色器简单地设置了每一个片元的颜色为蓝色，如下 GLSL 代码所示：

```
1 void main(void)
2 {
3   gl_FragColor = vec4(0.0, 1.0, 0.0, 1.0);
4 }
```

gl_FragColor 是内置的 vec4 输出变量，用于存储片元的颜色。向量的分量分别表示输出颜色的红、绿、蓝和 alpha 值(RGBA)，都是[0.0,1.0]范围内的浮点数。

如图 2.3 所示，顶点和片元着色器必须被封装并且链接到由 WebGLProgram 对象表示的程序中

```
1 var program = gl.createProgram();
2 gl.attachShader(program, vertexShader);
3 gl.attachShader(program, fragmentShader);
4 gl.bindAttribLocation(program, positionAttribIndex,"aPosition");
5 gl.linkProgram(program);
6 gl.useProgram(program);
```

第 1 行创建了 WebGLProgram 对象，然后将顶点和片元着色器与其进行关联(第 2 行和第 3 行)。第 4 行将属性流的槽和顶点着色器属性相关联：bindAttribLocation()方法通过配置程序使得顶点着色器属性 aPosition 的值必须由属性槽 positionAttribIndex 填充，也就是使用步骤 2 中配置顶点流时相同的槽。在第 5 行通过程序的链接在两个着色器之间建立联系，并在第 6 行使其成为当前活跃程序。

步骤 3 包含的完整操作过程如程序清单 2.7 所示。

```
1  function setupHowToDraw() {
2    // vertex shader
3    var vsSource = "\
4      attribute vec2 aPosition;                    \n\
5                                                   \n\
6      void main(void)                              \n\
7      {                                            \n\
8        gl_Position = vec4(aPosition, 0.0, 1.0);  \n\
9      }                                            \n\
10   ";
11   var vertexShader = gl.createShader(gl.VERTEX_SHADER);
12   gl.shaderSource(vertexShader, vsSource);
13   gl.compileShader(vertexShader);
14
15   // fragment shader
16   var fsSource = "\
17     void main(void)                              \n\
18     {                                            \n\
19       gl_FragColor = vec4(0.0, 1.0, 0.0, 1.0);  \n\
20     }                                            \n\
21   ";
22   var fragmentShader = gl.createShader(gl.FRAGMENT_SHADER);
23   gl.shaderSource(fragmentShader, fsSource);
24   gl.compileShader(fragmentShader);
25
26   // program
27   var program = gl.createProgram();
28   gl.attachShader(program, vertexShader);
29   gl.attachShader(program, fragmentShader);
30   gl.bindAttribLocation(program, positionAttribIndex,"aPosition"↩
       );
31   gl.linkProgram(program);
32   gl.useProgram(program);
33 }
```

程序清单 2.7 创建顶点和片元着色器的完整代码

完成顶点流以及处理顶点和片元的程序的配置之后，流水线可以开始进行绘制工作。

步骤 5 绘制

下面，将在屏幕上绘制第一个三角形。代码实现如下所示：

```
1 function draw() {
2   gl.clearColor(0.0, 0.0, 0.0, 1.0);
3   gl.clear(gl.COLOR_BUFFER_BIT);
4   gl.drawArrays(gl.TRIANGLES, 0, 3);
5 }
```

第 2 行定义的 RGBA 颜色用于清除颜色缓存(第 3 行)时使用。第 4 行函数 drawArrays() 的调用执行了实际的绘制，从顶点 0 开始的三个顶点创建三角形图元。

最后，将完整的 JavaScript 代码进行汇总，如程序清单 2.8 所示。

```
1  // global variables
2  var gl                 = null;
3  var positionAttribIndex = 0;
4
5  function setupWebGL() {
6    var canvas = document.getElementById("OUTPUT-CANVAS");
7    gl = canvas.getContext("experimental-webgl");
8  }
9
10 function setupWhatToDraw() {
11   var positions = [
12     0.0, 0.0,  // 1st vertex
13     1.0, 0.0,  // 2nd vertex
14     0.0, 1.0   // 3rd vertex
15   ];
16
17   var typedPositions = new Float32Array(positions);
18
19   var positionsBuffer = gl.createBuffer();
20   gl.bindBuffer(gl.ARRAY_BUFFER, positionsBuffer);
21   gl.bufferData(gl.ARRAY_BUFFER, typedPositions,gl.STATIC_DRAW);
22
23   gl.enableVertexAttribArray(positionAttribIndex);
24   gl.vertexAttribPointer(positionAttribIndex,
25     2, gl.FLOAT, false, 0, 0);
26 }
27
28 function setupHowToDraw() {
29   // vertex shader
30   var vsSource = "\
31     attribute vec2 aPosition;                    \n\
32                                  \n\
33     void main(void)                              \n\
34     {                                            \n\
35       gl_Position = vec4(aPosition, 0.0, 1.0);   \n\
36     }                                            \n\
37   ";
38   var vertexShader = gl.createShader(gl.VERTEX_SHADER);
39   gl.shaderSource(vertexShader, vsSource);
40   gl.compileShader(vertexShader);
41
42   // fragment shader
43   var fsSource = "\
44     void main(void)                              \n\
45     {                                            \n\
46       gl_FragColor = vec4(0.0, 0.0, 1.0, 1.0);   \n\
47     }                                            \n\
48   ";
49   var fragmentShader = gl.createShader(gl.FRAGMENT_SHADER);
50   gl.shaderSource(fragmentShader, fsSource);
51   gl.compileShader(fragmentShader);
52
53   // program
54   var program = gl.createProgram();
```

```
55    gl.attachShader(program, vertexShader);
56    gl.attachShader(program, fragmentShader);
57    gl.bindAttribLocation(program,
58      positionAttribIndex, "aPosition");
59    gl.linkProgram(program);
60    gl.useProgram(program);
61  }
62
63  function draw() {
64    gl.clearColor(0.0, 0.0, 0.0, 1.0);
65    gl.clear(gl.COLOR_BUFFER_BIT);
66    gl.drawArrays(gl.TRIANGLES, 0, 3);
67  }
68
69  function helloDraw() {
70    setupWebGL();
71    setupWhatToDraw();
72    setupHowToDraw();
73    draw();
74  }
75
76  window.onload = helloDraw;
```

程序清单 2.8 使用 WebGL 的第一个绘制实例

之前曾提到，本章中将为绘制一个三角形编写大量的代码。但是，在后续章节中将发现，理解这些步骤意味着掌握了任何绘制过程中的大部分工作。

2.4 WebGL 的支持库

至此，已经介绍了如何用 WebGL 建立和绘制一个简单三角形的方法。可以发现，要完成这一简单目标需要编写若干行的代码。因此，主要为简化 WebGL 的使用，促使了一些 WebGL 库的产生。Three.js (http://threejs.org) 是最著名 WebGL 库之一，另一个令人感兴趣的是 GLGE (http://www. glge. org)。本书将使用 SpiderGL (http://spidergl.org)。SpiderGL 完全由 JavaScript 编写，提供用于简化复杂 WebGL 图形应用开发的模块，包括用于加载三维图形数据内容的模块，用于处理矩阵和向量实体的数学工具 (JavaScript 没有提供此类数学实体以及实体间的相关运算)，用于为后续渲染简化着色器建立的模块，等等。注意，不需要掌握这个库来实现理解，而是在实践章节使用其所提供代码即可，因为将仅仅使用到其中一小部分。准确地说，通过使用库处理矩阵和向量及其相应操作，用于进行几何变换，加载并显示三维内容。在本书后续内容中，当 SpiderGL 命令出现在代码中时将对其进行详细解释。如果读者对 SpiderGL 更深入的细节感兴趣，可以参考其官方网站 (http://www.spidergl.org)。

2.5 NVMC 简介

选择一个交互式电子游戏是实践计算机图形学原理的一种非常直接的方法，原因如下：

交互性 电子游戏的实现严格受限于绘制场景所花费的时间。游戏动态化程度越高，刷新率就越高。赛车游戏的图像需要达到每秒 40～50 次的刷新率，否则游戏将因为响应太慢而难以进行。因此，开发人员具有强烈的动力以寻找高效的方法用于快速绘制场景。

理论与实践的自然映射 本书以增量方式介绍计算机图形学的大部分概念，每一章的内容是理解下一章内容所必须掌握的内容。幸运的是，每一章介绍的概念都可以立刻用于电子游戏的构建。例如，第3章介绍的代码实例将成为第4章代码实例的组成部分，以此类推。在一些章节中，这些代码实例将命名为“客户端升级”。所有的代码实例将实现从一个空的场景到完整场景的高级渲染。

成就感 如前所述，本书将提供完整的场景描述并且完成场景渲染。完成这一工作有很多可选择的方式，而且基本不可能出现两个独立的开发过程而得到相同结果的情况。也就是说，开发过程不仅仅是在进行练习，同时也是根据自己的喜好由草图进行创作的过程。简言之，计算机图形学非常有趣。

完整性 计算机图形学的学习过程中经常会出现这样的情况，比起其他内容，我们对某一特定的子课题更加感兴趣，因而选择在这一课题上进行工程开发，而忽略了其他。将要介绍的赛车游戏渲染过程将避免这种不利的情况，因为图形学的所有基础概念在渲染过程中都是必需且无法绕过的。

2.5.1 架构

NVMC是一个多玩家在线赛车游戏，游戏的实现除了渲染工作，还包括网络、物理仿真和同步问题。然而，这些问题超出本书的讨论范围，仅仅将其视为黑箱。因此，后续讨论中将假设这些内容已经实现，只需要了解其使用方法。唯一没有纳入黑箱的场景渲染内容是需要被重点关注的。图2.4展示了NVMC框架的体系结构。

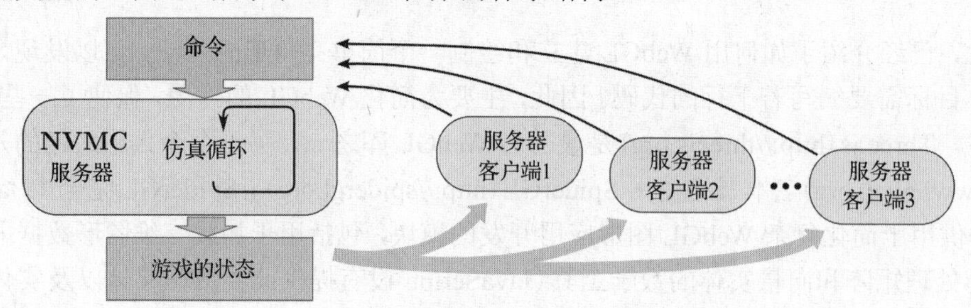

图2.4 NVMC框架的体系结构

NVMC服务器管理赛车的物理仿真过程，每一个NVMC客户端对应一个玩家。游戏状态包含所有玩家的列表及其状态(位置、速度、破损和每一玩家的其他属性)，以及一些通用数据，例如，日期时间、赛道状况(干燥、潮湿或是泥泞)等。客户端需要向服务器发送命令以控制其赛车，如TURN_LEFT，TURN_RIGHT，PAUSE等，这些消息是仿真的输入。服务器以固定的时间步向所有客户端广播赛道状态以使其能够进行渲染工作。

2.5.2 NVMC类用于描述世界

所有的服务器接口都被封装在NVMC的类中。图2.5给出了通过NVMC类的成员函数访问场景元素的方法，包括赛道、赛车、树木、建筑物等。图中展示的只是一部分内容，场景中还存在一些未曾展示的元素(日照方向、天气条件等)。完整的场景元素列表请参考附录A。此外，类中还包括赛车的控制方法，以及与服务器进行通信的方法。注意，由于NVMC类也实现了服务器端的功能，因此框架可以不与任何网络服务器相连而进行本地应用。

```
var NVMC = { };
NVMC.PhysicsDynamicState = function () {...};
NVMC.InputState = function () {...};
NVMC.Player = function (id) {...};
NVMC.Player.prototype = { //...
  get id()            { ... },
  get dynamicState()  { ... },
  get inputState()    { ... }
};
NVMC.GamePlayers = function () {//...
  get count() {...},
  get opponentsCount() {...},
  get all() {...},
  get me() {...},
  get opponents() {...}
};
NVMC.Track = function (){...}
NVMC.Tree = function (){...}
NVMC.Trees = list of Trees
NVMC.Building = function (){...}
NVMC.Buildings = list of Buildings
/*...*/
NVMC.GameState = function () {...};
  //...
  get players() {...}
};
NVMC.Game = function () {...};
```

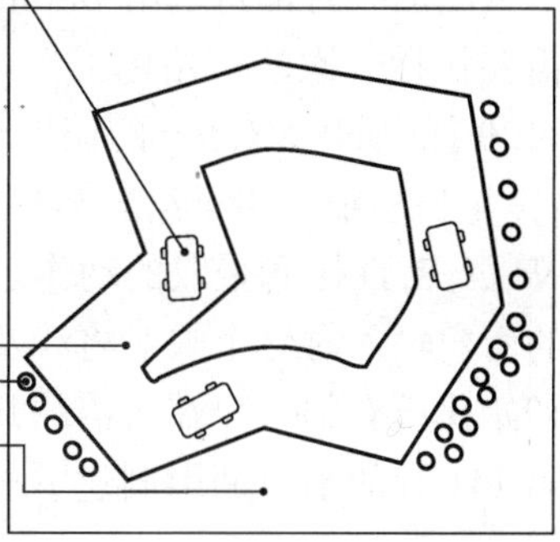

图 2.5　用于实现赛场所有信息的 NVMC 类

2.5.3　基本客户端

本节将不再介绍新的 WebGL 概念，只是通过简单的扩展和重组 2.3 节的实例使其更加模块化以适应后续的开发工作。

图 2.6 展示了一个最基础的 NVMC 客户端，赛车由三角形表示，其余部分都是蓝屏显示。这个客户端仅仅实现了一个名为 NVMCClient 的 JavaScript 对象。

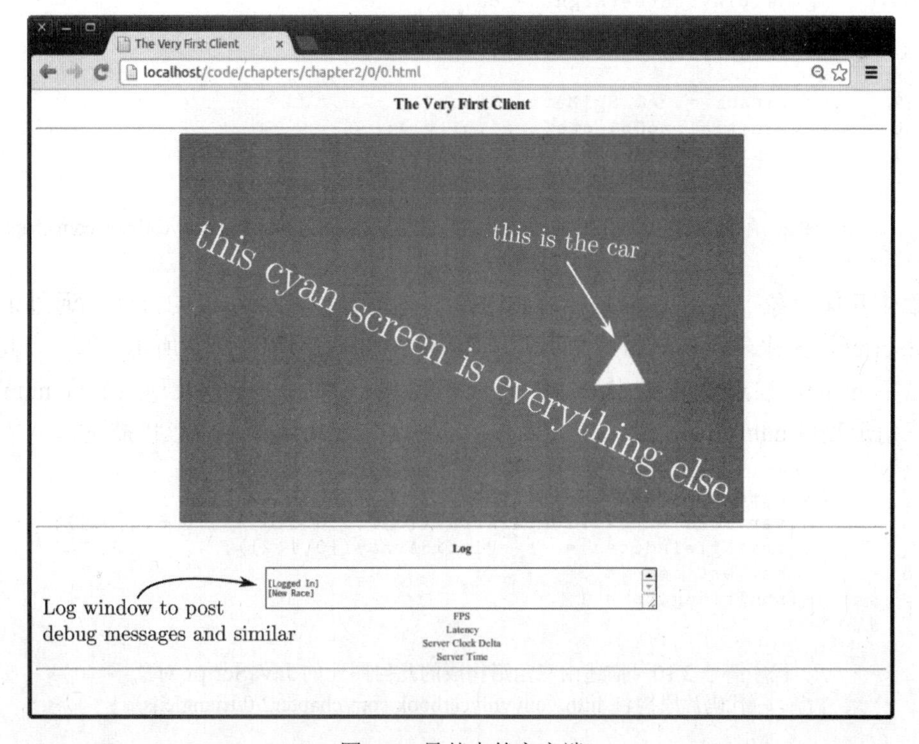

图 2.6　最基本的客户端

本书后续所需要做的工作就是通过方法重写来扩展 NVMCClient 对象，使得客户端升级包含新的渲染特性。下面，将介绍最基础版本 NVMCClient 中包含的主要方法。

初始化　每个页面加载时都将调用 onInitialize 方法。初始化方法完成对所有图形资源和数据结构都需要执行一次的初始化工作。最基础客户端中的初始化实现细节如程序清单 2.9 所示。第 120 行中 NVMC.log 的调用对位于画布下方的日志窗口推送了一条文本消息(如图 2.6 所示)。日志窗口用于给出客户端当前版本信息和反馈的错误信息。第 124 行到第 136 行在 W, A, S, D 键和采取的动作之间创建映射，当按键被按下时启动相应的动作。当需要更多的用户输入时这个映射将涉及更多的按键(如车前灯的开关)。第 140 行的函数调用用于初始化所有的客户端所需的几何对象，本例只涉及程序清单 2.6 所示的三角形。最后，第 141 行的函数调用创建了一个着色器程序。

```
119  NVMCClient.onInitialize = function () {
120    NVMC.log("SpiderGL Version : " + SGL_VERSION_STRING + "\n");
121
122    var game = this.game;
123
124    var handleKey = {};
125    handleKey["W"] = function (on) {
126      game.playerAccelerate = on;
127    };
128    handleKey["S"] = function (on) {
129      game.playerBrake = on;
130    };
131    handleKey["A"] = function (on) {
132      game.playerSteerLeft = on;
133    };
134    handleKey["D"] = function (on) {
135      game.playerSteerRight = on;
136    };
137    this.handleKey = handleKey;
138
139    this.stack = new SglMatrixStack();
140    this.initializeObjects(this.ui.gl);
141    this.uniformShader = new uniformShader(this.ui.gl);
142  };
```

程序清单 2.9　onInitialize 函数。每当页面加载时函数被调用(代码片段摘自 http://envymycarbook.com/chapter2/0/0.js)

初始化几何对象　在方法中需要特别注意创建场景中几何对象的方法。通过定义一个 JavaScript 对象来表示由一组三角形构成的图元，如程序清单 2.10 所示。每一个几何对象有名字 name，顶点数组 vertices，三角形索引 triangleIndices 以及顶点数目 numVertices 和三角形数目 numTriangles。3.8 节和 3.9 节将更加细化这一几何形状描述。

```
1  function Triangle() {
2    this.name = "Triangle";
3    this.vertices = new Float32Array([0,0,0,0.5,0,-1,-0.5,0,-1]);
4    this.triangleIndices = new Uint16Array([0,1,2]);
5    this.numVertices  = 3;
6    this.numTriangles = 1;
7  };
```

程序清单 2.10　描述由三角形构成的几何图元的 JavaScript 对象
(代码片段摘自 http://envymycarbook.com/chapter2/0/triangle.js)

下面，将利用这些 JavaScript 对象定义用于创建 WebGL 缓存的函数，如程序清单 2.11 所示。

```
35 NVMCClient.createObjectBuffers = function (gl, obj) {
36   obj.vertexBuffer = gl.createBuffer();
37   gl.bindBuffer(gl.ARRAY_BUFFER, obj.vertexBuffer);
38   gl.bufferData(gl.ARRAY_BUFFER, obj.vertices, gl.STATIC_DRAW);
39   gl.bindBuffer(gl.ARRAY_BUFFER, null);
40
41   obj.indexBufferTriangles = gl.createBuffer();
42   gl.bindBuffer(gl.ELEMENT_ARRAY_BUFFER, obj.↩
       indexBufferTriangles);
43   gl.bufferData(gl.ELEMENT_ARRAY_BUFFER, obj.triangleIndices, gl↩
       .STATIC_DRAW);
44   gl.bindBuffer(gl.ELEMENT_ARRAY_BUFFER, null);
45
46   // create edges
47   var edges = new Uint16Array(obj.numTriangles * 3 * 2);
48   for (var i = 0; i < obj.numTriangles; ++i) {
49     edges[i * 6 + 0] = obj.triangleIndices[i * 3 + 0];
50     edges[i * 6 + 1] = obj.triangleIndices[i * 3 + 1];
51     edges[i * 6 + 2] = obj.triangleIndices[i * 3 + 0];
52     edges[i * 6 + 3] = obj.triangleIndices[i * 3 + 2];
53     edges[i * 6 + 4] = obj.triangleIndices[i * 3 + 1];
54     edges[i * 6 + 5] = obj.triangleIndices[i * 3 + 2];
55   }
56
57   obj.indexBufferEdges = gl.createBuffer();
58   gl.bindBuffer(gl.ELEMENT_ARRAY_BUFFER, obj.indexBufferEdges);
59   gl.bufferData(gl.ELEMENT_ARRAY_BUFFER, edges, gl.STATIC_DRAW);
60   gl.bindBuffer(gl.ELEMENT_ARRAY_BUFFER, null);
61 };
```

程序清单 2.11 创建绘制对象(代码片段摘自 http://envymycarbook.com/chapter2/0/0.js)

以上两个函数是程序清单 2.6 所示的 setupWhatToDraw()函数的更加模块化的实现,用于创建 JavaScript 对象以及 WebGL 中与对象相关内容。第 36 行、第 41 行和第 57 行通过 WebGL 缓存中对象的顶点、三角形和边的数据扩展了输入的 JavaScript 对象(本例是一个三角形对象)。边的信息是由三角形列表推导出来的,每一个由索引(i, j, k)表示的三角形将创建三条边:边(i, j)、边(j, k)和边(k, i)。这种实现方式没有考虑两个三角形是否共享一条边,因此将得到同一条边的两份副本。

程序清单 2.12 给出了基础客户端中以上两个函数的使用方法。

```
63 NVMCClient.initializeObjects = function (gl) {
64   this.triangle = new Triangle();
65   this.createObjectBuffers(gl, this.triangle);
66 };
```

程序清单 2.12 创建几何对象(代码片段摘自 http://envymycarbook.com/chapter2/0.js)

渲染 程序清单 2.13 中的函数 drawObject 用于执行真正的绘制工作。与程序清单 2.7 所示的代码实例不同,程序清单 2.13 将绘制三角形及其边,并且传递所需的颜色(如 fittColor 和 lineColor)。至此,由 JavaScript 代码传递给着色器程序的唯一数据就是顶点的属性,更具体地说,是顶点的位置。下面将传递待用的颜色。颜色是全局数据,即对于顶点着色器所处理的各个顶点或者对于片元着色器处理的片元来说颜色值都一样。全局类型的变量必需使用 GLSL 关键字 uniform 进行声明。完成与着色器程序链接之后,可以利用函数 gl.getUniform-Location(参见程序清单 2.14 第 52 行)查询变量的句柄,然后可以利用函数 gl.uniform(参见程序清单 2.13 第 20 行和第 25 行)根据句柄设置颜色值。注意,函数 gl.uniform 的后缀表明了函数参数的类型。例如,4fv 表示包含 4 个浮点数的数组,1i 表示 1 个整数,等等。

```
10 NVMCClient.drawObject = function (gl, obj, fillColor, lineColor)↩
       {
11   gl.bindBuffer(gl.ARRAY_BUFFER, obj.vertexBuffer);
12   gl.enableVertexAttribArray(this.uniformShader.aPositionIndex);
13   gl.vertexAttribPointer(this.uniformShader.aPositionIndex, 3, ↩
         gl.FLOAT, false, 0, 0);
14
15   gl.enable(gl.POLYGON_OFFSET_FILL);
16
17   gl.polygonOffset(1.0, 1.0);
18
19   gl.bindBuffer(gl.ELEMENT_ARRAY_BUFFER, obj.↩
         indexBufferTriangles);
20   gl.uniform4fv(this.uniformShader.uColorLocation, fillColor);
21   gl.drawElements(gl.TRIANGLES, obj.triangleIndices.length, gl.↩
         UNSIGNED_SHORT, 0);
22
23   gl.disable(gl.POLYGON_OFFSET_FILL);
24
25   gl.uniform4fv(this.uniformShader.uColorLocation, lineColor);
26   gl.bindBuffer(gl.ELEMENT_ARRAY_BUFFER, obj.indexBufferEdges);
27   gl.drawElements(gl.LINES, obj.numTriangles * 3 * 2, gl.↩
         UNSIGNED_SHORT, 0);
28
29   gl.bindBuffer(gl.ELEMENT_ARRAY_BUFFER, null);
30
31   gl.disableVertexAttribArray(this.uniformShader.aPositionIndex)↩
         ;
32   gl.bindBuffer(gl.ARRAY_BUFFER, null);
33 };
```

程序清单 2.13 绘制几何对象(代码片段摘自 http://envymycarbook.com/chapter2/0.js)

NVMC 客户端的着色器程序封装于一个 JavaScript 对象中，如程序清单 2.14 所示。因此，需要利用通用接口进行成员访问(如编写的每一个着色器中顶点位置将总是命名为 aPositionIndex)。

```
1  uniformShader = function (gl) {
2    var vertexShaderSource = "\
3      uniform   mat4 uModelViewMatrix;                  \n\
4      uniform   mat4 uProjectionMatrix;                 \n\
5      attribute vec3 aPosition;                         \n\
6      void main(void)                                   \n\
7      {                                                 \n\
8        gl_Position = uProjectionMatrix *               \n\
9        uModelViewMatrix * vec4(aPosition, 1.0);        \n\
10     }                                                 \n\
11   ";
12
13   var fragmentShaderSource = "\
14     precision highp float;                            \n\
15     uniform vec4 uColor;                              \n\
16     void main(void)                                   \n\
17     {                                                 \n\
18       gl_FragColor = vec4(uColor);                    \n\
19     }                                                 \n\
20   ";
21
22   // create the vertex shader
23   var vertexShader = gl.createShader(gl.VERTEX_SHADER);
24   gl.shaderSource(vertexShader, vertexShaderSource);
25   gl.compileShader(vertexShader);
26
27   // create the fragment shader
28   var fragmentShader = gl.createShader(gl.FRAGMENT_SHADER);
29   gl.shaderSource(fragmentShader, fragmentShaderSource);
30   gl.compileShader(fragmentShader);
```

```
31
32    // Create the shader program
33    var aPositionIndex = 0;
34    var shaderProgram = gl.createProgram();
35    gl.attachShader(shaderProgram, vertexShader);
36    gl.attachShader(shaderProgram, fragmentShader);
37    gl.bindAttribLocation(shaderProgram, aPositionIndex, "↩
        aPosition");
38    gl.linkProgram(shaderProgram);
39
40    // If creating the shader program failed, alert
41    if (!gl.getProgramParameter(shaderProgram, gl.LINK_STATUS)) {
42      var str = "Unable to initialize the shader program.\n\n";
43      str += "VS:\n" + gl.getShaderInfoLog(vertexShader) + "\n\n";
44      str += "FS:\n" + gl.getShaderInfoLog(fragmentShader) + "\n\n↩
          ";
45      str += "PROG:\n" + gl.getProgramInfoLog(shaderProgram);
46      alert(str);
47    }
48
49    shaderProgram.aPositionIndex = aPositionIndex;
50    shaderProgram.uModelViewMatrixLocation = gl.getUniformLocation↩
        (shaderProgram, "uModelViewMatrix");
51    shaderProgram.uProjectionMatrixLocation = gl.↩
        getUniformLocation(shaderProgram, "uProjectionMatrix");
52    shaderProgram.uColorLocation = gl.getUniformLocation(↩
        shaderProgram, "uColor");
53
54    return shaderProgram;
55  };
```

程序清单 2.14 用于进行绘制的着色器程序(代码片段摘自 http://envymycarbook.com/chapter2/0/0.js)

游戏接口 game 是 NVMCClient 类中与 NVMC 类对应的成员，用于与游戏进行交互。game 既可用于输入仿真数据，也可用于读取场景信息。在当前版本的客户端中，仅仅可以获取玩家赛车的位置，如下述代码所示(参见程序清单 2.15)。

```
94    var pos = this.myPos()
```

程序清单 2.15 访问场景元素(代码摘自http://envymycarbook.com/chapter2/0/0.js)

2.5.4 代码的组织方式

NVMC 客户端的不同版本将以如下方式进行组织：每一客户端对应一个文件夹。每一章的客户端代码分开存放，在每一章内从 0 开始进行编号(参见图 2.7)。例如，第 X 章的第二个客户端(编号为 1)对应于文件夹 **chapterX/1**。每一客户端的文件夹包含一个 HTML 文件 **[client_number].html**，一个文件名为 **shaders.js** 的文件用于用户创建的着色器，一个或多个 javascript 文件用于存储客户端中创建的新几何图元的代码，一个文件文件名为 **[client_number].js** 的文件包含 **NVMCClient** 类的实现。

需要特别强调的是，每一 **[client_number].js** 文件仅包含相对于前一版本客户端的修改部分，而在 HTML 文件中显式地包含类 NVMCClient 的前一版本。因此，之前在每一客户端文件中定义的所有内容将进行语法分析。这是一种十分简便的做法，因为只需要通过写入新的部分来丰富客户端或重新定义已有的函数。例如，函数 **createObject Buffers** 直到第 5 章才需要更改，所以不会出现在第 4 章的客户端代码中。读者也许会置疑，许多在新版本中重写的函数，没有被调用却进行了语法分析。虽然这是减慢 Web 页面加载时间的无用过程，但是为教学目的，仍倾向于这样执行。当完成客户端的最终版本时，可以移走重写的内容。

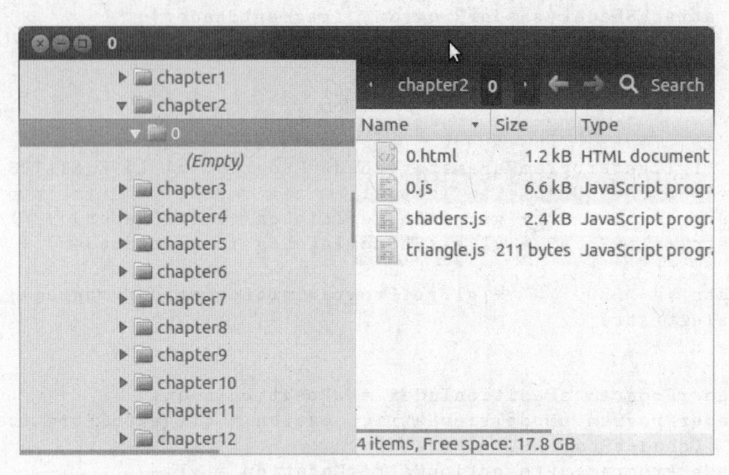

图 2.7 NVMC 客户端文件组织

与之相反，由于不需要经常使用相同着色器程序的进化版本，因此着色程序不是以增量方式编写，而是在同一客户端中将经常使用多个着色器程序。几何对象的情况也是如此。基础客户端中介绍了 **`Triangle`** 的创建方法，下一章将编写用于后续客户端的 **`Cube`**、**`Cone`** 以及其他简单图元的代码。

第 3 章　三维模型表示方式

近些年，三维数字数据在一些应用领域内的传播和使用经历了一场巨大变革。其他数字媒介也曾经发生过类似的变革，如音频、视频和图像。变革促进了三维数字数据表示新方法的发展。本章将简要介绍一些计算机上三维对象几何结构的表示方法，主要目的是希望读者从中了解到在图形应用中如何处理三维模型几何结构。

需要注意，本章关于参数曲线和曲面(参见 3.4 节)以及细分曲面(参见 3.7 节)的介绍仅仅用于知识体系的完整性，并不会在所给实例以及游戏开发实例中使用。如果读者希望深入图形开发的核心并快速进入下一章内容，那么可以阅读本章前几节的概念介绍而跳过数学细节。此时需要特别关注多边形网格(参见 3.2 节)及其实现(参见 3.8 节和实例部分)，因为本书后续都将使用此类表示方法。

3.1　概述

三维模型一般是指空间中物理实体对象的数学表示。具体来说，三维模型是由其形状和颜色外观的描述构成的。本章的重点内容是几何数据的表示方法，将对最常用的表示方法进行全面介绍，并且阐述每一种方法的特点。

通常，三维对象的表示方法可以分为面表示和体表示两种类型。

面表示　也就是表示三维对象的表面。边界表示也称为 b-rep 模型。本章后续将介绍一些常用的边界表示方法，包括多边形网格、隐式曲面和参数曲面。

体表示　表示三维对象的体积。常用的体数据表示方法包括体素(参见 3.5 节)和构造实体几何(参见 3.6 节)。

三维模型的表示依赖于模型的创建方式以及其应用环境。模型的几何表示有多种来源，下面具体给出几种。

3.1.1　现实世界数字化

数字化技术通过对实体对象进行测量以获得其数字描述，这一过程与通过摄影获得二维图像类似。三角测量技术(Triangulation-based Techniques)是最知名的数字化技术之一，其主要思想是：对将要进行数字化的对象的表面投射特定模式的光，然后利用摄像机对表面的光反射过程进行拍摄。投影仪和摄像机(通常悬置在相同的物理设备上)的相对位置是已知的，因此可以推导出来光投射在表面上的每个点的位置。激光扫描仪是一种基于三角测量技术的扫描仪，其投射光的模式很简单，就是一层薄薄的激光束对表面进行扫描(这样每张照片找到一个三维点)。此外，还包括结构光扫描仪，其投射模式是向物体表面投射条纹。Kinect 也是一种知名的三角测量技术，其投射模式是向物体表面投射人眼不可见的红外光谱。飞行时间(Time-of-Flight)技术同样是将激光束投射到物体表面，然后测量光束到达表面以及返回设备的时间，这样就可以简单地通过公式获取距离：距离=光速×时间。

上述技术都是将光束投射到物体表面，因此统称为主动技术(Active Techniques)。相反地，仅使用摄像机(照片或视频)的方法称为被动技术(Passive Techniques)。被动技术利用一组图像，通过现代计算机视觉技术重建三维模型。简而言之，其思想是在两张或者更多的图像上可以匹配相同的点。如果在多个点上能够实现，就可以估测相机的位置和点的三维位置。注意，这也正是人类感知深度的方式，两只眼睛看到两张图像，大脑确定其对应关系。

3.1.2 几何建模

艺术家或者技术人员使用几何建模软件，例如 Maya，3D Studio，Max，Rhinoceros，Blender 等，以交互方式设计三维模型。

3.1.3 过程建模

三维模型也可以利用过程方法自动生成。分型是一种过程建模方法，三维模型的生成方法通常是利用语法规则描述对象的生成方式。

3.1.4 仿真

数字仿真技术已经应用于一些实际的领域。例如，天气预报中的风力、温度和气压的仿真；流体动力学研究流体的运动和行为，用于发动机，心泵(Cardiac Pump)、汽车等设计。通常，产生的数据可以自然映射为三维模型，如低压区的波前映射为 b-rep 模型，或者流体速度映射为体模型。

下面，我们分析几种三维对象的表示方法及其优缺点。

3.2 多边形网格

直观上看，一个多边形网格是利用多边形单元，如三角形、四边形等，对一个连续曲面的分割。图 3.1 给出了一个三角形网格实例。更形式化的描述为：网格$\mathcal{M}$可以被定义为一个多元组($\mathcal{V}$，$\mathcal{K}$)，其中，$\mathcal{V}=\{v_i \in \mathbb{R}^3 \mid i=1\cdots N_v\}$是模型的顶点集合($\mathbb{R}^3$中的点)，$\mathcal{K}$包含点之间的连接信息(Adjacency Information)，即顶点如何连接以形成网格的边和面。例如，由一个三角形构成的网格可以表示为($\{v_0, v_1, v_2\}$，$\{\{v_0, v_1\}, \{v_1, v_2\}, \{v_2, v_0\}, \{v_0, v_1, v_2\}\}$)，多元组中的元素分别代表三个顶点、三条边及其构成的三角形。

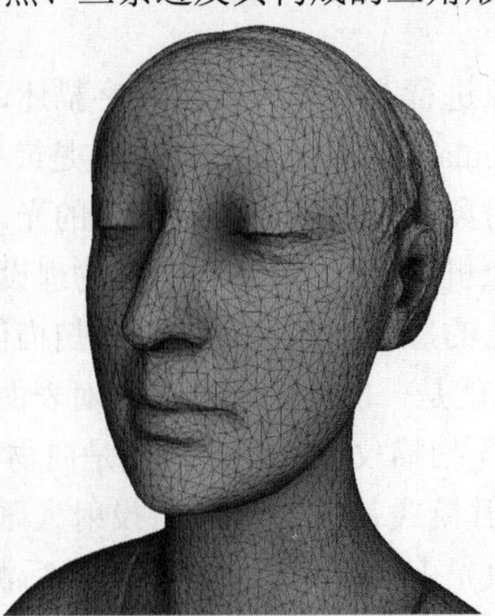

图 3.1 多边形网格实例(大约包含 22 000 个面片)

计算机图形学中最常用的多边形网格是三角形网格和四边形网格。由于绘制过程总是绘制线段或三角形的顶点，而四边形网格可以通过分割每一个四边形为两个三角形而转换为三角形网格，因此本书后续提及网格时都是指三角形网格。

3.2.1　三角形扇和三角形带

一个顶点 v_i 的相邻顶点集合称为顶点的 1 环(1-ring)，定义为 $v_1(i)=\{j|i,j\}\in\mathcal{K}\}$。$v_1(i)$ 的基数称为顶点 v_i 的度(degree)或价(valence)。

共享一个顶点的一组相邻三角形称为三角形扇[参见图 3.2(b)]，而可以无歧异地通过枚举顶点进行说明的一组三角形称为三角形带。更具体地，给定顶点的有序列表 $\{v_0,v_1,\cdots,v_n\}$，三角形 i 可由顶点 $\{v_i,v_{i+1},v_{i+2}\}$ 表示[参见图 3.2(a)]。三角形带和三角形扇用于压缩物体的网格表示。n 个顶点的三角形带可以表示 n–2 个三角形，因此，100 个三角形的三角形带需要存储 102 个顶点而不是 300 个。存储的顶点数目随着三角形数目的增加而增加，顶点的平均数 $\overline{v}_t$ 可以表示由 m 个三角形组成的三角形带中的一个三角形，计算形式为 $\overline{v}_t=1+2/m$。在三角形扇情况下，顶点有序列表 $\{v_0,v_{i+1},v_{i+2}\}$ 表示一个共享顶点 v_0 的三角形 i。三角形扇与三角形带具有相同的压缩性能，即每三角形的顶点平均数相同。

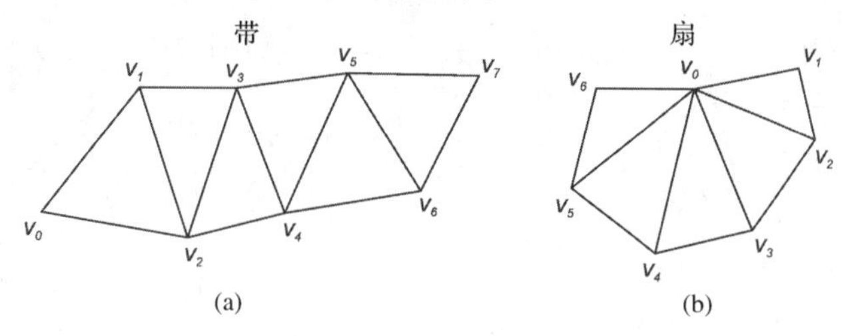

图 3.2　(a)三角形带；(b)三角形扇

3.2.2　流形

如果表面上每一点的相邻点与一个圆盘是同胚的(Homeomorphic)，那么这个表面是二维流形(2–manifold)的。简言之，如果有一个橡胶盘子，可以以 p 为中心将其附着到周围的表面。图 3.3(b)展示了我们无法做到这一点的两种情况。二维流形的定义可以扩展到有边界的面，方法是去掉圆盘的一半，然后使其附着到边界。

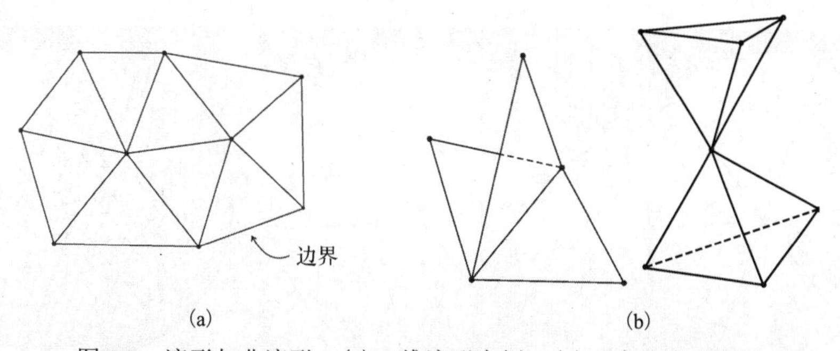

图 3.3　流形与非流形。(a)二维流形实例；(b)两个非流形实例

如上所述，流形是普通表面的一个特征，多边形网格曲面可以通过检查以下条件是否成立而确定是否流形：

- 边流形(Edge Manifold) 每一边由一个(也就是该边处在网格边界上)或两个面共享。
- 顶点流形(Vertex Manifold) 如果两个面 f_a 和 f_b 共享一个顶点，那么遍历顶点的 1 环的边可以从 f_a 移动到 f_b。换句话说，可以在不经过共享顶点本身的方式下遍历其所有的相邻点。

3.2.3 朝向

网格的每一个面片都是一个多边形，因此具有两面性。假设可以把面片的一面涂为黑色而另一面涂为白色。如果网格上的每一个面片都可以通过涂色，使得共享一条边的面片具有相同的颜色，则称网格是可定向的(Orientable)，而网格的朝向(Orientation)是为其两面分配黑色和白色的方式。实际上，可以依据顶点声明的顺序分配网格朝向，而不需要真的进行涂色。更准确地，如果遵从在K中声明的顶点顺序来查看一个表面，顶点将呈现出顺时针或逆时针的运动方向，如图 3.4 所示。显然，如果从页面的后面看同一个多边形面片，顶点的运动方向则恰好相反。可以设定多边形面片的涂有黑色的一面的顶点是逆时针方向。注意，如果在两个面片 f_1 和 f_2 的每一条共享边上，顶点在面片的描述中顺序相反，那么 f_1 和 f_2 朝向相同。

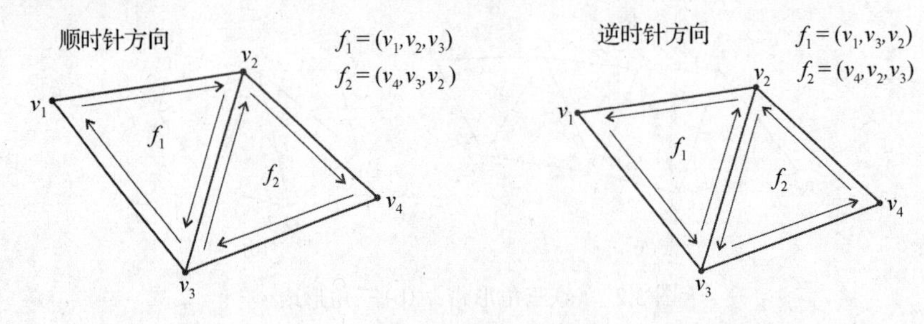

图 3.4 网格的朝向

3.2.4 多边形网格的优势和劣势

多边形网格在很多方面具有局限性。首先，网格是离散的表示方式，曲面只能够通过组成网格的多边形平面进行分段近似。所使用的多边形平面越多，曲面的近似表示效果就越好，如图 3.5 所示球面实例。

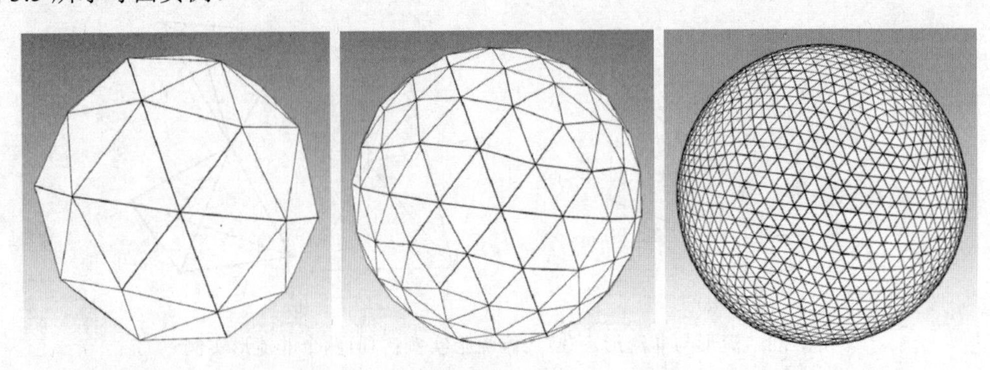

图 3.5 离散网格。仅能够近似表示曲面

另一个缺点是网格表示不紧凑，高细节模型需要大量数据进行表示。仍以球面为例，数学上只需要通过指定半径(一个数值)就可以完全刻画其形状，而多边形表示则需要更多的数据球面进行定义。图 3.6 展示了一个小型雕塑实例，利用多达 10 000 个面片其表面进行近似，与利用 100 000 个面片的近似表示结果相比，表面细节地描述仍然十分粗糙。当然，有很多专门技术可用于网格数据的压缩(参见文献[33])。

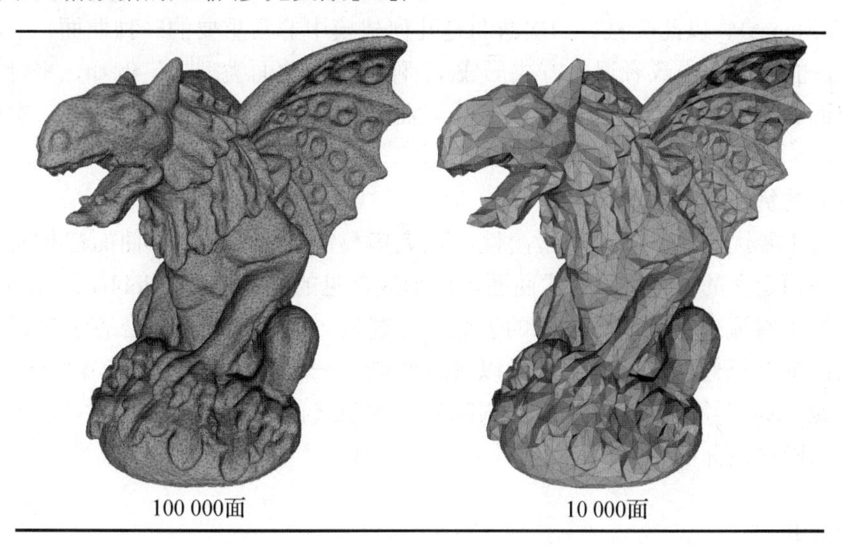

图 3.6　网格无法紧凑地表示一个模型：高度细节的表面表示需要更多面片

此外，多边形网格表示难以进行直接编辑。设计师或艺术家不得不仔细修改表面的每一个元素，以获得所需的效果。尽管目前存在用于网格编辑的用户接口，但网格编辑这一任务仍然存在很多问题。有一些其他表示方式可以使建模过程更加简单和自然，例如，非均匀有理样条表面 NURBS(参见 3.4 节)等参数曲面。最后的局限性在于，网格表示没有明显的参数化过程(更多关于网格参数化的概念参见 7.9 节)。

尽管存在这些问题，计算机图形学领域仍致力于网格处理，并且在大量的应用中使用多边形网格表示方式。最重要的原因之一是，相比于其他表示方式，多边形网格表示更为通用，即其他表示方式易于转换为多边形网格。而在介绍绘制流水线时，曾经提到另一个重要的原因，在屏幕上绘制三角形比绘制其他复杂的形状更为简单，而且易于优化。因此，处理多边形网格表面成为现代图形硬件的发展方向。

3.3　隐式曲面

隐式曲面定义使给定三元函数 $f(\cdot)$ 的函数值为 0 的点集 S。在三维空间中，隐式曲面定义如下：

$$S=\{(x,y,z)\in\mathbb{R}^3|f(x,y,z)=0\} \tag{3.1}$$

其中，$(x，y，z)$ 是点的笛卡儿直角坐标。集合 S 称为函数 $f(\cdot)$ 的 0 集。例如，半径为 r 的球体表面，可以表示为公式 $x^2+y^2+z^2=r^2$，也可以变换为标准形式 $x^2+y^2+z^2-r^2=0$。类似地，空间中的平面可以表示为函数 $ax+by+cz-d=0$，等等。相比于平面或球体等基本几何图形，一个复杂的三维对象需要利用一组隐式表面函数表示，其中的每一个函数表示其表面的一部分。

代数曲面(Algebraic Surfaces)是一类特殊的隐式曲面，其 $f(\cdot)$ 是一个多项式。代数曲面的次数是多项式 $a_m x^{i_m} y^{j_m} z^{k_m}$ 各项中指数之和的最大值。次数为 2 的代数曲面定义了一个二次曲面(Quadratic Surfaces)，3 次的多项式定义三次曲面(Cubic Surfaces)，4 次的多项式定义四次曲面(Quartic Surfaces)，以此类推。二次曲面是几何建模中非常重要的一种曲面。二次曲面与每一平面相交，能够以适当或者退化方式形成 17 种标准型曲面类型[40]。例如，平行平面、椭球面、椭圆锥面、椭圆柱面、抛物柱面、单叶双曲面、双叶双曲面都可以通过二次曲面与平面相交而得到。

隐式曲面的优势和劣势

隐式曲面主要优点之一就是其紧凑性。在大多数常见的实现中，曲面都是通过组合一些类球体隐式曲面定义的，而这些隐式曲面可以形成常见的滴状曲面(Blobby Surfaces)。隐式曲面表示可以用于对流体甚至固体对象的表面进行建模。但是，并不适合表示尖锐的特征，也难于进行曲面的全局修改。隐式曲面难以进行绘制，一般会转化为多边形网格进行绘制，或者利用光线跟踪算法绘制。而在用光线跟踪算法对隐式曲面进行绘制时，对于每一条视线，需要计算其与隐式曲面的交点。

3.4 参数曲面

下面，将以循序渐进的方式介绍与参数曲面相关的概念。首先，简要描述参数曲线的一般形式；然后，给出计算机图形学中两种重要的参数曲线：贝塞尔(Bézier)曲线和 B 样条(B-Spline)曲线；最后，介绍在现代几何建模软件工具中使用最多的参数曲面：贝塞尔曲面和非均匀有理 B 样条(NURBS)曲面。

3.4.1 参数曲线

三维空间中，参数曲线定义为参数空间($\mathbb{R}$ 的子集)到三维空间 $\mathbb{R}^3$ 的映射

$$C(t) = (X(t), Y(t), Z(t)) \tag{3.2}$$

其中，t 是曲线参数。通常，t 的取值范围是 0～1 之间，曲线的起点为 $C(0)$，终点为 $C(1)$。

假设，希望自由绘制一条曲线，并将其表示为参数曲线。除了个别简单情况，直接寻找 $X(t)$，$Y(t)$ 和 $Z(t)$ 的公式表达都是异常困难的任务。幸运的是，存在利用曲线的直观性表示形式推导参数方程的方法。例如，如图 3.7 所示，可以把曲线表述为一个控制点序列。通过直接连接控制点可以得到分段曲线。此外，还有更好的方法，通过引入一个调和函数基，能够以更平滑的方式连接控制点而获得一条平滑曲线。调和函数可以描述所得最终曲线或曲面的特征，例如：连续性和可微性，曲线或曲面是控制点的近似还是插值，等等。如果曲线经过所有的控制点，则得到控制点插值曲线[参见图 3.7(a)]；如果控制点只是引导曲线而不必位于曲线上，则得到控制点近似曲线[参见图 3.7(b)]。

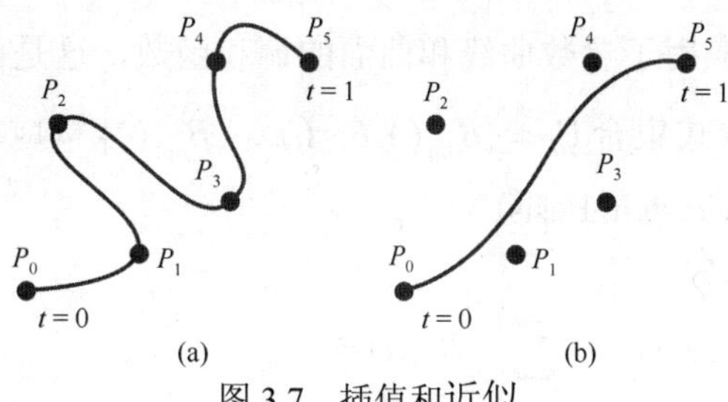

图 3.7　插值和近似

典型的参数曲线公式如下所示：

$$C(t)=\sum_{i=0}^{n}P_iB_i(t)\quad 0\leqslant t\leqslant 1 \tag{3.3}$$

其中，P_i 是控制点，$\{B_i(\cdot)\}$ 是调和函数。控制点集合也称为控制多边形。

3.4.2　贝塞尔曲线

贝塞尔曲线是计算机图形学中最常用的参数曲线之一，分别由法国汽车公司 Renault 的工程师 Pierre Bézier 和 Citroën 的工程师 Paul de Casteljau 独立开发，用于计算机辅助汽车设计。贝塞尔曲线的数学定义如下所示：

$$P(t)=\sum_{i=0}^{n}P_iB_{i,n}(t)\quad 0\leqslant t\leqslant 1 \tag{3.4}$$

其中，P_i 是控制点，$B_{i,\ n}(\cdot)$ 是 n 次伯恩斯坦多项式(Bernstein Polynomial)。

n 次伯恩斯坦多项式定义如下：

$$B_{i,n}(t)=\binom{n}{i}t^i(1-t)^{n-i}\quad i=0\cdots n \tag{3.5}$$

其中，$\binom{n}{i}$ 是二项式系数，即 $\binom{n}{i}=\dfrac{n!}{n!(n-i)!}$。图 3.8 展示了一次、二次和三次伯恩斯坦多项式基。

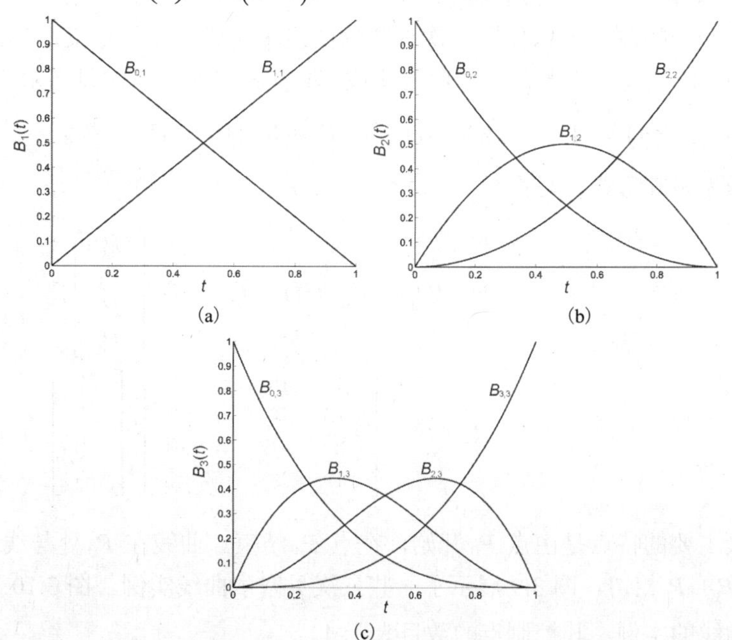

图 3.8　伯恩斯坦多项式。(a) 一次伯恩斯坦多项式基；(b) 二次伯恩斯坦多项式基；(c) 三次伯恩斯坦多项式基

伯恩斯坦多项式广泛应用于参数曲线和曲面的调和函数，这是由于其具有以下特征：

1．n 次伯恩斯坦多项式集合 $\mathcal{B}_n=\{B_{0,n}(\cdot),B_{1,n}(\cdot),\cdots,B_{n,n}(\cdot)\}$ 构成了多项式向量空间的基，称为伯恩斯坦基(Bernstein Basis)。

2．$\mathcal{B}_n$ 是 $\mathcal{B}_{n-1}$ 的线性组合。

3．集合中多项式之和为 1，即 $\sum_{i=0}^{n} B_{i,n}(t)=1$。

以上特性使得伯恩斯坦多项式可以高效地实现：多项式易于处理，n 次伯恩斯坦基可以利用 $n-1$ 次伯恩斯坦基表示(特征 2)，以此类推。实现过程中通常采用矩阵形式表示伯恩斯坦基，即利用多项式基 $\{1,t,t^2,t^3,\cdots,t^n\}$ 乘以一个定义伯恩斯坦基的系数矩阵(特征 1)。例如，二次伯恩斯坦基可以写为

$$B_2(t)=\begin{bmatrix}(1-t)^2 & t(1-t) & t^2\end{bmatrix}=\begin{bmatrix}1 & t & t^2\end{bmatrix}\begin{bmatrix}1 & 0 & 0\\ -2 & 2 & 0\\ 1 & -2 & 1\end{bmatrix} \tag{3.6}$$

三次贝塞尔曲线

基于式(3.4)定义的贝塞尔曲线的重要特性是，控制点的数目将影响所用的伯恩斯坦多项式的阶数。确切地说，$n+1$ 个控制点需要 n 阶伯恩斯坦基。由若干控制点定义的曲线需要一组高阶多项式，这在实际应用中效率较低。因此，通常在规定好所使用的多项式的阶数后，将控制点以确保曲线连续性的方式进行分组。例如，如果希望利用一阶伯恩斯坦多项式连接三个点，首先需要连接点 P_0 和 P_1，然后连接点 P_1 和 P_2。有趣的是，这类似于利用相应曲线段来连接给定点。实际上，一阶伯恩斯坦多项式为 $\{1-t,t\}$，因此可得

$$P(t)=P_0(1-t)+P_1t \quad 0\leqslant t\leqslant 1 \tag{3.7}$$

这相当于在点 P_0 和 P_1 之间进行线性插值。

通常，连接几个控制点可以使用三次贝塞尔曲线来完成。根据定义，三次贝塞尔曲线将由 4 个控制点和三阶伯恩斯坦基的线性组合构成。根据式(3.5)，三次贝塞尔曲线的形式如下：

$$P(t)=(1-t)^3P_0+3t(1-t)^2P_1+3t^2(1-t)P_2+t^3P_3 \tag{3.8}$$

将上式表示为矩阵形式，可得

$$\begin{aligned}P(t) &= \begin{bmatrix}(1-t)^3 & t(1-t)^2 & t^2(1-t) & t^3\end{bmatrix}\begin{bmatrix}P_0\\ P_1\\ P_2\\ P_3\end{bmatrix}\\ &= \begin{bmatrix}1 & t & t^2 & t^3\end{bmatrix}\begin{bmatrix}1 & 0 & 0 & 0\\ -3 & 3 & 0 & 0\\ 3 & -6 & 3 & 0\\ 1 & 3 & -3 & 1\end{bmatrix}\begin{bmatrix}P_0\\ P_1\\ P_2\\ P_3\end{bmatrix}\end{aligned} \tag{3.9}$$

上述曲线最主要的特点是由点 P_0 开始，在点 P_4 结束。曲线在 P_0 处与线段 P_1-P_0 相切，在 P_4 处与线段 P_3-P_2 相切。图 3.9 展示了一些三次贝塞尔曲线实例。图 3.10 展示了两个高于三阶的贝塞尔曲线的实例，其控制点的数目大于 4。

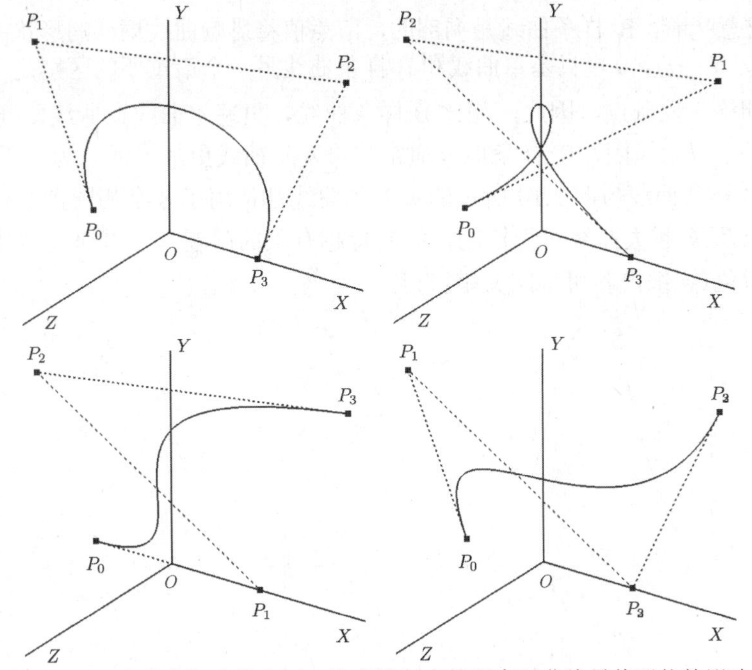

图 3.9　三次贝塞尔曲线实例。注意控制点的顺序对曲线最终形状的影响

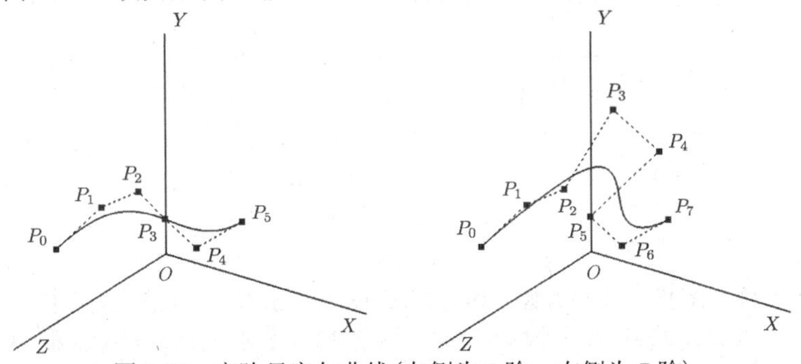

图 3.10　高阶贝塞尔曲线(左侧为 5 阶，右侧为 7 阶)

3.4.3　B 样条曲线

k 阶 B 样条曲线的定义如下：

$$P(t) = \sum_{i=0}^{n} P_i N_{i,k}(t) \tag{3.10}$$

其中，P_i 仍是控制点，$N_{i,k}(t)$ 是调和函数。当 $k>0$ 时，调和函数的递归定义如下：

$$N_{i,k}(t) = \left(\frac{t-t_i}{t_{i+k}-t_i}\right) N_{i,k-1}(t) + \frac{t_{i+k+1}-t}{t_{i+k+1}-t_{i+1}} N_{i+1,k-1}(t) \tag{3.11}$$

对于 $k=0$，有

$$N_{i,0}(t) = \begin{cases} 1, & t \in [t_i, t_{i+1}) \\ 0, & \text{其他} \end{cases} \tag{3.12}$$

集和 $\{t_0, t_1, \cdots, t_{n+k}\}$ 称为节点(knots)序列，且这个序列影响 B 样条的形状。特别是，如果节点序列是均匀的，即节点是等距的，那么 B 样条的定义变为 $N_{i+1,k}(t) = N_{i,k}(t-t_i)$，且调和函数沿着节点序列移动(参见图 3.11)。均匀 B 样条调和函数 $N_{i,k}(\cdot)$ 是区间 $[t_i, t_{i+k})$ 上的 k 阶函数。注意，B 样条曲线的节点数决定了连接控制点的曲线的阶数，而不是贝塞尔曲线那样由控制点数目决定。这意味着，B 样条曲线是局部的，节点值将影响曲线局部的形状。更精确地，当 $t \in [t_i, t_{i+p+1})$ 时，$N_{i,p}(t) \geqslant 0$。贝塞尔曲线和 B 样条曲线另一个最重要的区别是，贝塞尔曲线必须经过起始和终止控制点，因此，相比 B 样条曲线，贝塞尔曲线在曲线段连接处进行平滑时更加困难。基于以上原因，B 样条曲线通常比贝塞尔曲线更加灵活。为便于比较，图 3.12 所示的不同阶 B 样条曲线与图 3.10 所示的贝塞尔曲线都使用了 8 个相同控制点。B 样条曲线的近似特性，以及 k 越大曲线对于控制点的支持越有限的问题，可以通过增加第一个和最后一个节点值而避免(详细内容可参阅文献[11])。

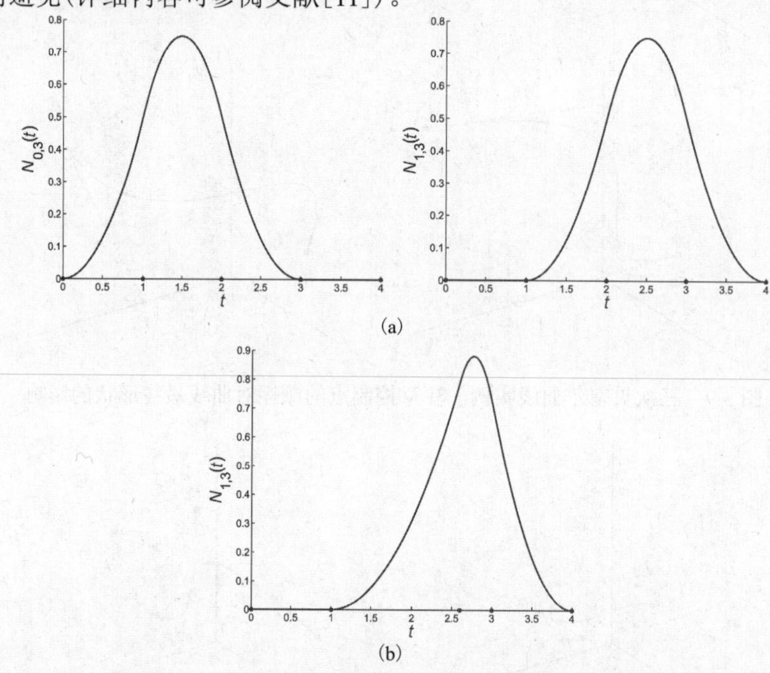

图 3.11 B 样条调和函数。均匀二次 B 样条函数。(a)节点序列 $t_i = \{0,1,2,3,4\}$；(b)非均匀二次 B 样条函数；节点序列 $t_i = \{0,1,2.6,3,4\}$

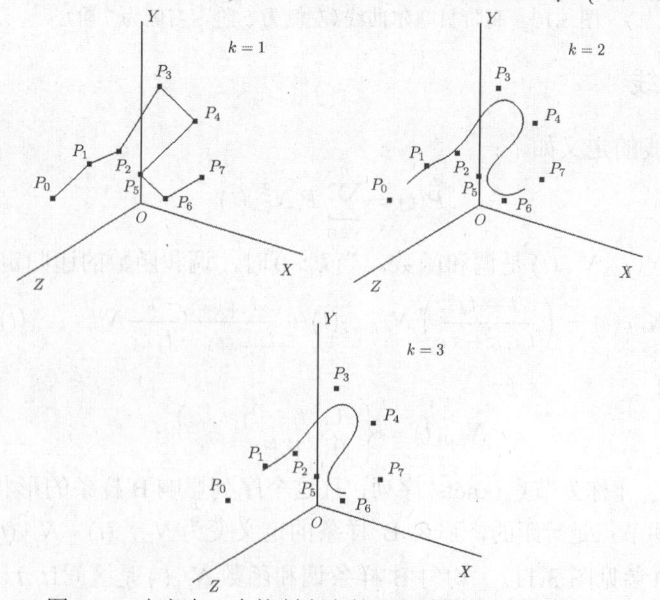

图 3.12 定义在 8 个控制点上的不同阶数的 B 样条曲线

3.4.4　参数曲线扩展为参数曲面

参数曲线扩展为参数曲面是非常简单的。参数曲面的参数域是 $\mathbb{R}^2$ 的子集而不是 $\mathbb{R}$ 的，并且需要使用 3 个二元函数 $(f:\mathbb{R}^2 \to \mathbb{R})$ 定义从参数到三维空间的映射

$$S(u,v) = (X(u,v), Y(u,v), Z(u,v)) \tag{3.13}$$

其中，u 和 v 是曲面参数。通常，参数曲面的参数 u 和 v 的取值范围也是从 0～1。

对于参数曲线，可以将式(3.2)表示为式(3.3)所示的控制点和调和函数的线性组合。通过一些方法可以将式(3.3)进行扩展以表示曲面。参数曲面常用形式之一是张量积曲面(Tensor Product Surface)，定义如下：

$$S(u,v) = \sum_{i=0}^{n}\sum_{j=0}^{m} P_{ij}B_i(u)B_j(v) \tag{3.14}$$

其中，P_{ij} 是初始控制点，$\{B_i(\cdot)\}$和$\{B_j(\cdot)\}$ 是调和函数。此时，控制点 P_{ij} 称为曲面 S 的控制网络(Control Net)。由于参数 (u,v) 的取值域是 $\mathbb{R}^2$ 中的矩形，张量积曲面也称为矩形面片(Rectangular Patches)。下面，将介绍两个重要的参数曲面：贝塞尔曲线的扩展——贝塞尔曲面，B 样条曲线的扩展 NURBS。

3.4.5　贝塞尔曲面

依据张量积曲面，贝塞尔曲线的定义可以扩展为如下曲面形式：

$$S(u,v) = \sum_{j=0}^{m}\sum_{i=0}^{n} P_{ij}B_{i,n}(u)B_{j,m}(v) \tag{3.15}$$

其中，P_{ij} 是控制网络中的点，$\{B_{i,\ n}(\cdot)\}$ 是 n 阶伯恩斯坦多项式，$\{B_{j,\ m}(\cdot)\}$ 是 m 阶伯恩斯坦多项式。图 3.13 展示了双三次贝塞尔曲面实例，曲面的控制网络由 4×4 控制点构成。

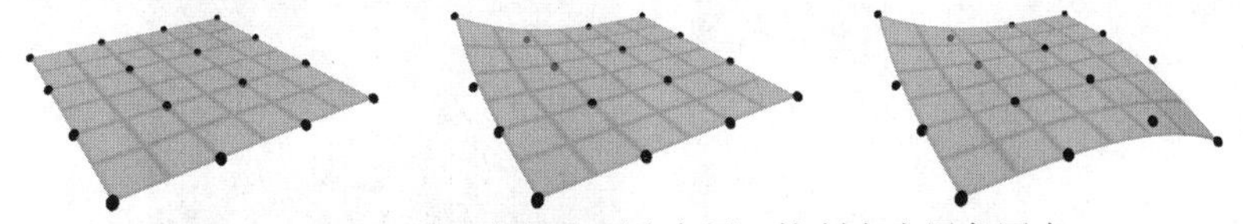

图 3.13　双三次贝塞尔曲面片实例。控制点为黑色圆点

通过组合贝塞尔曲面可以表示形状复杂的三维对象。图 3.14 所示的模型实例是 1975 年由 Utah 大学先驱图形程序委员会的成员 Martin Newell 实现的一个茶壶模型，称为 Utah 茶壶。自此，这个简单的、圆形、固体、局部为凹面的数学模型成为一个在计算机图形领域引用的对象(或许是内部玩笑)。

图 3.14　贝塞尔曲面片构成的参数曲面实例。Utah 茶壶

3.4.6 NURBS 曲面

非均匀有理 B样条(Non-Uniform Rational B-Splines，NURBS)是通过对非有理 B样条[参见式(3.10)]使用的调和函数配比(Ratios of Blending Functions)进行泛化的结果。泛化扩展了可被表示的曲线集合。注意，贝塞尔曲线的最终形式是多项式，而多项式无法表示圆锥形曲线，也就是锥体与平面的交线(如圆)。但是，多项式配比形式可以表示二次曲线。因此，使用调和函数配比扩展了可被表示曲面的种类。非均匀一词是指节点序列是不均匀的。k 阶 NURBS 曲线定义如下：

$$P(t)=\frac{\sum_{i=0}^{n} w_i P_i N_{i,k}(t)}{\sum_{i=0}^{n} w_i N_{i,k}(t)} \tag{3.16}$$

其中，n 是控制点的数目，P_i 是控制点，$\{N_{i,k}(t)\}$ 是调和函数，调和函数 w_i 是用于调节曲线形状的权重，这与 B样条曲线相同。与贝塞尔曲面的扩展方式一样，可以通过张量积曲面将 NURBS 曲线扩展为 NURBS 曲面

$$S(u,v)=\frac{\sum_{i=0}^{n}\sum_{j=0}^{m} w_{ij} P_{ij} N_{i,k}(u) N_{j,m}(v)}{\sum_{i=0}^{n}\sum_{j=0}^{m} w_{ij} N_{i,k}(u) N_{j,m}(v)} \tag{3.17}$$

B样条曲线特征中的局部控制特征对于 NURBS 曲面依然有效，即控制点的修改将仅仅影响其相邻曲面片形状。因此，易于控制大型曲面的形状。正是由于这一特征，著名的、功能强大的几何建模软件的基础建模工具都是 NURBS 曲面，例如 Maya 和 Rhino。图 3.15 展示了一个利用 NURBS 曲面实现的三维模型的实例。

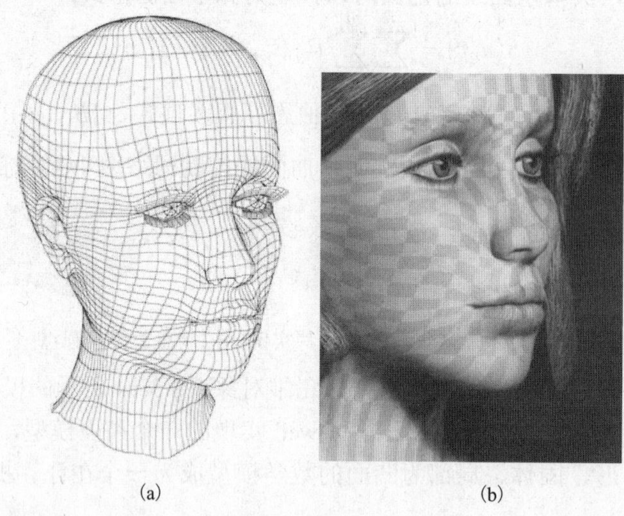

图 3.15 NURBS 曲面建模。(a) NURBS 头部模型来源于 Jeremy Bim 的“NURBS 头部建模指南”(参见 http://www.3drender.com/jbirn/ea/HeadModel.html)；(b) 最终渲染版本的网格展示了曲面的 UV 参数化

3.4.7 参数曲面的优势和劣势

参数曲面是一种三维对象的灵活表示方式，具有很多有趣的特征。例如，参数化过程仅通过定义可用，几何处理过程是解析的(也就是说，曲面的某点的切面通过对参数方程求导来计算)，易于转换为其他表示方式，等等。参数曲面表示方式的主要局限是，难以自动生成由一组参数曲面组合而成的模型。因此，如前所述，参数曲面最典型的实际应用是几何建模软件，也就是通过手工方式创建三维对象。

3.5 体素

体素是体(volumetric)数据常用的表示方式。体素表示可以视为二维图像到三维空间的自然扩展方式。数字图像可以表示为被称为像素(pixel)的图片元素的矩阵，类似地，立体图像通过分布在规则三维网格上的一组称为体素(voxel)的体元素表示(如图 3.16 所示)。三维网格上的每一个体素都包含相应的体信息。针对不同的应用，体素可以存储不同类型的数据，例如相应体素的密度、温度、颜色等。

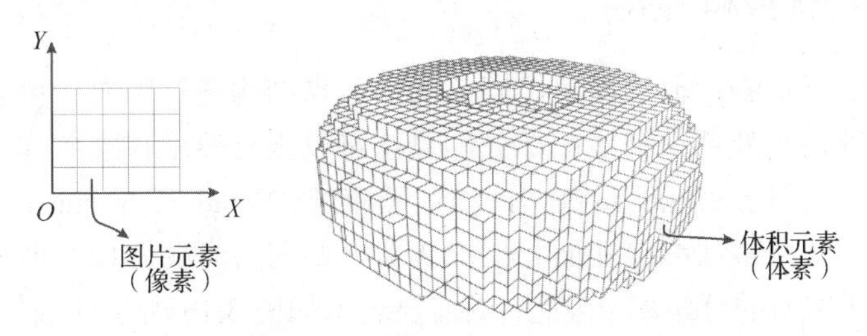

图 3.16　由像素到体素

体素表示最主要的应用领域之一就是医疗影像，这是由于医疗设备获取的信息包括电子计算机断层扫描(Computerized Tomography，CT)图像和磁共振(Magnetic Resonance，MR)图像，都会创建体数据。体素可以存储一个编码来表示占据特定物理空间的器官的类，因此可以创建如图 3.17 所示的图像。

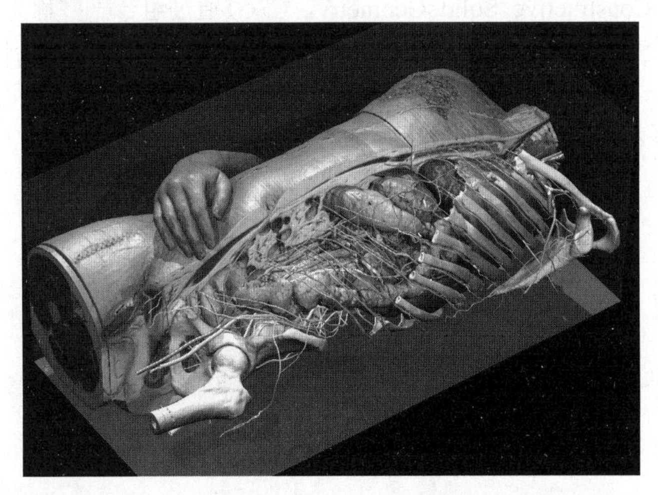

图 3.17　(参见彩插)医学影像中的体素实例[经 Voxel-Man 授权引用(http://www.voxel-man.com)]

3.5.1 体素渲染

与其他表示方式不同，体数据的渲染包含多重含义，这是因为在一个时刻人眼只能看到一幅二维图像。由于都是实体非透明对象的体素表示，图 3.17 和图 3.16 所示实例中可以显示对象的边界体素。然而，如果每一个体素中存储的是压力值，则需要其他类型的可视化方法，尤其是对特定压力值区域的可视化。严格说，对于函数 $f(x,y,z)$，当给定一个三维点时，函数返回对应体素网格

存储的值。因此，如果查询的压力值为c，则需要绘制等值面(iso-surface) $S=\{(x,y,z)\,|\,f(x,y,z)=c\}$。注意，这也正是 3.3 节介绍的隐式表示方式，只不过现在的函数f不是通过解析方式定义的，而是在采样点上离散定义的。因此，需要利用marching cube 算法[26]从体素中提取等值面S的多边形网格表示，而这是一种比较成熟的表示方法。由体数据提取网格的新方法可以参考文献[20]和文献[44]。

第 5 章将详细介绍使用多边形光栅化的三维版本实现网格表示到体素表示的转换。尽管转换过程的计算开销较大，但可以利用现代图形硬件来提高效率[24]。

3.5.2　体素表示的优势和劣势

体素表示具有以下优势：概念简单，容易利用数据结构进行编码；可以非常容易地测试一个点是在体积内部还是外部；许多图像处理算法可以很自然地扩展到体素。当进行局部修改时，体素表示也可以用于实现编辑操作，如数字雕刻(Digital Sculpting)。

体素表示与多边形网格或参数曲面相比的劣势，如同将光栅图像与向量图相比一样，是描述的精确度依赖于网格的分辨率。因此，当需要表示如图 3.16 所示的圆环这一实体对象时，参数曲面比体素表示更加出色。此外，对于体素表示，形状的全局修改和空间位置的改变(变换或旋转)开销很大。

3.6　构造实体几何

构造实体几何(Constructive Solid Geometry，CSG)通过组合一些称为图元的简单形状实体，利用并、差和交等布尔操作表示一个三维对象的体数据。常见的图元包括平面、六面体、四面体、球体、柱体等。模型通常存储为二叉树的形式，叶子节点是图元，内部节点对应于布尔操作(图 3.18 展示了一个构造实体几何模型的实例)。

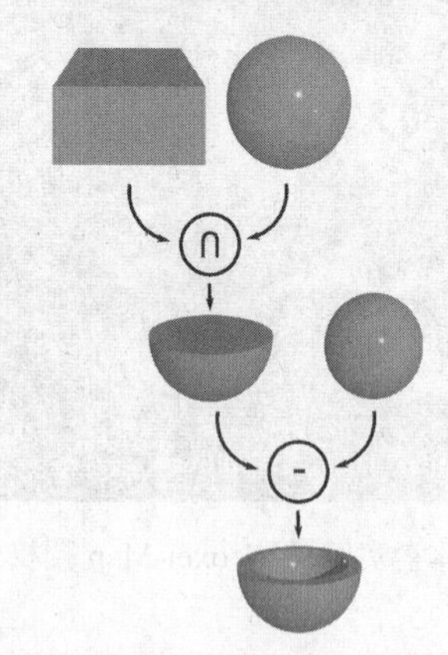

图 3.18　构造实体几何。CSG 树实例

利用隐式函数方程可以将图元定义为满足公式 $f(x,y,z)<0$ 的一组点的集合，其中，$f(\cdot)=0$ 是一个隐式曲面函数。根据这个定义，满足 $f(x,y,z)>0$ 的点位于函数 $f(\cdot)$ 所定义曲面包围的的空间之外。这通常是习惯上的假定。有些图元需要由多个隐式函数方程定义(如立方体)。

构造实体几何的优势和劣势

构造实体几何主要应用于 CAD/CAM 领域，这一领域需要针对建模对象的每一部分(如机械零件)进行精确的几何建模。尽管对于这类领域非常有用，但构造实体几何通常不是一个有效的表示方式，因为绘制过程必须首先对三角形网格进行转换，而且也难于编辑复杂形状，表示的压缩也极度依赖模型创建的方式。

3.7 细分曲面

通过细分过程创建曲线和曲面是相对较新的技术。通常来说，细分曲面通过为多边形网格附加一组可以使其更细化(利用细分)的规则以更好地近似所表示的曲面。在用这种方式解决离散近似产生的问题时，细分曲面与多边形网格具有相同的性能，这也促进了几何建模中细分方法的发展。细分成为曲线、曲面的离散和连续两种表示方式之间的桥梁。与介绍参数曲面的方式一样，下面将首先介绍基于细分方法的曲线生成过程，然后介绍细分曲面。

3.7.1 Chaikin 算法

Chaikin 算法由是一种由一组控制点开始，通过细分生成曲线的方法。假设初始曲线 P^0 由顶点序列 $\{p_1^0, p_2^0, \cdots, p_n^0\}$ 表示，这里点的上标表示曲线的细分层次，0 层对应于初始控制多边形。在细分过程的每一步中，Chaikin 方法在每对相邻顶点之间生成两个新顶点时使用如下规则：

$$\begin{aligned} q_{2i}^{k+1} &= \frac{3}{4}p_i^k + \frac{1}{4}p_{i+1}^k \\ q_{2i+1}^{k+1} &= \frac{1}{4}p_i^k + \frac{3}{4}p_{i+1}^k \end{aligned} \tag{3.18}$$

其中，q_i^{k+1} 是 $k+1$ 层细分生成的新顶点。生成新点之后将丢弃旧顶点，在 $k+1$ 层仅由新点 q_i^{k+1} 定义曲线。图 3.19 展示了在一条由 4 个控制点构成的曲线上完成第一步细分后的结果。通过迭代应用式(3.18)，将得到曲线 P^1， P^2 等。当 k 趋于正无穷时，式(3.18)将生成连续的极限曲线，记为 P^∞。极限曲线的几何特性依赖于生成它的具体细分规则。Chaikin 方法在特定情况下可以生成二次 B 样条。与参数曲面一样，细分模式可以是插值(Interpolating)或逼近(Approximating)方式。如果极限曲线是通过对初始控制多边形的点进行插值得到的，那么细分模式是插值方式。插值的每一个细分步骤都确保旧顶点和新生成顶点位于曲线上，并且旧顶点保留在原来的位置上。如果在每次细分后，旧顶点被丢弃或者根据某些规则进行移动，并不是对初始控制点进行插值而得到极限曲线，那么该细分模式是逼近方式。Chaikin 细分模式在每次细分后将丢弃旧顶点，因此是逼近方式。

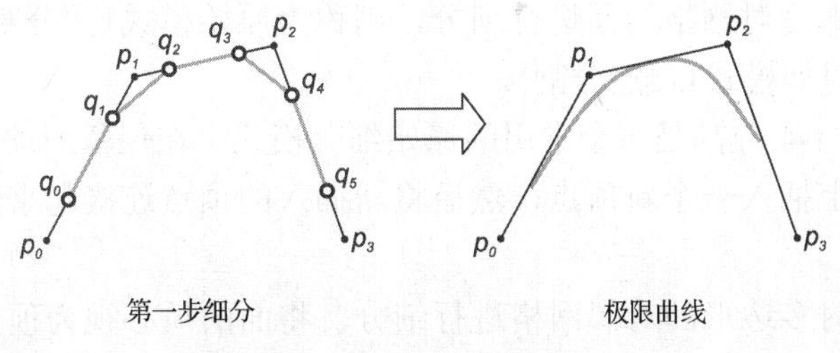

图 3.19 Chaikin 细分方式

3.7.2 4 点算法

为了内容的完整性，下面将给出一个基于插值模式生成曲线的实例，称为 4 点算法(4-point algorithm)[8]。这种细分模式使用顺序为 p_{i-2}，p_{i-1}，p_i 和 p_{i+1} 的 4 个相继的点生成新的点。细分规则如下所示：

$$\begin{aligned} q_{2i}^{k+1} &= p_i^k \\ q_{2i+1}^{k+1} &= \left(\frac{1}{2}+w\right)\left(p_i^k+p_{i+1}^k\right)-w\left(p_{i-1}^k+p_{i+2}^k\right) \end{aligned} \tag{3.19}$$

式(3.19)所示的第一个方程表明插值细分模式要求初始点不变。第二个方程用于在 p_i^k 和 p_{i+1}^k 之间创建新的点。权重 w 使我们可以通过增加或减少曲线的张力来控制曲线的最终形状。当 $w=0$ 时，最终的曲线是初始点的线性插值曲线。当 $w=1/16$ 时，将得到一个三次插值曲线。当 $0<w<1/8$ 时，最终的曲线是连续可微的(C^1)。

3.7.3 曲面的细分方法

曲面细分方法与曲线细分方法类似：由初始控制网格(M^0)开始，迭代应用定义细分模式的细分规则，以得到细分层次为 k 的细化网格(M^k)。初始网格可以等效为参数曲面的控制网络。两种表示方式的不同之处取决于曲面生成的方式。

显然，不同的细分模式将创建具有不同几何特性的曲面。下面将对细分方法进行概述，使得读者能够理解细分方法是如何进行表征的，尤其将关注固定(Stationary)细分模式。如果细分规则在所有细分步骤中保持不变，不依据细分层次而变化，那么细分模式称为固定细分模式。其他类型的细分模式，如变分细分(Variational Subdivision)，此处不做介绍。

3.7.4 细分方法分类

近些年研究学者开发出了一些固定细分模式。与基本特征相关的细分模式分类，在一定程度上有助于快速理解某种类型细分方法的工作方式。

3.7.4.1 三角形或四边形

该细分模式以多边形网格为细分对象。尽管有学者提出了一些通过任意的单元连接方式来构成网格的方法，但是使用最多的、最著名的方法都是为三角形和四边形网格设计的，这些方法拥有其特定的细分模式。

3.7.4.2 原始或对偶细分方式

如果一个细分模式是对网格的面进行细分，则称为原始模式(面分割)；如果是通过分裂顶点实现的，则称为对偶模式(顶点分割)。

如图 3.20 所示的 1-4 分割是一个常用的原始细分模式：在保留旧顶点的同时，通过在较粗的网格的每一条边上插入一个新顶点，然后将新插入的顶点连接起来，而将每一个面细分为 4 个新的面。

对偶细分模式针对多边形的对偶网格进行细分，将面的质心视为顶点，然后利用一条边将相邻面的新顶点连接起来。因此，任一顶点的每个相邻面的内部将生成一个新的顶点。如图 3.20 第 1 行所示(左起第 3 列)，顶点的连接方式如图最后 1 列所示。

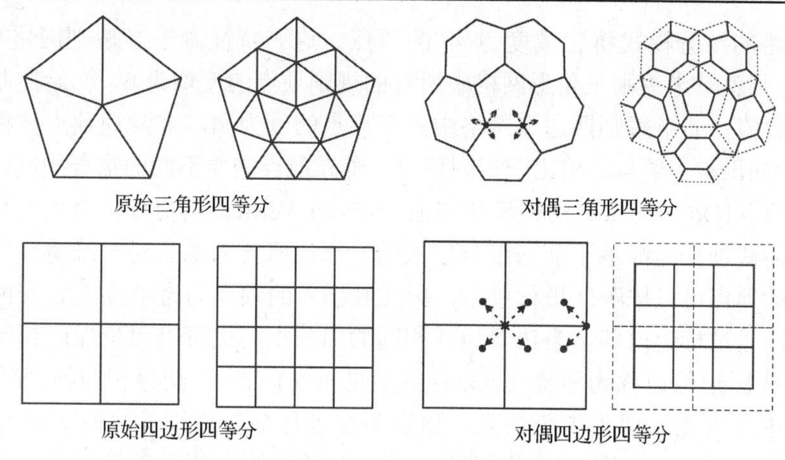

图 3.20　三角形和四边形网格的基本和对偶模式

注意，对于四边形网格，可以通过对偶细分得到仅仅包含四边形面片的细化网格；而对于三角形网格，顶点细分(对偶)模式将得到非嵌套六边形小面片。因此，四边形非常特殊，能够自然地支持原始细分模式也支持对偶细分模式。

3.7.4.3　逼近与插值

如前所述，细分方法可以通过对初始曲线或曲面进行插值，或者对初始控制网络进行逼近来生成曲线或曲面。基于这一特征，可以将细分模式分为插值和逼近两类。根据定义，原始模式既可以是插值的也可以是逼近的，而对偶模式本质上总是逼近的。插值在很多方面具有良好的特性：首先控制点也是极限曲面上的点；其次，可以显著地简化算法而提高计算效率；此外，针对不同的需要，可以通过在网格的不同部分执行不同的细分步数而将网格的细化进行局部调整。然而，插值模式生成的曲面的质量低于逼近模式，并且收敛到极限曲面的速度通常也慢于逼近模式。

3.7.4.4　平滑

极限曲面，即通过有限次应用细分模式获得的曲面，其平滑性可以通过连续性特征进行度量。极限曲面可以是连续可微的(C^1)，连续二次可微的(C^2)，以此类推。

研究学者提出了许多具有不同特性的细分模式，本书不再详细叙述。下面将给出一些实例以概述这些模式的设计思想，其中将重点介绍 Loop 模式和 butterfly 模式。Loop 模式是基于三角形网格的逼近模式，butterfly 模式是基于三角形网格的插值模式。

3.7.5　细分模式

下面，将介绍一些经典的三角形网格的细分模式，以阐述细分模式的定义方式。例如，逼近 Loop 模式[25]和插值 butterfly 模式[10]，这两个模式都属于原始细分模式。通常，一种特定细分方法的细分规则是通过使用权值掩模(Masks of Weight)来可视化的。权值掩模是一种特殊的绘图，用于显示哪些控制点被用来计算新的顶点及其相对权重。权值掩模是对细分模式进行紧凑描述的标准方法。对掩模的细分规则进行解码并不困难，但是在具体阐述之前，需要介绍一些用于细分模式描述的术语。

从图 3.20 可以看出，基于三角形网格的细分模式将在网格内部生成度为 6 的新顶点，而基于四边形网格的细分模式将生成度为 4 的顶点。这一特征源于半规则网格(Semi-regular Mesh)的定义，那就是半规则三角形网格中所有的规则顶点的度均为 6，初始控制网格顶点的度可能为任何数值。而半规则四边形网格中规则顶点的度为 4，非常规顶点被称为奇异顶点(Extraordinary Vertice)。通常，相比于规则顶点，奇异顶点需要不同的细分规则。权值掩模有两种类型：奇顶点(Odd Vertice)的掩模和偶顶点(Even Vertice)的掩模。奇顶点是在特定细分层次生成的，而偶顶点是继承于前一细分层次的。上述概念来源于对一维情况的分析，也就是控制多边形的顶点可以按顺序进行枚举，因此新插入的顶点为奇顶点[48]。在网格边界需要调整细分规则。通过标记内部边为边界边，相同的细分规则也可以用于保留初始控制网格的尖锐特征。这种标记的边称为褶皱(Creases)(参见 6.6.1 节)。获得相应掩模的细分规则并不困难。掩模中新顶点呈现为黑色的点，边表明在进行细分规则计算时需要考虑哪些相邻顶点。例如，图 3.21 所示的 Loop 模式的掩模，新插入的内部奇顶点 v^{j+1} 通过中心化其相关掩模而得到

$$v^{j+1}=\frac{3}{8}v_1^j+\frac{3}{8}v_2^j+\frac{1}{8}v_3^j+\frac{1}{8}v_4^j \tag{3.20}$$

其中，v_1 和 v_2 是新顶点 v 的直接邻居，v_3 和 v_4 是共享 v 所插入的边的两个三角形的其他顶点。偶顶点的掩模只在近似模式中出现，用于修改已有顶点的位置。

3.7.5.1　Loop 模式

Loop 模式是由 Charles Loop[25]提出的对三角形网格的逼近算法。Loop 模式能够生成 C^2 连续的曲面，除了在奇异顶点处极限曲面是 C^1 连续的。Loop 模式的权值掩模如图 3.21 所示。Loop 提出，参数 β 可以通过式 $\beta=\frac{1}{n}\left(\frac{5}{8}-\left(\frac{3}{8}+\frac{1}{4}\cos\frac{2\pi}{n}\right)^2\right)$ 进行计算，其中，n 是相邻顶点的数目。

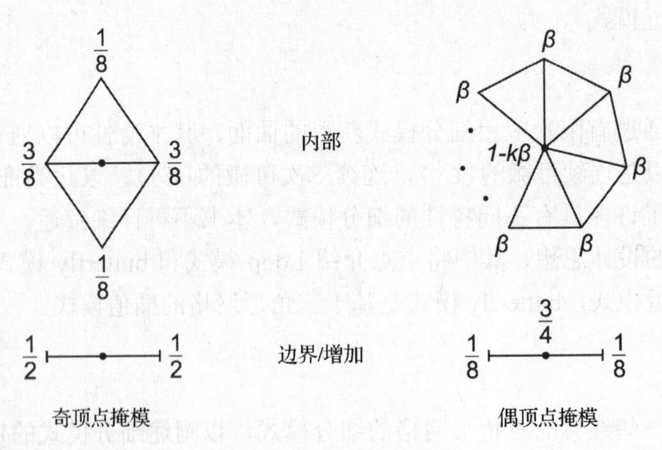

图 3.21　Loop 细分模式

3.7.5.2　改进的 butterfly 模式

butterfly 模式首先由 Dyn 等人提出[10]。对于规则网格，butterfly 模式在规则网格上是 C^1 连续的，而极限曲面在度 $k=3$ 以及 $k>7$ 的奇异顶点处不是 C^1 连续的[46]。初始 butterfly 模式的一个改进版本由 Zorin 等人提出[47]。该改进版本确保了对于任意网格曲面都是 C^1 连续的，

且权值掩模如图 3.22 所示。当 $k=3$ 时，奇异顶点的系数 s_i 为 $\left\{s_0=\frac{5}{12}, s_1=-\frac{1}{12}, s_2=-\frac{1}{12}\right\}$；当 $k=4$ 时，s_i 为 $\left\{s_0=\frac{3}{8}, s_1=0, s_2=-\frac{1}{8}, s_3=0\right\}$；当 $k>5$ 时，s_i 的一般性计算公式如下所示：

$$s_i=\frac{1}{k}\left(\frac{1}{4}+\cos\left(\frac{2i\pi}{k}\right)+\frac{1}{2}\cos\left(\frac{4i\pi}{k}\right)\right) \tag{3.21}$$

由于该模式是插值的，因此仅给出了奇顶点的掩模，偶顶点在每一步细分中位置保持不变。

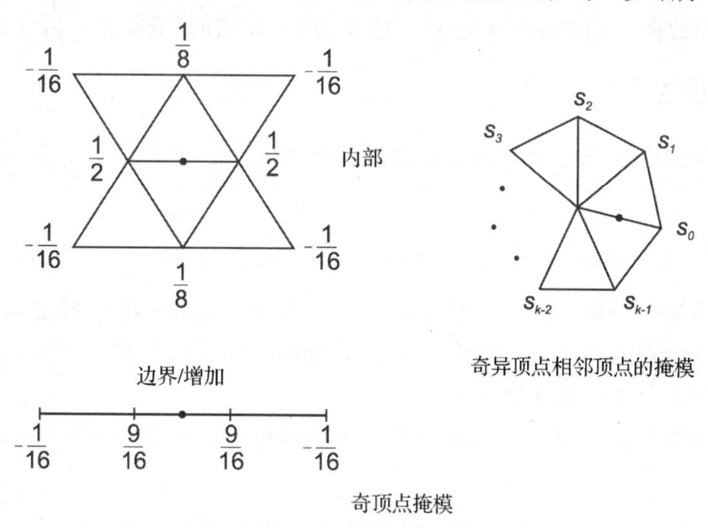

图 3.22　(修改的) butterfly 细分模式

3.7.6　细分曲面的优势和劣势

细分曲面试图克服多边形网格表示的弱点，在离散和连续表示之间架起桥梁。通过细分模式，可以采用小型网格来表示光滑曲面，而无须定义大量的三角形。此外，编辑操作仅需要绘制初始网格，相比于多边形网格较为简单。因此，细分曲面是一种功能强大并且灵活的表示方式。近些年，细分曲面方法广泛应用于一些几何建模软件工具，如 Maya。

3.8　多边形网格的数据结构

如前所述，多边形网格表示具有其他表示形式的共同特点。而且，图形硬件也更擅长绘制三角形。因此，寻找适用于多边形网格表示的数据结构是非常有用的。注意，尽管下面的讨论将以三角形网格为例，但是所介绍数据结构也适用于其他各种多边形网格。

影响网格执行的一个重要的因素是应用程序对其所做的查询。查询是指对于网格元素连接信息的检索。一些网格上的检索实例如下：

- 哪些是给定顶点的相邻面？
- 哪些是给定顶点的相邻边？
- 哪些是通过相邻边与给定顶点 v 连接的顶点(即 v 的 1 环)？

数据结构经常专用于处理与特定应用相关的特定类型的查询，因此无法为数据结构的访问方式定义一个通用的准则。然而，可以通过一些方面对其执行进行分析：

- 查询——以上主要查询如何可以有效地进行
- 内存占用——数据结构需要多少存储空间
- 流形假设——非流形网格能否被编码

每一个数据结构都应该在这三个方面找到平衡。注意，内存占用(数据结构描述)仅仅考虑存储相邻网格的数据，而不是相应顶点、边或者面(如法向)的数据，除了顶点的位置。

3.8.1 索引数据结构

将网格存储为顶点的三元组序列是最直观的方式之一。通常，将每个面存储为定义它的顶点三元组。

```
class face { float v1[3]; float v2[3];float v3[3];};
```

这个数据结构易于更新，但是这也是其唯一的优点。因为没有存储显式的邻接信息，所以仅能够进行顶点位置或属于同一个面的顶点的查询。由于每个顶点必须为与其相邻接的每个面存储一次，因此存在数据存储冗余。

为了避免顶点的重复存储，可以将顶点相关的数据分别存储于两个数组中：顶点数组和面数组。

```
class face{ PointerToVertex  v1,  v2,  v3; } ;
class vertex { float x,y,z;};
```

类型名 PointerToVertex 表示指向顶点的指针。利用 C++实现时，这些指针可以是真正指向内存的指针，在 JavaScript 中可以是指明顶点在顶点数组中位置的整数索引。因此这个数据结构也被称为索引数据结构(Indexed Data Structure)(如图 3.23 所示)。索引数据结构支持查询的能力依然非常有限。尽管能够在常数时间内查询给定面的顶点(3 个指针)，但是查询与一个顶点相邻的所有面(边或顶点)时则需要遍历面数组。索引数据结构的平均内存占用量与简单存储顶点的三元组序列的方式一样。这个数据结构仍然非常简单，并且便于进行更新操作，如非常容易实现增加或移除一个面。此外，索引数据结构还可以编码非流形网格。

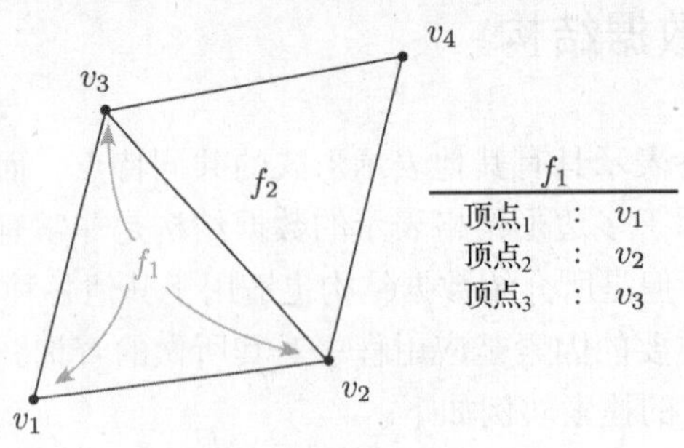

图 3.23 索引数据结构实例

以上两个数据结构可以直接映射为 WebGL 内部格式用于绘制。因此，当拥有顶点向量和面向量时，可以把这些数据直接复制到 GPU 存储空间上进行绘制，如 2.3 节所述。

如果应用程序则需要显式地存储边的信息，由于某些类型的值必须关联到这些边，那么可以通过增加边的列表扩展索引数据结构，并得到三个数组：顶点、边和面数组。此时，面指向边，边指向其顶点。注意，基于索引数据结构访问一个面的所有的顶点需要花费两倍的时间，因为需要首先访问边，然后通过边访问顶点。

```
class vertex {float x,y,z;};

class edge { PointerToVertex v1, v2; };

class face { PointerToEdge  L1,  L2,  L3;};
```

3.8.2 翼边

翼边(Winged-edge)是一个基于边的多边形网格表示方法。翼边由 Bruce G. Baumgart[2]于 1975 年提出，是能够进行复杂查询的最早的网格数据结构之一。

首先，数据结构假设网格是二维流形的，即每一条边被两个面(如果是边界，则一个面)共享。翼边的名称源于将共享一条边的两个面视为翅膀，且数据结构的主要元素是边。如图 3.24 所示，对于相邻面 f_1 和 f_2 的中每一个，边 we_2 分别存储该面中与其共享顶点的两条边的指针。此外， we_2 也存储指向其两个相邻顶点和相邻面的指针。与面相关的数据结构存储面的任意一条边的指针，顶点的数据结构存储顶点的一条相邻边的指针。

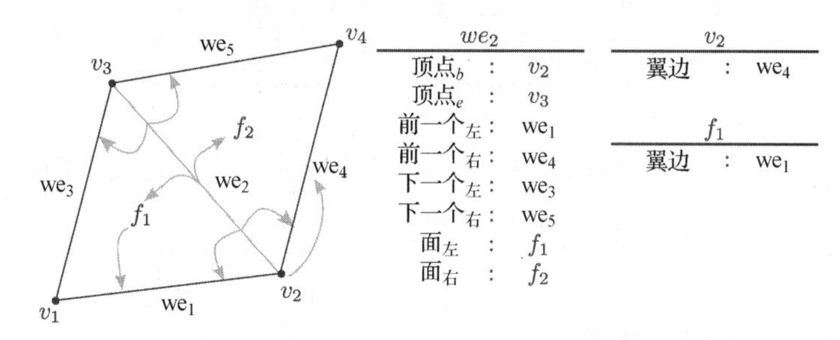

图 3.24　翼边数据结构。边 e_5 的指针用浅色显示

由于翼边数据结构可以通过共享的顶点从一条边跳转到另一条边，因此可以在线性时间内检索顶点的 1 环。翼边平均内存占用量是索引数据结构的三倍，更新操作尽管仍在线性时间范围内却更加复杂。

3.8.3 半边

半边(Half-edge)[28]也是一个基于边的数据结构，它简化了翼边而保留了其灵活性。顾名思义，半边是翼边的一半，即将翼边压缩为两个(有向的)半边，如图 3.25 所示。

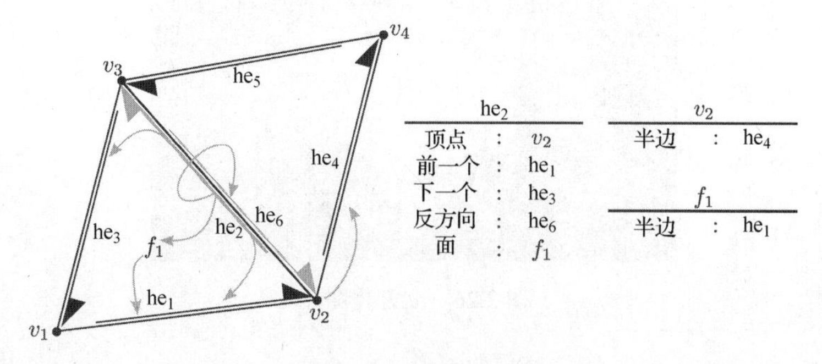

图 3.25　半边数据结构

半边数据结构中，一个指针指向前一个半边，一个指针指向构成面的半边环路中的下一个半边，还有一个指针指向位于相同边而方向相反的半边。半边与翼边具有相同的特性，但是通过引入方向可以更高效地执行相同的查询。

类似的数据结构还包括双连接边表(Doubly Connected Edge List，DCEL)[31]和四边数据结构(Quad-edge Data Structure)[13]。关于这些不同的数据结构的概述和比较及其实现方法可参见文献[16]。

3.9 第一个代码：创建和显示简单图元

本节将创建用于三维场景绘制的第一个结构模块。

下面，将给出创建基本三维形状的代码并进行解释，这些基本形状将在书中后续内容使用。特别地，我们将学习如何定义立方体、锥体和柱体。下一章将通过组合这些基本形状来构建包含树(圆柱和圆锥的组合)和汽车(立方体和圆柱的组合)的现实世界的草图。

我们将利用 IDS 对形体进行编码。如第 2 章所述，这么做的原因是，在 WebGL 中可以使用类型数组将几何数据和其他信息传递到绘制流水线。对于每一形体，其顶点数组如下：

$$\underbrace{x_0 \;\; y_0 \;\; z_0}_{v_0} \;\; \underbrace{x_1 \;\; y_1 \;\; z_1}_{v_1} \;\; \underset{\cdots}{\cdots} \;\; \underbrace{x_{N_v} \;\; y_{N_v} \;\; z_{N_v}}_{v_{N_v}} \tag{3.22}$$

其中，N_v 是网格顶点的数目。形体的每一个面由三个顶点的索引定义，面数组如下：

$$\underbrace{v0_0 \;\; v1_0 \;\; v2_0}_{f_0} \;\; \underbrace{v0_1 \;\; v1_1 \;\; v2_1}_{f_1} \;\; \underset{\cdots}{\cdots} \;\; \underbrace{v0_{N_f} \;\; v1_{N_f} \;\; v2_{N_f}}_{f_{N_f}} \tag{3.23}$$

其中，N_f 是网格的面(三角形)的数目。

3.9.1 立方体

首先创建一个中心位于原点，边长为 2 的立方体。

程序清单 3.1 给出了描述立方体图元的类的代码，代码的运行结果如图 3.26 所示。

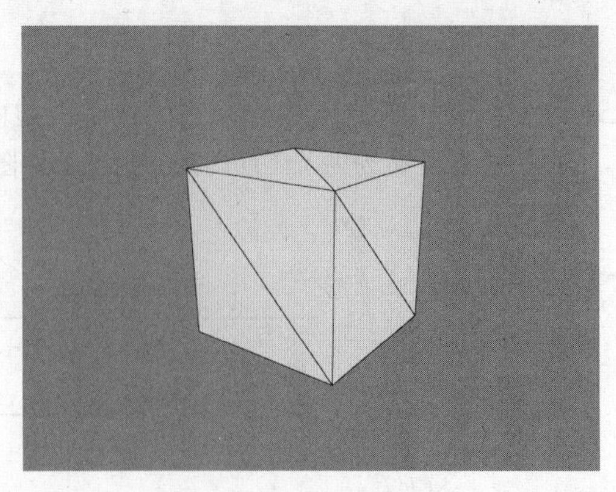

图 3.26 立方体图元

```
///// CUBE DEFINTION
/////
///// Cube is defined to be centered at the origin of the ↩
   coordinate reference system.
///// Cube size is assumed to be 2.0 x 2.0 x 2.0 .
function Cube () {

  this.name = "cube";

  // vertices definition
  ////////////////////////////////////////////////////////////

  this.vertices = new Float32Array([
    -1.0, -1.0,  1.0,
     1.0, -1.0,  1.0,
    -1.0,  1.0,  1.0,
     1.0,  1.0,  1.0,
    -1.0, -1.0, -1.0,
     1.0, -1.0, -1.0,
    -1.0,  1.0, -1.0,
     1.0,  1.0, -1.0
  ]);

  // triangles definition
  ////////////////////////////////////////////////////////////

  this.triangleIndices = new Uint16Array([
    0, 1, 2,  2, 1, 3,  // front
    5, 4, 7,  7, 4, 6,  // back
    4, 0, 6,  6, 0, 2,  // left
    1, 5, 3,  3, 5, 7,  // right
    2, 3, 6,  6, 3, 7,  // top
    4, 5, 0,  0, 5, 1   // bottom
  ]);

  this.numVertices = this.vertices.length/3;
  this.numTriangles = this.triangleIndices.length/3;

}
```

程序清单 3.1　立方体图元

顶点存储于 vertices 数组中，三角形索引存储于 triangleIndices 数组中。顶点数和面数分别显式存储为类的成员变量(分别为 numTriangles 和 numFaces)。可以看出，每一个顶点的位置是分别显式定义的。本例中，需要注意每个面的索引。基于三角形定义的立方体需要使用两个三角形定义一个面。此外，每一个三角形应该严格遵从定义的顺时针或逆时针顺序，如 3.2.3 节所述。当在网格上执行特定过程时三角形顺序的一致性尤其重要。如果顺序出错，一些操作将产生错误的结果，如导航网格或者计算面的外法向。

3.9.2　锥体

锥体的定义过程比立方体稍微复杂。锥体的定义需要一个特定高度的顶端，以及一组分布于圆形上的顶点连接而成的三角形网格构成锥体的底面。中心位于坐标原点，高度为 2 个单位，半径为 1 个单位的锥体的定义如程序清单 3.2 所示(结果如图 3.27 所示)。

此类几何图元的生成涉及几何形体分辨率的概念。分辨率是与最终的几何图元包含的三角形数目相关的一个参数。使用的三角形越多，图元将看上去将越平滑。因此，分辨率为 n 的锥体由 $2n$ 个三角形构成。

圆形底面顶点的生成方法如下：首先，通过细分 2π 计算一个角度步长 (Δ_α)，角度步长对应于锥体的分辨率 $\Delta_\alpha = \frac{2\pi}{n}$。基于简单的三角函数，底面顶点的计算方式为

$$
\begin{aligned}
x &= \cos\alpha \\
y &= 0 \qquad (3.24) \\
z &= \sin\alpha \qquad (3.25)
\end{aligned}
$$

其中，y 是竖轴，xz 构成底部平面。α 是对应于第 i 个顶点的角度，即 $\alpha = i\Delta$。因此，分辨率 n 生成一个由 $n+1$ 个顶点构成底面，多出的一个顶点对应于轴的原点，用于连接底面的三角形。最终的锥体由 $n+2$ 个顶点组成，其中 $n+1$ 个顶点形成底面，1 顶点个作为顶端。

锥体创建的第一步是连接底面的顶点形成三角形，然后再生成锥体的侧面。此时仍需要注意确保索引的顺序为一致的顺时针或者逆时针方向。为便于理解连接过程，约定顶点在 vertices 数组中按照以下顺序存储：

$$
\begin{aligned}
&\text{索引}0 \rightarrow \text{顶点} \\
&\text{索引}1 \cdots n \rightarrow \text{底面顶点} \\
&\text{索引}n+1 \rightarrow \text{底面中点}
\end{aligned}
$$

其中，n 是变量 resolution 的值。

```
///// CONE DEFINITION
/////
///// Resolution is the number of faces used to tesselate the ↩
   cone.
///// Cone is defined to be centered at the origin of the ↩
   coordinate reference system, and lying on the XZ plane.
///// Cone height is assumed to be 2.0. Cone radius is assumed ↩
   to be 1.0 .
function Cone (resolution) {

  this.name = "cone";

  // vertices definition
  ////////////////////////////////////////////////////////////

  this.vertices = new Float32Array(3*(resolution+2));

  // apex of the cone
  this.vertices[0] = 0.0;
  this.vertices[1] = 2.0;
  this.vertices[2] = 0.0;

  // base of the cone
  var radius = 1.0;
  var angle;
  var step = 6.283185307179586476925286766559 / resolution;

  var vertexoffset = 3;
  for (var i = 0; i < resolution; i++) {

    angle = step * i;

    this.vertices[vertexoffset] = radius * Math.cos(angle);
    this.vertices[vertexoffset+1] = 0.0;
    this.vertices[vertexoffset+2] = radius * Math.sin(angle);
    vertexoffset += 3;
  }
```

```
    this.vertices[vertexoffset] = 0.0;
    this.vertices[vertexoffset+1] = 0.0;
    this.vertices[vertexoffset+2] = 0.0;

    // triangles defition
    ////////////////////////////////////////////////////////////

    this.triangleIndices = new Uint16Array(3*2*resolution);

    // lateral surface
    var triangleoffset = 0;
    for (var i = 0; i < resolution; i++) {

      this.triangleIndices[triangleoffset] = 0;
      this.triangleIndices[triangleoffset+1] = 1 + (i % resolution↩
          );
      this.triangleIndices[triangleoffset+2] = 1 + ((i+1) % ↩
          resolution);
      triangleoffset += 3;
    }
    // bottom part of the cone
    for (var i = 0; i < resolution; i++) {

      this.triangleIndices[triangleoffset] = resolution+1;
      this.triangleIndices[triangleoffset+1] = 1 + (i % resolution↩
          );
      this.triangleIndices[triangleoffset+2] = 1 + ((i+1) % ↩
          resolution);
      triangleoffset += 3;
    }

    this.numVertices = this.vertices.length/3;
    this.numTriangles = this.triangleIndices.length/3;
}
```

程序清单 3.2　锥体图元

图 3.27　锥体图元

3.9.3　柱体

柱体图元的生成方法(程序清单 3.3)与锥体的类似。底面位于 xz 平面，中心为原点的柱体如图 3.28 所示。柱体底面的生成与锥体相同，柱体中变量 resolution 也对应于底面顶点的数目。因为柱体的顶面与底面相同，所以分辨率为 n 的柱体最终将包含 $2n+2$ 顶点和 $4n$ 个三角形。生成底面和顶面顶点之后，将基于方向一致性原则定义三角形。此时，顶点–索引的对应关系为

index $0 \ldots n-1$ → base vertices
index $n \ldots 2n-1$ → upper vertices
index $2n$ → center of the lower circle
index $2n+1$ → center of the upper circle

```
///// CYLINDER DEFINITION
/////
///// Resolution is the number of faces used to tesselate the ↩
    cylinder.
///// Cylinder is defined to be centered at the origin of the ↩
    coordinate axis, and lying on the XZ plane.
///// Cylinder height is assumed to be 2.0. Cylinder radius is ↩
    assumed to be 1.0 .
function Cylinder (resolution) {

  this.name = "cylinder";

  // vertices definition
  ////////////////////////////////////////////////////////////

  this.vertices = new Float32Array(3*(2*resolution+2));

  var radius = 1.0;
  var angle;
  var step = 6.283185307179586476925286766559 / resolution;

  // lower circle
  var vertexoffset = 0;
  for (var i = 0; i < resolution; i++) {

    angle = step * i;

    this.vertices[vertexoffset] = radius * Math.cos(angle);
    this.vertices[vertexoffset+1] = 0.0;
    this.vertices[vertexoffset+2] = radius * Math.sin(angle);
    vertexoffset += 3;
  }

  // upper circle
  for (var i = 0; i < resolution; i++) {

    angle = step * i;

    this.vertices[vertexoffset] = radius * Math.cos(angle);
    this.vertices[vertexoffset+1] = 2.0;
    this.vertices[vertexoffset+2] = radius * Math.sin(angle);
    vertexoffset += 3;
  }

    this.vertices[vertexoffset] = 0.0;
    this.vertices[vertexoffset+1] = 2.0;
    this.vertices[vertexoffset+2] = 0.0;


    // triangles definition
    ////////////////////////////////////////////////////////////

    this.triangleIndices = new Uint16Array(3*4*resolution);

    // lateral surface
    var triangleoffset = 0;
    for (var i = 0; i < resolution; i++)
    {
```

```
      this.triangleIndices[triangleoffset] = i;
      this.triangleIndices[triangleoffset+1] = (i+1) % resolution;
      this.triangleIndices[triangleoffset+2] = (i % resolution) + ↩
          resolution;
      triangleoffset += 3;

      this.triangleIndices[triangleoffset] = (i % resolution) + ↩
          resolution;
      this.triangleIndices[triangleoffset+1] = (i+1) % resolution;
      this.triangleIndices[triangleoffset+2] = ((i+1) % resolution↩
          ) + resolution;
      triangleoffset += 3;
    }

    // bottom of the cylinder
    for (var i = 0; i < resolution; i++)
    {
      this.triangleIndices[triangleoffset] = i;
      this.triangleIndices[triangleoffset+1] = (i+1) % resolution;
      this.triangleIndices[triangleoffset+2] = 2*resolution;
      triangleoffset += 3;
    }

    // top of the cylinder
    for (var i = 0; i < resolution; i++)
    {
      this.triangleIndices[triangleoffset] = resolution + i;
      this.triangleIndices[triangleoffset+1] = ((i+1) % resolution↩
          ) + resolution;
      this.triangleIndices[triangleoffset+2] = 2*resolution+1;
      triangleoffset += 3;
    }

    this.numVertices = this.vertices.length/3;
    this.numTriangles = this.triangleIndices.length/3;
  }
```

程序清单 3.3　柱体图元

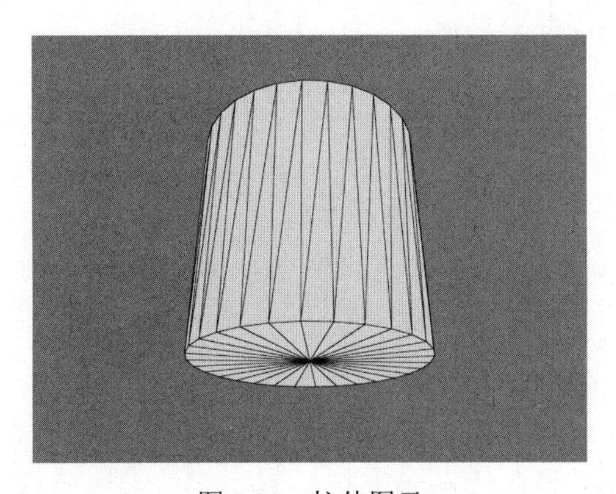

图 3.28　柱体图元

3.10　自测题

一般性题目

1. 哪种曲面表示方式是最紧凑的球面表示形式。三个相交的球体呢？
2. 贝塞尔曲线和 B 样条曲线的最主要的区别是什么？

3．体数据的表示方式有哪些？
4．多边形网格表示的主要缺点是什么？
5．细分表面的目的是什么？
6．三维形体的表示方式有哪些？
7．定义一个由分辨率为 $N \times M$ 且等间隔的网格表示的三维对象。
8．定义一个由函数 $F(x,y)=\sin(x)\cos(y)$ $x,y \in [0,1]$ 定义的面表示的三维对象。
9．参考立方体代码实例，将立方体的每个面分别细分为 4 个面片。

第4章 几何变换

几何变换在计算机图形学中一直发挥重要作用，学习如何正确操作它们将节省大量调试时间。本章将采用非正式方法，从直观形象的示例开始，然后进行归纳。

4.1 几何实体

在计算机图形学中，会涉及三个实体：标量、点和向量。标量(Scalar)是一个一维实体，用于表示某些事物的量级，如物体温度或者汽车质量。点(Point)代表空间中的一个位置，如鼻尖。向量(Vector)是一个方向，如行走方向、卫星天线朝向。我们通常不指定点或向量的维数，因为点或向量的维数依赖于工作空间的维数。如果在二维空间工作，点和向量是二维的，如果在三维空间工作(正如大多数实际情况)，点和向量是三维的，以此类推。本书中，标量用*斜体*表示，点用**黑正体**表示，向量用***黑斜体***表示[①]，例如：

- 标量 $a,b,\alpha\cdots$
- 点$\mathbf{p}=\begin{bmatrix}p_x\\p_y\\\cdots\\p_w\end{bmatrix},\mathbf{q}=\begin{bmatrix}q_x\\q_y\\\cdots\\q_w\end{bmatrix}\cdots$
- 向量$\boldsymbol{v}=\begin{bmatrix}v_x\\v_y\\\cdots\\v_w\end{bmatrix},\boldsymbol{u}=\begin{bmatrix}u_x\\u_y\\\cdots\\u_w\end{bmatrix}\cdots$

一般，也经常用 $\mathbf{p}$ 和 $\mathbf{q}$ 表示点。利用对这些实体的一系列操作表示它们代表的对象变换。这些操作如图 4.1 所示：

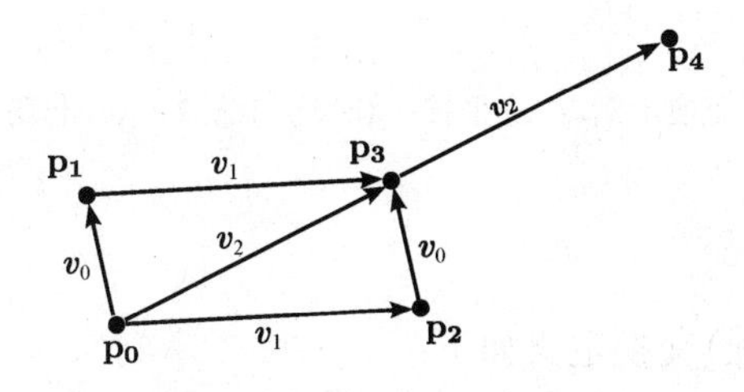

图 4.1　二维空间中的点和向量

- **点-向量之和(Point-vector Sum)**　将点 $\mathbf{p}_0$ 加上向量 $\mathbf{v}_0$，得到点 $\mathbf{p}_1$，可以把该操作看成是将点 $\mathbf{p}_0$ 移动或平移 $\mathbf{v}_0$。
- **点-点减法(Point-point Subtraction)**：同样，可以从点 $\mathbf{p}_1$ 减去点 $\mathbf{p}_0$，得到向量 $\boldsymbol{v}_0$。可以把该操作看成是一种寻找从点 $\mathbf{p}_0$ 平移到点 $\mathbf{p}_1$ 的方法。

① 原英文版本中有关点、向量和矩阵的表示方法极为混乱。为不引起二次错误，在本版本未进行规范——编者注。

- **向量-向量之和(Vector-vector Sum)**　如果将一个向量看成是一次平移，那么，很明显，两次连续平移的结果是一次平移，即 $\boldsymbol{v}_0 + \boldsymbol{v}_1 = \boldsymbol{v}_1 + \boldsymbol{v}_0 = \boldsymbol{v}_2$。
- **标量-向量乘法(Scalar-vector Multiplication)**　该操作保持向量方向，但是会按一定比例系数缩放向量长度。所以，相对于 $\mathbf{p}_4 = \mathbf{p}_0 + \boldsymbol{v}_2 + \boldsymbol{v}_2$，一般写为：$\mathbf{p}_4 = \mathbf{p}_0 + 2\boldsymbol{v}_2$。

4.2 基本几何变换

一般几何变换(Geometric Transformation)是一个将点映射到点或将向量映射到向量的函数。在计算机图形学领域，通常只对变换的一个小的子集感兴趣，幸运的是，这也是非常容易处理的。

从现在开始，当讨论对象变换时，实际上是对当前对象的所有点进行变换。

因为二维空间变换在直觉上易于理解，所以首先考虑二维空间中的变换，然后扩展到相应的三维空间。

4.2.1 平移

点的平移(Translation)变换定义如下：

$$T_{\boldsymbol{v}}(\mathbf{p}) = \mathbf{p} + \boldsymbol{v}$$

在上一节介绍点-向量之和时，已经给出了平移变换的例子。图 4.2(a)给出了一个(非常基本的)汽车绘制过程，从中可以看出，平移量为 $\boldsymbol{v} = [1,2]^{\mathrm{T}}$。

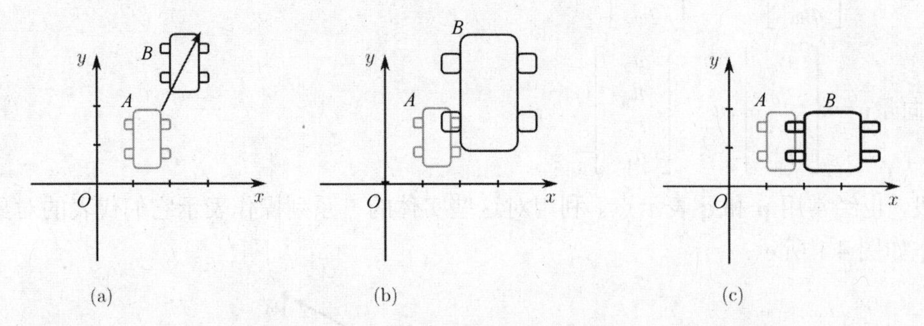

图 4.2　变换示例。(a)平移；(b)均匀缩放；(c)非均匀缩放

4.2.2 缩放

点或向量的缩放(Scaling)变换定义如下：

$$\boldsymbol{S}_{(s_x,s_y)}(\mathbf{p}) = \begin{bmatrix} s_x p_x \\ s_y p_y \end{bmatrix}$$

它将点的每个坐标乘以一个标量值，即缩放因子。顾名思义，缩放变换的结果是改变对象的大小。图 4.22(b)给出了当缩放因子为 $\boldsymbol{S}_{2,2}$ 时，汽车缩放变换的结果。当所有坐标方向的缩放因子都相同时，在这种情况下，也就是 s_x=s_y，缩放变换称为均匀(Uniform)缩放，否则，称为非均匀(Uniform)缩放[参见图 4.2(c)]。

4.2.3 旋转

点或向量的旋转(Rotation)变换定义如下：

$$\boldsymbol{R}_\alpha(\mathbf{p}) = \begin{bmatrix} p_x \cos\alpha - p_y \sin\alpha \\ p_x \sin\alpha + p_y \cos\alpha \end{bmatrix}$$

其中，α 是旋转角度，也就是点或向量绕原点旋转的角度。该旋转变换公式比较重要，因此下面将进行简单证明。对于图 4.3，考虑与原点距离为 ρ 的点 $\mathbf{p}$。连接点 $\mathbf{p}$ 和原点的向量与 X 轴的夹角为 β。点 $\mathbf{p}$ 的坐标可以写成

$$\mathbf{p} = \begin{bmatrix} p_x \\ p_y \end{bmatrix} = \begin{bmatrix} \rho \ \cos\beta \\ \rho \ \sin\beta \end{bmatrix}$$

如果点 $\mathbf{p}$ 相对于原点沿逆时针方向旋转角度 α，得到新的点 $\mathbf{p}'$。点 $\mathbf{p}'$ 与原点的距离仍然为 ρ，因此，向量 $\boldsymbol{p}'-\mathbf{0}$ 与向量 $\boldsymbol{p}-\mathbf{0}$ 之间形成角度 α，其中 $\mathbf{0}$ 表示原点，即向量 $[\mathbf{0},\mathbf{0}]^{\mathrm{T}}$。再次，将 $\boldsymbol{p}'$ 的坐标用 $\boldsymbol{p}'-\mathbf{0}$ 与 x 轴的角度表示：

$$\boldsymbol{p}' = \begin{bmatrix} \rho \ \cos(\beta+\alpha) \\ \rho \ \sin(\beta+\alpha) \end{bmatrix}$$

利用三角函数恒等式 $\cos(\beta+\alpha) = \cos\beta\cos\alpha - \sin\beta\sin\alpha$，可以得到

$$\begin{aligned} p_x{}' &= \rho \ \cos(\beta+\alpha) \\ &= \rho\cos\beta\cos\alpha - \rho\sin\beta\sin\alpha \\ &= p_x\cos\alpha - p_y\sin\alpha \end{aligned}$$

同样地，利用恒等式 $\sin(\beta+\alpha) = \sin\beta\cos\alpha + \cos\beta\sin\alpha$，可以证明 p_y'，从而得到完整的证明。

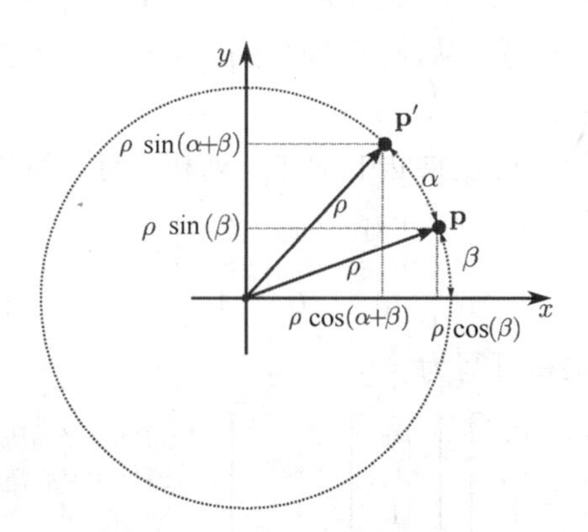

图 4.3 点绕原点旋转的计算

4.2.4 用矩阵符号表示变换

如果要表示一系列连续变换，即使简单地先平移再旋转，变换表达式也容易变得很长并且实际上难以处理。这里，我们介绍如何利用矩阵符号进行简化。读者可能已经注意到缩放变换和旋转变换是如何表示为坐标的线性组合(Linear Combination)的

$$\begin{aligned} p'_x &= a_{xx}\, p_x + a_{xy}\, p_y \\ p'_y &= a_{yx}\, p_x + a_{yy}\, p_y \end{aligned}$$

因此，可以方便地把这些变换写成更紧凑的形式

$$\boldsymbol{p}' = \begin{bmatrix} a_{xx} & a_{xy} \\ a_{yx} & a_{yy} \end{bmatrix} \mathbf{p}$$

并且

$$\boldsymbol{S}_{(s_x,s_y)}(\boldsymbol{p}) = S_{(s_x,s_y)}\boldsymbol{p} = \begin{bmatrix} s_x & 0 \\ 0 & s_y \end{bmatrix} \boldsymbol{p}$$

$$\boldsymbol{R}_\alpha(\boldsymbol{p}) = \boldsymbol{R}_\alpha \boldsymbol{p} = \begin{bmatrix} \cos\alpha & -\sin\alpha \\ \sin\alpha & \cos\alpha \end{bmatrix} \boldsymbol{p}$$

注意，使用相同的函数符号表示与几何变换对应的矩阵。此外，注意这并不包括平移变换。平移变换是对点坐标加上一个向量，但不能与旋转和缩放矩阵组合。所以，如果希望在旋转变换后进行平移变换，必须写成：$\boldsymbol{R}_\alpha p + \boldsymbol{v}$。

为了将矩阵符号扩展到平移变换，必须用**齐次坐标**(Homogeneous Coordinates)表示点和向量。4.6.2.2 节将详细解释齐次坐标；此处，只需要知道，点的笛卡儿坐标 $\boldsymbol{p} = [p_x, p_y]^{\mathrm{T}}$ 可写为齐次坐标形式 $\overline{\boldsymbol{p}} = [p_x, p_y, 1]^{\mathrm{T}}$，向量 $\overline{\boldsymbol{v}} = [v_x, v_y]^{\mathrm{T}}$ 可写为齐次坐标形式 $\overline{\boldsymbol{v}} = [v_x, v_y, 0]^{\mathrm{T}}$。首先需要注意，通过判断最后一个坐标是 1 还是 0，可以区分点和向量。此外，正如在本节前面所述，齐次坐标形式的两个向量之和仍为向量 $(0+0=0)$，点和向量之和仍为点 $(1+0=1)$，两个点之差为向量 $(1-1=0)$。

为了简化符号，定义如下等式：

$$\boldsymbol{p} = \boldsymbol{p} - \begin{bmatrix} 0 \\ 0 \\ 1 \end{bmatrix}, \boldsymbol{p} = \begin{bmatrix} 0 \\ 0 \\ 1 \end{bmatrix} + \boldsymbol{p}$$

也就是说，如果存在点 $\mathbf{p}$，将 $\boldsymbol{p}$ 写为从原点指向点 $\mathbf{p}$ 的向量。反之亦然，如果存在向量 $\boldsymbol{p}$，将 $\mathbf{p}$ 表示为原点加上向量的结果。

利用齐次坐标，只需在矩阵向量乘法中增加一列和一行。特别地，使用的矩阵形式为

$$\begin{bmatrix} a_{xx} & a_{xy} & v_x \\ a_{yx} & a_{yy} & v_y \\ 0 & 0 & 1 \end{bmatrix} \tag{4.1}$$

注意，该矩阵与点 $\overline{\mathbf{p}}$ 的乘积可写为

$$\begin{bmatrix} a_{xx} & a_{xy} & v_x \\ a_{yx} & a_{yy} & v_y \\ 0 & 0 & 1 \end{bmatrix} \begin{bmatrix} p_x \\ p_y \\ 1 \end{bmatrix} = \begin{bmatrix} a_{xx}p_x + a_{xy}p_y + v_x \\ a_{yx}p_x + a_{yy}p_y + v_y \\ 1 \end{bmatrix}$$

$$= \begin{bmatrix} \begin{bmatrix} a_{xx} & a_{xy} \\ a_{yx} & a_{yy} \end{bmatrix} \mathbf{p} + \boldsymbol{v} \\ 1 \end{bmatrix}$$

换句话说，通过将平移向量放在矩阵最后一列的上半部分，也可以把点的平移变换用矩阵符号表示。注意，如果用向量 $[v'_x, v'_y, 0]$ 乘这个矩阵，平移部分不会产生任何影响，这是因为用 0 乘以 $\boldsymbol{v}$ 的元素。这与以下事实相一致，即向量代表了方向(Direction)和大小(Magnitudo)(向量的长度，因此是一个标量值)：通过旋转或非均匀缩放可以改变向量方向，通过缩放可以改变向量大小，但是平移变换不会影响向量方向和大小。

4.3　仿射变换

目前为止，我们介绍了三类变换：平移、缩放和旋转，并且已经看到如何通过齐次坐标方便地用 3×3 矩阵表示这些变换。读者可能想知道，是否类似式(4.1)的矩阵可以表示其他类型的变换，并且它们如何特征化。事实上，式(4.1)中的矩阵表示仿射变换(Affine Transformation)分类。如果一个变换需要满足以下条件，那么它是仿射的：

- 保持了共线性(Collinearity)　意味着，变换前位于直线上的点在变换后仍然位于直线上。
- 保持了比例(Proportion)　意味着，给定位于直线上的三个点 p_1，p_2 和 p_3，变换后比率 $\|p_2-p_1\|/\|p_3-p_1\|$ 保持不变。此处，$\|\boldsymbol{v}\|$ 表示向量 $\boldsymbol{v}$ 的模(即大小或长度)。

图 4.4 给出了仿射变换作用于三个点的示例。在这些仿射变换中，旋转和平移称为刚性变换(Rigid Transformation)，因为它们只移动(move)所作用的对象，所有的角度和长度保持不变。缩放变换不是刚性的，但是均匀缩放能保持角度不变。同样，平行线仍然映射为平行线。

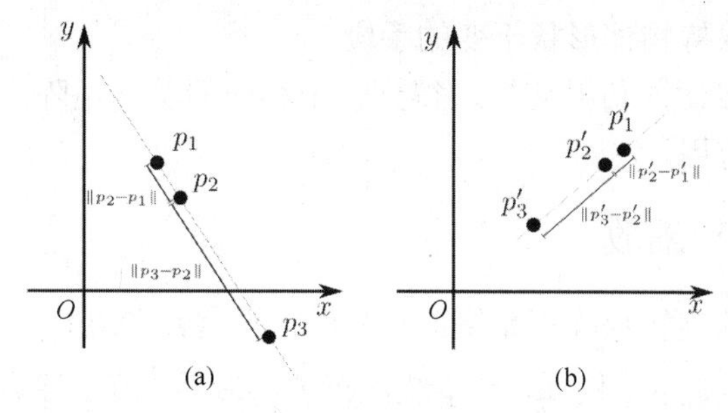

图 4.4　(a)三个共线的点；(b)仿射变换后同样共线的点

4.3.1　几何变换组合

假设要将图 4.5 中的汽车从位置 A 移动到位置 B。为此，首先将汽车顺时针旋转 45°，然后平移一个向量(3, 2)。顺时针旋转 45° 的矩阵为

$$\boldsymbol{R}_{-45^\circ}=\begin{bmatrix}\cos(-45^\circ) & -\sin(-45^\circ) & 0\\ \sin(-45^\circ) & \cos(-45^\circ) & 0\\ 0 & 0 & 1\end{bmatrix}=\begin{bmatrix}\frac{1}{\sqrt{2}} & -\frac{1}{\sqrt{2}} & 0\\ \frac{1}{\sqrt{2}} & \frac{1}{\sqrt{2}} & 0\\ 0 & 0 & 1\end{bmatrix}$$

平移(3,2)的矩阵为

$$\boldsymbol{T}_{(3,2)}=\begin{bmatrix}1 & 0 & 3\\ 0 & 1 & 2\\ 0 & 0 & 1\end{bmatrix}$$

所以，将旋转矩阵 $\boldsymbol{R}_{-45^\circ}$ 作用于汽车上的所有点，得到的汽车位置记为 A'，然后应用平移矩阵 $\boldsymbol{T}_{(3,2)}$：

$$\boldsymbol{T}_{(3,2)}(R_{-45^\circ}\mathbf{p})=\begin{bmatrix}1 & 0 & 3\\ 0 & 1 & 2\\ 0 & 0 & 1\end{bmatrix}\left(\begin{bmatrix}\frac{1}{\sqrt{2}} & -\frac{1}{\sqrt{2}} & 0\\ \frac{1}{\sqrt{2}} & \frac{1}{\sqrt{2}} & 0\\ 0 & 0 & 1\end{bmatrix}\mathbf{p}\right)$$

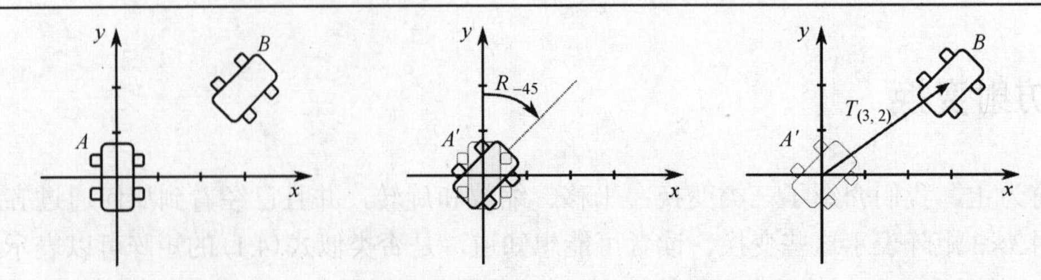

图 4.5 旋转和平移的组合

矩阵相乘符合结合律，即 $A(BC)=(AB)C$，其中乘积的每一项都是具有合适维数的矩阵或向量。因此，可以首先将两个矩阵相乘，得到作用于 **p** 的矩阵：

$$\boldsymbol{T}_{(3,2)}(\boldsymbol{R}_{-45^\circ}\mathbf{p}) = (\boldsymbol{T}_{(3,2)}\boldsymbol{R}_{-45^\circ})\mathbf{p} = \left(\begin{bmatrix} 1 & 0 & 3 \\ 0 & 1 & 2 \\ 0 & 0 & 1 \end{bmatrix} \begin{bmatrix} \frac{1}{\sqrt{2}} & -\frac{1}{\sqrt{2}} & 0 \\ \frac{1}{\sqrt{2}} & \frac{1}{\sqrt{2}} & 0 \\ 0 & 0 & 1 \end{bmatrix} \right)\mathbf{p} =$$

$$\begin{bmatrix} \frac{1}{\sqrt{2}} & -\frac{1}{\sqrt{2}} & 3 \\ \frac{1}{\sqrt{2}} & \frac{1}{\sqrt{2}} & 2 \\ 0 & 0 & 1 \end{bmatrix} \mathbf{p} = M\mathbf{p}$$

这个形式的矩阵包含一个旋转和一个平移，通常称为旋转–平移矩阵。这类矩阵非常普遍，因为它们是移动物体并保持物体形状不变的手段。

通常可以使用任意多次的仿射变换，得到一个相应的单一矩阵。我们将看到，其中某些变换在实际情况中非常有用。

4.3.2 绕任意点旋转和缩放

目前，我们所使用的旋转矩阵都是绕原点旋转，即绕点 $[0,0,1]^{\mathrm{T}}$。更一般的情况是，将物体绕不同于原点的任意点旋转，例如，希望绕汽车质心旋转汽车。注意，在图 4.5 所示示例中，通过使汽车质心恰好落在原点，从而掩盖了这个事实。

绕任意点 **c** 旋转角度 α 的变换可通过三个变换的组合得到，如图 4.6 所示。

1. 应用平移 $\boldsymbol{T}_{-\mathbf{c}}$，将点 **c** 移至原点。
2. 应用旋转 $\boldsymbol{R}_{\alpha}$。
3. 应用平移 $\boldsymbol{T}_{c}=\boldsymbol{T}_{c}^{-1}$，将点 **c** 移回原来的位置。

上述 3 个变换用一个公式表示：

$$\boldsymbol{R}_{\alpha,\mathbf{c}} = \boldsymbol{T}_{-c}^{-1}\boldsymbol{R}_{\alpha}\boldsymbol{T}_{-c}$$

其中，$\boldsymbol{R}_{\alpha,\mathrm{c}}$ 表示绕任意点 **c** 旋转角度 α 对应的矩阵。

分析矩阵 $\boldsymbol{R}_{\alpha,\mathrm{c}}$ 的形式是一件非常有趣的事情。为此，可能会计算整个矩阵的乘积，或者回到笛卡儿坐标系，将点 **p** 的变换(让我们忽略下标以简化符号)写为

$$\mathrm{p}' = (\boldsymbol{R}(\mathrm{p}-c)) + c = \boldsymbol{R}\,\mathrm{p} - \boldsymbol{R}\,c + c =$$

$$\underbrace{\boldsymbol{R}\,\mathrm{p}}_{\text{旋转}} + \underbrace{(\boldsymbol{I}-\boldsymbol{R})c}_{\text{平移}}$$

因此，得到旋转–平移矩阵

$$\boldsymbol{R}_{\alpha,\mathbf{c}} = \begin{bmatrix} \boldsymbol{R} & (\boldsymbol{I}-\boldsymbol{R})c \\ \mathbf{0} & 1 \end{bmatrix} \tag{4.2}$$

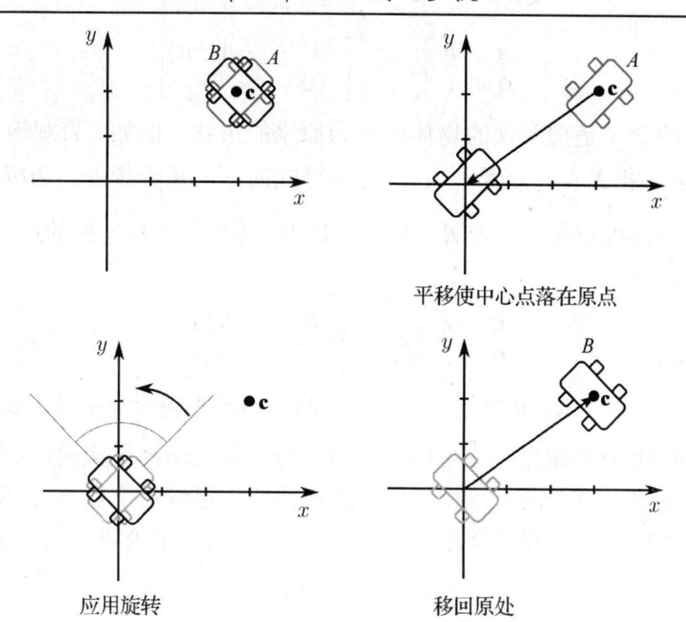

图 4.6　如何使物体绕指定点旋转

缩放变换也同样考虑这些因素，只是用缩放矩阵 $\boldsymbol{S}_{(s_x,s_y)}$ 代替旋转矩阵 $\boldsymbol{R}_\alpha$，因此

$$\boldsymbol{S}_{(s_x,s_y),\mathbf{c}} = \begin{bmatrix} \boldsymbol{S} & (\boldsymbol{I}-\boldsymbol{S})\boldsymbol{c} \\ \mathbf{0} & 1 \end{bmatrix} \tag{4.3}$$

4.3.3　剪切

剪切是一个仿射变换，其中点 $\boldsymbol{p}$ 沿某一个维度缩放，缩放量与另一个维度的坐标成一定比例(参见图 4.7 中的示例)。

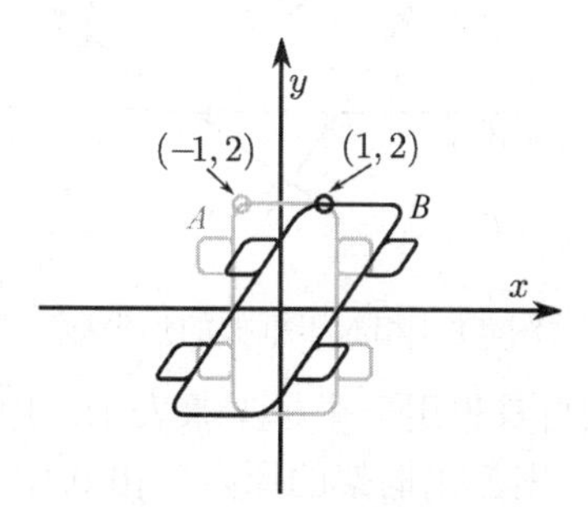

图 4.7　当 $h=0$，$k=2$ 时剪切变换示例

$$\boldsymbol{Sh}_{(h,k)}(\mathbf{p}) = \begin{bmatrix} 1 & k & 0 \\ h & 1 & 0 \\ 0 & 0 & 1 \end{bmatrix} \mathbf{p} = \begin{bmatrix} x+ky \\ hx+y \\ 1 \end{bmatrix}$$

注意，剪切变换也可以通过旋转和非均匀缩放的组合得到(参见 4.13 节的练习 5)。

4.3.4　逆变换和交换律

仿射变换的逆(Inverse)可通过下面的公式计算得到：

$$\begin{bmatrix} A & \boldsymbol{v} \\ \mathbf{0} & 1 \end{bmatrix}^{-1} = \begin{bmatrix} A^{-1} & -A^{-1}\boldsymbol{v} \\ \mathbf{0} & 1 \end{bmatrix}$$

仿射变换的逆的含义是把变换的物体还原为原来的形状。例如，直观地从几何学上来看，$\boldsymbol{T}_{\boldsymbol{v}}^{-1} = \boldsymbol{T}_{-\boldsymbol{v}}$，$\boldsymbol{R}_{\alpha}^{-1} = \boldsymbol{R}_{-\alpha}$ 和 $\boldsymbol{S}_{(s_x,s_y)}^{-1} = \boldsymbol{S}_{(1/s_x,1/s_y)}$(这些等式的证明留给读者作为练习)。另请注意，希望此处旋转矩阵是标准正交的，即 $\boldsymbol{R}^{-1} = \boldsymbol{R}^{\mathrm{T}}$。因此，旋转–平移变换的逆可简单地通过下式得到：

$$\begin{bmatrix} R & \boldsymbol{c} \\ \mathbf{0} & 1 \end{bmatrix}^{-1} = \begin{bmatrix} R^T & -R^T\boldsymbol{c} \\ \mathbf{0} & 1 \end{bmatrix} \tag{4.4}$$

矩阵相乘符合结合律，即 $\boldsymbol{A}(\boldsymbol{BC}) = (\boldsymbol{AB})\boldsymbol{C}$，但是一般不符合交换律，即 $\boldsymbol{AB} \neq \boldsymbol{BA}$。在这些仿射变换中，只有两个平移变换之间和均匀缩放与旋转之间满足交换律(当然，两个变换中的至少一个是恒等变换，或者两个变换相等，这样的变换也满足交换律)。换句话说，矩阵乘积的普遍非交换性意味着“乘积的顺序很重要”。它关系到很多内容，记住这个将会节省大量调试时间。

4.4 框架

框架(frame)是一种为几何实体组成部分赋值的方法。在二维空间中，框架用一个点和两个非共线的轴来定义。图 4.8 给出了汽车及两个不同的框架。如果只给定框架 F_0 并要求写出汽车前部的点 $\mathbf{p}$ 的坐标，很明显，其坐标为 (2.5, 1.5)。另一个框架的出现意味着点 $\mathbf{p}$ 坐标的相对性，对于框架 F_1，点 $\mathbf{p}$ 的坐标为 (1.4, 2.1)。

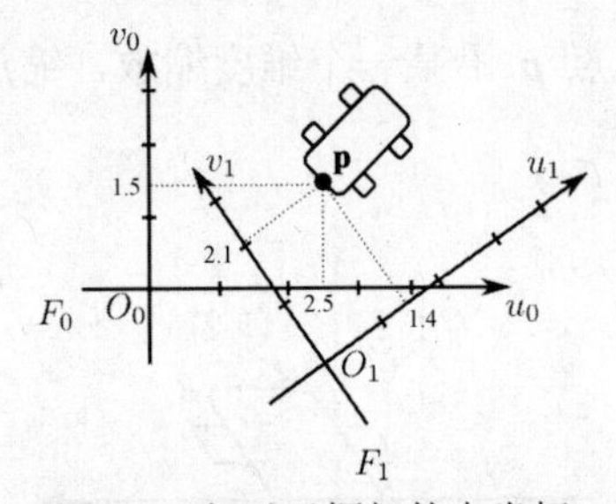

图 4.8 相对于框架的点坐标

注意，这些框架的原点和轴自身也用一个框架来表示。用于表示所有其他框架的框架称为规范化框架(Canonical Frame)，规范化框架的原点为 $[0,0,1]^{\mathrm{T}}$，轴为 $\boldsymbol{u} = [1,0,0]^{\mathrm{T}}$ 和 $\boldsymbol{v} = [0,1,0]$。改变标架(Change Frame)意味着把在一个框架中表示的点和向量的分量变换到另一个框架，这正如在前面示例中所做的一样。在此要给出如何计算从框架 F_0 到框架 F_1 的变换。从框架 F_0 到规范化框架下点的坐标变换开始。在几何上，首先从 F_0 的原点开始，沿 $\boldsymbol{u}_0$ 向量移动 p_{0x} 个单位，沿 $\boldsymbol{v}_0$ 向量移动 p_{0y} 个单位

$$\mathbf{p} = O_0 + p_{0x}\boldsymbol{u}_0 + p_{0y}\boldsymbol{v}_0$$

注意，如果把轴写为列向量形式，原点作为矩阵(称该矩阵为 $\boldsymbol{M}_0$)的最后一列，上面的公式可以写成矩阵形式

$$\boldsymbol{p} = \underbrace{\begin{bmatrix} u_{0x} & v_{0x} & O_{0x} \\ u_{0y} & v_{0y} & O_{0y} \\ 0 & 0 & 1 \end{bmatrix}}_{M_0} \mathbf{p_0}$$

该矩阵只是另一个仿射变换，这并不令人惊讶，因为已经应用了两个缩放和两个点–向量之和操作。事实上，可以从矩阵 $\boldsymbol{M}_0$ 中观察到更多：通过 F_0 的轴得到的左上角 2×2 矩阵是旋转矩阵，该旋转矩阵将规范化框架的轴与 F_0 的轴变得一致，最后一列是平移变换，使得规范化框架的原点与 F_0 的原点一致。所以，规范化框架中表示坐标 $\mathbf{p}_0$ 的矩阵正好是一个旋转平移矩阵。

$$\boldsymbol{p} = \begin{bmatrix} R_{uv} & O_0 \\ \mathbf{0} & 1 \end{bmatrix} \mathbf{p_0}$$

如果在框架 F_1 中对 $\boldsymbol{p}_1$ 使用相同的步骤，可得到

$$\mathbf{p} = \underbrace{\begin{bmatrix} R_0 & O_0 \\ \mathbf{0} & 1 \end{bmatrix}}_{M_0} \mathbf{p_0} = \underbrace{\begin{bmatrix} R_1 & O_1 \\ \mathbf{0} & 1 \end{bmatrix}}_{M_1} \mathbf{p_1}$$

因此有

$$\boldsymbol{M}_1{}^{-1}\boldsymbol{M}_0\mathbf{p_0} = \mathbf{p_1}$$

矩阵 $\boldsymbol{M}_1^{-1}\boldsymbol{M}_0$ 将框架 F_0 中的点(或向量)变换到框架 F_1。从 4.3.4 节可以看到如何对 $\boldsymbol{M}_1$ 这样的旋转平移矩阵求逆而无须借助一般矩阵的求逆算法。

4.4.1　一般框架和仿射变换

目前，只介绍了以规范化正交轴为特征的正交框架。一般来说，一个框架的轴不一定必须是正交的或规范化的，并且任意仿射变换都可以看成框架变换。直接含义是：将一个仿射变换作用于对象和改变对象所在的框架是相同的效果。无论所指的仿射变换是对象坐标变换还是参考框架变换，它都仅仅是更直观的真实世界的内部表示。例如，如果要求找到表示汽车前进(Forward)的变换(把这个变换看成是对象变换)而非参考框架的后移(Backward)，当追溯到数学表示时，两者没有任何区别。

4.4.2　框架的层次

当使用框架时，要掌握的一个非常重要的概念就是对于场景的直观实际描述，如何安排框架的层次。可以将图 4.9 中的绘图描述为包含四个框架的汽车：一个框架的中心位于汽车中间，一个在驾驶室的角落，一个在方向盘中心，一个在钥匙孔。现在考虑下面的规则：

- 钥匙孔在方向盘的右侧(on the right)
- 方向盘在驾驶室的内部(inside)
- 驾驶室在汽车的左侧(on the left side)

在这些规则中，在方向盘框架中表示钥匙孔的位置，在驾驶室框架中表示方向盘的位置，在汽车框架中表示驾驶室的位置。在上面的描述中，首先建立框架之间的层次关系，其中框架 F 的父节点是这样的一个框架：在该框架中表示框架 F 的原点和轴的值。

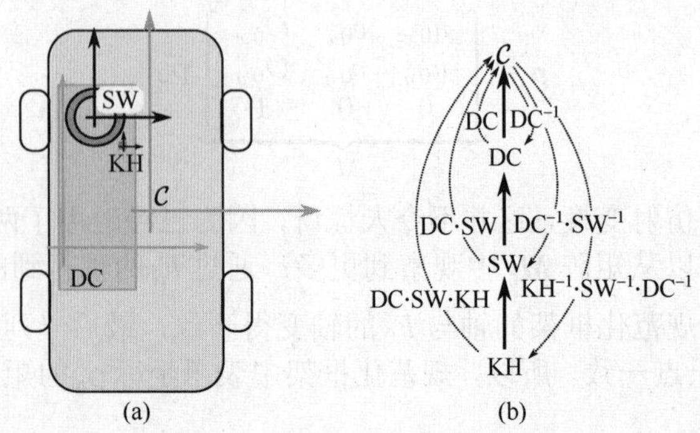

图 4.9　(a) 框架之间关系的示例；(b) 汽车的图表示方法

框架的层次和它们之间的关系可以方便地用图 4.9 中的有向图来阐明。每个节点对应一个框架，每条弧对应于将坐标从尾端(Tail)框架转换到首端(Head)框架的变换，粗箭头表明了框架之间的层次关系。代表框架的矩阵以及将当前框架的坐标变换到父框架的坐标的变换矩阵，这两个矩阵是相同的。所以，弧(KH,SW)与矩阵 KH 相关联，反向的弧(SW,KH)与矩阵的逆 KH^{-1} 相关联。

注意，如果将变换作用于其中的一个框架，该变换将会影响所有以该节点为根节点的子树。所以，如果平移框架 $\mathcal{C}$，框架 DC，SW 和 KH 也会以相同的方式平移，尽管 $\mathcal{C}$ 是唯一要变换的矩阵。

4.4.3　第三维

目前，在二维空间中学习的所有知识在任意维度空间中都成立。为了将公式扩展到三维情况，仅需要为点和向量添加 z 分量，为矩阵添加第四行和第四列。这对于除了旋转变换的所有变换都正确，我们会在下一节给出更详细的解释。

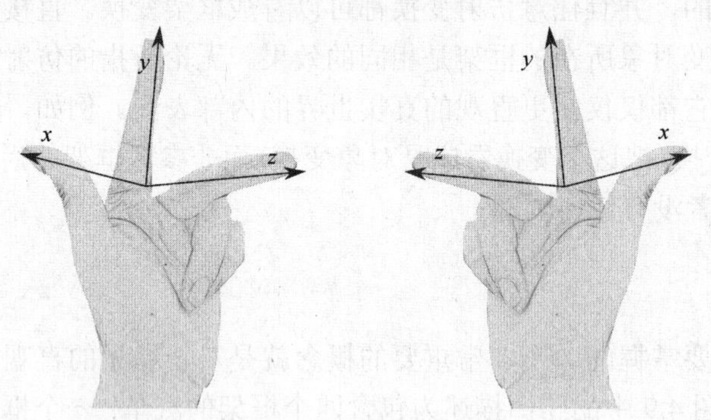

图 4.10　坐标系统的手旋转法则(Handness)

现在，将框架的概念扩展到三维空间。由于已经给出的所有示例都位于由轴 x 和 y 确定的平面中，直接增加正交于平面 xy 的第三个轴 z，得到三维空间的参考框架。可能存在两个相反的向量：一个向上(Upward)，一个向下(Downward)。这决定了框架的朝向，或坐标系的手旋转法则(Handness)。

术语手旋转法则是从图 4.10 所示的规则中衍生出来的。如果按照图中所示，分别让 x、y 和 z 轴与拇指、食指和中指重合，用左手得到左手参考系统(Left-Handed Reference System, LHS)，用右手则得到右手参考系统(Right-Handed Reference System, RHS)。

右手系统是更普遍的选择。试想你在纸上绘制 x 和 y 轴。如果要增加第三个轴生成三维框架，z 轴将从纸中出来指向你，而不是指向纸后面的桌子(LHS)。

RHS 也给出了两个向量叉积的记忆规则，即 $x \times y = z$。所以，如果有两个通用向量 $\boldsymbol{a}$ 和 $\boldsymbol{b}$，并让 $\boldsymbol{a}$ 和右手拇指对齐，$\boldsymbol{b}$ 和右边食指对齐，中指则给出了 $\boldsymbol{a} \times \boldsymbol{b}$ 的方向。

4.5　三维空间中的旋转

在 4.2.3 节中，给出了如何计算绕二维平面原点的旋转。如果把二维平面看成一个三维空间中通过原点 $[0, 0, 0, 1]^{\mathrm{T}}$ 的无限薄的薄片，并垂直于 z 轴(轴 $[0,0,1,0]^{\mathrm{T}}$)，那么可以得到：二维平面的旋转就是三维空间中围绕 z 轴的旋转

$$\boldsymbol{R}_{\alpha,z} = \begin{bmatrix} \cos\alpha & -\sin\alpha & 0 & 0 \\ \sin\alpha & \cos\alpha & 0 & 0 \\ 0 & 0 & 1 & 0 \\ 0 & 0 & 0 & 1 \end{bmatrix} \tag{4.5}$$

请注意，绕 z 轴的旋转仅改变 x 和 y 的坐标。换句话说，绕某个轴旋转的点始终位于通过这个点并垂直于该轴的平面上。事实上，三维空间的旋转是相对于某个旋转轴(Axis of Rotation)来进行定义的，旋转轴通常指定为 $\boldsymbol{r} = \mathbf{o}_r + t\boldsymbol{d}_{ir}, t \in (-\infty, \infty)$。将看到的所有实现旋转的技术都考虑旋转轴通过原点的情形，意味着 $\boldsymbol{r} = [0,0,0,1]^{\mathrm{T}} + t\boldsymbol{d}_{ir}$ (参见图 4.11)。这不是一个限制，因为正如在 4.3.2 节所做的，可以组合变换得到绕任意轴的旋转。这可以通过平移使任意轴过原点，进行旋转，然后将轴平移回原来位置来实现。

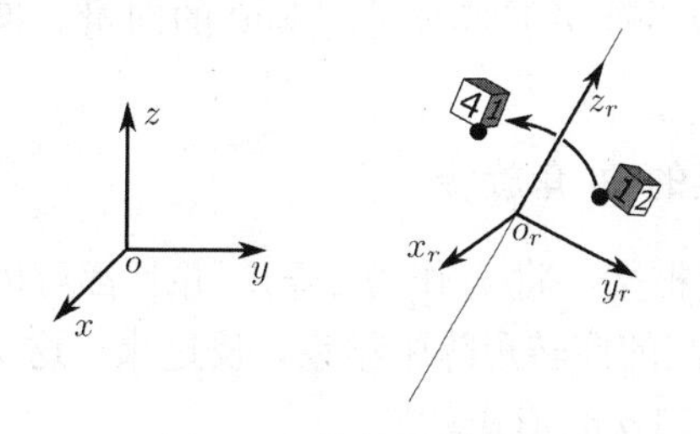

图 4.11　绕轴旋转示例

4.5.1　轴-角旋转

寻找绕旋转轴 r(如前面所定义)的旋转所需要的第一个技术就是变换组合：

1．运用变换使旋转轴 r 与 z 轴一致。
2．使用式(4.5)的矩阵以应用旋转 $\boldsymbol{R}_{\alpha,z}$。
3．应用变换使 z 轴与旋转轴 r 一致。

我们知道如何绕 z 轴旋转一个点，但如何进行第一个变换(及其逆变换)呢？假设有一个整体框架 $\boldsymbol{F}_r$，其 z 轴与 r 一致。仿射变换 $\boldsymbol{F}_r^{-1}$ 使框架 $\boldsymbol{F}_r$ 与标准框架一致，这意味着轴 r 被变换到轴 z，这正如所希望的那样。用矩阵形式表示为

$$\boldsymbol{R}_{\alpha,r} = \boldsymbol{F}_r \boldsymbol{R}_{\alpha,z} \boldsymbol{F}_r^{-1} \tag{4.6}$$

因此，对于只漏掉了框架 $\boldsymbol{F}_r$ 的 x 轴和 y 轴，将在下一节进行计算。

4.5.1.1　从单一轴建立正交三维标架

正如上一节所述，了解如何从框架的部分描述开始建立三维正交框架是非常有用的(参见图 4.12)，比如说已知轴 z_F(将使它对应于 $\boldsymbol{r}$)。x_r 轴将必须正交于 z_F。根据向量积(叉积)的性质：给定两个向量 $\boldsymbol{a}$ 和 $\boldsymbol{b}$，向量 $\boldsymbol{c}=\boldsymbol{a}\times\boldsymbol{b}$ 与向量 $\boldsymbol{a}$ 和 $\boldsymbol{b}$ 正交，即 $\boldsymbol{c}\cdot\boldsymbol{a}=0$ 和 $\boldsymbol{c}\cdot\boldsymbol{b}=0$ (参见附录 B)。对于任意向量 $\boldsymbol{a}$，x_r 轴定义为

$$\boldsymbol{x}_r = \boldsymbol{r} \times \boldsymbol{a}$$

然后，按照同样的操作得到 y:

$$\boldsymbol{y}_r = \boldsymbol{r} \times \boldsymbol{x}_r$$

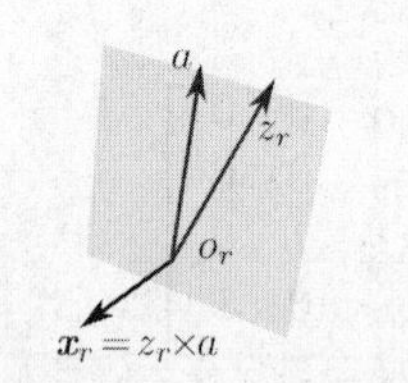

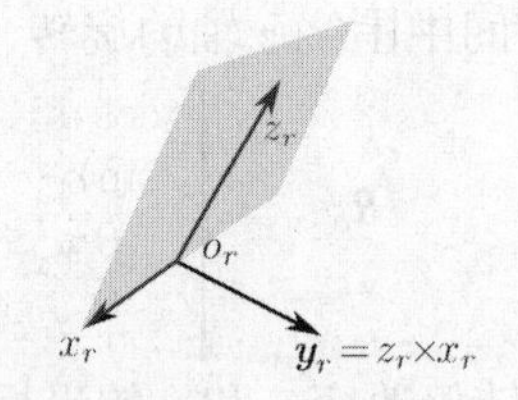

图 4.12　如何从单一轴开始建立正交框架

很清楚地看到，z_F 的选择决定了这个框架。必须仔细选择向量 $\boldsymbol{a}$，使其不能与向量 $\boldsymbol{r}$ 共线，这是因为两个共线向量的向量积是一个零向量。如果选择三个随机数来构建向量 $\boldsymbol{a}$，创建一个与 $\boldsymbol{r}$ 共线的向量的机会是无限小的，但并不为零。此外，计算机表示的实数有限精度也降低了准(Quasi)共线向量的向量积质量。因此，为避免冒风险，考虑向量 $\boldsymbol{r}$ 的最小分量的位置，不妨称为 i，将 $\boldsymbol{a}$ 定义为分量 i 为 1 并且其他分量为 0 的向量。换句话说，采用的标准轴“最正交”于 $\boldsymbol{r}$。

4.5.1.2　未建立三维框架的轴–角旋转

请注意，存在有限的正交框架，将 z_r 作为 z 轴，并且都可以用于旋转。这意味着，无论如何选择向量 $\boldsymbol{a}$，将始终在相同的旋转矩阵中结束，反过来，这又意味着，如果简化表示，那么 $\boldsymbol{a}$ 会消失，最终将只写成 r 和 α 的形式。

为避免烦琐的代数化简，现在用几何方法证明这一点。考虑图 4.13，设 $\mathbf{p}$ 是要绕轴 r 旋转角度 α 的点，$\mathbf{p}'$ 是旋转后位置。$\mathbf{p}$ 和 $\mathbf{p}'$ 的连线所在的平面正交于旋转轴 $\boldsymbol{r}$：让我们建立一个新的框架 F，框架 F 将 $\mathbf{p}$ 和 $\mathbf{p}'$ 的连线所在的平面与轴 r 的交点作为原点，以向量 $\boldsymbol{r}$、$\boldsymbol{x}_F=\mathbf{p}-\mathbf{O}_F$ 和 $\boldsymbol{y}_F=\boldsymbol{r}\times\boldsymbol{x}_F$ 作为轴。点 $\mathbf{p}'$ 相对于框架 F 的坐标是 $[\cos\alpha,\sin\alpha,0]^{\mathrm{T}}$，这意味着，在规范化框架中，点 $\mathbf{p}'$ 的坐标是

$$\mathbf{p}' = \begin{bmatrix} & & & O_{Fx} \\ \boldsymbol{x}_F & \boldsymbol{y}_F & \boldsymbol{r} & O_{Fy} \\ & & & O_{Fz} \\ & 0 & & 1 \end{bmatrix} \begin{bmatrix} \cos\alpha \\ \sin\alpha \\ 0 \\ 1 \end{bmatrix} = \cos\alpha\ \boldsymbol{x}_F + \sin\alpha\ \boldsymbol{y}_F + 0\ \boldsymbol{r} + \mathbf{O}_F$$

$\mathbf{O}_F$ 是点 $\mathbf{p}$ 在轴 r 上的投影，即

$$\mathbf{O}_F = (\boldsymbol{p}\ \boldsymbol{r})\ \boldsymbol{r}$$

因此

$$\begin{aligned} \boldsymbol{x}_F &= \mathbf{p}-\mathbf{O}_F=\mathbf{p}-(\boldsymbol{p}\cdot\boldsymbol{r})\,\boldsymbol{r} \\ \boldsymbol{y}_F &= \boldsymbol{r}\times\boldsymbol{x}_F=\boldsymbol{r}\times(\mathbf{p}-\mathbf{O}_F) \\ &= \boldsymbol{r}\times(\mathbf{p}-\mathbf{O}_F)=\boldsymbol{r}\times\mathbf{p}-\boldsymbol{r}\times(\boldsymbol{p}\cdot\boldsymbol{r})\,\boldsymbol{r}=\boldsymbol{r}\times\mathbf{p} \end{aligned}$$

最后，得到点 $\mathbf{p}$ 绕轴 $\boldsymbol{r}_{\text{dir}}$ 旋转角度 α 的公式：

$$\mathbf{p}'=\cos\alpha\;\mathbf{p}+(1-\cos\alpha)(\boldsymbol{p}\;\cdot\boldsymbol{r})\boldsymbol{r}+\sin\alpha\;(\boldsymbol{r}\times\boldsymbol{p}) \tag{4.7}$$

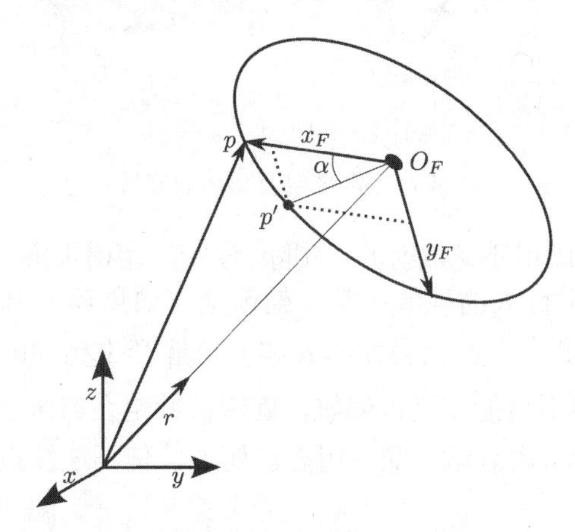

图 4.13 未建立框架的绕轴旋转

4.5.2 欧拉角旋转

对于一些应用，将旋转指定为多个绕规范轴旋转的组合是很方便的。最有名的例子是飞行模拟器中的飞机控制：根据图 4.14，考虑飞机三个可能的旋转。绕 y 轴的旋转称为偏航(飞机左转或右转)，绕 x 轴的转动称为俯仰(头部向上或向下)，绕 z 轴的旋转被称为滚转(向左侧或右侧倾斜)。飞机的每一个可能的方向(即每一个可能的旋转)可以通过分别指定适当的偏航角 α、俯仰角 β 和滚转角 γ，并组合这三个旋转得到。

通常借助于指定旋转的方法来确定欧拉角。如何确定一个旋转，也就是使用哪个轴，以什么顺序绕轴旋转，它们是内在的(Intrinsic)还是外在的(Extrinsic)，这是一个是常规问题。

在这里，给出一个经典的例子：安装在常平架上的飞机。常平架是一个包含三个同心环 r_1，r_2 和 r_3 的系统，其中每个环通过一个允许旋转的支架绑定到外一层的环上。可以将一个框架与每个环都关联起来，也就是，如果 $\alpha=\beta=\gamma=0$，F_1，F_2 和 F_3 与规范框架一致。

如图 4.14 所示，环 r_1 位于框架 F_1 的 XY 平面上，它围绕规范 y 轴旋转。环 r_2 位于框架 F_2 的 xz 平面，它围绕框架 F_1 的 x 轴旋转。环 r_3 位于框架 F_3 的 yz 平面，它围绕框架 F_2 的 z 轴旋转。图 4.15 给出了对应的框架层次以及它们之间的坐标变换(所有旋转都是围绕一个规范轴)。

因此，α，β 和 γ 的值确定了框架 F_3：

$$F_3=R_{z\gamma}\;R_{x\beta}\;R_{y\alpha}\;C$$

注意，旋转 $R_{x\beta}$ 是相对于它的外层框架指定的，即将规范框架旋转 $R_{y\alpha}$，正如旋转 $R_{z\gamma}$ 在规范框架旋转 $R_{x\beta}\;R_{y\alpha}$ 后所得框架中的表示。在这种情况下，指的是内在旋转，如果所有的旋转是相对于规范框架来表示的，将会有外在旋转。

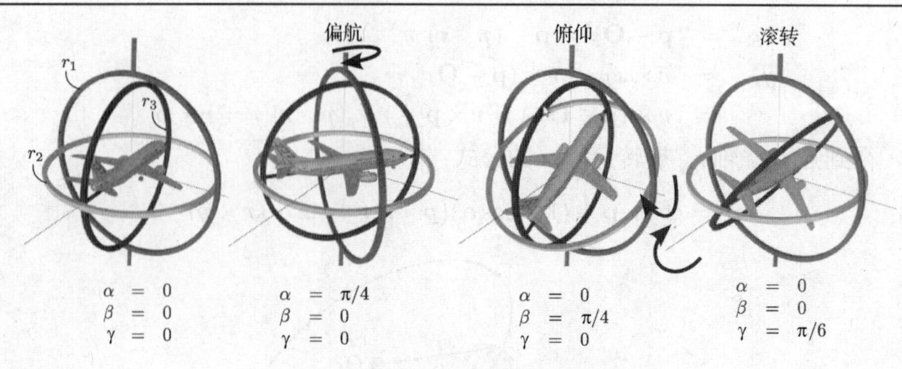

图 4.14 常平架及其环的旋转

角度和旋转结果之间的映射不是双射的，实际上，可以由不同的角度组合得到相同的旋转。

图 4.16 阐明了一个非常恼人的现象：常平架锁定。如果环 r_1 和 r_3 旋转 $\beta=\pi/2$ 时，都会使飞机滚转角度 $\alpha+\gamma$。因此，存在无穷大的 α 和 β 值能产生相同的旋转，同时丢失了一个自由度：更准确地说，常平架不再能使飞机偏航，旋转被锁定在二维空间(俯仰和滚转)。这意味着，如果使用欧拉角，需要考虑到这些简并组态，例如，使不连续点对应于不感兴趣的旋转。

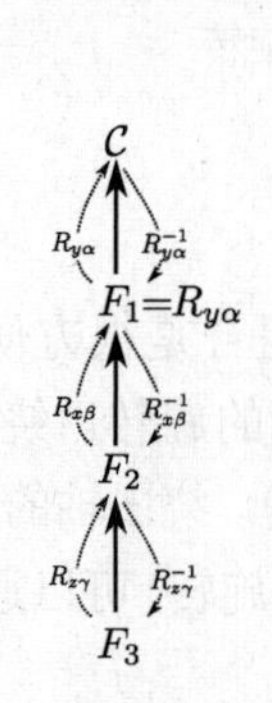

图 4.15 常平架三个环的关系模式

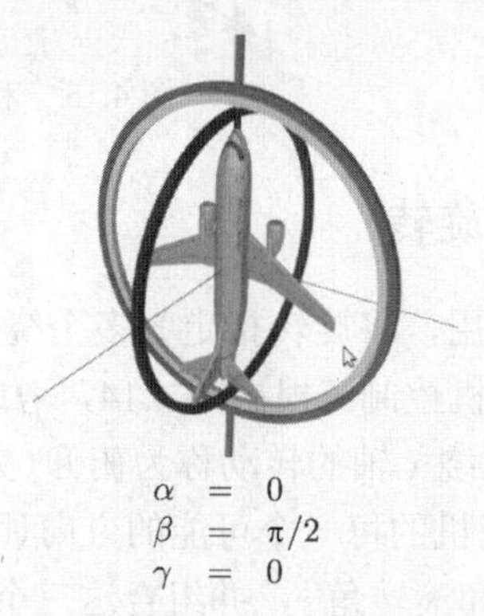

图 4.16 常平架锁定图解：当两个环围绕相同的轴旋转，会丢失一个自由度

4.5.3 用四元数旋转

四元数是一个数学实体，用其表示旋转比矩阵更有效，比欧拉角更稳定。它提供了一种合理的方式对旋转进行插值并且易于实现。唯一的不足是，四元数有点难以理解。

四元数是复数的延伸，它有两个或更多的虚部

$$\boldsymbol{a} = a_w + \mathrm{i}a_x + \mathrm{j}a_y + \mathrm{k}a_z$$

通常用简单的形式

$$\boldsymbol{a} = (a_w, \boldsymbol{a})$$

其中，$\boldsymbol{a}=(a_x,a_y,a_z)$。所以，四元数也可以看成四维空间中的点。

正如二维或三维空间的点，四元数可以逐个分量求和

$$\boldsymbol{a}+\boldsymbol{b} = (a_w+b_w,\ \mathrm{i}(a_x+b_x)+\mathrm{j}(a_y+b_y)+\mathrm{k}(a_z+b_z))$$

四元数乘积使用下面的规则：

$$\mathrm{i}^2 = \mathrm{j}^2 = \mathrm{k}^2 = \mathrm{ijk} = -1$$

可得到

$$\boldsymbol{ab} = (\boldsymbol{a}_w \boldsymbol{b}_w - \boldsymbol{a} \cdot \boldsymbol{b}, a_w \boldsymbol{b} + b_w \boldsymbol{a} + \boldsymbol{a} \times \boldsymbol{b})$$

单位四元数为$1 = (1,0,0,0)$，则四元数的逆为

$$\boldsymbol{a}^{-1} = \frac{1}{\|\boldsymbol{a}\|^2}(a_w, -\boldsymbol{a})$$

而四元数的模为$\|\boldsymbol{a}\|^2 = a_w^2 + a_x^2 + a_y^2 + a_z^2$。

最后，形式为$(0,x,y,z)$的四元数表示三维空间的点(x,y,z)。

考虑旋转的四元数形式如下：

$$q = (\cos\frac{\alpha}{2}, \sin\frac{\alpha}{2}\ \boldsymbol{r})$$

其中，$\|\boldsymbol{r}\| = 1$。该四元数可用于将点$\mathbf{p} = (0, p_x, p_y, p_z)$绕轴 r 旋转 α。更准确地说，回顾图 4.13 的例子，可以证明

$$\mathbf{p}' = q\mathbf{p}q^{-1} \tag{4.8}$$

证明过程可以通过简单的推导得到。

$$\begin{aligned}
q\ \mathbf{p}q^{-1} &= (\cos\frac{\alpha}{2}, \sin\frac{\alpha}{2}\ \boldsymbol{r})\ (0, \boldsymbol{p})\ (\cos\frac{\alpha}{2}, -\sin\frac{\alpha}{2}\ \boldsymbol{r}) \\
&= \left(\cos\frac{\alpha}{2}, \sin\frac{\alpha}{2}\ \boldsymbol{r}\right)\ \left(\sin\frac{\alpha}{2}(\boldsymbol{p}\ \cdot \boldsymbol{r}), \cos\frac{\alpha}{2}\ \boldsymbol{p} - \sin\frac{\alpha}{2}\ (\boldsymbol{p} \times \boldsymbol{r})\right) \\
&= \left(0, (\cos^2\frac{\alpha}{2} - \sin^2\frac{\alpha}{2})\,\boldsymbol{p} + 2\ \sin^2\frac{\alpha}{2}\ \boldsymbol{r}(\boldsymbol{p} \cdot \boldsymbol{r}) + 2\ \sin\frac{\alpha}{2}\cos\frac{\alpha}{2}\ (\boldsymbol{r} \times \boldsymbol{p})\right)
\end{aligned}$$

现在使用下面的三角等式，准确地得到式(4.7)。

$$\begin{aligned}
\cos^2\frac{\alpha}{2} - \sin^2\frac{\alpha}{2} &= \cos\alpha \\
2\ \sin^2\frac{\alpha}{2} &= (1 - \cos\alpha) \\
2\ \cos\frac{\alpha}{2}\sin\frac{\alpha}{2} &= \sin\alpha
\end{aligned}$$

4.6 观察变换

此刻，已经知道如何操纵对象来创建三维场景，但还没有提到这些对象将如何通过基于光栅化的流水线投影到二维屏幕。让我们想象一下使用照相机的情景：是从正面、从后面还是从远处看汽车？是否使用了变焦或广角镜头？

4.6.1 设置观察参考框架

可以通过回答三个问题来确定对场景的观察：从什么位置观察，称为观察点；朝哪个方向观察，称为观察方向；所戴的“尖顶盔”的尖顶指向哪个方向，称为向上方向(参见图 4.17)。通常，用一个框架来表示这些数据，这个框架称为观察参考框架，其原点在视点位置，y 轴指向向上方向，z 轴指向观察方向的反方向，而 x 轴指向观察者右方，通过$x = y \times z$得到(参见图 4.17)。通过术语观察变换，表明变换中的所有的坐标都是相对于观察参考框架的。

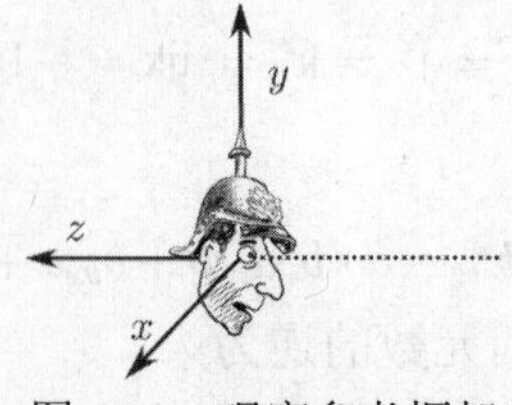

图 4.17 观察参考框架

所以，可以将观察框架写为矩阵形式

$$V = \begin{bmatrix} \boldsymbol{x}_x & \boldsymbol{y}_x & \boldsymbol{z}_x & o_x \\ \boldsymbol{x}_y & \boldsymbol{y}_y & \boldsymbol{z}_y & o_y \\ \boldsymbol{x}_z & \boldsymbol{y}_z & \boldsymbol{z}_z & o_z \\ 0 & 0 & 0 & 1 \end{bmatrix}$$

因此，矩阵 $\boldsymbol{V}$ 的逆可以让我们将场景坐标变换到观察参考坐标。从 4.3.3 节可知，$\boldsymbol{V}$ 描述了一个正交框架，因此，$\boldsymbol{V}^{-1}$ 可以通过下面的公式得到：

$$V^{-1} = \begin{bmatrix} \boldsymbol{R}_{xyz}^T & \left(-\boldsymbol{R}_{xyz}^T \ \mathbf{o}\right) \\ 0 & 1 \end{bmatrix}, \quad \boldsymbol{R}_{xyz} = \begin{bmatrix} \boldsymbol{x}_x & \boldsymbol{y}_x & \boldsymbol{z}_x \\ \boldsymbol{x}_y & \boldsymbol{y}_y & \boldsymbol{z}_y \\ \boldsymbol{x}_z & \boldsymbol{y}_z & \boldsymbol{z}_z \end{bmatrix}$$

4.6.2 投影

建立投影意味着描述用于观察场景的照相机类型。下面，将假设在观察参考框架下表示场景，因此，观察点位于原点，摄像机朝着 z 轴负方向，其向上的方向为 y 轴。

4.6.2.1 透视投影

假设你正站在一个无限大的窗户后面，只用一只眼睛望向外面。可以从每个点到你的眼睛画一条线，并且对于每个所看到的点，相应的线会穿过窗户。这个例子描述了透视投影：视点(眼睛)称为投影中心 C，窗户所在的平面称为投影平面(或图像平面)VP，连线称为投影线。所以，给定一个三维点 $\mathbf{p}$、投影中心 C 和投影平面 VP，则点 $\mathbf{p}$ 的投影 $\mathbf{p}'$ 是过点 $\mathbf{p}$ 和 $\mathbf{C}$ 的连线与平面 VP 的交点。这里，$\mathbf{C} = [0,0,0,1]^{\mathrm{T}}$，平面 VP 正交于 z 轴。图 4.18 给出了一个例子，其中平面 VP 为 $z = -d$。在这种情况下，观察到三角形 Cap' 和三角形 Cbp 是相似的，且对应边的比例都相等。因此，很容易找到点 $\mathbf{p}$ 的投影公式

$$p'_y : d = p_y : p_z \Rightarrow p'_y = \frac{p_y}{p_z/d}$$

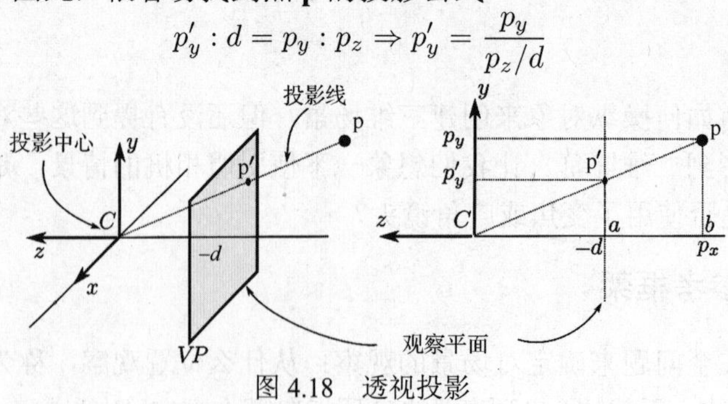

图 4.18 透视投影

同样，x 坐标也存在类似的关系，因此

$$\mathbf{p}' = \begin{bmatrix} \frac{p_x}{p_z/d} \\ \frac{p_y}{p_z/d} \\ d \\ 1 \end{bmatrix} \tag{4.9}$$

请注意，因为眼睛不是零维的点，所以给出的例子仅仅是一个理想的描述。另一个更常见的介绍透视投影的方式是利用如图 4.19 所示的针孔照相机。针孔照相机由一个不透光的盒子组成，盒子上有一个无限小的孔，以便照相机前的每个点投影到小孔对面的投影平面上。注意，以这种方式形成的图像是倒置的(向上变为向下，左变成右)，这就是为什么更喜欢选择眼睛在窗口前端的例子。

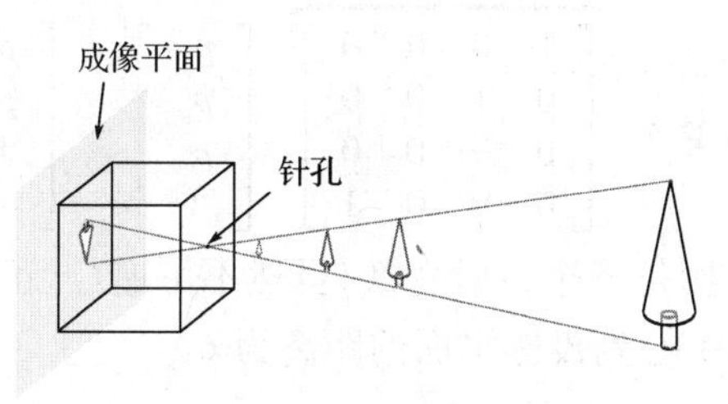

图 4.19　针孔照相机

4.6.2.2　透视除法

在 4.2.4 节介绍了齐次坐标，巧妙地将平移变换表示为矩阵形式。事实上，齐次坐标还可以做更多：它允许我们可以相对于投影而表示点的等价点。请注意，在图 4.18 中，不只是点 $\mathbf{p}$，位于 $\mathbf{C}$ 和 $\mathbf{p}$ 的连线并且投影到点 $\mathbf{p}'$ 的所有点都可以，唯一例外的就是投影中心。利用齐次坐标，可以将等价点写为

$$\mathbf{p}' = \begin{bmatrix} p_x \\ p_y \\ p_z \\ 1 \end{bmatrix} = \begin{bmatrix} \lambda_0 p_x \\ \lambda_0 p_y \\ \lambda_0 p_z \\ \lambda_0 \end{bmatrix} = \begin{bmatrix} \lambda_1 p_x \\ \lambda_1 p_y \\ \lambda_1 p_z \\ \lambda_1 \end{bmatrix} = \begin{bmatrix} \lambda_2 p_x \\ \lambda_2 p_y \\ \lambda_2 p_z \\ \lambda_2 \end{bmatrix} = \cdots$$

请注意，第四个分量可以是任何实数 $\lambda_i \neq 0$，但是当 λ 为 1 时，坐标则称为标准形式的齐次坐标。当一个点用标准形式表示时，可以简单地用前三个坐标表示三维空间中的点。再次考虑式(4.9)中的点 $\mathbf{p}'$：如果用 $\frac{p_z}{d}$ 乘以所有的分量，则得到下面的等式：

$$\mathbf{p}' = \begin{bmatrix} \frac{p_x}{p_z/d} \\ \frac{p_y}{p_z/d} \\ d \\ 1 \end{bmatrix} = \begin{bmatrix} p_x \\ p_y \\ p_z \\ \frac{p_z}{d} \end{bmatrix}$$

注意，不同的是，现在 $\mathbf{p}'$ 的分量没有出现在分母中，因此透视投影可以写成矩阵形式

$$P_{\text{rsp}}\ \mathbf{p} = \overbrace{\begin{bmatrix} 1 & 0 & 0 & 0 \\ 0 & 1 & 0 & 0 \\ 0 & 0 & 1 & 0 \\ 0 & 0 & \frac{1}{d} & 1 \end{bmatrix}}^{\text{透视投影}} \begin{bmatrix} p_x \\ p_y \\ p_z \\ 1 \end{bmatrix} = \begin{bmatrix} p_x \\ p_y \\ p_z \\ \frac{p_z}{d} \end{bmatrix} = \begin{bmatrix} \frac{p_x}{p_z/d} \\ \frac{p_y}{p_z/d} \\ d \\ 1 \end{bmatrix}$$

为了将齐次坐标表示的点转换为标准形式，所需要的操作是用第四个分量去除每个分量，该操作称为透视除法。投影矩阵和目前为止遇到的所有其他矩阵的区别在于：投影矩阵的最后一行不是[0, 0, 0, 1]，而仿射变换矩阵最后一行是[0, 0, 0, 1]。 事实上，透视变换不是仿射的，虽然它保持了共线性，但它不能保持距离间的比例。

4.6.2.3　正投影

所有投影线都平行的投影称为平行投影(parallel projection)。如果投影线也正交于投影平面，称为正投影(参见图 4.20)。在这种情况下，投影矩阵一般通过设置 z 坐标为 d 得到。为了更准确，投影点的 x 和 y 值独立于 d，所以只考虑投影平面 $z=0$。用矩阵表示为

$$\boldsymbol{O}_{\mathrm{rth}}\ \mathbf{p}=\overbrace{\begin{bmatrix}1&0&0&0\\0&1&0&0\\0&0&\mathbf{0}&0\\0&0&0&1\end{bmatrix}}^{\text{正投影}}\begin{bmatrix}p_x\\p_y\\p_z\\1\end{bmatrix}=\begin{bmatrix}p_x\\p_y\\0\\1\end{bmatrix}$$

与透视投影不同，正投影是一个仿射变换(虽然不可逆)。正投影也可以被看成是透视投影的极端情况，其中，投影中心到投影平面的距离为∞。

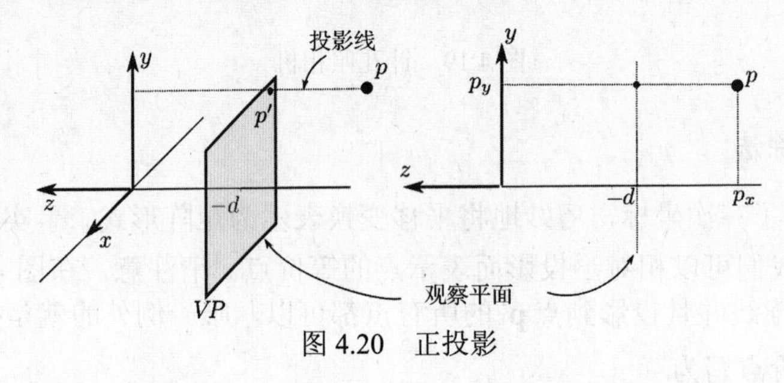

图 4.20　正投影

4.6.3　视见体

术语视见体表示理想照相机可观察到的一部分三维空间。例如，如果选取上述投影之一，并在观察平面指定一个称为观察窗口的矩形区域，视见体由投影在观察窗口内的空间组成。根据该定义，视见体具有无穷大空间，因为投影在观察窗口内的点可能离观察点无穷远。然而，在计算机图形学中，用两个其他平面对视见体进行限制，即近平面和远平面。图 4.21 给出了视见体的两个例子，一个用透视投影得到，另一个用正投影得到。对视见体进行限制的平面称为裁剪平面，因为它们用于裁剪掉不可见的几何图元以便在余下的流水线中丢弃(详细过程将在 5.4 节给出)。

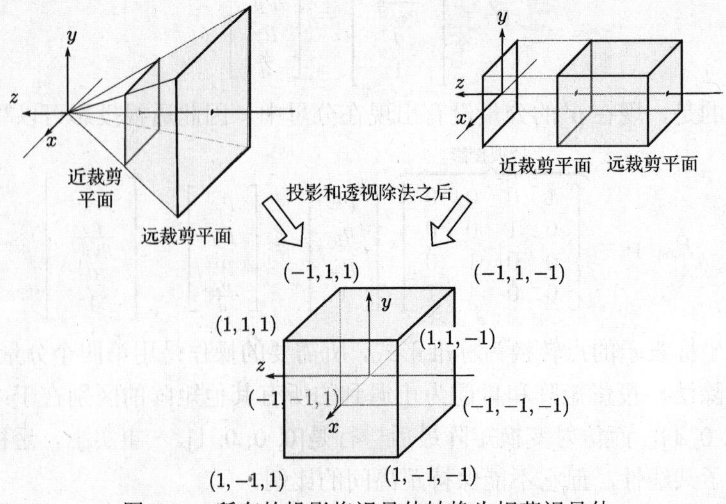

图 4.21　所有的投影将视见体转换为规范视见体

4.6.3.1 规范视见体

我们可以看到，根据投影类型，视见体可以是平行六面体或者四棱锥的主干部分。

从 1.3.2 节可知，投影不是绘制流水线的最后一步操作，还有许多其他操作，如裁剪，光栅化等。这意味着，对于基于光栅化的绘制流水线，从某个角度来说，所采用的算法应该是以特定视见体为参数。考虑到这一点，一个更简洁高效的选择是在投影和流水线其余部分之间建立一个公共接口。事实上，在流水线中，投影总是要求将对应的视见体转换为规范视见体(Canonical Viewing Volume，CVV)。根据定义，规范视见体是一个立方体，它与坐标轴以及拐角 $[-1,-1,-1]$ 和 $[1,1,1]$ 对齐。

图 4.21 给出了正投影和透视投影对应的视见体，以及它们到规范视见体的映射。考虑这种映射的正投影和透视投影变为

$$P_{\text{orth}} = \overbrace{\begin{bmatrix} \frac{2}{r-l} & 0 & 0 & \frac{r+l}{r-l} \\ 0 & \frac{2}{t-b} & 0 & \frac{t+b}{t-b} \\ 0 & 0 & \frac{-2}{f-n} & -\frac{f+n}{f-n} \\ 0 & 0 & 0 & 0 \end{bmatrix}}^{\text{正投影}} \quad P_{\text{persp}} = \overbrace{\begin{bmatrix} \frac{2n}{r-l} & 0 & \frac{r+l}{r-l} & 0 \\ 0 & \frac{2n}{t-b} & \frac{t+b}{t-b} & 0 \\ 0 & 0 & \frac{-(f+n)}{f-n} & \frac{-2fn}{f-n} \\ 0 & 0 & -1 & 0 \end{bmatrix}}^{\text{透视投影}} \tag{4.10}$$

在这些变换中，n 表示从照相机到近平面的距离，f 表示从照相机到远平面的距离，t，b，l，r 分别为观察窗口的顶面，底面，左面和右面边界，所有参数都是相对于观察者(即观察空间)进行表示的。

请注意，此时，由投影矩阵转换的点仍然不是规范形式，只有在规范化之后它才是规范形式。所以，投影矩阵不会将点从观察空间变换到 CVV，而是变换到一个称为裁剪空间的四维空间，该空间称为裁剪空间，是因为在这个空间中完成裁剪。规范视见体也称为规范化设备上下文(Normalized Device Context，NDC)，用于齐次坐标的标准化。在 NDC 空间中的坐标称为规范化设备坐标。

4.6.4 从规范化设备坐标到窗口坐标

在经过投影和透视除法之后，我们已经看到视见体如何映射到规范视见体。更特别地，观察窗口被映射到规范视见体的面 $(-1,-1,-1)$，$(1,-1,-1)$，$(1,1,-1)$，$(-1,1,-1)$。所需要的最后变换是从这样的面映射到指定的用于绘制的屏幕矩形部分，称为视口(viewport)。图 4.22 给出了规范视见体(中间)的面和视口(右侧)。注意，视口是被称为应用程序窗口的一部分，而应用程序窗口是应用程序进行绘制的屏幕区域。为了将 CVV 的面变换到视口中，如图 4.22 所示，可以做以下工作：(1)用平移 $[1,1]^{\mathrm{T}}$ 将左下角变换到 $(0,0)^{\mathrm{T}}$；(2)沿 x 轴缩放 $(v_X - v_x)/2$，沿 y 轴缩放 $(v_Y - v_y)/2$；(3)平移 $(v_x, v_y)^{\mathrm{T}}$。矩阵形式为

$$\boldsymbol{W} = \begin{bmatrix} 1 & 0 & v_x \\ 0 & 1 & v_x \\ 0 & 0 & 1 \end{bmatrix} \begin{bmatrix} \frac{v_X - v_x}{2} & 0 & 0 \\ 0 & \frac{v_Y - v_y}{2} & 0 \\ 0 & 0 & 1 \end{bmatrix} \begin{bmatrix} 1 & 0 & 1 \\ 0 & 1 & 1 \\ 0 & 0 & 1 \end{bmatrix}$$

$$= \begin{bmatrix} \frac{v_X - v_x}{2} & 0 & \frac{v_X - v_x}{2} v_x \\ 0 & \frac{v_Y - v_y}{2} & \frac{v_Y - v_y}{2} v_y \\ 0 & 0 & 1 \end{bmatrix}$$

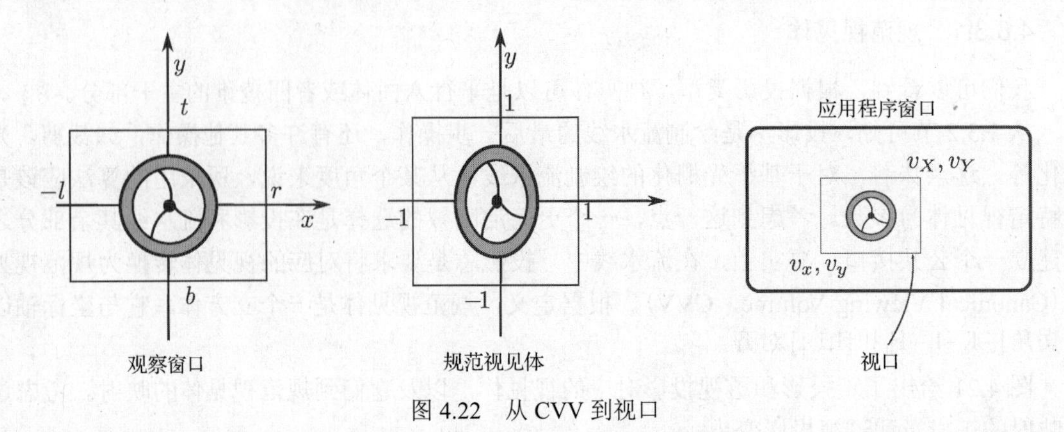

图 4.22 从 CVV 到视口

4.6.4.1 保留纵横比

窗口的纵横比是窗口的宽度和高度之间的比率。如果观察窗口的纵横比(在世界空间中定义)和视口的纵横比(在屏幕坐标系中定义)不同，场景将会变形，因为矩阵 PW 会产生非均匀缩放。

最常见的情况是，视口是固定的并且与画布的大小一致，想设置一个具有不同纵横比的观察窗口。如果不希望看到一个变形的图像(通常不希望这样)，必须设置一个观察窗口尽可能接近想要的窗口并且与视口具有相同的纵横比。

令 V_w，V_h 为我们想设置的观察窗口的大小，W_w，W_h 为视口的大小。如果这两个窗口具有不同的纵横比，则有

$$\frac{V_w}{V_h} \neq \frac{W_w}{W_h}$$

我们希望改变 V_w 和 V_h，使两个窗口纵横比相同。通过引入两个缩放因子 k_w，k_h，很容易对所有修改 V_w 和 V_h 这两个值的方法进行如下表示：

$$V'_w = V_w\ k_w$$
$$V'_h = V_h\ k_h$$

因此

$$\frac{V'_w}{V'_h} = \frac{W_w}{W_h}$$

需要注意的是，为了改变纵横比，只改变一个系数就足够了，但仍要选择如何改变观察窗口的宽度和高度。例如，可能希望保持宽度固定，因此有 $k_w = 1$ 和 $k_h = \frac{W_h}{W_w}\frac{V_w}{V_h}$。

一个非常普遍的选择是不从预期投影中切除任何内容，并且放大两个尺寸之一。如果 $\frac{V_w}{V_h} > \frac{W_w}{W_h}$，设置 $k_w = 1$ 并求解 k_h。否则设置 $k_h = 1$ 并求解 k_w。读者可以从轻松地从几何上和代数上验证未知系数是大于 1 的，也就是说，会放大观察窗口。

4.6.4.2 深度值

注意，从裁剪空间到窗口坐标系的变换不涉及 z 分量，所以点到近裁剪平面的距离显然

丢失了。虽然这个问题将在 5.2 节解决，此处期望用一个与视口同样大小的缓存，称为深度缓存或 z-buffer，用于存储与每一个像素对应的可见的对象上点的深度值。通常，$z \in [-1,+1]$（在裁剪空间中）线性映射到范围 $z \in [0,1]$。然而，必须注意的是，z 值从 [near,far] 到 CVV 的映射是非线性的（5.2.4 节将进行详细讨论）。

4.6.5 小结

图 4.23 总结了由本章所有变换保留的各种性质。

变换	长度	角度	比率	共线性
平移	Yes	Yes	Yes	Yes
旋转	Yes	Yes	Yes	Yes
均匀缩放	No	Yes	Yes	Yes
非均匀缩放	No	No	Yes	Yes
错切	No	No	Yes	Yes
正投影	No	No	Yes	Yes
一般仿射变换	No	No	Yes	Yes
透视变换	No	No	No	Yes

图 4.23　不同几何变换所保留的几何性质总结

4.7 图形绘制流水线中的变换

正如在 1.3.2 节所学的，当顶点进入流水线，它们的位置由应用程序指定。顶点着色器每次处理一个顶点，将其位置转换到裁剪空间坐标系。着色器施加的变换可以由图 4.24 中的变换级联得到。第一个变换习惯上称为模型变换，它用来将对象放到场景中。例如，在 3.9 节中创建的原始立方体的中心在原点，但如果在我们的场景中，希望它的中心在坐标 $[20,10,20]^T$ 处，则模型变换将是一个平移变换。所以，每个对象的顶点将通过合适的模型变换，把对象放到正确的位置并具有正确的比例。下一个变换是观察变换，正如在 4.6.1 节所看到的，该变换对所有的坐标进行变换，以便它们都在观察参考框架中表示。最后，正如在 4.6.2 节所看到的，运用投影变换将所有坐标变换到裁剪空间。

请注意，这种应用到顶点坐标的变换的分解方式是纯逻辑的，并且没有以任何方式在 WebGL API 中编码。可以编写顶点着色器程序以输出想要的任何形式的顶点坐标，不一定必须由矩阵乘法来完成，也不要求是线性的。特别提出这一点，是因为它标志着与传统固定流水线的重要区别。在固定流水线中，API 的状态仅显示了两个 4×4 矩阵，可用于指定要应用的变换：模视（MODELVIEW）矩阵和投影（PROJECTION）矩阵。然后每个顶点通过这些变换的级联进行变换。

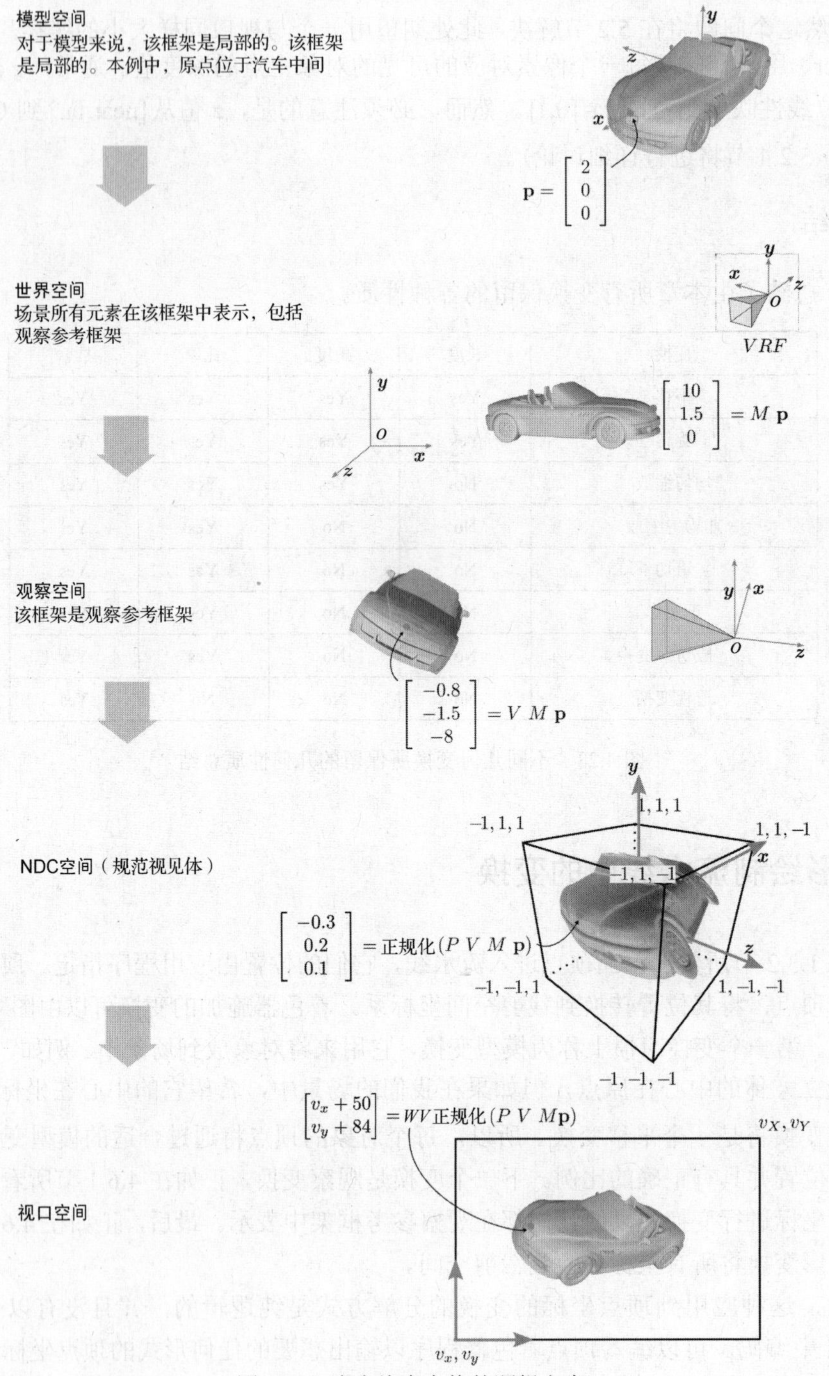

图 4.24　流水线中变换的逻辑方案

4.8　升级客户端：第一个 3D 客户端

在 3.9 节中，我们已经看到如何指定一个多边形，并且建立了一些 JavaScript 对象：立方体(Box)，圆柱体(Cylinder)，圆锥体(Cone)和轨道(Track)。现在，我们用这些形状来组装第一个工作客户端的所有元素。

图 4.25 显示了一个如何创建树和汽车这样简单模型的方案，并给其中的每个变换赋予一个名称($\boldsymbol{M}_0,\cdots,\boldsymbol{M}_9$)。我们的首要任务是计算这些变换。

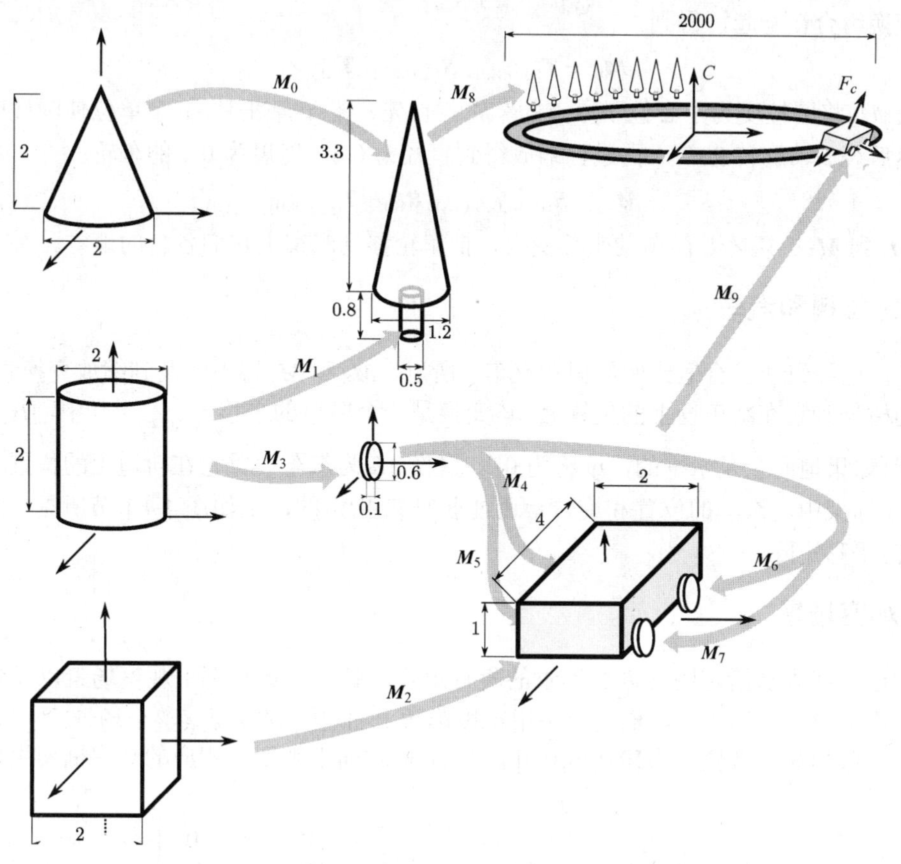

图 4.25 利用基本图元和变换组成比赛场景

4.8.1 组装树和汽车

如图 4.25 所示，通过将直径为 2，高为 2 的圆柱变为直径为 0.5，高为 0.8 的圆柱得到树干，只需要一个非均匀缩放

$$\boldsymbol{M}_1=\boldsymbol{S}_{(0.25,0.4,0.25)}=\begin{bmatrix}0.25&0&0&0\\0&0.4&0&0\\0&0&0.25&0\\0&0&0&1\end{bmatrix}$$

树的上部也可以通过锥体的非均匀缩放得到。然而，经缩放的锥体也必须沿 y 轴平移 0.8 个单位以放到树干上。因此

$$\boldsymbol{M}_0=\boldsymbol{T}_{(0,0.8,0)}\,\boldsymbol{S}_{(0.6,1.65,0.6)}=\begin{bmatrix}1&0&0&0\\0&1&0&0.8\\0&0&1&0\\0&0&0&1\end{bmatrix}\begin{bmatrix}0.6&0&0&0\\0&1.65&0&0\\0&0&0.6&0\\0&0&0&1\end{bmatrix}$$

我们的第一个汽车非常简单，由一个盒子作为车身，四个圆柱作为车轮。将中心位于点(0,0,0)、边长为 2 的立方体变换为大小为(2,1,4)、底面位于平面 $y=0.3$ 的盒子。首先，沿 y 轴

平移1个单位使立方体的底面位于平面 $y=0$ 上。这样，可以应用缩放变换 $\boldsymbol{S}_{(1,0.5,2)}$ 将盒子变为合适大小，同时保持底面位于平面 $y=0$ 上。最后，再次沿 y 轴平移车轮半径大小的距离。将这三个变换组合在一起，得到

$$\boldsymbol{M}_6 = \boldsymbol{T}_{(0,0.3,0)}\ \boldsymbol{S}_{(1,0.5,2)}\ \boldsymbol{T}_{(0,1,0)}$$

变换 $\boldsymbol{M}_3$ 将圆柱变为中心位于原点的车轮。首先，沿 y 轴平移−1个单位使圆柱中心位于原点，然后绕 z 轴旋转 90°，再进行缩放得到直径为0.6、宽度为0.1的车轮：

$$\boldsymbol{M}_3 = \boldsymbol{S}_{(0.05,0.3,0.3)}\ \boldsymbol{R}_{90Z}\ \boldsymbol{T}_{(0,-1,0)}$$

从 $\boldsymbol{M}_4$ 到 $\boldsymbol{M}_7$ 的矩阵是简单的平移变换，把车轮移到汽车上它们各自的地方。

4.8.2 定位树和汽车

现在，已经组装了合适比例的树和汽车，所以，$\boldsymbol{M}_8$ 和 $\boldsymbol{M}_9$ 将不涉及到缩放变换。变换 $\boldsymbol{M}_8$ 把组装的树移到它在赛车场上的位置处。该变换是一个简单的平移 $\boldsymbol{T}_{(tx,ty,tz)}$，其中，$[tx,ty,tz]^{\mathrm{T}}$ 是树的位置(如果地面全是水平的，ty 将为0)。变换 $\boldsymbol{M}_9$ 为汽车设置它在轨道上的位置和朝向。在NVMC标架中，汽车的位置和旋转是通过框架 F_c 指定的，正如在4.4.1节所见，它相当于一个旋转–平移矩阵。

4.8.3 观察场景

既然已经找到从给定图元创建场景的所有矩阵，必须指定从哪里观察场景以及使用的投影类型。作为第一个例子，我们决定采用正投影从上面(俯视图)观察整个场景。

因此，假如观察者位置为[0.0,10,0.0]，并沿 y 轴向下观察。相应的观察框架由如下矩阵描述：

$$\boldsymbol{V} = \begin{bmatrix} u_x & v_x & w_x & O_x \\ u_y & u_y & w_y & O_y \\ u_z & u_z & w_z & O_z \\ 0 & 0 & 0 & 1 \end{bmatrix} = \begin{bmatrix} 1 & 0 & 0 & 0 \\ 0 & 0 & -1 & 10 \\ 0 & -1 & 0 & 0 \\ 0 & 0 & 0 & 1 \end{bmatrix}$$

假定这样的投影包括了整个赛车场，该赛车场是一个200 m×200 m的正方形。既然已经设置了沿 y 轴的观察点，那么视见体的每个侧面(左，右，上，下)需要包含100 m。因此，使用4.10节的矩阵并用100替换 r，l，t 和 b。近裁剪平面 n 可以设置为0，远裁剪平面 f 的设置应使视见体包括地面。由于是从 $[0,10,0]^{\mathrm{T}}$ 观察，f 可以设置为一个大于10的值(将在5.2节看到如何正确选择远裁剪平面，以避免由于有限数值精度表示带来的失真)。

$$\boldsymbol{P} = \begin{bmatrix} 2/200 & 0 & 0 & 0 \\ 0 & 2/200 & 0 & 0 \\ 0 & & -2/11 & -11/11 \\ 0 & 0 & 0 & 1 \end{bmatrix}$$

正如4.6.4.1节解释的那样，这些值可能需要根据视口的选择而改变。

4.9 编码

现在，编写必要的代码来显示简单场景，涉及问题如下：我们有激活图元绘制的函数drawObject 和四种图元：立方体(Cube)，圆锥体(Cone)，圆柱体(Cylinder)和街道(Street)。

此外，已经有变换每个图元实例以构成场景的矩阵。从第 1 章可知，每个顶点的坐标在顶点变换和属性设置阶段进行变换，更精确地说，在顶点着色器中进行。所以，要做的就是完成这些变换，使得绘制图元时，顶点着色器将采用合适的变换。以图 4.26 作为参考，该图给出了场景框架/变换的整个层次。这与图 4.25 在本质上是相同的，但这次提出明显的层次结构，也增加了观察变换。在层次结构中所发现的内容与在场景图描述的场景中所发现内容是类似的，实际上，场景的层次组织常用于建模和优化复杂场景的绘制。场景图的详细描述超出了本书的范围，所以在此处提到它，只是给出它的直观概念。

4.10　用矩阵堆栈操作变换矩阵

该代码可以只有三个顺序步骤：(1) 计算合适的变换；(2) 设置顶点着色器应用它；(3) 绘制图元。让我们首先看一下绘制前两个车轮的代码

```
// draw the wheel 1 (w1)
M = P * Inverse(V) * M_9 * M_4 * M_3;
SetMatrixInTheVertexShader(M);
draw(w1);
// draw the wheel 2 (w2)
M = P * Inverse(V) * M_9 * M_5 * M_3;
SetMatrixInTheVertexShader(M);
draw(w2);
// ...
```

虽然这种应用变换的方式是正确的，但是可以看到它仍存在不必要的计算。特别地，乘法的前三个矩阵 $\boldsymbol{P}$、$\boldsymbol{V}^{1}$ 和 $\boldsymbol{M}_9$ 对于所有车轮都是相同的，所以，很明显，要做的就是预先计算这三个矩阵的乘积，并将其存储在一个变量中。可以应用同样的方法，以避免计算三次 $\boldsymbol{PV}^{1}$(对于汽车、树和轨道)。

为了将这种技巧进行一般化，从图 4.26 可以注意到：在绘制任意形状之前，矩阵相乘的顺序描述了从裁剪空间节点到形状节点的路径。图中使用蓝绿色箭头组成的路径表示第一个车轮的情况。根据这种解释，如果有两个或两个以上的路径共享一个子路径，则可以很方便地计算和存储该子路径对应的矩阵的乘积。

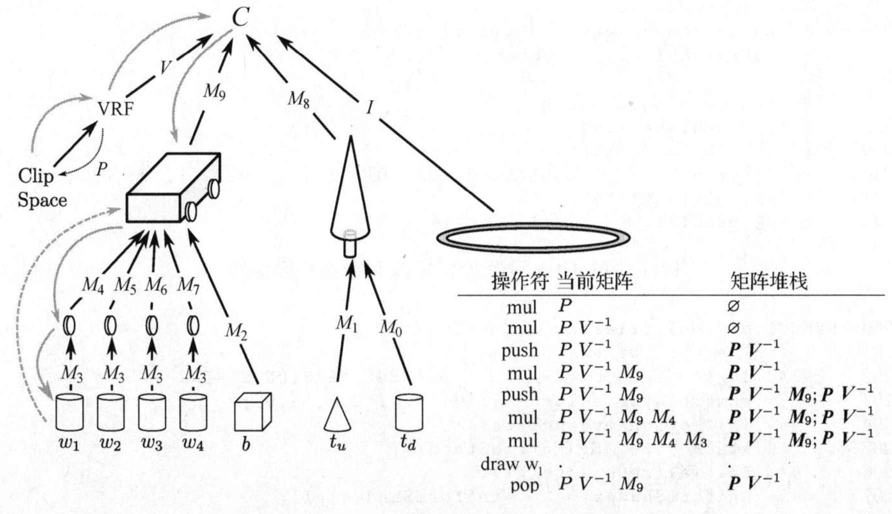

操作符	当前矩阵	矩阵堆栈
mul	P	∅
mul	$P\,V^{-1}$	∅
push	$P\,V^{-1}$	$\boldsymbol{P}\,\boldsymbol{V}^{-1}$
mul	$P\,V^{-1}\,M_9$	$\boldsymbol{P}\,\boldsymbol{V}^{-1}$
push	$P\,V^{-1}\,M_9$	$\boldsymbol{P}\,\boldsymbol{V}^{-1}\,\boldsymbol{M}_9;\boldsymbol{P}\,\boldsymbol{V}^{-1}$
mul	$P\,V^{-1}\,M_9\,M_4$	$\boldsymbol{P}\,\boldsymbol{V}^{-1}\,\boldsymbol{M}_9;\boldsymbol{P}\,\boldsymbol{V}^{-1}$
mul	$P\,V^{-1}\,M_9\,M_4\,M_3$	$\boldsymbol{P}\,\boldsymbol{V}^{-1}\,\boldsymbol{M}_9;\boldsymbol{P}\,\boldsymbol{V}^{-1}$
draw w_1	.	.
pop	$P\,V^{-1}\,M_9$	$\boldsymbol{P}\,\boldsymbol{V}^{-1}$

图 4.26　整个场景的变换层次

为实施这一机制，一种简洁的方式就是假设可以直接存取顶点着色器所使用的变换矩阵，我们将该矩阵称为当前变换矩阵(current)，并使这个矩阵随所使用的变换组合的结果值的变化而进行更新。此外，使用矩阵的堆栈(即后进先出的数据结构)存储所有需要保存以备后用的当前变换矩阵值，称之为矩阵堆栈。图 4.9 中的表格给出了绘制第一个车轮的矩阵运算顺序。请注意，每次遍历具有一个以上孩子节点的节点时，都要把矩阵入栈一次，因为在遍历其他孩子节点时将会再次需要它。

在这个例子中，当绘制表示第一个车轮的圆柱(w_1)时，可以看到，当前变化矩阵为 current = $\boldsymbol{P}\boldsymbol{V}^{-1}\boldsymbol{M}_9\boldsymbol{M}_4\boldsymbol{M}_3$。然后，执行出栈操作，重置当前变换矩阵为堆栈的最后一个值，即 $\boldsymbol{P}\boldsymbol{V}^{-1}\boldsymbol{M}_9$。

现在已经准备好讨论程序清单 4.2 的代码。在第 295 行，创建一个 SpiderGL 对象 SglMatrixStack。正如它的名字所示，这个对象实现了一个矩阵堆栈，因此它提供了 push 和 pop 方法。称为当前变换矩阵 current 的矩阵是对象 SglMatrixStack 的成员。函数 multiply(P) 右乘矩阵 current，意味着执行操作：current = current P。

在第 229 行和第 240 行(参见程序清单 4.1)之间的代码设置了投影矩阵和观察矩阵。如 4.8.3 节所示，尽管可以手动设置这些矩阵，但是 SpiderGL 提供了实用工具，可以通过指定几个直观的参数来创建这些矩阵。SglMat4.ortho 通过指定视见体的极值来创建一个正投影矩阵。SglMat4.lookAt 通过传递眼睛的位置、观察方向和向上的方向来创建观察矩阵(即观察框架的逆)。

请注意，如 4.6.4.1 节所说明的一样，设置视见体时，通过考虑视口的宽度和高度之间的比率(在本示例中，与画布具有相同的大小)保留了纵横比。

在第 242 行，将当前矩阵入栈，当前矩阵为 $\boldsymbol{P}$ inv$\boldsymbol{V}$，然后用汽车框架相乘(由函数 myFrame 返回)。

```
229   var ratio = width / height;
230   var bbox = this.game.race.bbox;
231   var winW = (bbox[3] - bbox[0]);
232   var winH = (bbox[5] - bbox[2]);
233   winW = winW * ratio * (winH / winW);
234   var P = SglMat4.ortho([-winW / 2, -winH / 2, 0.0], [winW / 2, ←
          winH / 2, 21.0]);
235   gl.uniformMatrix4fv(this.uniformShader.←
          uProjectionMatrixLocation, false, P);
236
237   var stack = this.stack;
238   stack.loadIdentity();
239   // create the inverse of V
240   var invV = SglMat4.lookAt([0, 20, 0], [0, 0, 0], [1, 0, 0]);
241   stack.multiply(invV);
242   stack.push();
```

程序清单 4.1　设置投影矩阵和模型视图矩阵

```
290 NVMCClient.onInitialize = function () {
291   var gl = this.ui.gl;
292   NVMC.log("SpiderGL Version : " + SGL_VERSION_STRING + "\n");
293   this.game.player.color = [1.0, 0.0, 0.0, 1.0];
294   this.initMotionKeyHandlers();
295   this.stack = new SglMatrixStack();
296   this.initializeObjects(gl);
297   this.uniformShader = new uniformShader(gl);
```

程序清单 4.2　初始化操作

程序清单4.3给出了顶点着色器和片元着色器。与程序清单2.8所示的着色器相比，增加了关于颜色的一致变量，所以每个绘制调用都输出颜色片元uColor，矩阵uProjectionMatrix（在程序清单4.1的第235行设置）和uModelViewMatrix（在绘制任何形状之前设置为stack.matrix）将顶点位置从对象空间变换到裁剪空间。

```
2    var vertexShaderSource = "\
3      uniform   mat4 uModelViewMatrix;  \n\
4      uniform   mat4 uProjectionMatrix; \n\
5      attribute vec3 aPosition;         \n\
6      void main(void)                   \n\
7      {                                 \n\
8      gl_Position = uProjectionMatrix * uModelViewMatrix  \n\
9        * vec4(aPosition, 1.0);         \n\
10     }";
11
12   var fragmentShaderSource = "\
13     precision highp float;          \n\
14     uniform vec4 uColor;            \n\
15     void main(void)                 \n\
16     {                               \n\
17       gl_FragColor = vec4(uColor);  \n\
18     } ";
```

程序清单4.3 基本着色器程序

```
147    gl.uniformMatrix4fv(this.uniformShader.↩
         uModelViewMatrixLocation, false, stack.matrix);
148    this.drawObject(gl, this.cylinder, [0.8, 0.2, 0.2, 1.0], [0, ↩
         0, 0, 1.0]);
```

程序清单4.4 设置模型视图矩阵和绘制

程序清单4.4的第147行至第148行给出了绘制形状的典型模式：首先设置堆栈（stack.matrix）中当前矩阵的值uModeViewMatrix，然后进行绘制调用。最终的客户端的快照如图4.27所示。

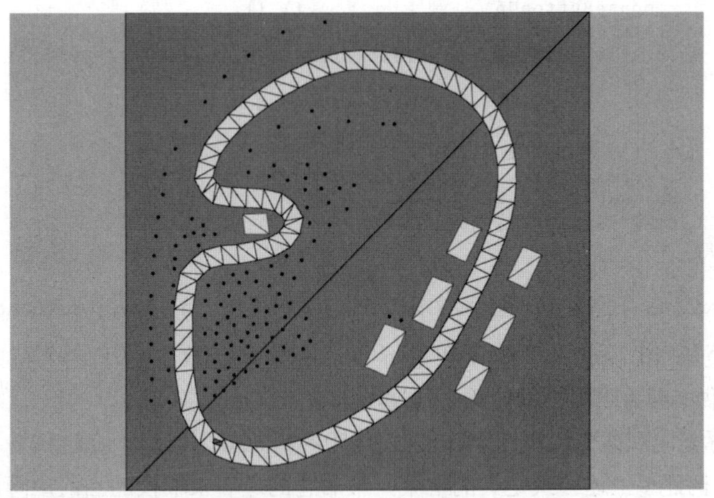

图4.27 第一个工作客户端的快照（参见客户端http://envymycarbook.com/chapter4/0/0.html）

升级客户端：增加从上面和后面的观察

为了更有趣，假设按照图4.28所示的那样放置观察参考框架，这是从上-后方进行的经典观察，只能看到汽车的一部分和前方街道。此参考框架不是恒定的，因为它在汽车的后面（Behind），所以它是在汽车框架F_0中表示的，而框架F_0随汽车的移动而改变。在层次结构方面，该观察参考框架是汽车框架 F_0 的孩子节点。在变换方面，通过将规范框架绕 x 轴旋转–30°，然后平移 (0,3,1.5)，可以容易地得到观察参考框架在汽车框架中表示。

$$Vc_0 = T_{(0,3.0,1.5)}\ R_x(-20°)$$

请注意，V_{C0} 在汽车框架 F_0 中表示，而不是在世界参考框架中表示。至于车轮和汽车车身，为了确定世界坐标系中的观察参考框架，只需要用 F_0 乘以 Vc_0

$$V_0 = F_0\ Vc_0$$

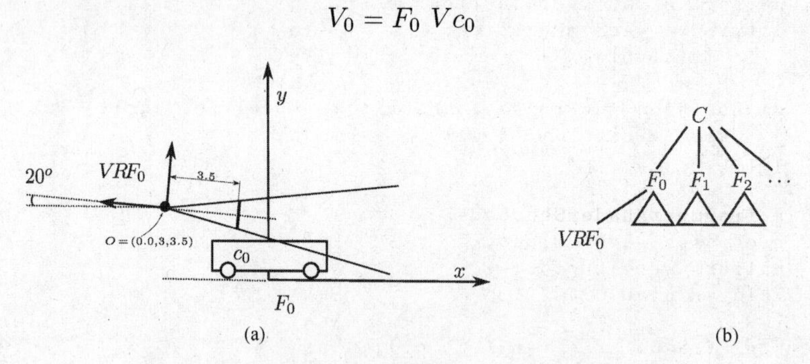

图 4.28　用于从汽车后面观察汽车的观察参考框架

由于将创建更多的观察框架，并且希望给出代码的一些结构，所以我们创建一个表示特定观察框架及其操作方式的对象。在这种情况下，将这个对象称为 ChaseCamera，在程序清单 4.5 中给出了它的实现。

```
74 function ChaseCamera() {
75   this.position          = [0.0,0.0,0.0];
76   this.keyDown           = function (keyCode) {}
77   this.keyUp             = function (keyCode) {}
78   this.mouseMove         = function (event) {};
79   this.mouseButtonDown   = function (event) {};
80   this.mouseButtonUp     = function () {}
81   this.setView           = function ( stack, F_0) {
82     var Rx = SglMat4.rotationAngleAxis(sglDegToRad(-20), [1.0, ↩
         0.0, 0.0]);
83     var T = SglMat4.translation([0.0, 3.0, 1.5]);
84     var Vc_0 = SglMat4.mul(T, Rx);
85     var V_0 = SglMat4.mul(F_0, Vc_0);
86     this.position = SglMat4.col(V_0,3);
87     var invV = SglMat4.inverse(V_0);
88     stack.multiply(invV);
89   };
90 };
```

程序清单 4.5　ChaseCamera 设置从上面和后面来观察汽车(代码片段摘自http://envymycarbook.com/chapter4/1/1.js)

从第 76 行至第 80 行定义了键盘和鼠标事件的处理函数。对于这个特定的照相机，这些函数什么也不做，因为照相机只依赖于传递给函数 setView(第 81 行)的汽车的位置和方向。函数 setView 的目标是用观察变换更新矩阵堆栈(作为参数 stack 传递)。在这种情况下，从第 82 行至第 88 行简单地构建了上述公式定义的框架，最后它的逆右乘堆栈的当前矩阵。

4.11 操纵视图和对象

在每个交互式应用程序中，用户必须能够操纵场景和/或使用某些输入接口，如鼠标、键盘、触摸屏或它们的组合来改变视点。这意味着要将一些事件(如鼠标点击和/或移动)转换为流水线中变换的一次更改，如图 4.24 所示。在三维场景中，通常采用以下范式之一完成：Camera-in-hand(CIH)和 World-in-hand(WIH)。CIH 范式对应的思想为：用户拿着照相机在场景中移动，就像在第一人称射击视频游戏或电影的任何主观序列中一样。如果三维场景相对于用户来说是“大”的(如建筑物或赛车场)，CIH 范式是有用的。当场景几乎可以放在一个人的手掌中并从外部观察，如汽车模型，则应用 WIH 范式。在这种情况下，观察是固定的，通过旋转、缩放和平移观察场景。

对于变换流水线而言，可以认为，通过改变观察(View)变换来实现 CIH 范式，而通过在模型(Model)变换和观察(View)变换之间增加多个变换来实现 WIH 范式，即在观察空间中变换场景。

4.11.1　用键盘和鼠标控制观察

如果曾经玩过第一人称射击游戏，那么你已经很熟悉所谓的 WASD 模式，其中，键 w，a，s 和 d 分别用于向前、向左、向后和向右移动，鼠标用于旋转视图(最常见的用于瞄准某个敌人)。

为了移动观察点，所有需要做的就是给观察参考框架 V 的原点增加一个向量，该向量指向我们想移动的方向。请注意，通常要在观察参考框架本身指定这样的一个方向(如移动到我的右边)，称之为 t_V，所以需要在世界参照框架中表示 t_V，然后添加到框架 V 的当前原点

$$\mathbf{v}'_o = \mathbf{v}_o + V_R\ t_V \tag{4.11}$$

为了用鼠标改变观察参考框架的方向，一种常用策略是把鼠标移动映射为欧拉角并相应地旋转框架的轴(V_R)。典型地，方向的变化仅限于偏航和俯仰，因此可以将当前方向存储为 α 和 β(遵循 4.5.2 节的符号)，得到观察参考框架的 z 轴为

$$\boldsymbol{v}'_{oz} = R_{x\beta}\ R_{y\alpha}\boldsymbol{v}_{oz} \tag{4.12}$$

然后，可以按照 4.5.1.1 节的方法建立参考框架

$$\begin{aligned} \boldsymbol{v}'_{ox} &= [0,1,0]^{\mathrm{T}} \times \boldsymbol{v}'_{oz} \\ \boldsymbol{v}'_{oy} &= \boldsymbol{v}'_{oz} \times \boldsymbol{v}'_{ox} \end{aligned} \tag{4.13}$$

α 和 β 的值通过将鼠标移动从像素转换为角度而得到，由 onMouseMove 函数返回：

$$\alpha = d_x \frac{最大偏航}{宽度}, \beta = d_y \frac{最大俯仰}{高度}$$

需要注意的是，选择 $[0,1,0]^{\mathrm{T}}$ 能保证 v'_{ox} 平行于平面 xz，这是我们在这种交互下(无滚动)所希望的。还要注意，如果我们的目标是直线上升，即 $v'_{oz} = [0,1,0]^{\mathrm{T}}$，这个选择不起作用。通常，通过将俯仰角限制为 89.9° 来避免这个问题。

一个更简洁的实现方式是一直更新原有的观察参考框架(而不是新建一个)。保持增量 $\mathrm{d}\alpha$ 和 $\mathrm{d}\beta$ 不变，而不是保持总旋转角 α 和 β 不变。然后，首先绕世界参考框架的 y 轴旋转 V_R：

$$V'_R = R_{y\,\mathrm{d}\alpha}\ V_R$$

注意，可以简单地通过旋转其各个轴来实现框架旋转(或者更一般地，应用任何仿射变换)。然后，对 V'_R 应用一个绕 x 轴的旋转，正如 4.4 节所做的一样

$$V''_R = \underbrace{V'_R\ R_{x\mathrm{d}\beta}\ V'^{-1}_R}_{绕 V'_{Rx} 旋转}\ V'_R = R_{y\mathrm{d}\alpha}\ V_R\ R_{x\mathrm{d}\beta} \tag{4.14}$$

4.11.2　升级客户端：增加摄影师观察

摄影师停留在轨道旁边的一个位置，并拍摄比赛图片。所以，我们需要的是控制原点在地面高度 50 cm 和 180 cm 之间的观察参照框架。还希望摄影师把照相机目标锁定为某个特定汽车，这对于平移摄影(Panning Photography)技术是非常有用的(关于这一点，更多内容参见 10.1.5 节)。与 ChaseCamera 所做的一样，创建另一个称为 PhotographerCamera 的对象，但此时，键盘和鼠标事件会影响到摄像机的位置和方向。

程序清单 4.6 给出了照相机的属性。请注意，这次不用 4×4 矩阵存储观察框架。相反，我们拥有框架原点的属性 this.position(三维点)和轴的属性 this.orientation(4×4 矩阵)。这样做的唯一原因是，将始终分别处理位置和方向，因此，显式地存储它们更方便。

位置由函数 updatePosition 更新，每一帧都调用一次。在第 58 行，将摄影师的运动方向转换到世界空间，然后将其添加到当前位置，如式(4.11)所示，然后将 y 值(即高度)固定在 0.5～1.8 之间。方向由函数 mouseMove 中的鼠标移动来确定。在第 35 行和第 36 行，分别计算鼠标水平移动和垂直移动对应的角度 alpha 和 beta，第 40 行至第 42 行是式(4.14)的实现。

函数 setView 简单地使用 lookAt 函数来计算观察变换。如果变量 lockToCar 为真(true)，在 lookaAt 函数中，使用汽车位置作为目标；否则，使用矩阵 orientation 的列向量定义目标和向上的向量。

```
 7  function PhotographerCamera() {
 8    this.position = [0, 0, 0];
 9    this.orientation = [1, 0, 0, 0, 0, 1, 0, 0, 0, 0, 1, 0, 0, 0, ↩
        0, 1];
10    this.t_V = [0, 0, 0];
11    this.orienting_view = false;
12    this.lockToCar = false;
13    this.start_x = 0;
14    this.start_y = 0;
15
16    var me = this;
17    this.handleKey = {};
18    this.handleKey["Q"] = function () {me.t_V = [0, 0.1, 0];};
19    this.handleKey["E"] = function () {me.t_V = [0, -0.1, 0];};
20    this.handleKey["L"] = function () {me.lockToCar= true;};
21    this.handleKey["U"] = function () {me.lockToCar= false;};
22
23    this.keyDown = function (keyCode) {
24      if (this.handleKey[keyCode])
25        this.handleKey[keyCode](true);
26    }
27
28    this.keyUp = function (keyCode) {
29      this.delta = [0, 0, 0];
30    }
31
32    this.mouseMove = function (event) {
33      if (!this.orienting_view) return;
34
35      var alpha = (event.offsetX - this.start_x)/10.0;
36      var beta  = (event.offsetY - this.start_y)/10.0;
37      this.start_x = event.offsetX;
38      this.start_y = event.offsetY;
39
40      var R_alpha = SglMat4.rotationAngleAxis(sglDegToRad( alpha  ↩
          ), [0, 1, 0]);
```

```
41     var R_beta = SglMat4.rotationAngleAxis(sglDegToRad (beta  ),↩
          [1, 0, 0]);
42     this.orientation = SglMat4.mul(SglMat4.mul(R_alpha, this.↩
          orientation), R_beta);
43   };
44
45   this.mouseButtonDown = function (event) {
46     if (!this.lock_to_car) {
47       this.orienting_view = true;
48       this.start_x = event.offsetX;
49       this.start_y = event.offsetY;
50     }
51   };
52
53   this.mouseButtonUp = function () {
54     this.orienting_view = false;
55   }
56
57   this.updatePosition = function ( t_V ){
58     this.position = SglVec3.add(this.position, SglMat4.mul3(this↩
         .orientation, t_V));
59     if (this.position[1] > 1.8) this.position[1] = 1.8;
60     if (this.position[1] < 0.5) this.position[1] = 0.5;
61   }
62
63   this.setView = function (stack, carFrame) {
64     this.updatePosition (this.t_V )
65     var car_position = SglMat4.col(carFrame,3);
66     if (this.lockToCar)
67       var invV = SglMat4.lookAt(this.position, car_position, [0,↩
           1, 0]);
68     else
69       var invV = SglMat4.lookAt(this.position, SglVec3.sub(this.↩
          position, SglMat4.col(this.orientation, 2)), SglMat4.↩
          col(this.orientation, 1));
70     stack.multiply(invV);
71   };
72 };
```

程序清单 4.6 设置摄影师照相机的观察(代码片段摘自http://envymycarbook.com/chapter4/1/1.js)

图 4.29 给出了从摄影师角度观察得到的客户端快照。

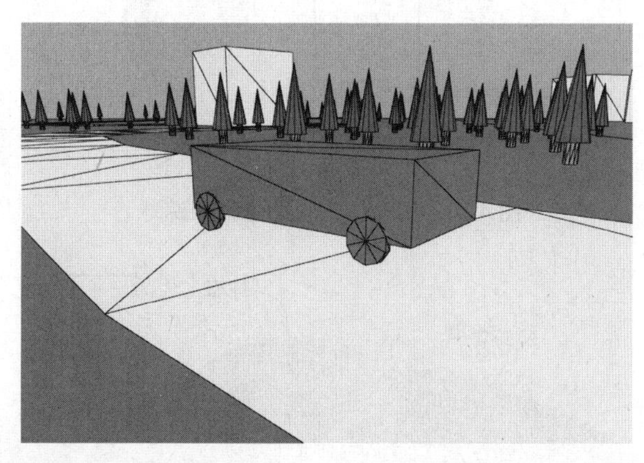

图 4.29 增加摄影师观察点(参见客户端http://envymycarbook.com/chapter4/1/1.html)

4.11.3 用键盘和鼠标操纵场景：虚拟跟踪球

把鼠标动作映射为场景(或单个对象)旋转的一个便捷方法就是虚拟跟踪球。它的思想是：有一个球，其中心位于世界空间中的固定点，可以抓住可见表面的任意点并拖动它，以使球和场景相应地围绕球体的中心旋转。图 4.30 显示了如何实现虚拟跟踪球。p_0 和 p_1 是鼠标移动时屏幕上的两个连续位置，p_0' 和 p_1' 是它们在球上的投影。通过在球面上沿最短路径移动 p_0' 和 p_1'，得到相应的旋转矩阵，即绕轴线 $(p_0'-c)\times(p_1'-c)$ 将 p_0' 旋转角度 θ

$$\theta = a\sin\left(\frac{\|(p_0'-c))\|\|(p_1'-c))\|}{\|(p_0'-c)\ (p_1'-c)\|}\right) \tag{4.15}$$

可以看到，这个实现存在几个问题。第一，当鼠标位置的投影与球体不相交时，没有任何反应，这既是我们不希望看到的，也是当投影把球变为一个点而在远处重现时出现颤动的一个根源。此外，当投影接近球体边界时，表面变得非常陡峭，小的鼠标动作也会产生大的角度。另外，也不可能获得绕 z 轴的旋转(滚动)，因为所有的点都永远是在 z 轴正半空间。

对于前两个问题，一个直接的解决方案是使用一个很大的球，使得投影能覆盖整个观察窗口。实际上由于球体中心可能太靠近观察平面，这并不是总能实现的。请注意，鼠标移动和依赖于球半径的角之间的比率：如果球半径过大，鼠标移动会造成小角度的旋转，使跟踪球几乎没有作用。

一个常见的有效解决方案是把表面 S 当成球面和双曲面的组合来使用，如图 4.31 所示。

$$S = \begin{cases} \sqrt{r^2-(x^2+y^2)} & x^2+y^2 < r^2/2 \\ \frac{r^2/2}{\sqrt{x^2+y^2}} & x^2+y^2 \geqslant r^2/2 \end{cases}$$

该表面与跟踪球中心周围的球面相一致，并且平滑地近似于平面 xy。旋转量仍由式(4.15)来确定，虽然点 p_0' 和 p_1' 偏离中心越多，相对于偏移距离，角度将越来越小。取而代之，可以使用

$$\theta = \frac{\|p_1'-p_0'\|}{r}$$

即，由弧长 $\|p_1'-p_0'\|$ 所覆盖的角度[参见图 4.32(b)]。

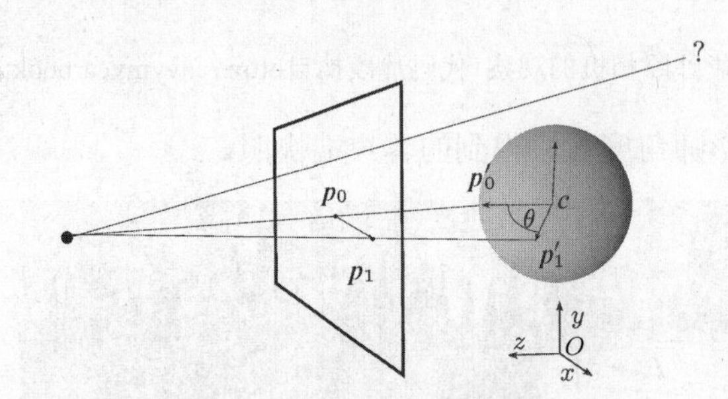

图 4.30 用球体实现的虚拟跟踪球

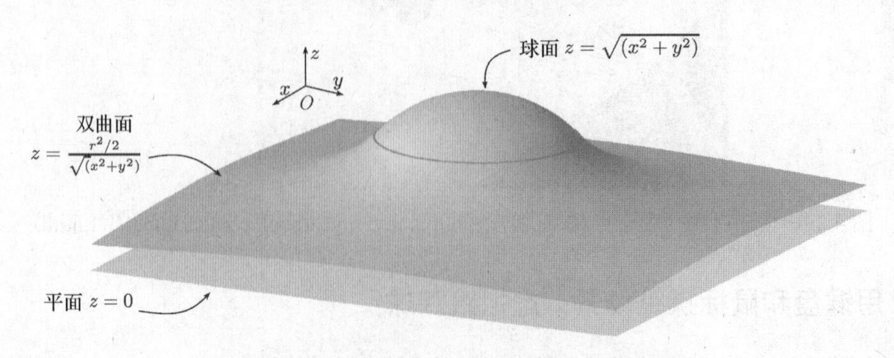

图 4.31 双曲面和球面共同组成的表面

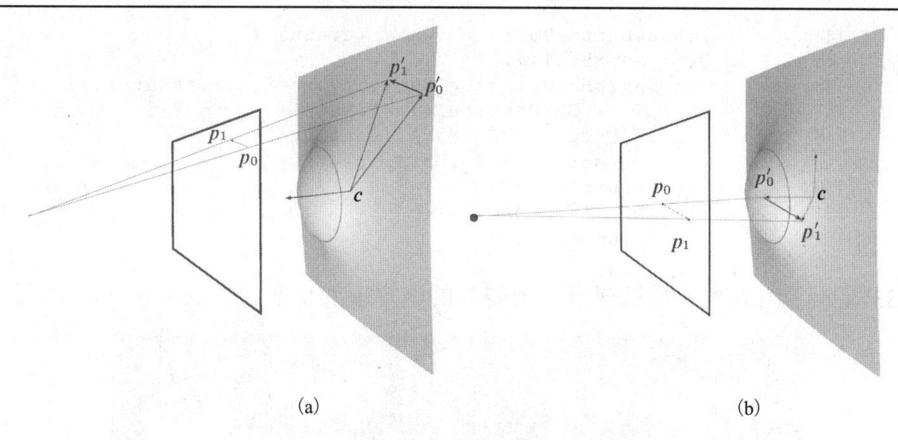

图 4.32 用双曲面和球面实现的虚拟跟踪球

4.12 升级客户端：创建观察者相机

要对客户端所做的改进对于其余开发部分非常有帮助。我们将添加观察者相机，该观察允许使用 WASD 模式自由地飞来飞去，而当要检验一些细节时，则切换到跟踪球模式。在游戏的开发过程中，观察者相机作为一个工具，使我们能够从特殊角度检验场景的细节。假设要使用 WASD 模式通过移动视点靠近汽车，然后用一个虚拟跟踪球让世界围绕汽车中心旋转，为了检验正确性，然后再切换回 WASD 模式去观察场景的一些其他细节。

定义对象 ObserverCamera，使其具有与 ChaseCamera 和 PhotographerCamera 相同的所有成员函数。照相机的实现只是 4.11.1 节和 4.11.3 节中公式的一个单纯实现。现在忽略的唯一细节是，当我们从跟踪球模式切换到 WASD 模式时会发生什么。注意，WASD 模式通过改变观察框架进行工作，而跟踪球使世界绕中心点旋转，也就是说，没有改变观察框架。这种旋转存储在矩阵 tbMatrix 中，在观察变换后右乘堆栈矩阵，从而使所有的场景都旋转起来。如果使用虚拟跟踪球，然后切换到 WASD 模式，则不能简单地忽略矩阵 tbMatrix，因为从旋转开始，观察框架就没有发生变化，好像根本没有使用跟踪球模式一样。

我们所做的工作如下：每次鼠标移动控制跟踪球结束时，把跟踪球的旋转转换为相机变换，并重置跟踪球变换矩阵为单位矩阵。换句话说，改变观察框架以获得与跟踪球完全相同的变换。让我们看看这是怎么实现的。在操作跟踪球期间，场景中的任意点 p 由以下矩阵操作变换到观察空间：

$$\mathbf{p}' = V^{-1}\,\text{tbMatrix}\,\mathbf{p}$$

如果切换到 WASD 模式，希望忘记 tbMatrix，但要保持相同的全局变换，因此需要一个新的观察参考框架 V_{wasd}，使得

$$\mathbf{p}' = V_{\text{wasd}}^{-1}\,\mathbf{p} = V^{-1}\,\text{tbMatrix}\,\mathbf{p}$$

所以，得到

$$V_{\text{wasd}}^{-1} = V^{-1}\,\text{tbMatrix} \rightarrow V_{\text{new}} = \text{tbMatrix}^{-1}\,V$$

下面的表单给出了 mouseUp 函数的实现。orbiting 是一个布尔变量，当相机处于跟踪球模式和鼠标按钮被按下时，orbiting 的值为真，当鼠标按钮被释放时，orbiting 的值为假。

```
144    this.mouseButtonUp = function (event) {
145      if (this.orbiting) {
146        var invTbMatrix = SglMat4.inverse(this.tbMatrix);
147        this.V  = SglMat4.mul(invTbMatrix, this.V);
148        this.tbMatrix = SglMat4.identity();
149        this.rotMatrix = SglMat4.identity();
150        this.orbiting = false;
151      }else
152      this.aiming = false;
153    };
```

图 4.33 显示了用观察者相机观察场景得到的客户端的快照。

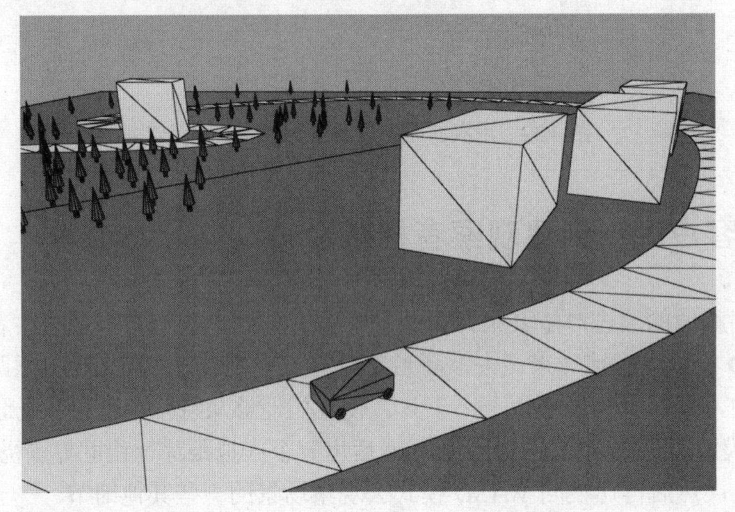

图 4.33　增加 WASD 模式和跟踪球模式下观察者的观察点(参见客户端 http://envymycarbook.com/chapter4/2/2.html)

4.13　自测题

一般题目

1. 找到一个二维仿射变换，将中心在(0, 0)，边长为 2 的正方形变换为四个角为{(2, 0), (0, 2), (–2, 0), (0, –2)}的正方形，并找出它的逆变换。
2. 给出以下表述的一个反例：非仿射变换是不可逆的；平移和旋转是可交换的变换。
3. 证明：仿射变换把平行线映射为平行线。提示：直线的参数形式为 $L = \mathbf{p}+t\mathbf{d}$，然后对两条平行线应用仿射变换。
4. 对中心在(0.5, 0.5)的单位边长的正方形应用以下变换：

   - 旋转 45°
   - 沿 y 轴缩放 0.5
   - 旋转–30°

   写出产生相同效果的错切变换。
5. 如果针孔相机的小孔不是点状的，描述针孔相机形成的图像是什么样的。

客户端相关

1. 为了提高汽车转向的可视化水平，使汽车左侧和右侧的前轮沿 y 轴旋转 30°。
2. 为了区别汽车的前面和后面，应用一个沿 z 轴的变换，使前面看起来是后面宽度和高度的一半。可以使用一个仿射变换吗？提示：绘制一个变形的盒子，回答下面这个问题：经过这个变换后，平行线仍保持平行吗？

3. 添加正视图，即从前方观察汽车的视图(因此，汽车不再是可见的)。
4. 在程序清单 4.1 中说明如何设置投影矩阵以保持纵横比。请注意，所采取的方式是基于这样的假设：视口的 width/height 比率大于所想要的观察窗口的 width/height 比率。如果将视口设置为 300×400，会发生什么呢？仍然会看到整个赛车场吗？修改程序清单 4.1 中的代码，使其能在任何情况下都能起作用。

第 5 章　顶点转化为像素

在前面的章节中，我们学习了把一个三维场景(顶点，多边形等)描述转换为屏幕上图形的基本算法。接下来的部分，将详细介绍几何图元如何转化为彩色像素区域以及常用的有效优化方法。

5.1　光栅化

当顶点位置在视口空间表示后，开始进行光栅化(参见 4.6.4 节)。与前面所有的参考系统不同(依次为对象空间，世界空间，观察空间，NDC)，视口空间是离散的，必须确定有多少片元属于图元，哪些离散坐标要分配相应的片元。

5.1.1　直线

在计算机图形学中，所谓的直线，实际上是由两个端点 (x_0, y_0) 和 (x_1, y_1) 指定的线段，为了简单起见，假设坐标是整数，因此线段可表示为

$$\begin{aligned} y &= y_0 + m\,(x - x_0) \\ m &= \frac{y_1 - y_0}{x_1 - x_0} \end{aligned} \tag{5.1}$$

从式(5.1)可以看出，如果 x 递增至 x+1，y 递增至 y+m。请注意，如果 $-1 \leqslant m < 1$，四舍五入为 y 的最近整数值，对于 x_0 和 x_1 之间的所有 x 值，将有一系列像素，使得恰好每列只有一个像素，并且两个连续的像素总是相邻的，如图 5.1 所示。如果 $m > 1$ 或者 $m < -1$，可以颠倒 x 和 y 的角色，方程可写为

$$x = x_0 + \frac{1}{m}(y - y_0) \tag{5.2}$$

并计算 y 坐标从 y_0 到 y_1 所对应的 x 值。该算法称为离散差分分析器(Discrete Difference Analyzer，DDA)，如程序清单 5.1 所示。

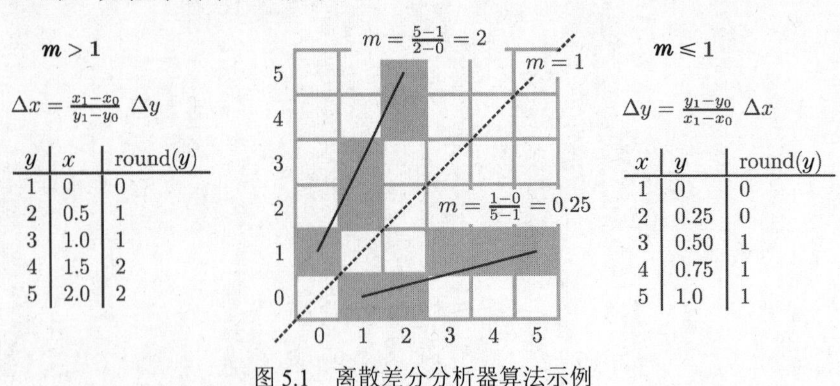

图 5.1　离散差分分析器算法示例

```
DDARasterizer(x0,y0,x1,y1) {
  float m = (y1 - y0) / (x1 - x0)
  if ((m >= -1) && (m <= 1)) {
    Δy = m;
    Δx = 1;
  }
  else {
    Δy = 1;
    Δx = 1/m;
  }

  x = x0; y = y0;

  do {
    OutputPixel(round(x),round(y));
    x = x + Δx;
    y = y + Δy;
  }
}
```

程序清单 5.1　离散差分分析器光栅化算法

DDA 光栅化的缺点是 Δx 和 Δy 都是分数，会降低计算速度，而且由于浮点表示的精度有限，会导致积累误差。

Bresenham 算法利用只包含整数的公式解决了这两个问题。图 5.2 给出了具有不同斜率但都经过相同像素的 4 条直线。

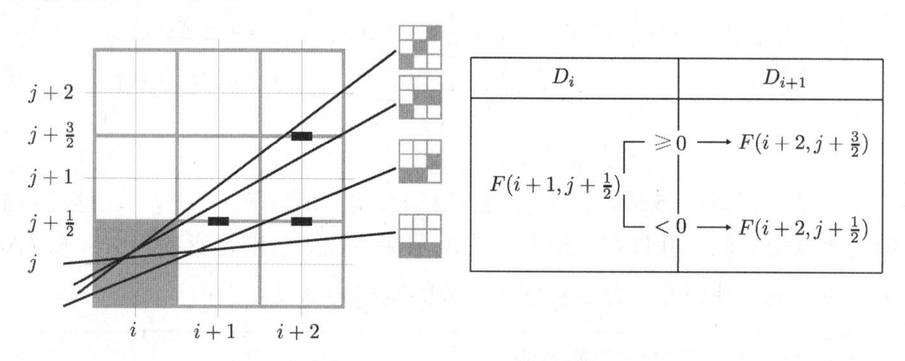

图 5.2　Bresenham 算法图例

让我们考虑 $0 \leqslant m \leqslant 1$ 的情况：执行 DDA 光栅化并输出了像素 (i, j)，所以现在计算 $i+1$ 所对应的 y 值。可以看到

$$\begin{array}{l}\text{若} j+\Delta y \geqslant j+\frac{1}{2} \rightarrow \text{OutputPixel}(i+1, j+1) \\ \text{若} j+\Delta y < j+\frac{1}{2} \rightarrow \text{OutputPixel}(i+1, j)\end{array} \tag{5.3}$$

或者，换言之，如果直线经过像素 $(i+1, j+1/2)$ 上方，那么下一个像素将是 $(i+1, j+1)$ 或者 $(i+1, j)$。将直线方程

$$y = \frac{\Delta y}{\Delta x} x + c \tag{5.4}$$

写为如下隐式公式形式是非常有用的：

$$y\Delta x - x\Delta y - c\Delta x = 0 \tag{5.5}$$

为了紧凑，定义函数 $F(x, y) = -\Delta yx + \Delta xy - c$。注意

$$F(x,y) = \begin{cases} 0, & \text{如果}(x,y)\text{属于直线} \\ >0, & \text{如果}(x,y)\text{在直线上方} \\ <0, & \text{如果}(x,y)\text{在直线下方} \end{cases} \tag{5.6}$$

定义布尔变量 $D_i = F(i+1, j+1/2)$，称为判断变量，替换式(5.3)中的条件可得到以下关系：

$$\begin{aligned} &\text{若} D_i \geqslant 0 \to \text{OutputPixel}(i+1, j+1) \\ &\text{若} D_i < 0 \to \text{OutputPixel}(i+1, j) \end{aligned} \tag{5.7}$$

到目前为止，仍处理 DDA 光栅化，只是将公式写为稍微不同的方式。如图 5.2 所示，令人欣慰的是，$i+1$ 对应的判定变量只取决于 i 对应的判定变量。让我们来看看两个连续像素间的判定变量如何变化

$$\Delta D_i = D_{i+1} - D_i = \begin{cases} \Delta x - \Delta y, & D_i \geqslant 0 \\ -\Delta y, & D_i < 0 \end{cases} \tag{5.8}$$

这意味着不必重新计算每个 x 值对应的 D，但是可以每步只更新 D 的值。请注意，即使所有的 ΔD_i 都是整数，F 的第一个值仍是一个分数

$$F(i+1, j+\frac{1}{2}) = -\Delta y\ (i+1)\Delta x\ (j+\frac{1}{2}) - \Delta x\ c \tag{5.9}$$

然而，由于只用 F 的符号，只需将 F 和 ΔD_i 乘以 2 并只进行整数操作

$$F(i,j) = 2\ \Delta x j - 2\ \Delta y\ i - 2\ \Delta x\ c \tag{5.10}$$

所以，如果直线从像素 (i_0, j_0) 开始，到像素 (i_1, j_1) 结束，可以计算出判定变量的初始值为

$$\begin{aligned} F(i_0+1, j_0+\frac{1}{2}) &= 2\ \Delta x(j_0+\frac{1}{2}) - 2\ \Delta y\ (i_0+1) - 2\ \Delta x\ c \\ &= \underline{2\ \Delta x j_0} + \Delta x - \underline{2\ \Delta y\ i_0} - 2\ \Delta y - \underline{2\ \Delta x\ c} \\ &= F(i_0, j_0) + \Delta x - 2\ \Delta y \\ &= 0 + \Delta x - 2\ \Delta y \end{aligned}$$

需要注意的是，根据式(5.6)，因为 (i_0, j_0) 属于直线，所以 $F(i_0, j_0) = 0$。这使我们能够只使用整数编写光栅化算法，并如程序清单 5.2 所示简单地更新判定变量。由于 $\Delta y / \Delta x$ 与直线的斜率相关，可以简单地将它们分别设置为线段的宽度和高度。

```
BresenhamRasterizer(i0,j0,i1,j1) {
  int Δy = j1 - j0;
  int Δx = i1 - i0;
  int D = Δx - 2 * Δy;
  int i = i0;
  int j = j0;
  OutputPixel(i,j);
  while(i < i1)
  {
    if (D >= 0) {
      i = i + 1;
      j = j + 1;
      D = D + (Δx - Δy);
    }
    else {
      i = i + 1;
      D = D + (-Δy);
    }

    OutputPixel(i,j);
  }
}
```

程序清单 5.2　斜率在 0～1 之间 Bresenham 光栅化程序。所有的其他情况可考虑问题的对称性进行编写

5.1.2　多边形(三角形)

多边形光栅化通常称为多边形填充(polygon filling)。我们不深入讨论一般多边形的技术性问题，因为在光栅化之前，多边形通常被细分为三角形。

5.1.2.1　一般多边形

扫描线算法逐行填充多边形，从下到上，每一行从左到右，就像喷墨式打印机一样，输出多边形内部的像素。这是通过查找各扫描线和多边形的边之间的交点，并按它们的 y 值进行排序(升序)完成。然后通过差异测试找到多边形内部像素，即在每个奇数交点处从多边形外部到内部进行查找，在每个偶数交点处从多边形内部到外部进行查找。

为了使这个非常简单的算法能够起实际作用，必须考虑如下的填充要求：如果两个多边形共享相同的边，不能由双方都输出像素，也就是说，必须没有重叠。

基本问题应归于整数值的交叉点。参见图 5.3，考虑经过顶点 C 和顶点 E 的扫描线。这两个顶点都在扫描线上，但是，位于顶点 C 的像素被认为是多边形的一部分，位于顶点 E 的像素却不是。这是因为，在交点坐标为整数的情况下，扫描线算法将第奇数个交点(入点)看成内部像素，否则视为外部像素。这保证如果两个多边形共享非水平边，跨越边界的所有像素仅属于两个多边形中的一个。

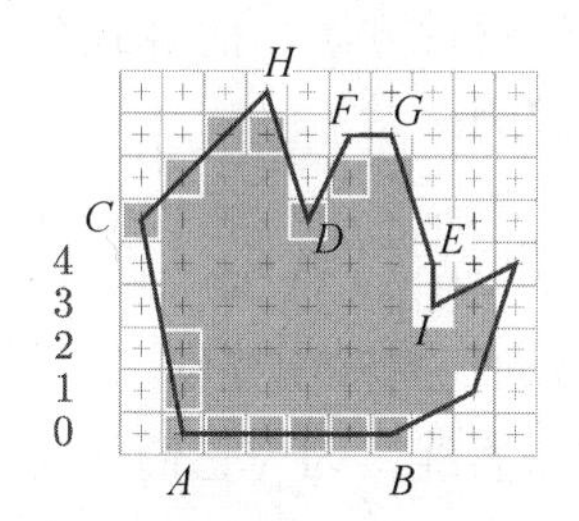

图 5.3　多边形填充的扫描线算法

对水平边采用同样的选择：请注意，水平边 AB 上的像素看成内部像素，而那些位于水平边 FG 上的像素则不是。最后，注意扫描线与边 DH 和边 DF 的交点为顶点 D 时，交点必须分别考虑，第一个为偶数交点(出点)，第二个为奇数交点(入点)。注意，此策略会在顶点 E 出现问题，因为顶点 E 只看成第偶数个交点(出点)。通过在相交测试时不考虑最大 y 坐标来解决这个问题，这意味着边 IE 与扫描线 4 不相交。

不需要从头开始计算每个扫描线与边的相交测试。相反，与 DDA 光栅化考虑的一样：如果线段表示为 $y = mx + b$，即 $x = (y-6)\frac{1}{m}$，这意味着对于每条扫描线，交点都会在 x 方向移动 $\frac{1}{m}$。

5.1.2.2　三角形

现代图形硬件是大规模并行的，并设计为成组地处理像素，但如果深入思考目前的光栅化算法，可以发现它们是以线性的方式一个接一个地处理像素，然后更新数量。多边形填充的扫描线算法适用于各种类型的多边形(甚至是非凸多边形或带孔的多边形)，但必须是逐行处理的。

一个更加并行的方法就是放弃增量计算而是在一个并行像素组中进行测试，看像素是在多边形之内还是多边形之外。正如后面将要清楚看到的，这个测试对于无孔的凸多边形效率很高。唯一要做的事情就是确定点是否在三角形内。

凸多边形的一个有用特点(因此也是三角形的特点)是它们可以看成为有限数量的半空间的交。对于三角形的每条边，让一条直线通过该边，两个半空间中的其中一个将包含三角形的内部，如图 5.4 所示。

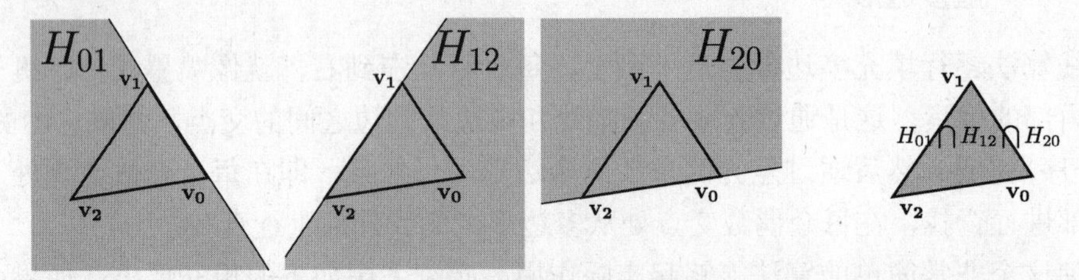

图 5.4　任何凸多边形都可以表示为建立在多边形的边基础上的半空间的交集

让我们再考虑式(5.6)中使用的直线的隐式公式。在这种情况下，可以认为，直线将二维空间划分为两个半空间，函数 $F(\cdot)$ 在一个半空间中是正的，在另一个半空间中是负的。原则上，可以只找到三条直线的隐式定义，但存在不确定性：对于一条给定的直线，怎么知道三角形内的点是在正半空间还是在负半空间？为了使其更清晰，应该注意，如果 F 是一条直线的隐式公式，则 $-F$ 也是。

所需要的是一个定义隐式公式的常规方法，而隐式公式依赖于定义直线的两个顶点的顺序。考虑边 $\overline{\mathbf{v}_0\mathbf{v}_1}$，经过它的直线可写为

$$\begin{bmatrix} x \\ y \end{bmatrix} = \begin{bmatrix} x_0 \\ y_0 \end{bmatrix} + t\left(\begin{bmatrix} x_1 \\ y_1 \end{bmatrix} - \begin{bmatrix} x_0 \\ y_0 \end{bmatrix}\right) \tag{5.11}$$

所以当 t 增加时，沿 $(\mathbf{v}_1 - \mathbf{v}_0)$ 方向在直线上移动。利用这两个方程求解 t，对于直线上的任意 $[x, y]^{\mathrm{T}}$ 向量有(不考虑水平线和垂直线，因为它们的情形非常简单)

$$\begin{aligned} t &= \frac{x - x_0}{x_1 - x_0} \\ t &= \frac{y - y_0}{y_1 - y_0} \end{aligned} \tag{5.12}$$

因此

$$\frac{x - x_0}{x_1 - x_0} = \frac{y - y_0}{y_1 - y_0} \tag{5.13}$$

在这个基础上，经过很少几步的简化步骤以及分解出 x 和 y 之后，得到边 $\overline{\mathbf{v}_0\mathbf{v}_1}$ 的边方程

$$E_{01}(x, y) = \Delta y\ x - \Delta x\ y + (y_0 x_1 - y_1 x_0) = 0 \tag{5.14}$$

注意，如果考虑由 x 和 y 的系数组成的向量 $[\Delta y, -\Delta x]^{\mathrm{T}}$，我们将发现，它正交于直线方向 $[\Delta x, \Delta y]^{\mathrm{T}}$(它们的点积为 0，参见附录 B)，并且它也表明，隐函数所在的半空间为正。为了证明其真实性，对于点 $\mathbf{p}$，可以简单地写为 E_{01}(参见图 5.5)

$$E_{01}\left(\mathbf{v}_0 + \begin{bmatrix} \Delta y \\ -\Delta x \end{bmatrix}\right) = \cdots = \Delta y^2 + \Delta x^2 > 0$$

换句话说，如果沿 $\mathbf{v}_1 - \mathbf{v}_0$ 方向在直线上移动，正半空间在我们的右侧。需要注意的是，如果交换两点的顺序来定义边的方程，将得到 $E_{10} = -E_{01}$，但正半空间仍然在我们的右侧(沿 $\mathbf{v}_0 - \mathbf{v}_1$ 方向移动)。因此，如果按逆时针方向指定三角形三个顶点 $\mathbf{v}_0\mathbf{v}_1\mathbf{v}_2$，这意味着：如果从

$\mathbf{v}_0$ 至 $\mathbf{v}_1$，然后从 $\mathbf{v}_1$ 到 $\mathbf{v}_2$，三角形外部的空间一直在右侧。因此，可以用下面的方法测试点 $\mathbf{p}$ 是否在三角形内：

$$\mathbf{p}\text{在 }T\text{ 的内部} \Leftrightarrow (E_{01}(\mathbf{p}) \leqslant 0) \wedge (E_{12}(\mathbf{p}) \leqslant 0) \wedge (E_{20}(\mathbf{p}) \leqslant 0) \tag{5.15}$$

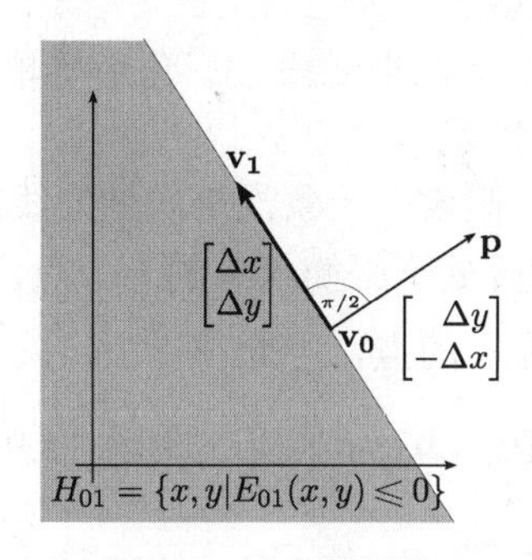

图 5.5 边方程解释

这意味着，三角形的光栅化算法可以只根据条件式(5.15)测试视口内的所有像素，但是这样效率不高。

一个简单的优化方法就是减少待测试的像素空间，只测试那些包含三角形的最小矩形内的像素，最小矩形称为边界矩形。另一个优化方法是测试方形像素组，通常称为戳记，以测试它是否完全在三角形之内(外)，它要求戳记内的所有像素完全在三角形之内(外)。图 5.6 显示了一个带有边界矩形和一些戳记的三角形的例子，戳记 *A*、*C* 和 *D* 节省了分别测试其内部像素的成本，而戳记 *B* 既不完全在三角形之外也不完全在三角形之内。在这种情况下，可以考虑第二级更小的戳记，或者对所有像素进行独立的简单测试。戳记等级的数量、戳记的大小等是实现时要考虑的问题，随着图形硬件的变化而变化。

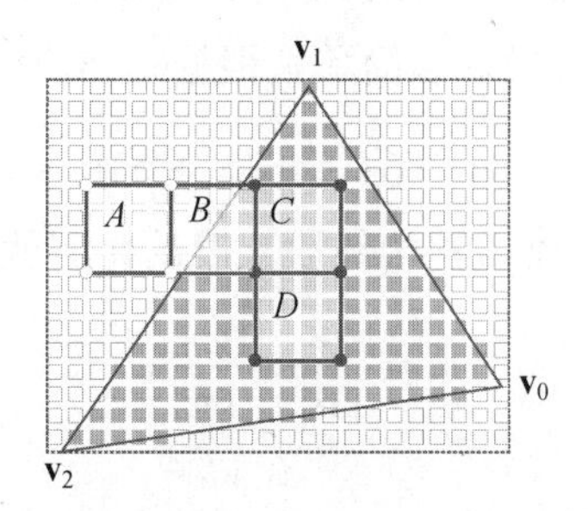

图 5.6 三角形填充的内部/外部测试优化。矩形边界外的像素以及戳记 *A* 内的像素在三角形之外，不需要测试，戳记 *C* 和戳记 *D* 内的像素在三角形之内，也不需要测试

5.1.3 属性插值：质心坐标

从 2.2 节已经知道，可以为每个顶点指定除位置以外的其他属性。例如，为每个顶点分配一种颜色属性。现在的问题是：应该为图元光栅化后得到的像素分配哪种颜色？例如，如果有一条从 $\mathbf{v}_0$ 至 $\mathbf{v}_1$ 的线段，分配 $\mathbf{v}_0$ 为红色，$\mathbf{v}_1$ 为蓝色，光栅化输出的像素是什么颜色？一个直观的答案是，随着光栅化线段从 $\mathbf{v}_0$ 到 $\mathbf{v}_1$，颜色应该从红到蓝渐变。这由两种颜色的线性组合获得

$$c(i,j) = \text{Red } \lambda_0(i,j) + \text{Blue } \lambda_1(i,j) \tag{5.16}$$

其中，$c(i,j)$ 表示像素 (i,j) 的颜色，$\lambda_0(i,j)$ 和 $\lambda_1(i,j)$ 是线性组合的系数。假设像素 (i',j') 的位置恰好在 $\mathbf{v}_0$ 和 $\mathbf{v}_1$ 的中间。毫无疑问，两个系数都应该是 $\frac{1}{2}$。这种插值计算可以通过质心坐标扩展到线段上(或三角形)的一般点。

质心坐标是一种简单实用的方法，把线段、三角形等单形体中的点表示为单形体顶点位置的函数(参见 3.2 节中单形体的定义)。

下面讨论如何找到质心坐标。假设有一条没有质量的线段，在端点 $\mathbf{p}_0$ 和 $\mathbf{p}_1$ 分别悬挂两个砝码 w_0 和 w_1。质心是线段上使线段处于平衡状态的一个点，如图 5.7 所示。从物理学的最基本概念可知，质心是所有力之和为 0 的点，因此

$$(\mathbf{p}_0-\mathbf{b})w_0+(\mathbf{p}_1-\mathbf{b})w_1=0 \tag{5.17}$$

这意味着，可以找到的质心为

$$\mathbf{b}=\mathbf{p}_0\frac{w_1}{w_0+w_1}+\mathbf{p}_1\frac{w_0}{w_0+w_1} \tag{5.18}$$

这实际上是在两点情况下确定质心的通用公式。定义如下：

$$\lambda=\frac{w_0}{w_0+w_1} \tag{5.19}$$

需要注意的是，$0\leqslant\lambda\leqslant1$，同时 $\frac{w_1}{w_0+w_1}=1-\lambda$，因此，就可以将式(5.18)重写为

$$\mathbf{b}=\mathbf{p}_0(1-\lambda)+\mathbf{p}_1\lambda \tag{5.20}$$

其中，λ 和 $1-\lambda$ 称为点 $\mathbf{b}$ 的质心坐标。需要指出，不需要任何权重来计算质心坐标，因为质心坐标只依赖于它们之间的比例(如果用任何非零因子乘以 w_0 和 w_1，$\mathbf{b}$ 都不发生变化)。

计算沿线段的任一点 $\mathbf{x}$ 的质心坐标很简单，根据式(5.20)，可以写为

$$(\mathbf{p}_1-\mathbf{p}_0)\lambda=(\mathbf{x}-\mathbf{p}_0)$$

因此，通过简单地计算 $\mathbf{x}-\mathbf{p}_0$ 的长度占整个线段长度的比例就可以求解 λ

$$\lambda=\frac{\|\mathbf{x}-\mathbf{p}_0\|}{\|\mathbf{p}_1-\mathbf{p}_0\|} \tag{5.21}$$

三角形的质心坐标

可以将同样的推理扩展到三角形，得到类似结论。给出三角形内的一个点 $\mathbf{x}$，可以将它表示为顶点位置的线性组合：$\mathbf{x}=\lambda_0\mathbf{p}_0+\lambda_1\mathbf{p}_1+\mathbf{p}_2\lambda_2$，其中 $0\leqslant\lambda_0$、λ_1、$\lambda_2\leqslant1$ 且 $\lambda_0+\lambda_1+\lambda_2=1$。与点 $\boldsymbol{p}_n$ 相关联的权重为点 $\mathbf{x}$ 与除 $\boldsymbol{p}_n$ 之外的其他两个点所形成的三角形的面积与整个三角形面积的比率。因此，例如，对于 λ_0：

$$\lambda_0=\frac{\text{Area}(\mathbf{x},\mathbf{p}_1,\mathbf{p}_2)}{\text{Area}(\mathbf{p}_0,\mathbf{p}_1,\mathbf{p}_2)}=\frac{(\mathbf{p}_1-\mathbf{x})\times(\mathbf{p}_2-\mathbf{x})}{(\mathbf{p}_1-\mathbf{p}_0)\times(\mathbf{p}_2-\mathbf{p}_0)} \tag{5.22}$$

可以看到，当 $\mathbf{x}$ 接近 $\mathbf{p}_0$，λ_0 接近 1，λ_1 和 λ_2 接近 0。

还需要注意，三角形本身是一个非正交参考系统，它以 $\mathbf{p}_0$ 为原点，以 $\mathbf{p}_1-\mathbf{p}_0$ 和 $\mathbf{p}_2-\mathbf{p}_0$ 为轴。事实上，如果考虑到 $\lambda_0=1-\lambda_1-\lambda_2$，可以将 $\mathbf{x}$ 写为

$$\mathbf{x}=\mathbf{p}_0+\lambda_1(\mathbf{p}_1-\mathbf{p}_0)+\lambda_2(\mathbf{p}_2-\mathbf{p}_0)$$

其中，$\mathbf{x}$ 在三角形之内当且仅当 $0 \leqslant \lambda_1, \lambda_2 \leqslant 1$ 且 $\lambda_1 + \lambda_2 \leqslant 1$。这也解释了前面给出的约束 $\lambda_0 + \lambda_1 + \lambda_2 = 1$。此外，对于所有平行于顶点 $\mathbf{p}_0$ 对边的直线，$\lambda_1 + \lambda_2$ 是常量，如图 5.7 所示。

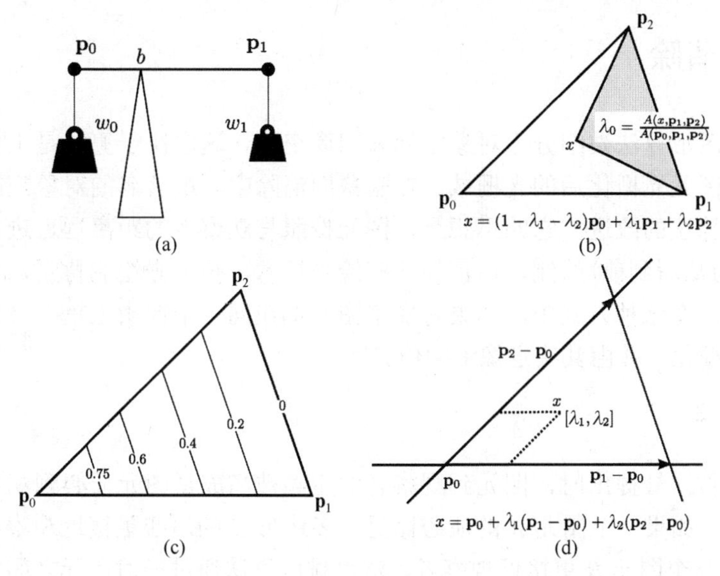

图 5.7　质心坐标。(a)端点悬挂两个砝码的线段的质心；(b)三角形内的点的质心坐标；(c)保持 $\mathbf{v}_0$ 为常面积的直线平行于对边；(d)非正交参考系统的质心坐标

5.1.4　小结

在本节中，已经看到如何光栅化组成场景的图元，如线段和三角形。当一个场景由许多图元组成，可能所有图元不是同时完全可见的。这种情况有三个原因(参见图 5.8)。

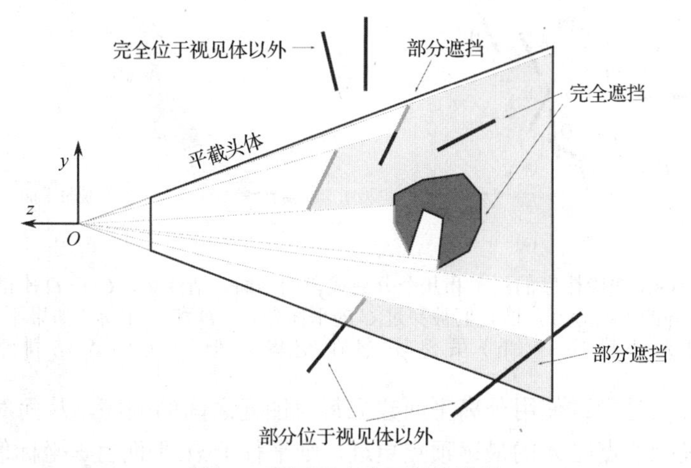

图 5.8　图元不完全可见的情况

- 相对于观察者，因为一个图元会部分或完全被另一个图元所覆盖，于是需要一个隐藏面消除算法，以避免光栅化被覆盖的图元。
- 因为图元有一部分位于视见体之外，在这种情况下必须裁剪它，这意味着需要确定图元的哪些部分在视见体内部。
- 因为图元完全在视见体之外，在这种情况下，应该简单地避免光栅化该图元。

在接下来的两节中，将精确地处理这些问题，即如何避免光栅化隐藏的图元以及如何裁剪它们。

5.2 隐藏面消除

许多计算机图形算法被细分为对象空间和图像空间，这取决于算法是工作在定义顶点的三维空间还是在图元光栅化后的光栅域。在隐藏面消除中，最著名的对象空间算法称为深度排序，是对画家算法的改进。它的思想是，图元按照与观察者的距离远近进行排序，然后由远及近地(也称为从后到前)绘制，这正如一些绘画技术，画家先绘制背景，然后在背景上从远及近绘制对象。在这种方式中，如果有多个图元都在同一个像素上重叠，离观察者最近的图元将最后被光栅化，并由其决定像素的值。

5.2.1 深度排序

当画家算法首次被提出时，图元到观察者的距离被当成是图元质心到观察者的距离。这样存在的问题是，如果一个图元 A 的质心比另一多边形 B 的质心更接近观察者，这并不意味着整个图元 A 比整个图元 B 更接近观察者。深度排序算法通过一对图元之间的分离平面来试图找到一个正确的从后到前的顺序。顾名思义，分离平面是将实体(这种情况下指图元)分离为两组的平面：一组在正半空间，一组在负半空间。考虑分离平面的法向量指向 z 的正方向(在观察空间中，也就是指向观察者方向)，如图 5.9 所示的例子。可以安全地说，负半空间的图元位于正半空间的图元的后面，因此必须先绘制。

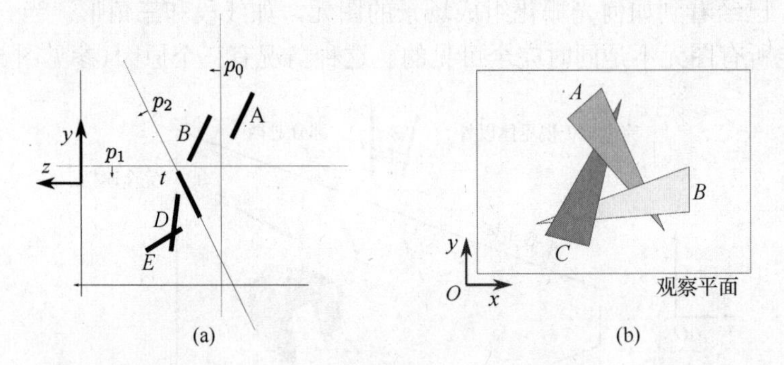

图 5.9 (a)四条线段排序的例子和几个分离线段的平面。请注意，C 和 D 不能被与轴线对齐的平面分开，但它们被穿过 C 的平面分开。D 和 E 相交，如果不分离它们，则无法排序；(b)虽然不存在交集，但图元仍无法排序的情况

深度排序算法只是尝试使用分离平面建立每对图元之间的顺序，从而对图元进行排序。例如，如果 B 的最近顶点比 A 的最远顶点更远，则平行于 xy 平面且 z 坐标值位于这两个值之间的任何平面都是分离平面。如果不满足这种情况，可以对 $x(y)$ 的值进行相同的测试以寻找平行于 $yz(xz)$ 的分离平面。在本质上，我们正在做一系列的测试以寻找一个分离平面，从平行于主平面的平面开始，因为测试只是比较一个坐标。请注意，对于一对非相交凸多边形，包含其中一个图元的平面就是分离平面。

但是，如果图元相交，则它们不能排序，并且在一般情况下，不可能先绘制一个图元，然后再绘制另一个来得到正确的结果。即使不存在交集，也可能无法找到一个正确的从后到

前的顺序。图 5.9(b)给出了这种情况的一个实例：A 的一部分在 B 的后面，B 的一部分在 C 的后面，C 的一部分在 A 的后面。

5.2.2　扫描线

注意，在二维情况下，图 5.9(b)中图元的环状排序是绝对不会发生的，也就是说，在平面上的线段不会出现环状排序的情况。扫描线算法沿 y 轴逐行光栅化场景，因此每次迭代都考虑平面 $y=k$ 与场景的交。一次扫描线扫描的结果是产生一组线段，这些线段的顶点位于平面与图元的边的交点上。如此，图元绘制问题则缩减了一维，变为正确绘制一组线段的问题。

如果将顶点投影到当前扫描线上，得到一系列具有以下明显属性的区间：在每个区间内，从后到前的顺序不改变(参见图 5.10)。所以，对于每个区间，找出线段的最近部分并光栅化它，直到该区间的最后。

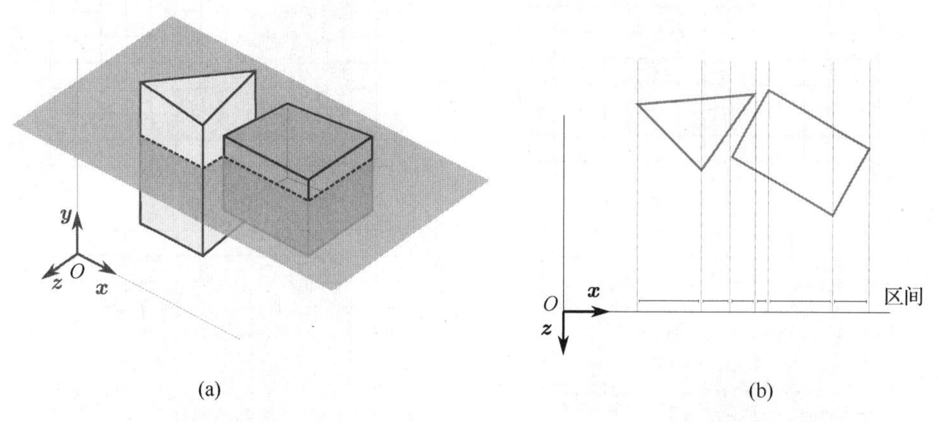

图 5.10　(a)一个给定的平面上的扫描线算法的步骤；(b)建立的相应区间

扫描线也可被用于相交的多边形，尽管需要一个更复杂的方法来定义区间(并且这已经超出了我们对这一技术的兴趣)。

虽然深度排序和扫描线方法在图形学领域众所周知，但是它们不是基于光栅化流水线的一部分，原因很简单，它们不适合流水线结构，在流水线阶段，图元是一个接一个处理的。相反，这些算法需要存储所有要绘制的图元，并在绘制之前进行排序。此外，它们不是非常适合在并行机器上执行的，如目前的 GPU。

5.2.3　深度缓存

深度缓存(z-Buffer)是隐藏面消除方法的事实标准。在 5.1 节已经说明，当图元光栅化时，一些插值属性被写入输出缓存中。其中一个属性就是顶点坐标的 z 值，被写入称为深度缓存的缓存中。该算法非常简单，如程序清单 5.3 所示。开始时，深度缓存初始化为可能的最大值(第 2 行)，这是视见体的远平面的 z 值(请注意，深度缓存在 NDC 坐标系中进行操作，因此该值为 1)。然后光栅化每个图元，对于每个被覆盖的像素(第 4 行)，计算它的 z 值。如果 z 值小于深度缓存中的当前值，则用新值替换深度缓存中的值(第 6 行)。

```
1  ZBufferAlgorithm() {
2    forall i,j ZBuffer[i,j] = 1.0;
3    for each primitive pr
4      for each pixel (i,j) covered by pr
5        if(Z[i,j] < ZBuffer[i,j])
6          ZBuffer[i,j] = Z[i,j];
7  }
```

程序清单 5.3　深度缓存算法

在基于光栅化的流水线中，深度缓存算法的优点很多。图元一边被发送到流水线，一边进行处理，不需要预先的图元排序操作。该方法依次计算每个像素，相邻像素可以独立地和并行地处理(参见图 5.11)。

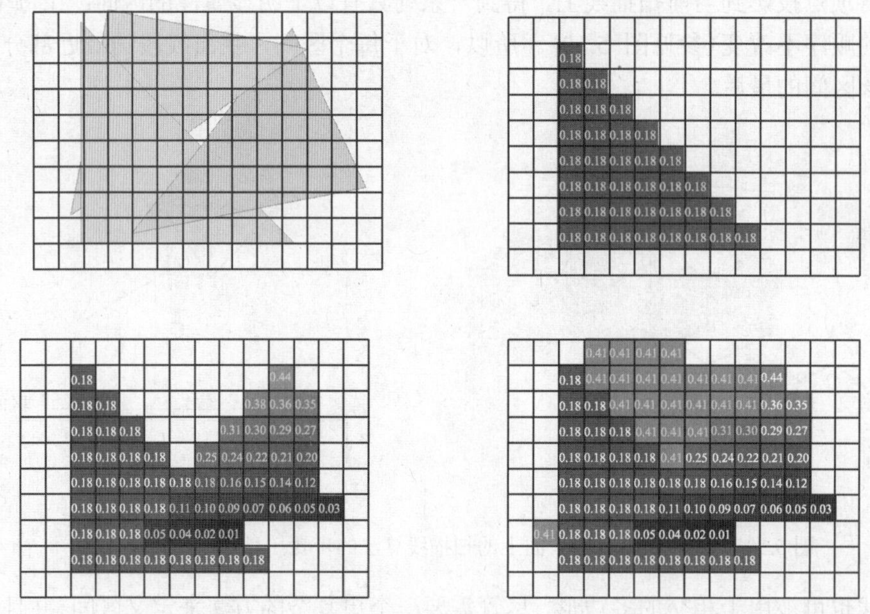

图 5.11　三个三角形[如图 5.9(b)所示]光栅化过程中深度缓存的状态。每个像素表示深度缓存的值在[0,1]范围内。浅色区域的数字表示最后的三角形绘制之后已更新的深度值

5.2.4　深度缓存精度和深度冲突

必须认真考虑的一个问题是深度缓存的粒度，即可以区分的 z 值的接近程度。简言之，该问题是投影和光栅化可能不会保留深度值之间的原始关系：对于两个值 z_a 和 z_b，其中 $z_a < z_b$，可能会在深度缓存中被存储为相同的值。这仅仅是因为有限的数值精度。让我们来看看这是如何发生的。

顶点坐标从观察空间变换到规范化设备上下文(NDC)，然后 z 坐标从[−1,1]重新映射为[0,1]，此值与深度缓存中的值进行比较。我们称这个映射为

$$f(z)\text{:观察空间} \rightarrow \text{深度缓存空间}$$

如果投影是正交的(参见 4.6.3.1 节)，则有

$$f_o(z) = \frac{1}{2}\left(z\frac{-2}{f-n} - \frac{f+n}{f-n} + 1\right) \tag{5.23}$$

因此，映射的形式为 $f_o(z)=az+b$，即只是一个缩放和平移。请注意，通常深度缓存用定点表示法存储深度值。在定点表示法中，数字仅仅是一个具有公分母的整数。例如，0 和 1 之间的定点 16 位数字为 $i(2^{16}-1):i=0\cdots2^{16}-1$，这意味着所有的连续数字之间的距离相同，为 $(2^{16}-1)^{-1}$。相反地，坐标用浮点数表示，在 0 附近分布更密集。这意味着，如果有一个 32 位的深度缓存，当从观察空间转换到深度缓存空间时，观察空间中会有多个深度值将映射为深度缓存空间的相同值。图 5.12 给出了该问题的一个例子。灰色截锥更密集，正是因为这种近似，一些片元在竞争中输掉了。这个问题被称为深度冲突(z-Fighting)。

图 5.12　两个截头圆锥(一个白色，一个灰色)，通过一个小的平移进行叠加，使得灰色截头圆锥更接近观察者。然而，因为深度缓存数值近似，与白色截头圆锥进行深度测试使得灰色截头圆锥的部分片元没有被绘制

透视投影使情况更糟糕，有

$$f_p(z)=\frac{1}{2}\left(\frac{f+n}{f-n}-\frac{1}{z}\frac{2fn}{f-n}+1\right)=\left(\frac{1}{2}\frac{f+n}{f-n}+\frac{1}{2}\right)-\frac{fn}{z(f-n)} \tag{5.24}$$

不同于正交投影，此时的深度值与观察空间中 z 值的倒数成正比。图 5.13 给出了曲线图，横坐标对应于 z 值从 n 变化到 f，纵坐标对应于深度缓存空间中 $f_p(z)$ 和 $f_o(z)$ 的值。可以看到，如何通过透视投影，将区间的前 30%映射到深度缓存空间中区间的 80%，即接近近平面 n 的值在深度缓存空间中更均匀地映射。因此，离近平面越远，精度越低。

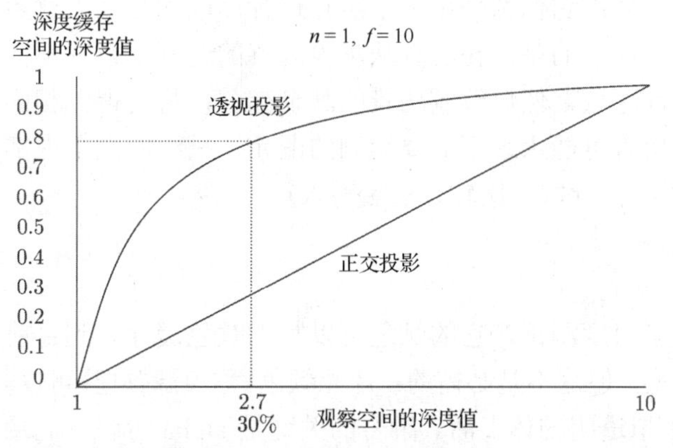

图 5.13　观察空间和深度缓存空间的 z 值映射关系图

5.3　从片元到像素

在光栅化操作后处于片元域，这些片元用整数坐标表示并与颜色和 z 值关联。在转化为

屏幕上的像素之前，需要应用一些逐片元操作，它们包含在任何图形 API 中，并在许多基于光栅的流水线中实现。

5.3.1 丢弃测试

丢弃测试不修改片元的值，只决定是否要丢弃它或者将它传递到下一阶段。我们将按流水线中找到它们的顺序进行介绍。

裁剪测试将任何坐标落在一个指定裁剪矩形之外的片元都丢弃。假设要在屏幕底部的栏中显示一些滚动文本，同时在空余时间绘制复杂耗时的三维场景。动态文本绘制非常简单，但是为了出现动画效果，即使并不需要，仍重新绘制整个场景。利用裁剪测试，可以仅仅选择被绘制影响的屏幕矩形区域，将它看成屏幕内部的屏幕。

裁剪测试在一定程度上是有限的，因为只能指定一个矩形区域。如图 5.14 所示，假设需要一个固定在车内的观察点，许多赛车游戏中都会出现这种选项。在这种情况下，想要绘制的区域的形状不是简单的矩形。模板缓存是一个在光栅化过程中可以写入的整数值缓存，用于屏蔽片元。上面的例子是一个典型的使用模式，首先绘制汽车的内部并设置模板缓存值为 1，在模板缓存中，光栅化过程涉及所有像素。然后，将绘制场景的其余部分，使模板测试舍弃所有模板缓存中相应位置为 1 的片元。

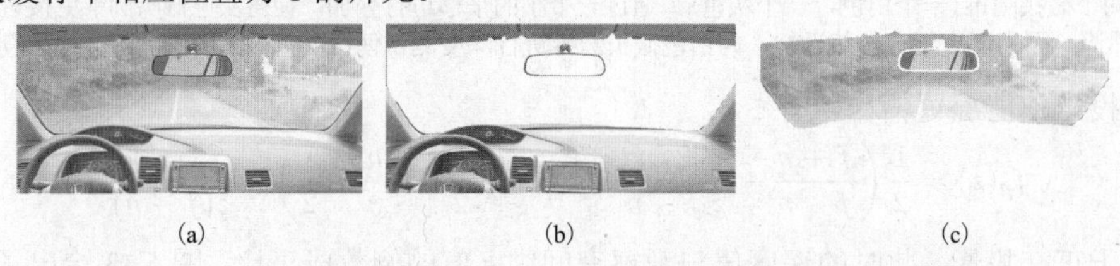

(a) (b) (c)

图 5.14 (参见彩插)模板示例。(a)从车内绘制；(b)模板掩码，也就是不需要重绘的屏幕的一部分；(c)绘制影响的部分

接下来的测试是深度测试，刚刚在 5.2.3 节说明的 HSR 去除方案。需要注意的是，模板测试和深度测试非常相似：它们都使用一个缓存进行读取和写入，然后进行测试以决定是否丢弃或保留片元。还要注意的是，在实现从车内观察的过程中，并不需要一个模板缓存：如果在每一帧都绘制内部区域，然后绘制场景的其余部分，将会得到相同的结果。区别在于效率：使用模板，对于所有可能永远不需要绘制的图元，只绘制汽车内部一次，并避免执行深度缓存算法(从深度缓存中读取、比较，然后写入)。

5.3.2 融合

当一个片元通过了深度测试，它的颜色可以写入颜色缓存。到目前为止，假设已存在的颜色被片元颜色所替换，但这不是必需的：片元颜色(称为源颜色)可以与颜色缓存的颜色(称为目的颜色)混合以模拟透明物体表面。融合的关键是 alpha 分量，它用于指定表面的不透明度，即多少光线能穿过它。

计算机图形学 API，例如 WebGL，提供了每种颜色分量的线性组合以尽可能地得到更多的有效颜色。更精确地讲，令

$$\boldsymbol{s} = [s_R, s_G, s_B, s_a]$$
$$\boldsymbol{d} = [d_R, d_G, d_B, d_a]$$

其中，$\boldsymbol{s}$ 为源颜色，$\boldsymbol{d}$ 为目标颜色；新的目标颜色 d' 计算如下：

$$\boldsymbol{d}' = \underbrace{\begin{bmatrix} b_R \\ b_G \\ b_B \\ b_A \end{bmatrix}}_{b} \begin{bmatrix} s_R \\ s_G \\ s_B \\ s_a \end{bmatrix} + \underbrace{\begin{bmatrix} c_R \\ c_G \\ c_B \\ c_A \end{bmatrix}}_{c} \begin{bmatrix} d_R \\ d_G \\ d_B \\ d_a \end{bmatrix} \tag{5.25}$$

其中，b 和 c 是系数，称为融合因子，通过设置融合因子可以产生不同的视觉效果。在颜色编码区间截取结果值。融合最常见的用法是处理透明表面和提高抗锯齿。

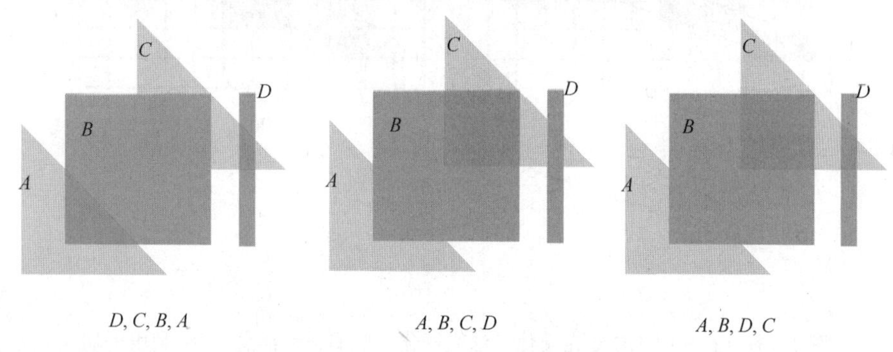

图 5.15　从后到前绘制四个多边形的结果。A 和 C 的 $\alpha=0.5$，B 和 D 的 $\alpha=1$，从最近到最远的顺序是 A，B，C，D[①]

透明曲面的融合

5.2 节的隐藏面消除算法都是基于这样的假设：如果一个表面在另一个表面的前面，后者将从观察中隐藏，即不能透过物体看到它后面的物体。由于这个假设，可以使用深度缓存技术，不用担心图元的绘制顺序。如果遮挡平面并非不透明，这种情况将不再是正确的。

处理透明表面的最常见的方法是按从后到前的顺序绘制图元，即从最远到最近，利用融合来显示透明表面的贡献，其中，混合因子 $\boldsymbol{b}=[s_a,s_a,s_a,s_a]$，$\boldsymbol{c}=[1-s_a,1-s_a,1-s_a,1-s_a]$。结果是所绘制的表面对颜色的贡献与它的不透明度成比例(对于 $s_a=1$，它简单地替换当前颜色缓存中的颜色)。这个简单的设置非常有效。需要注意的是，这里没有使用目标 α 值。

5.3.3　走样和反走样

当光栅化一条线段或一个多边形时，需要考虑将一个真实的区域分解成离散的部分，即像素。回到图 5.1 并观察这两条线段，可能会一致认为：用于表示这两条线段的像素是所能找到的最接近线段的像素，但如果原来并不知道这些像素表示的是线段，可能永远不会把它们看成两条线段，因为它们看起来只是一系列的相邻像素。换句话说，有无数条的线段光栅化后经过非常相似的像素集合。这种歧义性就是所说的走样现象。走样现象的视觉效果就是线段和多边形的边界呈锯齿状，看起来非常不真实。

走样是离散化所固有的现象，但存在一些技术能够减少走样。以线段光栅化为例，假设线段的宽度是一个像素，这是光栅设备可以处理的最小尺寸。因此，光栅化器计算得到表示该线段的一组像素。但是，仍然可以利用周围像素的颜色降低走样的影响。如果把线段看成宽度为 1 个像素，长度等于线段长度的多边形，可以看到，这样的多边形部分地覆盖一些像素。区域平均技术

① 原英文书中正文未提及此图——编者著。

或无加权区域采样对每个与多边形相交的像素进行着色，其颜色强度随多边形覆盖的像素面积的百分比按比例降低，如图 5.16 所示。该技术背后的直觉知识就是，如果只有半个像素在线段内，颜色减半，并且在一个合适的观察距离内，将获得令人信服的结果。考虑颜色空间 HSV(色调，饱和度和亮度)，将发生下面的情况：饱和度按比例降低，而 H 和 V 保持不变。

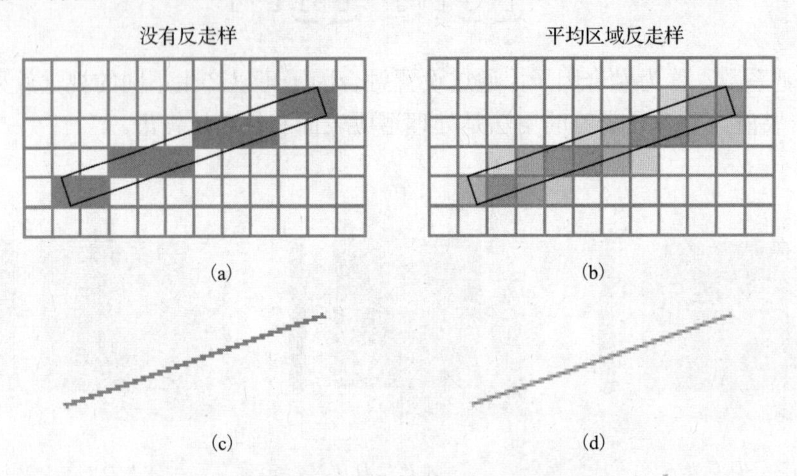

图 5.16　(a)利用 DDA 光栅化算法光栅化线段的详细信息；(b)利用平均区域技术对同一线段进行反走样；(c)(d)反走样处理结果

然而，像素的另一半的颜色如何？如果有更多线段和多边形覆盖相同的像素，应该如何处理？如果使用融合，可以利用 alpha 通道和颜色缓存中的颜色合成半颜色。

为实现这种技术，在光栅化过程中可以只计算粗线和像素点的相交面积，输出颜色取决于面积值。可以通过在片元着色器中传递线段的端点并进行计算，这个作为练习，读者自己尝试完成。然而，一个多边形和一个正方形(像素)之间的精确相交面积需要几个浮点运算，我们要避免这种情况。

另一种执行方案是使用超采样，即将每个像素看成较小像素的网格(如一个 2×2 网格)，用线段覆盖的较小像素数的区域来近似像素覆盖的区域。一个好的网格会产生更好的近似，但需要更多的计算。超采样也可以通过全屏反走样(FSSA)技术应用到整个场景。在它最初实现过程中，用更高的分辨率进行绘制，然后通过对得到的片元值进行平均化以转换为所需的分辨率。

5.3.4　升级客户端：从驾驶员角度进行观察

原则上，只要将观察框架置于驾驶员的头部，就可以实现从驾驶员角度进行观察，其前提是汽车的三维模型也包含驾驶舱。

这种情况在很多游戏都很常见，其中，人物在一个物体(汽车、飞机、星际飞船、机器人和头盔等)的内部，这些物体相对于玩家的观察点是不移动的。以汽车为例，驾驶舱总是占据屏幕的相同部分。因此，假设正常绘制驾驶舱，也就是说，驾驶舱作为一个三维模型。驾驶舱的顶点将经过流水线的所有变换(对象空间→世界空间→观察空间→裁剪空间→NDC 空间)，最后总是产生相同的图像。此外，需要对汽车内部的所有物体进行建模。

简单来说，绘制的关键是：我们想产生一个三维场景的图像，但这并不意味着必须在实际上对所有场景进行三维建模。我们将在第 9 章详细介绍这个概念，现在只想说，如果最后只需要驾驶舱的一个特定图像，不必对驾驶舱建模然后绘制它。相反，假设已经将玻璃屏幕放在了视见体的近平面上，现在需要做的就是绘制驾驶员直接在玻璃上看到的汽车内部物体。从更实际的角度讲，设置观察变换为单位矩阵并绘制多边形，多边形的坐标直接在 NDC 空间中表示(即在$[-1,1]^3$)，如图 5.17 所示。这样，直接跳过所有变换，绘制所有的内部物体并覆盖到外界物体上。

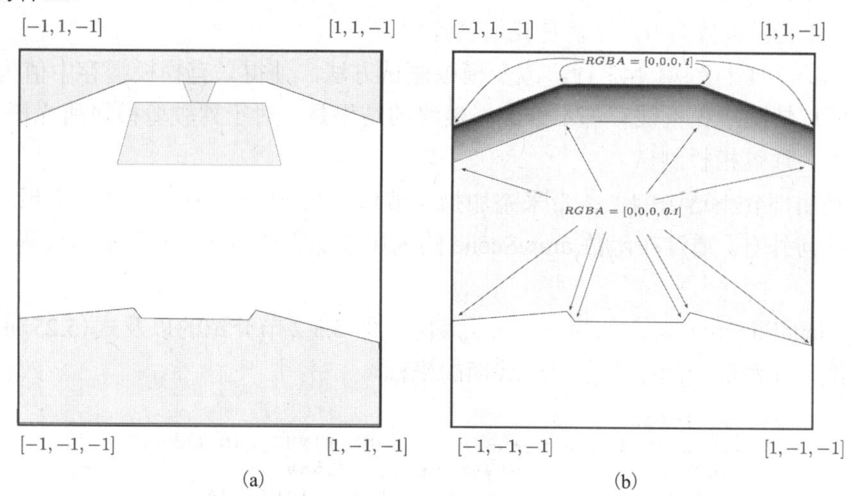

图 5.17　以驾驶舱绘制为例。坐标在裁剪空间中表示(代码参见http://envymycarbook.com/chapter5/0/cabin.js)

加入从车内进行观察功能引起的客户端变化非常少。首先，添加一个新的称之为 DriverCamera 的照相机，并放在车内，如 4.10.1 节所示，这很容易完成。然后，在绘制周期开始引入程序清单 5.4 所示的代码。这几行代码通过绘制如图 5.17(a)所示的多边形而简单地准备了模板缓存，从而避免此类多边形所覆盖像素的帧缓存的写入操作。

```
130     gl.enable(gl.STENCIL_TEST);
131     gl.clearStencil(0);
132     gl.stencilMask(~0);
133     gl.stencilFunc(gl.ALWAYS, 1, 0xFF);
134     gl.stencilOp(gl.REPLACE, gl.REPLACE, gl.REPLACE);
135
136     gl.useProgram(this.perVertexColorShader);
137     gl.uniformMatrix4fv(this.perVertexColorShader.←
            uModelViewMatrixLocation, false, SglMat4.identity());
138     gl.uniformMatrix4fv(this.perVertexColorShader.←
            uProjectionMatrixLocation, false, SglMat4.identity());
139     this.drawColoredObject(gl,this.cabin, [0.4, 0.8, 0.9, 1.0]);
140
141     gl.stencilFunc(gl.EQUAL, 0, 0xFF);
142     gl.stencilOp(gl.KEEP, gl.KEEP, gl.KEEP);
143     gl.stencilMask(0);
```

程序清单 5.4　使用模板缓存绘制驾驶舱

通过 gl.clearStencil(0)，告诉 WebGL 用来清除模板缓存使其值为 0，利用 gl.stencilMask(~0)，模板的所有位允许写入操作(这些也都是默认值)。

第 133 行到第 134 行的代码决定了如何进行模板测试。函数 gl.stencilFunc(func, ref, mask)将片元丢弃条件设置为模板缓存的值之间比较的结果；参考值 ref.func 指定测试类型；mask 是应用于这两个值的位掩码。在这个非常简单的例子中，通过传递值 gl.ALWAYS 来表明，无论模板、参考值和掩码值是什么，所有的片元都将通过测试。

函数 gl.stencilOp(sfail, dpfail, dppass)规定了如何更新模板缓存，这取决于模板测试和深度测试的结果。由于绘制多边形时清除深度缓存，而使所有的片元都通过，唯一有意义的值就是 dppass，即当模板测试和深度测试都通过后，需要做些什么。通过将参数 dppass 设置为 gl.REPLACE，告诉 WebGL，用 gl.stencilFunc 指定的参考值(在这个例子中为 1)替换模板缓存中的当前值。绘图(第 136 行至第 139 行)后，将有一个模板缓存，其中，绘图覆盖的所有位置都包含 1，而其他位置为 0。这就是我们的掩码。

然后，在第 141 行到第 143 行，改变模板测试方法，使得只有模板缓存中值为 0 的片元通过测试，任何情况下模板缓存都不修改。最终的结果是，对于驾驶舱模块所光栅化的像素，后续片元都不会通过模板测试。

也希望利用部分不透明的上条带来添加挡风玻璃[参见图 5.17(b)]，也就是想透过一个深色的挡风玻璃向外看。通过在函数 drawScene 的末尾添加程序清单 5.5 所示的代码，可以使用融合。

函数 gl.blendFunction 决定如何计算片元颜色，即 5.3.2 节介绍的以及式(5.25)所使用的融合因子。再次，在裁剪空间中指定挡风玻璃的坐标。

```
188        gl.enable(gl.BLEND);
189        gl.blendFunc(gl.SRC_ALPHA, gl.ONE_MINUS_SRC_ALPHA);
190        gl.useProgram(this.perVertexColorShader);
191        gl.uniformMatrix4fv(this.perVertexColorShader.↩
               uModelViewMatrixLocation, false, SglMat4.identity());
192        gl.uniformMatrix4fv(this.perVertexColorShader.↩
               uProjectionLocation, false, SglMat4.identity());
193        this.drawColoredObject(gl, this.windshield, [0.4, 0.8, 0.9, ↩
               1.0]);
194        gl.disable(gl.BLEND);
```

程序清单 5.5　使用融合技术绘制一个部分不透明的挡风玻璃

图 5.18 显示了从驾驶者观察点出发得到的客户端快照。

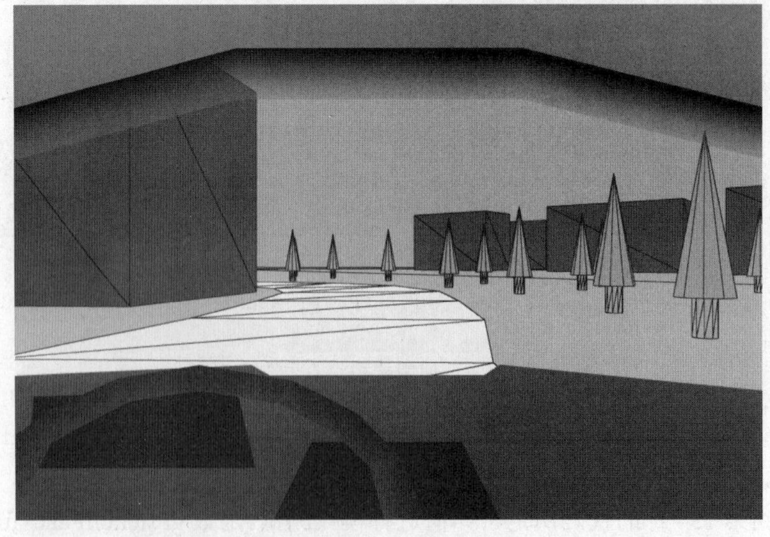

图 5.18　(参见彩插)增加内部观察。挡风玻璃的上半部分使用了融合技术。
(参见客户端http://envymycarbook.com/chapter5/0/0.html)

5.4 裁剪

裁剪算法将图元作为输入，计算后返回位于视见体内部的图元的一部分。裁剪并非产生正确输出的绝对必要条件。可以简单地光栅化整个图元而忽略视口之外的片元，但光栅化是有计算代价的。

裁剪在裁剪空间中完成(在 4.6.3.1 节介绍)，所以这个问题表现为：利用尽可能少的操作找出位于立方体$[x_{\min}, y_{\min} z_{\min}] \times [x_{\max}, y_{\max}, z_{\max}]$内部的图元(即线段或多边形)的那一部分。

5.4.1 裁剪线段

先从二维情况下的 Cohen-Sutherland 算法开始。Cohen-Sutherland 算法的思想是：执行该测试只需要一些操作来检查线段是否完全位于视见体之外或者完全位于视见体之内。如果线段完全位于视见体之内，则输出线段本身，而如果线段完全位于视见体之外，则输出为空(线段被丢弃)。

如图 5.19 所示，可以将视见体看成由平面 p_{+x}, p_{-x}, p_{+y} 和 p_{-y} 定义的四个半空间的交。该算法通过查找端点所在每个平面的部分，来检查其中的一个平面是否为线段和视见体的分离平面，或者线段是否完全位于视见体之内。令 $\mathbf{p}_0$ 和 $\mathbf{p}_1$ 为图中任何线段的两个端点(哪个端点是 $\mathbf{p}_0$，哪个端点是 $\mathbf{p}_1$，这里并不重要)。例如，如果 $\mathbf{p}_{0,x} > x_{\max}$ 且 $\mathbf{p}_{1,x} > x_{\max}$，则 p_{+x} 是一个分离平面(对于线段 A 和 B)。假设定义一个函数 $R(\mathbf{p})$ 返回一个四位二进制码 $b_{+y}b_{-y}b_{+x}b_{-x}$，其中每个二进制位对应于一个平面，如果 $\mathbf{p}$ 位于平面的正半空间，该值为 1

$$b_{+x}(\mathbf{p}) = \begin{cases} 1 & \mathbf{p}_x > x_{\max} \\ 0 & \mathbf{p}_x <= x_{\max} \end{cases} \qquad b_{-x}(\mathbf{p}) = \begin{cases} 1 & \mathbf{p}_x < x_{\min} \\ 0 & \mathbf{p}_x >= x_{\min} \end{cases}$$

$$b_{+y}(\mathbf{p}) = \begin{cases} 1 & \mathbf{p}_x > y_{\max} \\ 0 & \mathbf{p}_x <= y_{\max} \end{cases} \qquad b_{-x}(\mathbf{p}) = \begin{cases} 1 & \mathbf{p}_x < y_{\min} \\ 0 & \mathbf{p}_x >= y_{\min} \end{cases}$$

请注意，如果 $\mathbf{p}_0$ 和 $\mathbf{p}_1$ 位于四个平面中任何一个平面的正半空间，则这样的平面是分离平面，两个端点对应的位都为 1。因此，有一个简单的测试，以确定其中的一个平面是否为分离平面，也就是

$$R(\mathbf{p}_0)\ \&\ R(\mathbf{p}_1)\ \neq\ 0$$

其中，&是按位与运算符。同时，还有另一个测试，以检查线段是否完全位于视见体之内

$$R(\mathbf{p}_0)\ |\ R(\mathbf{p}_1)\ =\ 0$$

其中，|是按位或操作符。这意味着 $(R(\mathbf{p}_0)=0) \wedge (R(\mathbf{p}_1)=0)$。

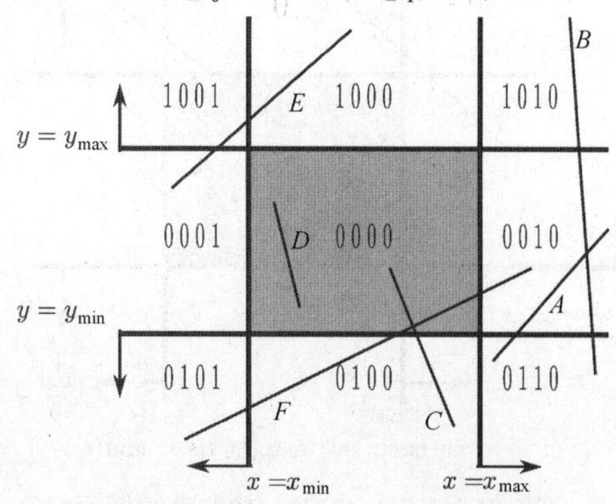

图 5.19　Cohen-Sutherland 裁剪算法图示

如果这两个测试均失败，则需要线段和平面之间的一些相交计算。

如果 $R(\mathbf{p}_0)=0 \vee R(\mathbf{p}_1)\neq 0$（或反之亦然），那么一个端点在视见体之内，另一个端点在视见体之外，这种情况必须计算交点。否则，两个端点都在视见体之外，但四个平面中没有一个平面是分离平面。在这种情况下，线段可能与平面是相交的，如线段 E，或者不相交，如线段 D，那么，Cohen-Sutherland 算法计算线段与其中一个平面的交点，并用新端点再次执行测试。

Liang-Barsky 算法利用线段的参数定义避免了线段分割。线段 $(\mathbf{p}_0,\mathbf{p}_1)$ 上的点可写为

$$s(t) = \mathbf{p}_0 + t(\mathbf{p}_1 - \mathbf{p}_0) = \mathbf{p}_0 + tv \tag{5.26}$$

如图 5.20 所示，t 在区间[0, 1]取值，则 $s(t)$ 是线段上的一个点；如果 $t<0$，$s(t)$ 位于 $\mathbf{p}_0$ 一侧的线段之外；如果 $t>1$，$s(t)$ 位于 $\mathbf{p}_1$ 一侧的线段之外。可以很容易地计算线段与每个平面边界的交点对应的 t 值。例如，对于平面 $p_{10}(x=x_{\min})$，有

$$(\mathbf{p_0} + \boldsymbol{v}\, t)_x = x_{min} \Rightarrow t = \frac{x_{min} - \mathbf{p_0}_x}{\boldsymbol{v}_x}$$

因此，可以替换式(5.26)中的 t，找到线段与每个平面 pl_k 的交点 t_k。现在考虑沿 v 所示的方向移动，从 t 的最小值开始直至最大值。如果从平面 pl_k 的正半空间移到负半空间，则可以将每个 t_k 标记为入口，否则为出口

如果$v_x>0$，t_0 为入口，否则为出口

如果$v_x<0$，t_1 为入口，否则为出口

如果$v_y>0$，t_2 为入口，否则为出口

如果$v_y<0$，t_3 为入口，否则为出口

经过裁剪的线段的端点是进入裁剪矩形并属于线段的最后一个点，以及离开剪裁矩形并属于线段的第一个点

$$t_{\min} = \max(0, \text{最大入口值})$$

$$t_{\max} = \min(1, \text{最小出口值})$$

请注意，如果 $t_{\min} > t_{\max}$，这意味着没有交集，否则新的端点为 $\mathbf{p}_0' = s(t_{\min})$ 和 $\mathbf{p}_1' = s(t_{\max})$。

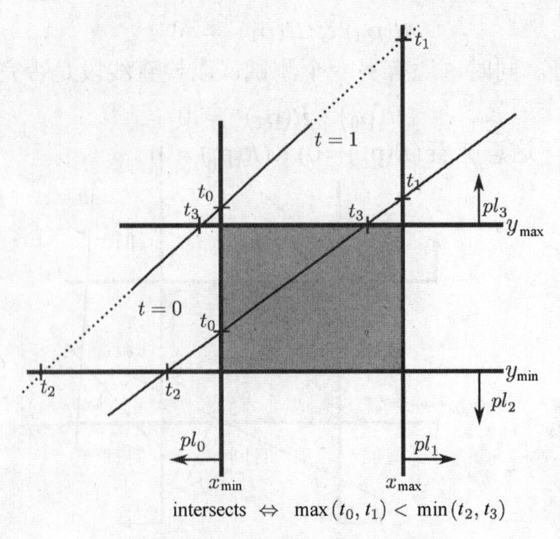

图 5.20　Liang-Barsky 裁剪算法图示

5.4.2 裁剪多边形

利用凸多边形(这里考虑矩形)对多边形 P 进行裁剪的最著名算法是 Sutherland-Hodgman 算法。该算法的思想是：利用一副剪刀沿裁剪多边形的边切割多边形 P。如果裁剪多边形有 k 条边，经过 k 次切割后，得到裁剪后的多边形 P(参见图 5.21)。切割意味着相对于半空间对多边形进行裁剪，这是该算法的基本步骤。

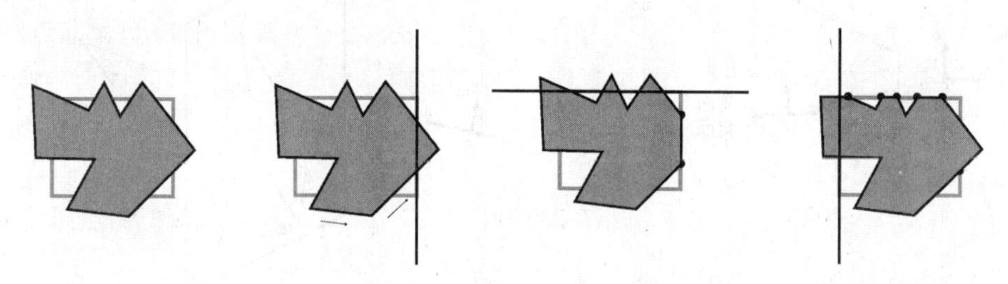

图 5.21 Sutherland-Hodgman 算法。通过裁剪矩形的四条边完成一个多边形的裁剪

回顾一下，多边形由一个包含 n 个顶点的列表定义，其中每个连续的顶点包括最后一个顶点和第一个顶点，都定义了一条线段。利用半空间 pl_k 裁剪多边形的算法会从 P 的一个顶点开始，沿着多边形的边(p_i, p_{i+1})移动。如果 p_i 位于负半空间(内侧)，那么它被添加到输出多边形。如果线段与平面相交，那么交点也添加到输出多边形。

5.5 剔除

当图元的任何部分都不可见时，图元被剔除。以下三种情况中会发生图元剔除：

- 背面剔除　当图元朝向远离观察者的方向。
- 视见体剔除　当图元完全在视见体之外。
- 遮挡剔除　当图元被其他图元(称为遮挡者)遮挡时，图元是不可见的。

相对于裁剪，不需要剔除以获得正确的结果，需要的是通过剔除消除不必要的计算，这意味着要避免光栅化那些最终无法影响任何像素的图元。

5.5.1 背面剔除

当使用多边形来描述对象时，可以选择是否只是正面可见，或者背面也可见。如果已经构建了一面旗帜或一张纸或者任何其他物体，这些物体非常薄，以至于认为物体是二维的，那么希望看到多边形的两侧。另一方面，如果建模三维对象的表面(正如我们大部分时间所做的)，通常不可能看到多边形的背面，那么多边形光栅化的点是什么？背面剔除是一个过滤器，它丢弃背向观察点的多边形。背面剔除非常重要吗？答案是肯定的。请考虑，如果围绕一个对象转动，启用背面剔除功能后，平均最终能避免光栅化 50%的表面。

确定一个多边形是否背向观察者非常简单，只需要检查多边形法向量与穿过观察点和多边形任意点的直线之间的夹角(如多边形的一个顶点)是否大于 $\pi/2$，这可以通过检查它们的点积是否为正 $(\mathbf{c}-\mathbf{p})n>0$ 来完成(参见图 5.22)。需要注意的是，这里的多边形的法向量是正交于多边形表面的向量，而不是插值的法向量。可能会用观察方向替换 $(\mathbf{p}-\mathbf{c})$ (为了避免减法运算)，但这将导致不正确的透视投影结果(而对于平行投影可能是正确的)。为了确保这一点，基于光栅化的流水线在投影变换后于规范视见体中完成背面剔除。因此，测试变为检查多边形法向量的 z 分量的符号。

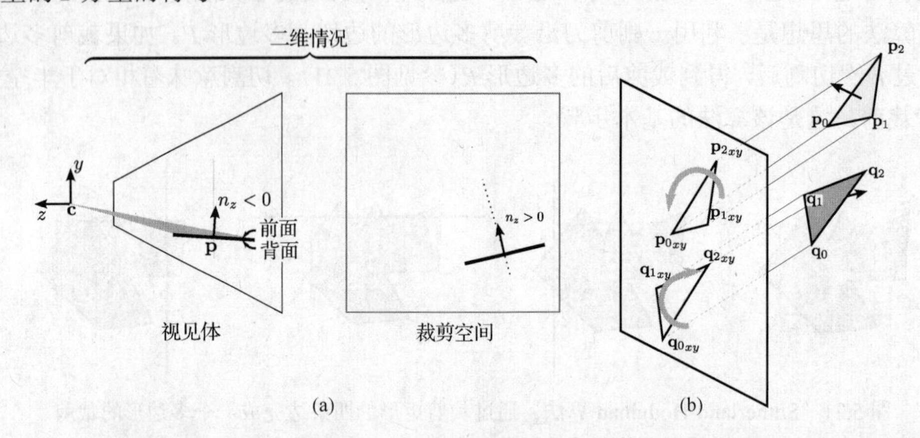

图 5.22 (a)如果法向量指向观察空间$-z$方向，这并不意味着它在裁剪空间中也是相同的；(b)当且仅当三角形正面朝前，多边形顶点在图像平面上的投影是逆时针方向的

让我们考虑三角形 $\mathcal{T}$ 的情况。它的法向量方向为

$$N(\mathcal{T}) = (\mathbf{p_1} - \mathbf{p_0}) \times (\mathbf{p_2} - \mathbf{p_1}) \tag{5.27}$$

其中，$\|N(\mathcal{T})\| = 2\text{Area}(\mathcal{T})$ (参见附录 B)。如果将点投影到观察平面上，可以写为

$$N(\mathcal{T})_z = (\mathbf{p_1}_{xy} - \mathbf{p_0}_{xy}) \times (\mathbf{p_2}_{xy} - \mathbf{p_1}_{xy}) = 2\ \text{Area}(\mathcal{T}_{xy})$$

即在 xy 观察平面上 $\mathcal{T}$ 投影的双倍区域。因此，如果 $\text{Area}(\mathcal{T}_{xy})$ 为负，则意味着 $N(\mathcal{T})_z$ 为负，因而三角形背向观察者，而如果 $N(\mathcal{T})_z$ 为正，则三角形面向观察者。

你可以在其他地方看到，背面剔除仅适用于凸对象。这需要更多的说明：即使对象不是凸对象，仍然可以正确剔除。非凸对象剔除时可能出现其他朝前的面由于被表面其他部分遮挡而不可见。因此，将要产生不必要的光栅化计算。另一种常见的误解是在背面剔除时对象必须是水密性的(watertight)才能产生正确的结果。水密性意味着，如果能用水填充对象的内部，没有水会溢出，因为没有漏洞。这是一个充分但非必要假设：不存在一个配置(如观看者的位置，方向，应用条件)使用户可能看到表面的背面，这就足够了。一个简单的例子就是地形和赛车场街道：它不是水密性表面，但可以使用背面剔除，因为不想让观察点进入地下。

5.5.2 视见体剔除

目前为止，提到的所有算法都是工作在逐图元基础上的，在固定功能流水线中是硬连线的。然而，在许多情况下，可以在更高层次上做出选择以节省大量的计算。例如，如果处在由 10 000 个三角形组成的建筑物前面，但观察时建筑物在身后，实际上，并不需要检查每一个三角形以表明它们都在视见体之外。如果我们和建筑物之间有一面很大的墙，也会出现同样的情况。

在这种情况下，计算机图形学中一种常见工具发挥了作用：包围体。一组几何对象的包围体是一个包围所有对象的实体。例如，可以用一个大的长方体(一般称为盒子)包围整栋大楼。然后，在视见体剔除的情况下，可以测试视见体和包围盒的相交情况，如果两者之间不相交，可以得出结论，视见体和包围盒内的图元也不相交。

各种包围体类型的选择基于以下两个因素进行权衡：

- 包围一组图元的紧密程度
- 与视见体进行相交测试的简单程度

让我们考虑球体。球体是一个易于进行相交测试的包围体，但如果将其用于路灯，如图 5.23 所示，将会产生很大的空白空间。这意味着，往往会发生球体与视见体相交但路灯没有与视见体相交的情况。一个立方体盒子将产生比包围球更紧密的包围体，但一个自由转向的包围盒与视见体之间的相交测试比包围球需要更多的操作。当包围盒与视见体相交时可以做些什么？要么继续处理包围盒之内的所有图元或者使用分而治之的解决方案。这个解决方案使用较小的包围体，所有这些更小的包围体一起包含了原始包围体内的所有图元。这可以通过创建一个包围体层次结构递归完成。图 5.24 显示了用于汽车模型的包围盒层次结构的一个例子。

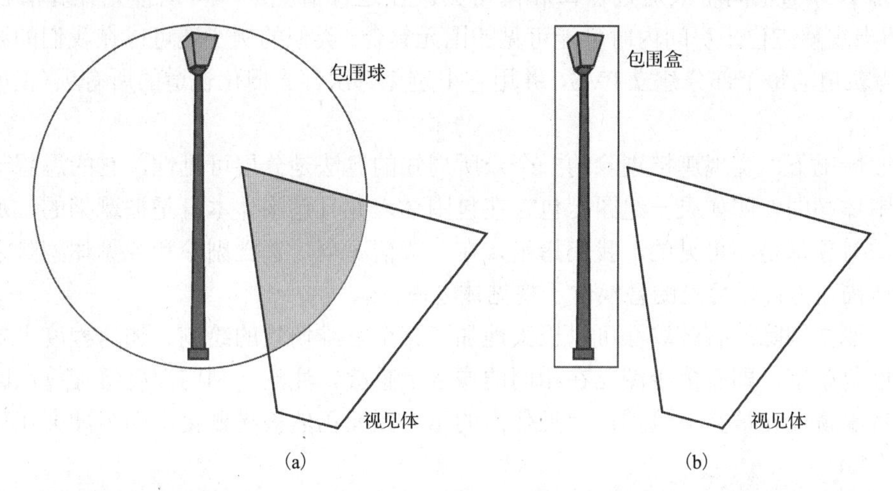

图 5.23　(a)路灯的包围球：容易进行相交测试，但误报的概率很高；(b)路灯的包围盒：在这种情况下，几乎没有空白空间，但需要更多的操作来进行相交测试

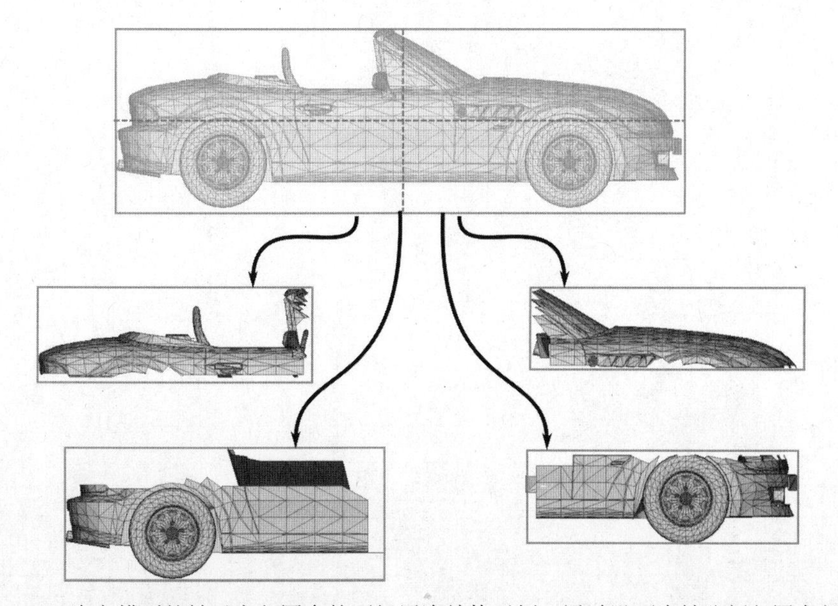

图 5.24　汽车模型的轴对齐包围盒的两级层次结构示例，通过沿两个轴分割包围盒得到

层次结构类型及其处理策略是其他一些选择，这些选择连同包围体类型一起，产生了数以百计的算法和数据结构来完成此任务。这个话题超出了本书的范围。无论如何，在第 11 章讨论光线跟踪的有效实现时，将回到这个概念并提供一些更多的细节。

需要注意的是，视见体剔除仅仅是包围体层次结构的一个特定应用。如果两个移动物体碰撞(碰撞检测)，它们一般用于加速测试过程，即对象的哪些部分发生碰撞(接触检测)以便计算对象的正确(或物理上貌似合理的)行为(碰撞处理)。

5.5.3 遮挡剔除

如前所述，遮挡剔除处理可见性问题，其思想是避免光栅化那些由于遮挡而不可见的图元。

遮挡剔除的几种解决方案是特定于上下文的。如果观察者位于具有一个窗口和一扇门的房间内，那么外部空间将只通过窗口和门可见。在这种情况下，可以预先计算潜在可见集(PVS)，即当观察点位于房间内时可能可见的图元集合。类似的例子还可以在我们的游戏中实现，通过为轨道的每个部分建立 PVS，并用它来避免每次都光栅化轨道的所有项(正如现在所做的)。

在一般情况下，实现遮挡剔除的一个众所周知的算法是分层可见性，它的思想与视见体剔除的包围体相同，即如果一组图元包含在包围体内并且包围体本身是被遮挡的，那么包围体内所有的对象都是不可见的。我们指出，在一般情况下，遮挡剔除和视见体剔除之间的区别可简单地描述为：用可见的替换位于视见体之内。

通常，遮挡剔除的有效算法可以极大地加速整个三维场景的绘制。加速程度主要取决于场景的深度复杂度，即有多少图元在相同的像素上重叠。注意，利用深度缓存算法时，即使对于观察者来说图元被完全遮挡，视见体内的每个图元仍然被光栅化，因为冲突在像素级别上解决。

第 6 章　光照和着色

对于现实世界中的物体，只有来自它们表面或体积内的光线到达我们的眼睛，才能看到它们。同样，只有来自物体的光线落入照相机的传感器，照相机才能捕获到物体的图像。正如眼睛所看到或者在照片中所捕捉到的，场景中的物体外观取决于从物体到眼睛或照相机的光线的数量和类型。因此，为了建立虚拟场景的逼真图像，必须学习如何计算虚拟世界中的三维物体发出的光线数量。

物体发出的光线可能源自物体本身。在这种情况下，我们说光线是从物体发出的，该过程称为发光，物体称为发光器。发光器是场景的一个主要光源，如灯或太阳，是可见世界的重要组成部分。然而，一个场景中只有少数物体是发光器，大多数物体则对来自其他地方并且到达其表面的光线进行重新定向。光线重定向的最常见形式是反射。我们说光线从物体表面反射，物体称为反射器。对于发射器，它的形状和固有发射特性决定了外观。但是，对于反射器，它的外观不仅取决于它的形状，还取决于表面的反射属性、入射到表面的光线数量和类型、入射光的方向。

下面，在简要介绍光线和物体表面的相互作用以及光线反射之后，将从数学角度深入描述有助于更好理解交互作用的物理概念。然后，将展示如何简化此类复杂的数学公式以便更容易实现，如局部 Phong 照明模型。在这之后，将介绍更高级的反射模型。像往常一样，在进行理论说明之后，通过在客户端程序中加入新的光源，将所有说明付诸实践。

6.1　光与物质之间的交互

光线通常是指波长范围在 400～700 nm 之间的可见电磁辐射。在第 1 章已经看到，这是光的可见范围。可见光可以仅包含一个波长的辐射，此时可见光被称为单色光；或者可以由可见光范围内的多个波长组成，这种情况则被称为多色光。在现实世界中，大多数激光器在本质上是单色的。没有其他的发光器能够发射单一波长的光线。也有一些发光器，如气体放电光源，发出的光由有限数量的波长的光线组成，但大多数发光器发射整个可见光范围内的波长。反射器在反射光线时可能是非选择性的，如白色表面，或者可以是选择性的，如彩色表面。因此，除非特别说明，否则，提到光，我们指的是多色光，因此它必须指定为一个光谱，即可见光范围内每个波长的电磁辐射数量。光谱的波长有些连续性。对于绘制来说，光线的光谱表示可能代价比较高。如果可见波长离散化为 1 nm 的间隔，那么图像的每个像素必须存储 300 条信息。幸运的是，正如在第 1 章已经讨论的，可见光谱的颜色可以很好地由三个主要光源的线性组合来近似。所以，在计算机图形学中，通常将与可见光谱相关的所有物体表示为 (R,G,B) 三元组。本章的其余部分将采用这样的做法。

光线，像任何其他电磁辐射一样，是一种能量形式。更确切地说，它是辐射能量流，其中能量从一个地方(源)传播到另一个地方(接收者)。源可以是发光器，也称为主光源，或者源可以是反射器，称为辅助光源。能量以接近 3×10^8 m/s 的速度流动。由于速度较高，独立于真实世界中场景的大小，光线从一个地方到另一个地方所需的时间非常小。因此，光线传播被认为是瞬时的。光线沿直线从源传播到接收器，由于其性质，光线通常表示为直射线。在这种表示方法下，光线沿直射线传播，只有当光线与其他物质相互作用时，光线才改变方向。虽然光线的射线表示是一个近似表示，但这种表示在概念上和计算上都很简单，因此，作为一种光线的性质被广泛接受。物理学中，使用光线的射线表示被称为射线光学或几何光学。射线光学能够很容易且很好地解释光线的大部分特性。

如前所述，为了绘制逼真的图像，必须了解在经过若干直接或间接反射之后，如何计算由物体反射的进入照相机/人眼的光线数量。通常情况下，将反射光线分为两类：直接光，即从一个或多个主光源到达的由于光线反射产生的光线；间接光，即来自一个或多个辅助光源的反射光产生的光线。

当光线到达物体表面时，会与物体发生相互作用，并且依赖于物体的特定材质属性，将产生不同的相互作用。图 6.1 概括了大部分光线-材质相互作用的影响。如果从表面点反射的部分光线均匀分布在所有方向，这种反射称为漫反射，它典型地发生在暗淡不光滑材料上，如木材，石材，纸张等。当材质反射的光线方向完全依赖于入射光的方向，那么这种反射称为镜面反射，这是金属的典型反射行为。一定数量的光线可以进入到材质内部，这种现象称为传播。传播的部分光线可到达物体的背面，并最终离开物体，这是在透明物体的情况下所发生的，这类光线称为折射光。传播的部分光线也可以随机分散在各个方向，取决于物体的内部结构，这是散射光。有时，一定数量的散射光从不同于该光线入射表面上的点离开物体，这种现象称为子面散射，它使物体看起来好像有一定数量的光悬浮在物体内部。我们的皮肤就会出现这种现象：如果尝试从背后某点照亮你的耳朵，你会发现，该点附近的区域有一个微红的光晕，从前面看格外引人注目。这个微红的光晕就是由子面散射引起的。

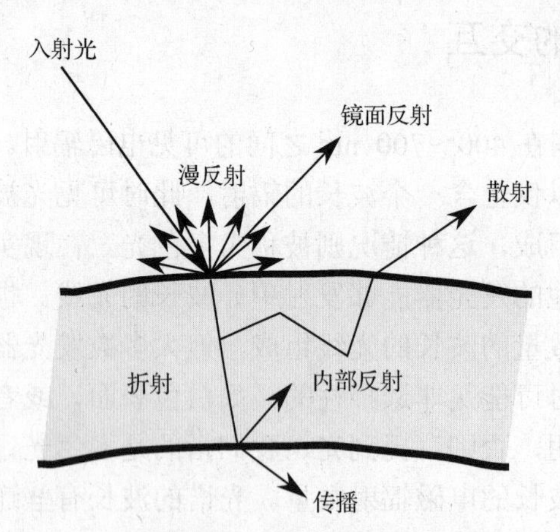

图 6.1　光线与材质相互作用产生的效果图

射线光学基础

光照计算蕴含了复杂的数学和物理知识，并且为了在绘制算法中包含光照需要简化相关复杂公式，在详细介绍这些之前，首先根据射线光学简单介绍漫反射和镜面反射的计算。同时也给出了折射的简要处理。这里提供的基本概念和公式可以帮助读者更好地理解下面章节的内容。

在计算机图形学中，通常只将反射光的复杂分布表示为两个分量之和：一个分量是在方向上独立的均匀分量，也就是漫反射；另一个分量是方向依赖分量，即镜面反射。所以到达虚拟照相机的反射光 $L_{\text{reflected}}$ 数量是漫反射光 L_{diffuse} 和镜面反射光 L_{specular} 的和

$$L_{\text{reflected}} = L_{\text{diffuse}} + L_{\text{specular}} \tag{6.1}$$

入射光的一部分也可以在材料内部传播，在此情况下，式(6.1)可以写为能量平衡形式

$$L_{\text{outgoing}} = L_{\text{reflected}} + L_{\text{refracted}} = L_{\text{diffuse}} + L_{\text{specular}} + L_{\text{refracted}} \tag{6.2}$$

反射光的这三个分量将在接下来的章节中进行讨论。

漫反射

漫反射是反射光的方向独立分量。这意味着，被反射的入射光部分与反射方向相互独立。因此，从任何方向看，漫反射表面亮度相同。纯粹的漫反射材料是具有朗伯(Lambertian)反射特性的材料。以这种方式反射的光线的数量仅取决于入射光的方向。事实上，当入射光方向垂直于表面，漫反射表面反射的光线最多，并且随着入射光方向到表面法向量的倾斜而减少。这个变化建模为表面法向量和入射方向之间夹角的余弦。所以，这种表面上反射光的数量 L_{diffuse} 由下式给出：

$$L_{\text{diffuse}} = L_{\text{incident}} k_{\text{diffuse}} \cos\theta \tag{6.3}$$

其中，L_{incident} 是入射光数量，θ 是入射光向量的倾斜角度，即表面方向的法向量 $\boldsymbol{N}$ 与入射光方向 L_{incident} 之间的夹角(参见图 6.2)；k_{diffuse} 是一个常数项，表示表面漫反射率。使用两个归一化向量的点积以及它们之间的夹角的余弦，可以将式(6.3)中的余弦表示为

$$\cos\theta = \boldsymbol{N} \cdot L_{\text{incident}} \tag{6.4}$$

得到朗伯反射的标准表示为

$$L_{\text{diffuse}} = L_{\text{incident}} k_{\text{diffuse}} (\boldsymbol{N} \cdot L_{\text{incident}}) \tag{6.5}$$

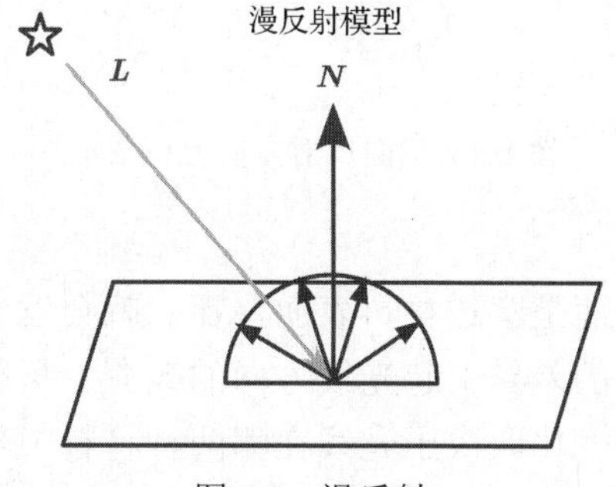

图 6.2　漫反射

镜面反射

镜面反射是反射光线的方向依赖分量。镜面反射光的数量取决于入射方向和反射方向。图 6.3 给出了一个理想镜面(即镜子)的镜面反射。在这种情况下，材料反射入射光，反射角与入射角恰好相同。在非理想情况下，镜面反射在镜子反射方向周围发生部分漫反射[参见图 6.3(b)]。在计算镜面方向时，考虑形成等腰三角形的归一化向量之间的几何学。利用简单的向量代数，可以将镜面反射方向 $\boldsymbol{R}$ 表示为

$$R = 2N(N \cdot L) - L \tag{6.6}$$

式(6.6)中使用的向量如图 6.4 所示。考虑到方向 $\boldsymbol{R}$ 可以通过在归一化向量$-\boldsymbol{L}$上添加 2 倍的向量 $\boldsymbol{x} = \boldsymbol{N}(\boldsymbol{N}\cdot\boldsymbol{L})$ 得到，那么式(6.6)很容易理解，其中的向量 $\boldsymbol{x}$ 对应于图中三角形 ABC 的边 BC。

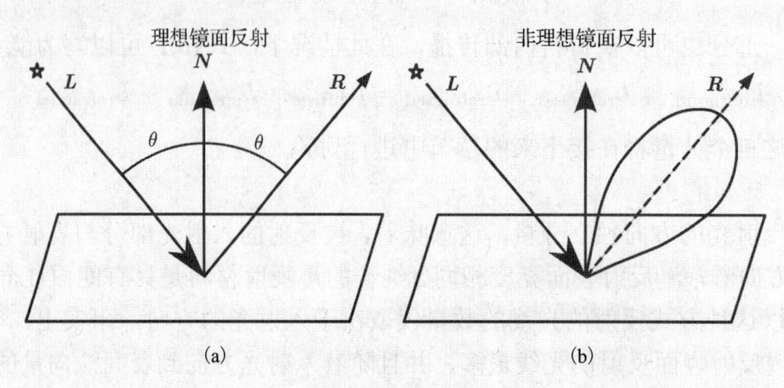

图 6.3　镜面反射。(a)理想镜面反射材料；(b)非理想镜面反射材料

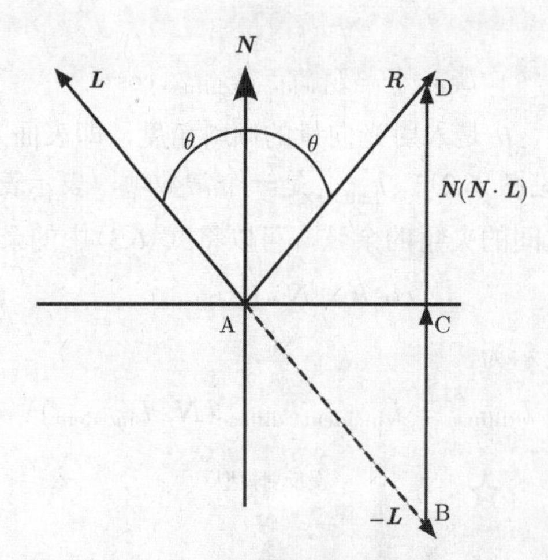

图 6.4　镜面反射方向方程图示

折射

当一部分光线不发生反射而是穿过材料表面，那么就会发生折射。当光线从一种材料传播到另一种材料时，材料属性的差异引起光线方向的改变。折射光的数量完全取决于所照射表面的材料属性，光线方向的变化取决于光线在哪两种材料中传播(如空气、真空、水)以及所照射表面的材料。Snell 定律(参见图 6.5)，也称为反射定律，对这种光学现象进行了建模。该定律的名字起源于荷兰天文学家 Willebrord Snellius(1580–1626)，但阿拉伯科学家 Ibn Sahl 第一次精确描述了这个定律，并且在 984 年用该定律设计了透镜的形状，能够聚焦光线而没有几何像差[36,43]。Snell 定律指出

$$\eta_1 \sin\theta_1 = \eta_2 \sin\theta_2 \tag{6.7}$$

其中，η_1 和 η_2 分别是材料 1 和材料 2 的折射率。折射率是光线在介质内部传播速度的数字特征。因此，可以根据式(6.7)评价光线从一种介质传递到另一种介质时方向的变化。将吸管放在一杯水内并从侧面观察玻璃，可以直接观察这种现象。我们看到吸管在空气中和在水中

似乎具有不同的倾斜度，就好像它由两段形成。这种视觉效果是由空气和水的不同折射率引起的。

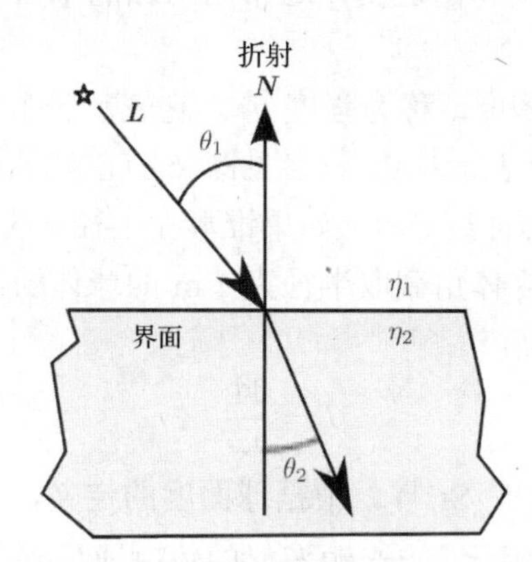

图 6.5　折射。折射光线的方向遵守 Snell 定律

6.2　辐射度量学简介

在上一节，将光线 L 的数量用方程表示，而没有实际定义光线的数量。光线是辐射能量流。因此，光线的基本可测量是辐射通量或者简单来说是通量(通常用 Φ 表示)。这是穿过(到达或离开)某个区域或体积的光线总量。它是每单位时间的能量流，如瓦特(W)为辐射通量的单位。可以理解为，更多的辐射通量意味着更多更亮的光线。然而，通量本身并不表示辐射能流过的区域或体积范围。如果每平方毫米区域中流出的通量与每平方米区域中流出通量相同，那么较小的区域一定比较大的区域更亮。同样，辐射通量也不能表明光线流动的方向。光通量可能在各方向上均匀地流过区域或从区域流出，或者在某些方向较多而在另一个方向较少，甚至仅沿一个方向流动。如果光线在所有方向均匀地流出表面，那么该区域从各个方向看起来亮度相同，这是不光滑或漫反射表面的情况。但在不均匀的情况下，表面从某些方向看起来比其他方向更亮，这使在指定光线的空间和方向分布时，更有选择性。因此，必须指定确切的区域或方向，或者最好定义密度来指定单位区域/单位方向的辐射通量。在这里，介绍三种密度术语：辐照度，辐射亮度和强度。

我们介绍的第一个密度术语是区域密度或者单位面积的通量。为了区分到达表面的光线和离开表面的光线，用两个不同的术语指定区域密度。它们是：辐照度和出射度。通常用符号 E 来表示这两个量，辐照度表示入射到或者到达表面的每单位面积的通量数量，出射度表示离开或穿过每单位面积的通量。它们表示为比率 $\mathrm{d}\Phi / \mathrm{d}A$。因此，辐照度和出射度通过下式关联到通量：

$$\mathrm{d}\Phi = E\,\mathrm{d}A \tag{6.8}$$

其中，$\mathrm{d}\Phi$ 是到达或离开一个足够小(或微分)区域 $\mathrm{d}A$ 的通量数量。如果光线来自非均匀通量分布的表面，光线主要由函数 $E(x)$ 表示，其中 x 表示表面上的点。对于具有均匀通量的表面，辐照度简单地表示为总通量与表面面积的比率，也就是

$$E = \frac{\Phi}{A} \tag{6.9}$$

辐照度(或出射度)的单位为瓦特每平方米($W \cdot m^{-2}$)。热传递领域的术语热辐射(B)也用于表示区域密度。为了区分辐照度和出射度，通常用附加的术语表示热辐射，如入射热辐射和出射热辐射。

接下来的密度术语是方向密度，称为强度(I)。它表示一个方向的周围的某个点发出的每单位立体角的通量。立体角(ω)表示从点 x(参见图 6.6)出发的锥形方向。圆锥体的基部可具有任何形状。立体角的单位是球面度(Sr)。如果锥形在半径 r 的球上截取的面积为 r^2，那么立体角测量出 1 球面度。例如，立体角截取半径为 1 m 的球体的面积为 1 m^2，那么立体角对应 1 球面度。与通量相关的强度为

$$I = \frac{d\Phi}{d\omega} \tag{6.10}$$

强度单位是瓦特每球面度($W \cdot Sr^{-1}$)。根据球面度的定义，可以说，方向在某个点周围的球体对应 4π 球面度的立体角。因此，点光源发射的辐射通量 Φ 瓦特会均匀地围绕在点周围所有方向，点光源强度为 $\Phi / 4\pi W \cdot Sr^{-1}$，这是因为半径为 r 的球的表面积为 $4\pi r^2$。光源强度可以取决于方向 ω，在这种情况下，它将被表示为函数 $I(\omega)$。希望读者能够注意到，强度这个术语经常会有些不恰当地用于表示物体产生的强光，也会错误地用于光照方程。强度的正确用法是表示点光源的方向通量密度，在光照计算时，通常对这个数量不感兴趣。

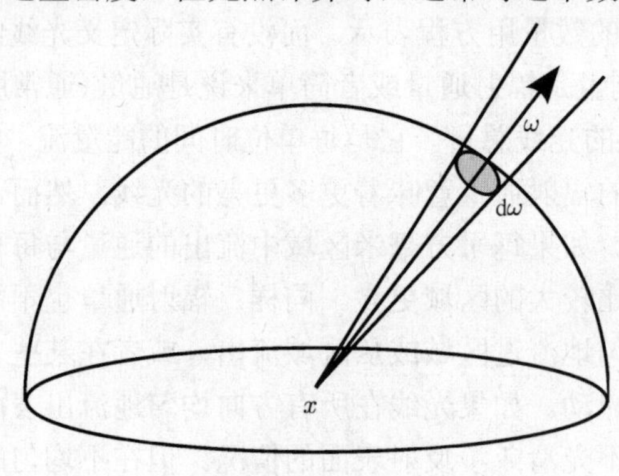

图 6.6 立体角

离开一个表面的通量可在整个表面和沿方向变化。因此，引入最终的密度术语，实际上是一个双密度术语，即通量的区域密度和方向密度，通常称为辐射亮度(L)。它表示来自每单位投影区域的表面和沿流方向的每单位立体弧度的辐射流。在辐射亮度的定义中，术语投影区域表示沿着辐射流方向上需要投影的区域。根据表面的朝向，相同的投影区域可指不同大小的实际表面区域。因此，与出射度保持相同，沿一个方向离开的辐射通量将会因流方向的不同而不同。分母中的投影区域将光线流对表面朝向的依赖性考虑进去。利用这一定义，辐射亮度可以与通量关联起来而得到

$$L(\omega) = \frac{d^2\Phi}{dA_{\perp} d\omega} = \frac{d^2\Phi}{dA\cos\theta d\omega} \tag{6.11}$$

其中，θ 是表面法向量与光线流方向的夹角(参见图 6.7)。辐射亮度的单位是瓦特每平方米每球面度($W \cdot m^{-2} \cdot Sr^{-1}$)。半球的入射辐射亮度的积分对应于辐照度

$$E = \int_{\Omega} L(\omega)\cos\theta d\omega \tag{6.12}$$

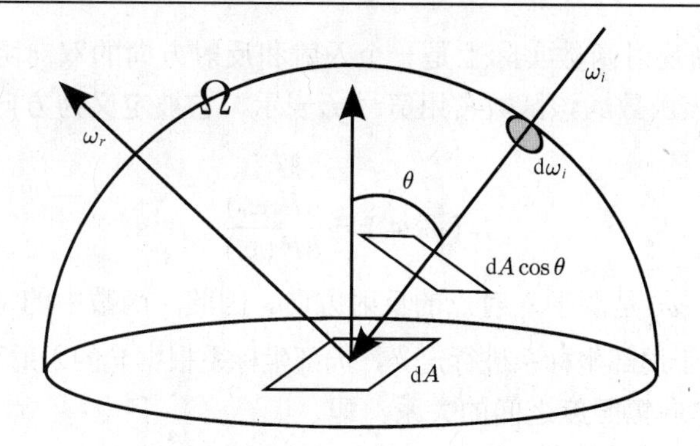

图 6.7 来自方向 ω_i 的辐射亮度 ($L(\omega_i)$)。辐照度 (E) 是来自所有方向的总辐射亮度

辐射亮度是绘制过程中实际感兴趣的数量。在一幅绘制图像中，像素值与透过该像素可见的表面点的辐射亮度成比例。因此，为了计算像素的颜色，必须计算通过该像素，并对照相机来说可见的表面点的辐射亮度。这是我们在上一节中使用符号 L，并给出计算反射器表面上点的辐射亮度方程的原因。

6.3 反射率和双向反射分布函数

我们遇到的大多数物体是不透明的，反射那些入射到其表面的光线。反射特性决定了物体表面是明亮还是黑暗，是彩色还是灰色。所以虚拟世界的设计者必须指定场景中每一个虚拟对象的反射特性。使用该特性和入射光来计算场景的每一个可见表面的反射辐射亮度。通常存在两个常用的表面反射特性说明：反射率和双向反射分布函数(BRDF)。这两个特性是波长依赖的，尽管如此，它们通常在每个颜色通道中指定。

反射率，也被称为半球形表面反射率，是一个指定反射通量与入射通量比率的分数，即 Φ_r / Φ_i，或者等价地说，是反射出射度与入射辐照度的比率，即 E_r / E_i。请注意，使用下标 r 和 i 来区别反射辐射和入射辐射。ρ 和 k 是两种常用的反射率符号。根据定义，反射率不考虑方向。入射通量可能是从任意一个方向入射或者从整个半球方向或部分半球入射的光线[①]，类似地，反射通量可以是沿任意一个方向离开的通量，或者沿方向的半球离开的通量，或者沿所选的几个方向离开的通量。因为它独立于入射方向和反射方向，是一个只对于暗淡不光滑的表面有用的性质，这类表面几乎在所有方向都均匀的发射光线。

大多数现实世界的反射器具有方向依赖性。方向-半球反射率用于表示依赖于入射方向的反射率。与反射率符号保持相同，为了指定方向-半球反射率对入射方向依赖性，将其写为入射方向 ω_i 的函数。用 $\rho(\omega_i)$ 或 $k(\omega_i)$ 表示方向-半球反射率，定义为

$$\rho(\omega_i) = \frac{E_r}{E_i(\omega_i)} \tag{6.13}$$

其中，$E_i(\omega_i)$ 是从单一方向 ω_i 入射的辐射亮度产生的辐照度。

对于大多数反射器，方向半球周围的反射辐射亮度是不均匀的，并随着入射方向变化而

① 注意，不透明表面的每个点周围只有一个方向半球。我们将用符号 Ω 表示半球。由于在上下文中并不明显，可以使用下标区分入射方向的半球和出射方向的半球，如 Ω_{in} 和 Ω_{out}。

变化。所以，通用表面反射函数实际上是一个入射和反射方向的双向函数。使用双向反射分布函数或 BRDF 表示该函数。该函数常用符号 f_r 表示，它被定义为方向辐射亮度和方向辐照度的比率，即

$$f_r(\omega_i,\omega_r)=\frac{\mathrm{d}L(\omega_r)}{\mathrm{d}E(\omega_i)} \tag{6.14}$$

其中，ω_i 是入射方向，ω_r 是源于入射点的反射方向。因此，函数中的每个方向的域是表面点周围的半球，并且相对于局部坐标系进行定义，局部坐标系根据光的入射点而设置(参见图 6.8)。利用方向辐射亮度和方向辐照度之间的关系，即

$$E_i(\omega_i)=L(\omega_i)\cos\theta_i\mathrm{d}\omega_i \tag{6.15}$$

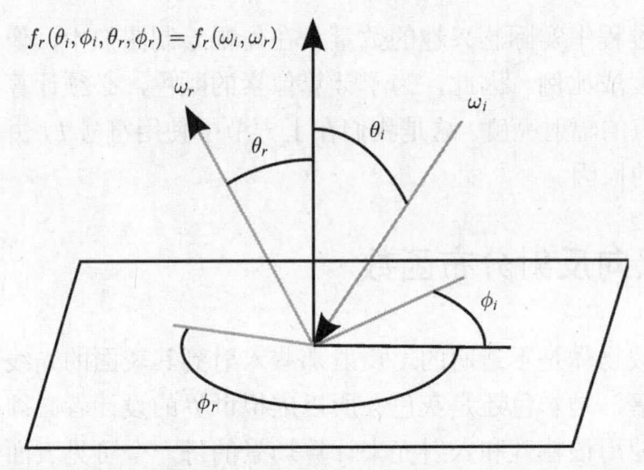

图 6.8　双向辐射密度函数(BRDF)。θ_i 和 θ_r 表示倾斜角度，ϕ_i 和 ϕ_r 表示方位角，这些角度定义了入射和反射方向

可以将 BRDF 定义重写为只包含辐射亮度的形式

$$f_r(\omega_i,\omega_r)=\frac{\mathrm{d}L(\omega_r)}{L(\omega_i)\cos\theta_i\mathrm{d}\omega} \tag{6.16}$$

方向向量可以由倾斜角 θ 和方位角 ϕ 指定。这意味着，方向是两个角度参数的函数，因此，在某个表面点，BRDF 是一个 4D 函数。

使用式(6.13)中方向反射率的定义和式(6.14)中 BRDF 的定义，可以推导出以下关系：

$$\begin{aligned}\rho(\omega_i) &= \frac{\int_{\omega_r\in\Omega}L(\omega_r)\cos\theta_r\mathrm{d}\omega}{E(\omega_i)}\\ &= \frac{E(\omega_i)\int_{\omega_r\in\Omega}f_r(\omega_i,\omega_r)\cos\theta_r\mathrm{d}\omega}{E(\omega_i)}\\ &= \int_{\omega_r\in\Omega}f_r(\omega_i,\omega_r)\cos\theta_r\mathrm{d}\omega\end{aligned} \tag{6.17}$$

前面提到，反射率 ρ 主要用于指定方向独立的反射，特别是不光滑和暗淡表面。我们记得，理想的漫反射表面称为朗伯表面。对于这样的反射器，反射辐射亮度在所有反射方向是恒定的，也就是 $f_r=(\omega_i,\omega_r)=f_r=$ 常数。在现实世界中，物体表面很少在本质上恰好是朗伯表面。然而，许多真实世界物体的表面非常接近朗伯反射特性。在绘制过程中，广泛使用漫反射或无光泽表面，并且可以使用方向独立性来简化反射率和 BRDF 之间的关系

$$\begin{aligned}\rho=\rho(\omega_i) &= \int_{\omega_i\in\Omega} f_r(\omega_i,\omega_r)\cos\theta_r \mathrm{d}\omega \\ &= f_r\int_{\omega_i\in\Omega}\cos\theta_r \mathrm{d}\omega = f_r\pi\end{aligned} \tag{6.18}$$

或者简单地表示为

$$f_r=\frac{\rho}{\pi} \tag{6.19}$$

所以，对于朗伯表面，BRDF 是表面反射率的常数因子，因此是一个零维函数。

另一个理想的反射特性表现为光学上平滑的表面，这种反射也称为镜面反射。从这种表面的反射遵守菲涅耳(Fresnel)反射定律

$$L(\omega_r)=\begin{cases} R(\omega_i)L(\omega_i), & \theta_i=\theta_r \\ 0, & \text{其他}\end{cases} \tag{6.20}$$

其中，θ_i 和 θ_r 是入射向量和反射向量的倾斜角度，并且这两个向量和入射点处的法向量都在一个平面上。$R(\omega_i)$ 是材料的菲涅耳函数。后面将提供关于菲涅耳函数的更多细节。注意，反射光的方向，$\theta_i=\theta_r$ 与在 6.1.1 节讨论的理想镜面材料的镜面反射方向相同。因此，对于一个理想的镜面，BRDF 是入射方向的 δ 函数，因此是一个一维函数。

相对于表面绕入射点处的法向量旋转，一些真实世界的表面却表现出不变性。对于这样的表面，BRDF 仅仅取决于三个参数 θ_i, θ_r 和 $\phi=\phi_i-\phi_r$，因此，BRDF 本质上是三维的。为了区分反射器和一般的四维 BRDF，称前者为各向同性的 BRDF，后者为各向异性的 BRDF。

光线是一种能量形式。因此，所有的反射相关函数必须满足能量守恒定律。这意味着，除非材料是发射源，否则总的反射通量必须小于或等于入射到表面的通量。因此，$\rho\leqslant 1$，并且满足

$$\int_{\omega_r\in\Omega} f_r(\omega_i,\omega_r)\cos\theta_r \mathrm{d}\omega \leqslant 1 \tag{6.21}$$

式(6.21)利用了 BRDF 和反射率之间的关系。请注意，虽然反射率总是必须小于 1，但上述表达式没有限制 BRDF 值小于 1。对于某些入射和出射方向，表面 BRDF 值可以不止一个。事实上，正如前面提到的，镜面反射器的 BRDF 是一个 δ 函数，即沿着镜面反射方向 BRDF 为无穷大，否则 BRDF 为 0。除了能量守恒性质，BRDF 满足互反性，根据该性质，如果交换入射方向和反射方向，函数值是一致的。这个性质称为亥姆霍兹(Helmholtz)互易性。

最后，我们指出，BRDF 函数可以进行一般化来解释子表面散射效果。在这种情况下，从表面点 x_i 上任意方向入射的光线都在另一个表面点 x_o 上沿半球方向产生反射辐射亮度。在这种情况下，反射特性表现为入射点和入射方向以及出射点和出射方向的函数 $f_r(x_i,x_o,\omega_i,\omega_o)$，并得到双向散射表面反射分布函数(BSSRDF)的命名。假设表面被参数化，这样每个表面点可以用两个变量表示，那么 BSSRDF 是一个包含 8 个变量的函数，而不是 4 个。

6.4 绘制方程

我们现在已经了解到，为了得到图像，必须计算经过每个像素的且虚拟相机可见的表面辐射亮度。我们还了解到，反射器表面的反射特性大多由它们的表面 BRDF 指定。所以，现在需要一个公式来计算沿观察方向的反射表面的辐射亮度。从单一方向 ω_i 入射的光线反射到任意方向 ω_r 的辐射亮度方程可以由 BRDF 定义得到

$$dL(\omega_r) = f_r(\omega_i, \omega_r) E(\omega_i) = f_r(\omega_i, \omega_r) L(\omega_i) \cos\theta_i d\omega \tag{6.22}$$

在真实世界的场景中，光线从点半球的所有方向到达反射器的每个表面点。因此，沿ω_r总的反射辐射亮度为

$$L(\omega_r) = \int_{\omega_i \in \Omega} dL(\omega_r) = \int_{\omega_i \in \Omega} f_r(\omega_i, \omega_r) L(\omega_i) \cos\theta_i d\omega \tag{6.23}$$

后一个方程称为辐射亮度方程或绘制方程。可以推广这个公式以包含场景中的发射器，沿任意出射方向ω_o的表面的出射辐射亮度表示为：由发射产生的辐射亮度与由反射产生的辐射亮度之和。因此，广义绘制方程为

$$\begin{aligned} L(\omega_o) &= L_e(\omega_o) + L_r(\omega_o) \\ &= L_e(\omega_o) + \int_{\omega_i \in \Omega} f_r(\omega_i, \omega_o) L(\omega_i) \cos\theta_i d\omega \end{aligned} \tag{6.24}$$

其中，L_e和L_r分别是由于发射和反射产生的辐射亮度。需要指出的是，在这个方程中，用下标o替换r以强调一个事实，即出射辐射亮度并不只限于反射。

根据前面给出的 BSSRDF 定义，给出的绘制方程在大多数一般情况下可以变化为

$$L(x_o, \omega_o) = L_e(x_o, \omega_o) + \int_{\mathcal{A}} \int_{\omega_i \in \Omega} f_r(x_i, x_o, \omega_i, \omega_o) L(\omega_i) \cos\theta_i d\omega d\mathcal{A} \tag{6.25}$$

可以看到，为了解释子面散射现象，需要在点x_o的周围区域$\mathcal{A}$中进行估计。

6.5 评估绘制方程

任何真实感图形绘制系统的一个基本目标就是准确评估前面推导出的绘制方程。绘制方程评估要求至少知道源自所有入射方向的$L(\omega_i)$。在场景中，$L(\omega_i)$可能源自发射器，或另一个反射器，即场景的一个物体。为了评估源自另一个反射器的辐射亮度，需要评估某个其他反射器的辐射亮度，以此类推，成为一个递归过程。阴影效应使这个过程变得更加复杂，即一个对象可能遮挡其他对象。最后，为了准确评估，需要知道表面每个点的 BRDF(或是用于半透明材料或表现出散射特性材料的 BSSRDF)函数。

在本章的其余部分，将利用一些限制以使绘制方程的评价和场景的光照计算变得简单。首先，做出限制：$L(\omega_i)$只源于一个发射器。换句话说，不考虑间接光的影响，这里间接光是指由场景的其他物体反射的光。第二，不考虑发射器的可见性，从场景的每个表面出发，每个发射器都视为可见。我们做出的另一个限制是 BRDF 使用相对简单的数学反射模型。全局光照计算方法解释了绘制方程的递归性和可见性，得到一个非常准确的评估，这些将在第 11 章进行探讨。在这里，专注于局部光照计算，以便更专注于光照计算的基本方面，如光照明模型和光源类型。为了更好地可视化局部光照和全局光照效果之间的差异，可参考图 6.9。一些不能用局部光照计算得到的全局光照效果有：

间接光　如上所述，通过另一个物体反射(或漫反射)的表面接收的光线数量。

柔和阴影　阴影是全局效果，因为它们依赖于小物体彼此的相对位置。真实的阴影通常是“柔和的”，这是因为，实际的光源具有一定的面积，并不是点光源。

渗色：间接光的这种特殊效果符合一个事实，即一个物体的颜色受其相邻物体的颜色影响。在图 6.9 中，可以看到，球是绿色的，因为相邻的墙是绿色的。

焦散　焦散是反射光聚集的场景区域。例如，光线集中在玻璃球底部周围(参见图 6.9 的右下角)。

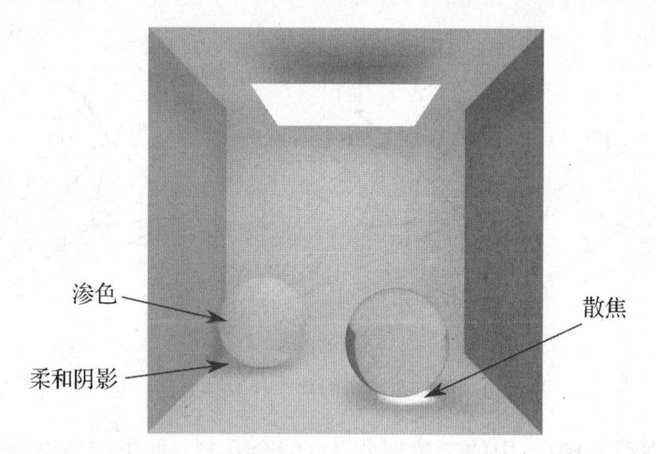

图 6.9　(参见彩插)全局照明效果。阴影、散焦和渗色(引自 http://www.banterle.com/francesco)

在 6.7 节中，我们将针对几个简单光源推导出局部光照方程的简化版本，这些光源包括：方向光源、点或位置光源、聚光灯光源、区域光源和环境光源。这些评估通常简单明确。然后，将介绍一些反射模型，从基本的 Phong 光照模型开始，到更高级的模型，例如用于金属表面的 Cook-Torrance 模型，用于反光材料的 Oren-Nayar 模型和用于丝绒材料的 Minneart 模型。

6.6　计算表面法向量

正如所看到的，光线-物质的相互作用会涉及表面的法向量。在点 **p** 处的法向量是一个单位向量 $\boldsymbol{n}_p$，它垂直于点 **p** 处的切平面。

三角形网格(以及任何离散表示)的问题是，它们在顶点和边缘处不平滑(除了平面)，这意味着，如果在顶点周围的表面上移动，切平面不会连续变化。以图 6.10 中的顶点 v 为例：如果从点 v 偏移一点，可以看到，会有四个不同的切平面。因此，顶点 v 处的法向量(以及切平面)是哪个？这个问题的答案是“在顶点 v 处没有正确的法向量”。所以，为了找到可作为法向量的合理向量，我们要做什么？此处，“合理”意味着两件事情：

- 它接近用三角形网格逼近的连续表面上的法向量。
- 它尽可能独立于具体三角剖分。

计算顶点 v 处法向量的最明显方法是取共享顶点 v 的所有三角形法向量的平均值

$$\boldsymbol{n}_v = \frac{1}{|S^*(v)|} \sum_{i \in S^*(v)} \boldsymbol{n}_{f_i} \tag{6.26}$$

这个直观的解决方案被广泛使用，但很容易看到，这个方法高度依赖于具体的三角剖分。图 6.10(b)给出了与图 6.10(a)完全相同的表面，但法向量 $\boldsymbol{n}_2$ 对平均计算结果的贡献比其他法向量多，因此，结果相应地发生变化。改进式(6.26)，使每个三角形的贡献与它的面积相关联，可得到

$$\boldsymbol{n}_v = \frac{1}{\sum_{i \in S^*(v)} \text{Area}(f_i)} \sum_{i \in S^*(v)} \text{Area}(f_i) \boldsymbol{n}_{v_i} \tag{6.27}$$

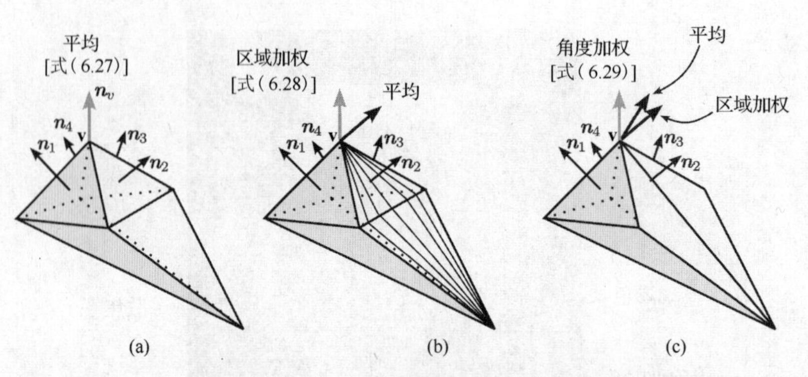

图 6.10　如何在三角网格中计算顶点法向量

然而，如果考虑图 6.10(c)中的三角剖分，可能会看到，如果三角形很长，它的面积很大，这种情况将再次影响法向量的计算。式(6.27)的问题是，远离顶点 **v** 的三角形面积对法向量贡献较大，从而影响 **v** 的法向量，而法向量应仅取决于直接邻域(在连续的情况下为无限小)。如果用顶点 **v** 处三角形形成的角度对法向量进行加权，这个问题就可以避免，因此得到

$$\boldsymbol{n}_v = \frac{1}{\sum_{i \in S^*(v)} \alpha(f_i, v)} \sum_{i \in S^*(v)} \alpha(f_i, v) \boldsymbol{n}_{v_i} \tag{6.28}$$

尽管如此，但一般情况下，我们不会以破坏算法为乐趣而建立低劣的曲面细分，所以，式(6.26)也通常会产生良好的效果。

请注意，如果三角形网格是通过连接已知连续表面上的顶点来创建，而连续表面的解析公式也已知，那么并不需要通过表面逼近法向量，而是可以简单地使用解析计算得到的连续表面法向量来获取顶点 **v** 的法向量。

例如，考虑图 6.11 的圆柱体，已知点的参数函数

$$Cyl(\alpha, r, y) = \begin{bmatrix} r \cos \alpha \\ y \\ r \sin \alpha \end{bmatrix}$$

和表面法向量

$$n(\alpha, r, y) = \frac{Cyl(\alpha, r, y) - [0.0, y, 0.0]^{\mathrm{T}}}{\| Cyl(\alpha, r, y) - [0.0, y, 0.0]^{\mathrm{T}} \|}$$

因此，能够直接使用表面法向量而无须通过三角剖分逼近它。

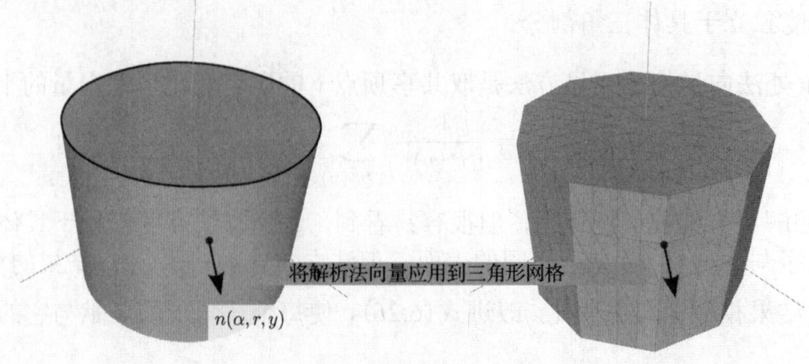

图 6.11　利用已知法向量

请注意，这是称为细节再现(redetail)过程的第一个例子，即在表面的近似表示上重新添加原始信息。将在第 7 章看到 redetail 的一个更复杂的例子。

6.6.1　折痕角

通过式(6.26)、式(6.27)和式(6.28)，已经表明如何计算三角形网格顶点 **v** 处的法向量，如何克服三角形网格表面在顶点处不平滑的问题。然而，可能存在如下情况：表面本身不平滑而不是由于曲面细分，如图 6.11 所示的圆柱体底部的点。在这些点中，简单的一个法向量并不足够，因为不希望隐藏不连续性，而是在顶点邻域中表示表面的两个(或更多)方向。因此，这里存在两个问题。第一个问题是，如何确定哪些顶点是由于曲面细分引起的不平滑，哪些顶点是因为表面本身并不平滑。这通常通过检查边–相邻表面之间的二面角来实现，如果角度过大，那么边一定是沿着所述表面的折痕(参见图 6.12)。假设表面的曲面细分足够精细且足够好，在本来应该是平滑的表面上不能建立大的二面角，采用这种技术效果非常好。第二个问题就是在 3.9 节所述的数据结构中如何编码，这通常存在两种可选方法：第一个方法是沿折痕简单地复制顶点，为它们分配相同的位置，但法向量不同，我们将选择这个方法。第二种方法是对表面数据的法向量属性进行编码，使得每个面将法向量存储在其顶点中。这涉及在平滑点处(通常是绝大多数)的所有顶点的所有法向量值的无用复制，但该方法不改变网格的连通性。

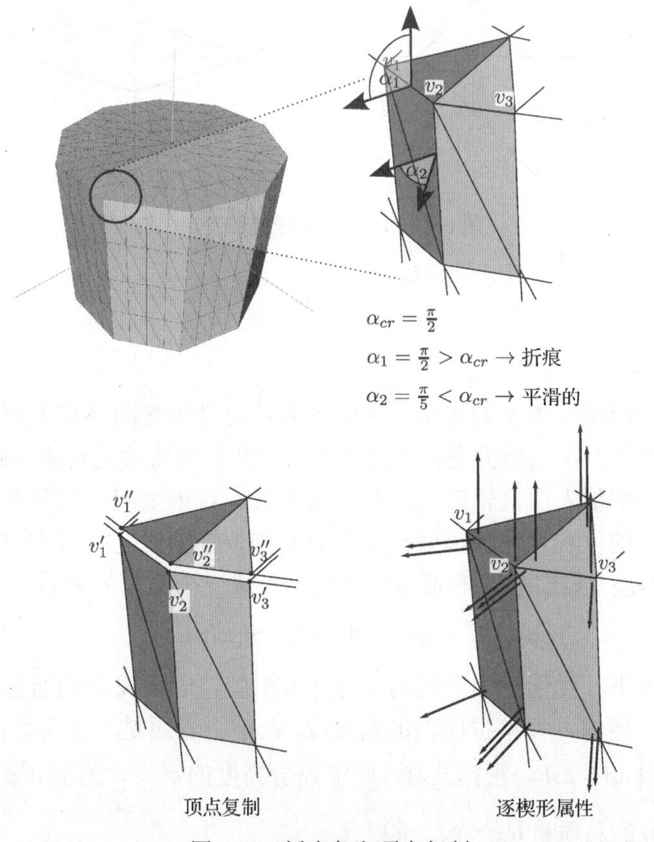

图 6.12　折痕角和顶点复制

6.6.2 表面法向量变换

由4.3节可知道，一般仿射变换不保持角度和长度。考虑点 **p** 处的法向量 $\boldsymbol{n}$ 和切向量 $\boldsymbol{u}$，这两个向量是正交的，因此有

$$\boldsymbol{n}\boldsymbol{u}^{\mathrm{T}} = 0$$

但是，如果将仿射变换 M 作用于这两个向量，不能保证 $(M\boldsymbol{n})(M\boldsymbol{u}^{\mathrm{T}}) = 0$。图6.13给出了一个应用非均匀缩放的实际例子。所以应该变换法向量使它保持垂直于变换后的表面。

$$\boldsymbol{n}M^{-1}M\boldsymbol{u}^{\mathrm{T}} = 0 \tag{6.29}$$

$$(\boldsymbol{n}M^{-1})(M\boldsymbol{u}^{\mathrm{T}}) = 0 \tag{6.30}$$

通过左乘矩阵，可得到

$$(\boldsymbol{n}M^{-1})^{\mathrm{T}} = {M^{-1}}^{\mathrm{T}}\boldsymbol{n}^{\mathrm{T}}$$

因此，必须通过作用于位置的矩阵的逆转置对法向量进行变换。

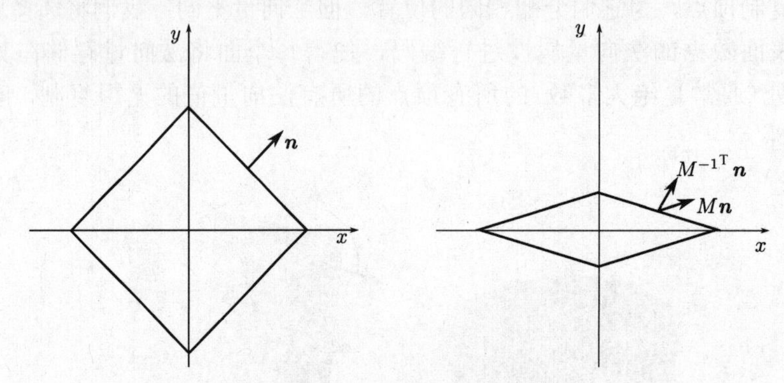

图6.13 法向量必须如何变换

6.7 光源类型

在这里，我们介绍不同类型的光源，并学习如何对每个光源计算光照。在任何情况下，都假设材料是朗伯类型。在光源类型描述过程中，介绍如何将理论付诸实践。

提醒读者，对于朗伯表面，辐射亮度与方向无关。对于空间均匀分布的发射器，辐射亮度独立于发射表面上的位置。这种辐射亮度的方向和位置独立性导致均匀朗伯发射器的辐射亮度、发射器的辐射度(或出射度)和通量三者之间形成一个简单的关系

$$E = \pi L\ ,\ \ \Phi = EA = \pi LA \tag{6.31}$$

该关系的推导如下。对于一个空间均匀分布发射器，表面发射的通量在发射器的整个区域都是均匀分布的。所以，每单位面积的通量 E 在整个表面是一个常数；根据式(6.8)，为 $\Phi = \int \mathrm{d}\Phi = \int E\mathrm{d}A = E\int \mathrm{d}A = EA$。根据式(6.11)中辐射亮度的定义，得到 $\mathrm{d}^2\phi = L\mathrm{d}A\cos\theta\mathrm{d}\omega$。那么，发射器表面区域的总通量是一个二重积分

$$\begin{aligned}\boldsymbol{\Phi} &= \int\int \mathrm{d}^2\phi = \int\int L\mathrm{d}A\cos\theta\mathrm{d}\omega \\ &= \left(\int\cos\theta\mathrm{d}\omega\right)\left(\int L\mathrm{d}A\right) = \pi LA = EA\end{aligned} \tag{6.32}$$

对于反射器来说，如果反射器表面是朗伯表面，该关系也是相同的，反射光在反射器表面上是空间均匀分布的。

现在推导由各种光源的光线产生的朗伯反射器发射出辐射亮度的计算公式。在推导过程中，将使用下标 out 和 in 以区分反射器表面的出射光和入射光。在此之前，总结朗伯反射器的特性如下：

- 反射器表面的反射辐射亮度是方向独立的，即 L_{out} 沿任何方向都是恒定的。
- 出射度(E_{out})，即反射通量的面密度，其和由于反射产生的出射辐射亮度 L_{out} 之间的关系为 $L_{\text{out}} = \dfrac{E_{\text{out}}}{\pi}$。
- 辐照度(E_{in})，即入射通量的面密度，其与出射辐射亮度 L_{out} 之间的关系是 $L_{\text{out}} = k_D\dfrac{E_{\text{in}}}{\pi}$，其中，$k_D$ 是表面的离开通量和入射通量之间的比率，也被称为漫反射表面反射率。

6.7.1　方向光

方向光的规定方法最简单。所要做的就是定义光线从哪个方向到达表面，然后光线沿该方向到达场景中的每个表面点。光线的源点可能是距离很远的一个发射器，如星星、太阳、月亮等。与方向一起，指定光源的出射度 E_0。由于光线只从一个方向流入，沿着光线流路径，垂直于路径的任何表面区域上的入射辐照度与出射度相同，即

$$E_i = E_0 \tag{6.33}$$

为了计算具有其他方向的表面区域的入射辐照度，必须对它们进行投影并使用投影后的区域(参见图 6.14)。从而，任意方向表面的入射辐照度为

$$E_i = E_0\cos\theta_i \tag{6.34}$$

替换绘制方程中的 E_i 值，并利用这样一个事实：光线仅从一个方向入射，可得到

$$L(\omega_r) = f_r(\omega_i, \omega_r)E_0\cos\theta_i \tag{6.35}$$

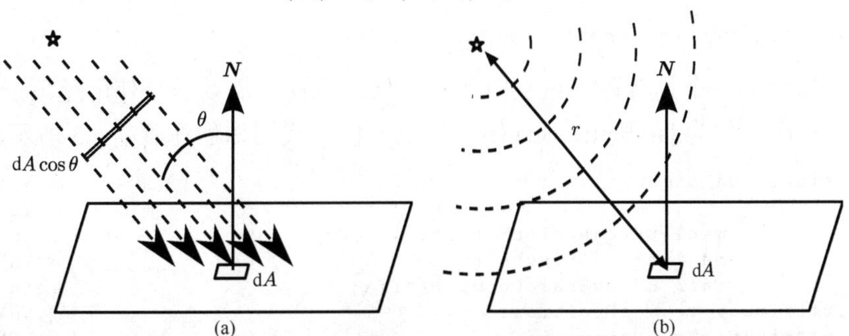

图 6.14　(a) 方向光源的光照；(b) 点或位置光源的光照

对于朗伯表面，BRDF 是一个常量，独立于入射和反射方向。然后，可以使用 BRDF 和反射率之间的关系，得到

$$L(\omega_r) = \frac{\rho}{\pi}E_0\cos\theta_i \tag{6.36}$$

6.7.2 升级客户端：添加太阳光源

到现在为止，客户端程序还没考虑光线的作用。只是简单地以恒定颜色绘制图元。通过添加太阳光源，向照片级真实感绘制迈出了第一步。

6.7.2.1 添加表面法向量

在这里，将为场景中每个物体添加法向量属性以用于光照计算。为了给每个物体添加法向量，将把程序清单 6.1 中的代码简单地添加到函数 createObjectBuffers 中。

```
25    if (createNormalBuffer) {
26      obj.normalBuffer = gl.createBuffer();
27      gl.bindBuffer(gl.ARRAY_BUFFER, obj.normalBuffer);
28      gl.bufferData(gl.ARRAY_BUFFER, obj.vertex_normal, gl.↩
          STATIC_DRAW);
29      gl.bindBuffer(gl.ARRAY_BUFFER, null);
30    }
```

程序清单 6.1　添加一个缓存存储法向量(代码片段摘自 http://envymycarbook.com/ chapter6/0/0.js)

同样地，通过添加程序清单 6.2 中的代码来修改函数 drawObject。

```
91    if (shader.aNormalIndex && obj.normalBuffer && shader.↩
          uViewSpaceNormalMatrixLocation) {
92      gl.bindBuffer(gl.ARRAY_BUFFER, obj.normalBuffer);
93      gl.enableVertexAttribArray(shader.aNormalIndex);
94      gl.vertexAttribPointer(shader.aNormalIndex, 3, gl.FLOAT, ↩
          false, 0, 0);
95      gl.uniformMatrix3fv(shader.uViewSpaceNormalMatrixLocation, ↩
          false, SglMat4.to33(this.stack.matrix));
96    }
```

程序清单 6.2　启用顶点法向量属性(代码片段摘自 http://envymycarbook.com/chapter6/ 0/0.js)

在 6.6 节，我们看到如何通过表面的定义(如等值面)或者曲面细分来推算法向量。在这个客户端中，函数 computeNormals(obj) 的参数为一个物体对象(参见文件 code/chapters/chapters3/0/compute-normals.js)。使用该函数计算每个顶点的法向量，顶点的法向量为顶点相邻的面的法向量的平均值，并创建一个称为 vertex-normal 的 Float32Array 类型。这样，通过下面的代码，可以测试物体是否具有逐顶点法向量：

```
1  if (obj.vertex_normal) then ...
```

因此，可以添加一个具有逐顶点法向量的对象。现在，需要一个使用逐顶点法向量计算光照的着色器程序，称为 lambertianShader。顶点着色器代码如程序清单 6.3 所示。

```
6   precision highp float;                          \n\
7                                                   \n\
8   uniform mat4 uProjectionMatrix;                 \n\
9   uniform mat4 uModelViewMatrix;                  \n\
10  uniform mat3 uViewSpaceNormalMatrix;            \n\
11  attribute vec3 aPosition;                       \n\
12  attribute vec3 aNormal;                         \n\
13  attribute vec4 aDiffuse;                        \n\
14  varying vec3 vpos;                              \n\
15  varying vec3 vnormal;                           \n\
16  varying vec4 vdiffuse;                          \n\
```

```
17                                                        \n\
18  void main()                                           \n\
19  {                                                     \n\
20    // vertex normal (in view space)                    \n\
21   vnormal = normalize(uViewSpaceNormalMatrix * aNormal);  \n\
22                                                        \n\
23    // color (in view space)                            \n\
24    vdiffuse = aDiffuse;                                \n\
25                                                        \n\
26  // vertex position (in view space)                    \n\
27    vec4 position = vec4(aPosition, 1.0);               \n\
28    vpos = vec3(uModelViewMatrix * position);           \n\
29                                                        \n\
30    // output                                           \n\
31    gl_Position = uProjectionMatrix *uModelViewMatrix *  \n\
32      position;                                         \n\
```

程序清单 6.3　顶点着色器(代码片段摘自 http://envymycarbook.com/chapter6/0/shader.js)

需要注意的是，相对于在 5.3.4 节中编写的着色器，此处添加了变化的 vpos 和 vnormal，使它们能够逐片元插值。参见程序清单 6.4 片元着色器代码。这两个变量赋值为观察空间中的坐标。对于位置坐标，意味着只有 uModelViewMatrix 作用于 aPosition，而法向量由矩阵 aViewSpaceNormalMatrix 进行变换。这也意味着，光线方向必须在相同的参考框架中表示(即观察空间)。使用 uniform 变量 uLightDirection 来观察空间中的观察方向，这意味着需要一个变量 this.sunLightDirection，并用正规矩阵对其进行变换。

```
36  shaderProgram.fragment_shader = "\
37  precision highp float;                                \n\
38                                                        \n\
39  varying vec3 vnormal;                                 \n\
40  varying vec3 vpos;                                    \n\
41  varying vec4 vdiffuse;                                \n\
42  uniform vec4 uLightDirection;                         \n\
43                                                        \n\
44  // positional light: position and color               \n\
45  uniform vec3 uLightColor;                             \n\
46                                                        \n\
47  void main()                                           \n\
48  {                                                     \n\
49    // normalize interpolated normal                    \n\
50    vec3 N = normalize(vnormal);                        \n\
51                                                        \n\
52    // light vector (positional light)                  \n\
53    vec3 L = normalize(-uLightDirection.xyz);           \n\
54                                                        \n\
55    // diffuse component                                \n\
56    float NdotL = max(0.0, dot(N, L));                  \n\
57    vec3 lambert = (vdiffuse.xyz * uLightColor) * NdotL;  \n\
58                                                        \n\
59    gl_FragColor  = vec4( lambert, 1.0);                \n\
60  }";
```

程序清单 6.4　片元着色器(代码片段摘自 http://envymycarbook.com/chapter6/0/shaders.js.)

6.7.2.2　3D 模型加载和着色

即使现在得到了方形的汽车，可能需要在场景中引入一些更复杂的 3D 模型。 SpiderGl 用 SglModel 实现细分 3D 模型的概念，并提供了一个函数从文件加载模型和启用找到的属性(颜色、法向量等)。这可以用程序清单 6.5 中所示的代码来完成。

```
158 NVMCClient.loadCarModel = function (gl, data) {
159   if (!data)
160     data = "../../../media/models/cars/ferrari.obj";
161   var that = this;
162   this.sgl_car_model = null;
163   sglRequestObj(data, function (modelDescriptor) {
164     that.sgl_car_model = new SglModel(that.ui.gl, ↩
          modelDescriptor);
165     that.ui.postDrawEvent();
166   });
167 };
```

程序清单 6.5　如何用 SpiderGL 加载 3D 模型(代码片段摘自http://envymycarbook.com/ chapter6/0/0.js)

SpiderGL 还提供了一种方法来指定用于绘制 SglModel 的着色器，以及指定利用对象 SglTechnique 必须传递给着色器的值。程序清单 6.6 的第 170 行代码给出了简单的单一光线着色器的 SglTechnique 的创建方法。

```
169 NVMCClient.createCarTechnique = function (gl) {
170   this.sgl_technique = new SglTechnique(gl, {
171     vertexShader: this.lambertianShader.vertex_shader,
172     fragmentShader: this.lambertianShader.fragment_shader,
173     vertexStreams: {
174       "aPosition": [0.0, 0.0, 0.0, 1.0],
175       "aNormal":   [1.0, 0.0, 0.0, 0.0],
176       "aDiffuse":  [0.4, 0.8, 0.8, 1.0],
177     },
178     globals: {
179       "uProjectionMatrix": {
180         semantic: "PROJECTION_MATRIX",
181         value: this.projectionMatrix
182       },
183       "uModelViewMatrix": {
184         semantic: "WORLD_VIEW_MATRIX",
185         value: this.stack.matrix
186       },
187       "uViewSpaceNormalMatrix": {
188         semantic: "VIEW_SPACE_NORMAL_MATRIX",
189         value: SglMat4.to33(this.stack.matrix)
190       },
191       "uLightDirection": {
192         semantic: "LIGHT0_LIGHT_DIRECTION",
193         value: this.sunLightDirectionViewSpace
194       },
195       "uLightColor": {
196         semantic: "LIGHT0_LIGHT_COLOR",
197         value: [0.9, 0.9, 0.9]
198       },}});};
```

程序清单 6.6　SglTechnique(代码片段摘自 http://envymycarbook.com/chapter6/0/0.js)

函数 SglTechnique 的参数一目了然：它需要一个 WebGL 上下文，并且所有参数用于绘制模型，即：顶点和片元着色器源、属性和 uniform 变量列表。此外，它允许为程序中使用的 uniform 变量分配一个名字(称为语义)。通过这种方式，可以在 JavaScript 代码使用的名字集合与程序着色器 uniform 变量的名字之间建立对应关系。如果采用第三方写的具有自己命名约定的着色器，这将变得非常有用：这不是在我们的代码中寻找所有的 gl.getUniformLocations 并更改 uniform 变量的名称，而只是定义了程序着色器的一种技术，并用我们的名字集合设置所有的对应变量。

现在，准备重新定义函数 drawCar(参见程序清单 6.7)：

```
142 NVMCClient.drawCar = function (gl) {
143   this.sgl_renderer.begin();
144   this.sgl_renderer.setTechnique(this.sgl_technique);
145   this.sgl_renderer.setGlobals({
```

```
146        "PROJECTION_MATRIX": this.projectionMatrix,
147        "WORLD_VIEW_MATRIX": this.stack.matrix,
148        "VIEW_SPACE_NORMAL_MATRIX": SglMat4.to33(this.stack.matrix),
149        "LIGHT0_LIGHT_DIRECTION": this.sunLightDirectionViewSpace,
150      });
151
152      this.sgl_renderer.setPrimitiveMode("FILL");
153      this.sgl_renderer.setModel(this.sgl_car_model);
154      this.sgl_renderer.renderModel();
155      this.sgl_renderer.end();
156    };
```

程序清单 6.7　用 SpiderGL 绘制一个模型(代码片段摘自 http://envymycarbook.com/ chapter6/0/0.js)

在第 144 行，我们为渲染器分配了所定义的技术，在第 145 行，传递 uniform 变量的值，因为相对于该技术定义的初始值，这些 uniform 变量需要更新。在本例中，LIGHT0_LIGHT_ COLOR 未设置，因为它从一个帧到另一个帧没有变化，而所有其他变量都产生变化(注意，由服务器更新太阳方向以使其随时间变化)。最后，在第 154 行，调用 this.renderer.renderModel 执行绘制。

请注意，这些 SpiderGL 功能包括了场景中所有其他元素(树木、建筑物等)所需要的。这些函数封装了所有步骤，使得编写绘制模型的代码更简单。请注意，这是辅助性的，但不是替代直接使用 WebGL 调用的另一个选择。事实上，将保留代码的其余部分，并且为从外部存储器加载的模型使用 SglRenderer。

图 6.15 给出了在单一方向光线的情况下客户端的快照。

图 6.15　(参见彩插)采用方向光的场景光照(参见客户端 http://envymycarbook.com/chapter6/0/0.html)

6.7.3　点光源

顾名思义，点光源是由它们在场景中的位置指定。这些光源表示场景中小尺寸的发射器，并且近似为点。如果假设点光源发出的光线在每个方向具有均匀强度 I_0，那么，到点光源距离为 r 的反射器上的点的 E_i 表达式为

$$E_i = \frac{I_0 \cos\theta_i}{r^2} \tag{6.37}$$

此表达式推导如下：设定 dA 为反射器的点周围的微分面积。从点光源的位置出发，这个微分面积所面向的立体角为 $\frac{\mathrm{d}A\cos\theta_i}{r^2}$。强度是指每立体角的通量。所以，到达微分面积的总

通量是 $\frac{I_0 \mathrm{d}A\cos\theta_i}{r^2}$。辐照度是每单位面积的通量。因此，微分面积上的入射辐照度 E_i 为 $\frac{I_0\cos\overline{\theta}_i}{r^2}$。根据入射辐照度，可以计算射出辐射亮度为

$$L(\omega_r) = f_r(\omega_i,\omega_r)E_i = f_r(\omega_i,\omega_r)\frac{I_0\cos\theta_i}{r^2} \tag{6.38}$$

如果是朗伯反射器，那么有

$$L(\omega_r) = \frac{\rho}{\pi}\frac{I_0\cos\theta}{r^2} \tag{6.39}$$

因此，由于点光源的作用，计算来自朗伯反射器的直接光的绘制方程为

$$\frac{\rho}{\pi}\frac{I_0\cos\theta}{\pi r^2} \tag{6.40}$$

也就是说，由于点光源的作用，来自一个理性漫反射器的反射辐射亮度与光源到反射器的距离的平方成反比，与表面相对于光线的方向的余弦成正比。这是一个重要的结果，也是许多绘制引擎假定光线强度随距离半径的平方而衰减的原因。

6.7.4 升级客户端：添加路灯光源

在本次更新中，将点亮街道的几盏灯，并视为点光源。让我们添加一个简单的物体来表示光源(参见程序清单 6.8)：

```
7  function Light(geometry, color) {
8    if (!geometry) this.geometry = [0.0, -1.0, 0.0, 0.0];
9    else this.geometry = geometry;
10   if (!color) this.color = [1.0, 1.0, 1.0, 1.0];
11   else this.color = color;
12 }
```

程序清单 6.8 光源对象(代码片段摘自 http://envymycarbook.com/chapter6/1/1.js)

参数 geometry 是一个齐次坐标形式的点，表示方向和点光源，color 是光的颜色。引入函数 drawLamp，正如 drawTree，聚集了 3.9 节中所创建的基本图元，生成一个类似于路灯的形状(在这种情况下，一个小立方体在粗圆柱体的上方)。客户端的唯一重要变化是引入一个称为 lambertianMultiLightShader 的新着色器(参见程序清单 6.9)，与 lambertianShader 相同，但有两点区别：它的参数是一个 nLights 数组而不是 1 个数据，并同时考虑了方向和点光源。

```
36  precision highp float;                                        \n\
37                                                                \n\
38  const int uNLights = " +  nLamps + ";                         \n\
39  varying vec3 vnormal;                                         \n\
40  varying vec3 vpos;                                            \n\
41  varying vec4 vdiffuse;                                        \n\
42                                                                \n\
43  // positional light: position and color                       \n\
44  uniform vec4 uLightsGeometry[uNLights];                       \n\
45  uniform vec4 uLightsColor[uNLights];                          \n\
46                                                                \n\
47  void main()                                                   \n\
48  {                                                             \n\
49    // normalize interpolated normal                            \n\
50    vec3 N = normalize(vnormal);                                \n\
51    vec3 lambert= vec3(0,0,0);                                  \n\
52    float r,NdotL;                                              \n\
53    vec3 L;                                                     \n\
```

```
54    for (int i = 0; i <uNLights; ++i) {                          \n\
55    if (abs(uLightsGeometry[i].w-1.0)<0.01) {                    \n\
56    r = 0.03*3.14*3.14*length(uLightsGeometry[i].xyz-vpos); \n\
57      // light vector (positional light)                         \n\
58      L = normalize(uLightsGeometry[i].xyz-vpos);                \n\
59    }                                                            \n\
60    else {                                                       \n\
61     L = -uLightsGeometry[i].xyz;                                \n\
62     r = 1.0;                                                    \n\
63     }                                                           \n\
64      // diffuse component                                       \n\
65      NdotL = max(0.0, dot(N, L))/(r*r);                         \n\
66      lambert += (vdiffuse.xyz * uLightsColor[i].xyz) * NdotL;\n\
67    }                                                            \n\
68    gl_FragColor  = vec4(lambert,1.0);                           \n\
69  }";
```

程序清单 6.9 着色器(代码片段摘自 http://envymycarbook.com/chapter6/1/shaders.js)

第 44 行至第 45 行代码声明了光源几何和颜色数组，在第 59 行至第 67 行代码中，累积每个光源对最终颜色的贡献。对于每一个光源，测试它的第四个分量，以检查它是否是一个方向光源或一个位置光源，然后计算相应的向量 $\boldsymbol{L}$。

利用这种实现方法，光源的数量限制为可传递给程序着色器的数组大小，这依赖于特定的硬件。我们将看到：其他方法可以用纹理向着色器传递很多值(参见第 7 章)。光源的数量可能对片元着色器产生极大影响，它必须运行所有数组并进行浮点运算。你可以在所使用的设备上进行测试，简单地增加光源的数量，然后观察每秒内帧数量的降低程度。

再次，所有的光源计算是在观察空间完成的，这样，所有的光源几何在传递到着色器之前必须进行变换。图 6.16 给出了路灯光源的客户端快照。

图 6.16 (参见彩插)给路灯添加点光源(参见客户端 http://envymycarbook.com/chapter6/1/1.html)

6.7.5 聚光灯光源

聚光灯表示从点光源出发的圆锥形光线。因此，它们基本上是在各方向上强度不同的点光源。这些光源由以下参数指定：光源的原点位置和锥形的中心轴方向。轴的方向也称为聚光灯方向，聚光灯强度最大值为沿该轴的方向，并且沿该方向衰减。因此，我们定义为：强度衰减指数(f)和强度截止角度(β)。截止角度是围绕聚光灯方向，且超过该角度聚光灯强度为零的角度。衰减指数决定了偏离聚光灯方向的光线强度的衰减因子，计算公式如下：

$$I(\omega_i) = I_0 (\cos\alpha)^f \tag{6.41}$$

其中，α 是圆锥的轴与入射方向 ω_i 之间的夹角[参见图 6.17(a)]。使用前面章节的推导结果，可以写出由聚光灯产生的反射辐射亮度的表达式：

$$L(\omega_r)=\begin{cases} f_r(\omega_i,\omega_r)\dfrac{I_0(\cos\alpha)^f\cos\theta}{r^2}, & \alpha<\beta/2 \\ 0, & \text{其他} \end{cases} \tag{6.42}$$

如果是朗伯反射器，则有

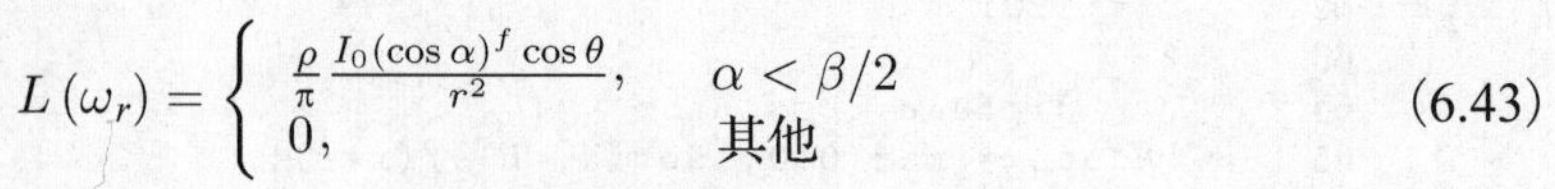

$$L(\omega_r)=\begin{cases} \dfrac{\rho}{\pi}\dfrac{I_0(\cos\alpha)^f\cos\theta}{r^2}, & \alpha<\beta/2 \\ 0, & \text{其他} \end{cases} \tag{6.43}$$

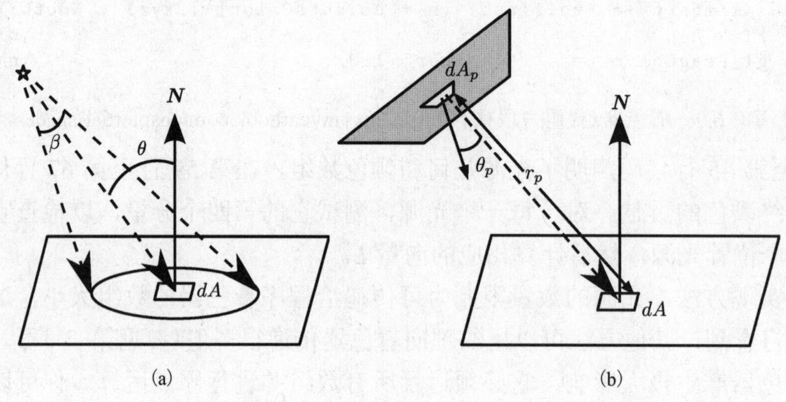

图 6.17　(a)聚光灯光源的光照；(b)面光源的光照

6.7.6　面光源

面光源由几个参数定义：它们的几何形状，如球形或长方形；辐射通量(如果在空间上和方向上均匀发光)，或出射度函数(如果在空间上变化，但在方向上是均匀的)，或辐射亮度函数(如果在空间上和方向上都变化)。假设已知发射器表面上每个点处的辐射亮度函数，我们推导面光源的光照方程。令发射器的点 **p** 位置朝向发射器表面的辐射亮度为 $L_p(w_p)$，那么，光源上点 **p** 附近微分面积 dA_p 的入射辐照度的表达式为

$$L_p(\omega_p)\frac{\cos\theta\cos\theta_p\mathrm{d}A_p}{r_p^2} \tag{6.44}$$

这个表达式的推导如下所述(参见图 6.17)：令 $\mathrm{d}A_p$ 为光源上点 **p** 附近的微分面积。点 **p** 处微分面积 $\mathrm{d}A_p$ 所面向的立体角是 $\dfrac{\mathrm{d}A\cos\theta}{r_p^2}$，$\mathrm{d}A_p$ 沿接收器方向上的投影是 $\mathrm{d}A_p\cos\theta_p$。辐射亮度是每立体角度每投影面积的辐射通量。所以，到达反射器区域 dA_p 的总通量为

$$L_p(\omega_p)\frac{\mathrm{d}A_p\cos\theta_p\mathrm{d}A\cos\theta}{r_p^2} \tag{6.45}$$

因此，接收器的入射辐照度为

$$L_p(\omega_p)\frac{\mathrm{d}A_p\cos\theta_p\cos\theta}{r_p^2} \tag{6.46}$$

由于入射产生的反射辐射亮度 $\mathrm{d}L_r$ 为

$$\mathrm{d}L_r(\omega_r)=L_p(\omega_p)\frac{\cos\theta\cos\theta_p}{r_p^2}\mathrm{d}A_p \tag{6.47}$$

整个面光源的总反射辐射亮度是 $\mathrm{d}L_r$ 的积分，其中积分域是光源的整个区域。这样，辐照度为

$$L_r(\omega_r) = \int_{p\in A} \mathrm{d}L_r(\omega_r) = \int_{p\in A} f_r(\omega_p, \omega_r)\, L_p(\omega_p)\, \frac{\cos\theta\cos\theta_p}{r_p^2}\mathrm{d}A_p \tag{6.48}$$

如果进一步假设光源的辐射亮度为常数，反射表面是朗伯表面，则方程简化为

$$L_r = \frac{\rho}{\pi} L_p \int_{p\in A} \frac{\cos\theta\cos\theta_p}{r_p^2}\mathrm{d}A_p \tag{6.49}$$

正如在这里所见，面光源的光照计算需要在区域上积分，即二维积分。除了像均匀发光半球这样非常简单的面光源之外，闭合形式的积分计算会很困难，甚至不可能计算。因此，人们必须借助于数值积分技术，其中，计算结果被估计为一个有限和。求积技术很容易扩展到多维积分，它将区域划分成多个子域，在子域中心(或中心周围的抖动位置)估计被积函数，并计算这些估计值的加权和，作为积分结果的估计。一个简单的划分策略是将区域转换为双参数矩形，然后均匀地划分每个参数，在双参数空间创建等面积的子矩形。这种转换可能需要区域变换。

处理面光源的另一种方法是用一组点光源来近似面光源。这种方法很简单，但是计算量可能很大，将在下面的例子中使用这种方法。

6.7.7　升级客户端：添加汽车的前灯和隧道的指示灯

可以使用聚光灯光源来实现汽车的前灯。首先，定义一个对象 SpotLight，如程序清单 6.10 所示。

```
 8
 9 SpotLight = function () {
10   this.pos = [];
11   this.dir = [];
12   this.posViewSpace = [];
13   this.dirViewSpace = [];
14   this.cutOff = [];
15   this.fallOff = [];
```

程序清单 6.10　包含聚光灯的光源对象(代码片段摘自 http://envymycarbook.com/ chapter6/2/2.js)

在模型空间即在定义汽车的框架中定义前灯的 pos 和 dir，但请记住，着色器在观察空间中进行光照计算。因此，在将前灯位置和方向传递到着色器之前，必须将它们转换为观察空间。这里对着色器的修改简单明了，采用与点光源相同的处理方式，添加 uniform 变量数组(指定的例子中为 2，参见程序清单 6.11)，并在所有的聚光灯上运行。

```
324   for(var i in this.spotLights){
325     this.spotLights[i].posViewSpace = SglMat4.mul4(this.stack.↩
          matrix, SglMat4.mul4(this.myFrame(), this.spotLights[i].↩
          pos));
326     this.spotLights[i].dirViewSpace = SglMat4.mul4(this.stack.↩
          matrix, SglMat4.mul4(this.myFrame(),  this.spotLights[i↩
          ].dir));
327   }
```

程序清单 6.11　观察空间中的前灯(代码片段摘自 http://envymycarbook.com/ chapter6/2/2.js)

在隧道中添加面光源也很简单。定义面光源为局部参考框架中 *xy* 平面的一个矩形部分，给定了大小和颜色。正如上一节所建议的，将简单地用一组分布在矩形区域内的点光源来实现面光源的光照。在这个例子中，只需简单地使用 3×2 的光源网格。读者可以更改这些数字，也就是说，读者可以增加或减少点光源数量，并观察帧速率的影响。

隧道灯光的实现与前灯非常相似。只有两个区别值得注意。首先，要把面光源转换为一组点光源，实现时在片元着色器中完成。也就是说，把面光源的框架传递到着色器，然后默认其贡献由 3×2 个点光源产生，如程序清单 6.12 所示。第二，点光源不是真实的点光源，因为它们只照射–y 半空间。

```
303    for(int i = 0; i < uNAreaLights; ++i)                        \n\
304    {                                                            \n\
305    vec4 n =  uAreaLightsFrame[i] * vec4(0.0,1.0,0.0,0.0);\n\
306    for(int iy =  0; iy < 3;  ++iy)                              \n\
307      for(int ix =  0; ix < 2; ++ix)                             \n\
308      {                                                          \n\
309        float y = float(iy)* (uAreaLightsSize[i].y / 2.0 )\n\
310        - uAreaLightsSize[i].y / 2.0;                            \n\
311        float x = float(ix)* (uAreaLightsSize[i].x / 1.0 )\n\
312        - uAreaLightsSize[i].x / 2.0;                            \n\
313        vec4 lightPos = uAreaLightsFrame[i] * vec4(x,0.0,y,1.0);\n←
           \
314        r = length(lightPos.xyz-vpos);                           \n\
315        L = normalize(lightPos.xyz-vpos);                        \n\
316        if(dot(L,n.xyz) > 0.0) {                                 \n\
317          NdotL = max(0.0, dot(N, L))/( 0.01*3.14 * 3.14 *r*r);  ←
                       \n\
318          lambert += (uColor.xyz * uAreaLightsColor[i].xyz) *←
               NdotL/(3.0*2.0);\n\
319        }\n\
320      } \n\
321    } \n\
```

程序清单 6.12　面光源的贡献(片元着色器)(代码片段摘自 http://envymycarbook. com/chapter6/2/shaders.js)

图 6.18 给出了汽车上具有前灯的客户端快照。

图 6.18　(参见彩插)在汽车上添加前灯(参见客户端 http://envymycarbook.com/chapter6/2/2.html)

6.8　Phong 光照模型

6.8.1　概述和动机

正如前面所看到的那样，求解绘制方程是一项复杂的任务，要求具有较高的计算量和复杂的数据结构来考虑所有光源和反射器光线的贡献。已经表明，为了使计算更容易，一种方法是只使用忽视可见性并且只考虑直接光源的局部光照模型。换句话说，局部光照模型计算表面上任意点的光照贡献，如顶点，只考虑到材料的特性和来自光源的光线。在这种情况下，多年来最常用的局部光照模型之一是 Phong 光照模型，由 Bui Tuong Phong[35]在 1975 年提出。该模型根据经验设计，在简单性和绘制真实感之间进行了非常好的折中。因此，它已经成为固定绘制流水线中计算光照的标准方法，直到可编程绘制流水线出现。

该反射模型由三个不同部分组成

$$L_{\text{reflected}} = k_A L_{\text{ambient}} + k_D L_{\text{diffuse}} + k_S L_{\text{specular}} \tag{6.50}$$

其中，常数 k_A、k_D 和 k_S 定义颜色和材料的反射特性。例如，如果材料的 k_A 和 k_S 参数为零，意味着它只表现出纯粹的漫反射；相反地，理想镜面反射的特征为 $k_A = 0$ 、 $k_D = 0$ 和 $k_S = 1$ 。环境光分量的作用将在接下来的部分介绍，其中每个分量将详细描述。

需要强调的是，每个贡献的总和可以大于 1，这意味着光的能量可能不守恒。这是 Phong 模型的另一个特点，因为它不是一个物理模型，而是基于观察经验。这种独立于物理行为的优点是，可以自由调节 Phong 模型的每一个分量，得到所需要的对象外观。以后，当我们介绍其他反射模型时，将分析能量守恒定律的模型，如 Cook-Torrance 模型。

6.8.2　漫反射光分量

Phong 光照模型的漫反射光分量对应于 6.1.1 节的朗伯模型，所以有

$$L_{\text{diffuse}} = L_{\text{incident}}(\boldsymbol{L} \cdot \boldsymbol{N}) \tag{6.51}$$

其中，L_{incident} 是所考虑的表面点位置处从方向 $\boldsymbol{L} = \omega_i$ 到达的光线数量。注意，对于漫反射材料，光线在所有方向上均匀地反射。

6.8.3　镜面反射光分量

在镜面反射中，反射光的方向依赖分量和数量取决于光线的入射和反射方向。理想的镜子仅沿着入射光向量的镜面反射方向反射。粗糙的镜子沿镜面反射方向反射的光线数量最多，另外，在镜面反射方向附近，反射的光线数量减少(参见图 6.3)。反射光线的减少量可以表示为理想镜面反射方向与感兴趣的反射方向之间夹角的余弦函数的幂函数。在与绘制相关的光照计算中，感兴趣的方向是连接表面点和虚拟照相机的方向，也称为观察方向 $\boldsymbol{V}$。因此，沿 $\boldsymbol{V}$ 方向的反射光线数量为

$$L_{\text{specular}} = L_{\text{incident}} \cos(\alpha)^{n_s} \tag{6.52}$$

其中，指数 $n_s > 1$ 是表面的反射系数。指数的作用是加速衰减。所以 n_s 值越大，当反射方向偏离镜面反射方向时，反射光线的衰减量越大，并且因此镜面反射特性越接近理想镜面反射。角度 α 的精确定义区分了 Phong 反射模型的两个变形。初始的 Phong 反射模型使用光线向量的镜面反射方向 $\boldsymbol{R}$ 和观察方向 $\boldsymbol{V}$ 之间的夹角。这个角度的余弦可以计算为

$$\cos\alpha = \boldsymbol{R} \cdot \boldsymbol{V} \tag{6.53}$$

在上式中，根据式(6.6)可得

$$\boldsymbol{R} = \boldsymbol{L} - 2(\boldsymbol{L} \cdot \boldsymbol{N})\boldsymbol{N} \tag{6.54}$$

James Blinn 提出了一个 Phong 模型的变形[4]以避免反射方向的计算。这个变形的 Phong

模型称为 Blinn-Phong 模型，它使用表面点法向量和所谓半向量 $\boldsymbol{H}$ 之间的夹角，其中半向量是光线向量和观察向量之间的向量。因此，使用 Blinn-Phong 模型时，$\cos\alpha$ 可以计算为

$$\cos\alpha = \boldsymbol{N}\cdot\boldsymbol{H} \tag{6.55}$$

其中

$$\boldsymbol{H} = \frac{\boldsymbol{L}+\boldsymbol{V}}{2} \tag{6.56}$$

图 6.19 给出了两个定义中角度 α 的区别。请注意，直至现在，提到的所有变量都假设是归一化的。

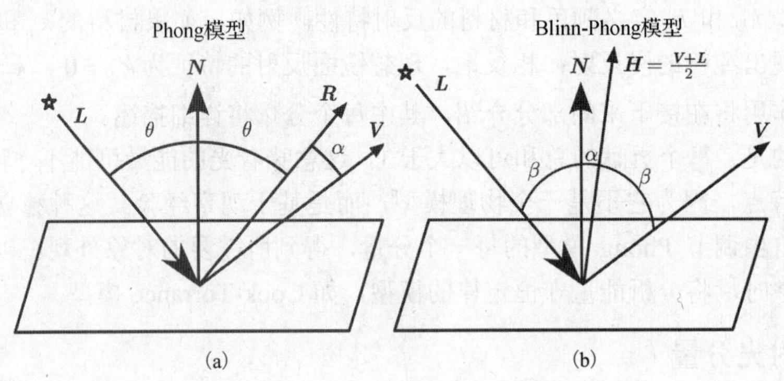

图 6.19　(a) Phong 光照模型的镜面反射光分量；(b) Blinn 提出的 Phong 模型变形

6.8.4　环境光分量

Phong 光照模型的环境光分量用于模拟场景中间接光的影响。辅助光源，即附近的反射器，对表面光照具有重要贡献。在后续的章节中，我们将看到这种计算可能是非常复杂的，且计算代价非常高。因为首要关注计算速度，反射光的相互反射分量通过引入环境光来近似，环境光分量是环境入射光 L_{ambient} 和环境光反射系数 k_A 的乘积。添加这个术语的思想是，由于场景中物体之间的相互反射，一定数量的光(来自各个方向)总是到达场景的所有表面。

6.8.5　完整模型

通过将环境光、漫反射和镜面反射光分量放在一起，得到 Phong 模型的最终公式：

$$L_{\text{refl}} = k_A L_{\text{ambient}} + L_{\text{incident}}\Big(k_D \max(\cos\theta, 0) + k_S \max(\cos(\alpha)^{n_s}, 0)\Big) \tag{6.57}$$

公式中的最大值函数保证任何光源的反射光数量不小于零。式(6.57)适用于单个光源。如果存在多个光源，累计每个独立光源的反射光得到总的反射光。光照的一个基本问题是：场景中光照的影响是所有光线的贡献之和。通过累积不同光源的贡献，式(6.57)变为

$$\begin{aligned} L_{\text{refl}} &= L_{\text{ambient}} k_{\text{ambient}} + \sum_i L_{\text{incident},i}\Big(k_D \max(\cos\theta_i, 0) \\ &+ \ k_S \max(\cos^{n_s}\alpha_i, 0)\Big) \end{aligned} \tag{6.58}$$

在方程式中，下标 i 用于索引第 i 个光源的对应项。我们指出，环境光不依赖于光源的数量，因为它的作用只是包括所有间接光照的贡献。

如前所述，镜面反射系数和漫反射系数是光线波长的函数，但由于实际原因，它们通常表示为包含三个颜色分量 R、G 和 B 的三元组。因此，对于单个光源，最终模型为

$$\begin{pmatrix} R \\ G \\ B \end{pmatrix} = \begin{pmatrix} K_{A,r}L_{A,r} \\ K_{A,g}L_{A,g} \\ K_{A,b}L_{A,b} \end{pmatrix} + \begin{pmatrix} K_{D,r}L_{p,r} \\ K_{D,g}L_{p,g} \\ K_{D,b}L_{p,b} \end{pmatrix} (\boldsymbol{L}\cdot\boldsymbol{N}) + \begin{pmatrix} K_{S,r}L_{p,r} \\ K_{S,g}L_{p,g} \\ K_{S,b}L_{p,b} \end{pmatrix} (\boldsymbol{V}\cdot\boldsymbol{R})^{n_s} \quad (6.59)$$

其中，已经用相应向量的点积替换所涉及角度的余弦。图 6.20 给出了不同分量的影响。

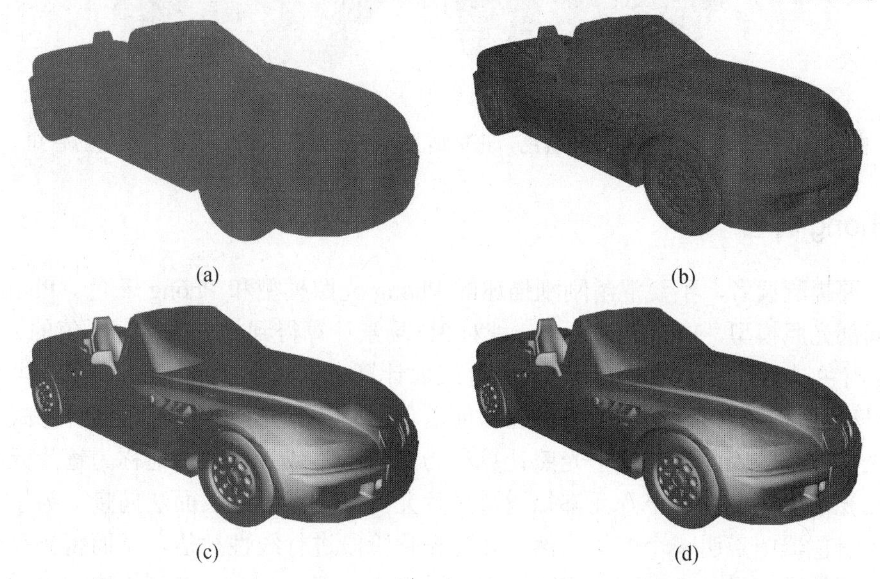

图 6.20　(参见彩插) (a) 环境光分量；(b) 漫反射光分量；(c) 镜面反射光分量；(d) 所有分量合在一起 (k_A =(0.2, 0.2, 0.2)，k_D = (0.0, 0.0, 0.6)，k_S = (0.8, 0.8, 0.8)，n_s = 1.2)

6.9　着色技术

着色是将计算得到的光线与对象表面颜色相混合，得到绘制对象的最终外观的一种方法，其实现具有不同的方式。例如，可以在顶点着色器中为每个顶点根据光照模型计算光照，即在顶点着色器中，让绘制流水线的光栅化阶段对获得的颜色进行插值。在片元着色器中根据光照模型为每个像素计算光照，而不是每个顶点。下面分析三种不同的典型通用着色技术：平面着色、Gouraud 着色和 Phong 着色。

6.9.1　平面着色和 Gouraud 着色

平面着色和 Gouraud 着色之间的主要区别在于：平面着色为每个面生成一个最终颜色，而 Gouraud 着色为每个顶点生成一个颜色，然后每个三角形内的颜色通过在光栅化阶段进行插值得到。出于这个原因，通常说，Gouraud 着色逐顶点计算物体的光照和颜色。图 6.21 给出了两个着色技术之间的差异。正如我们所见，Gouraud 着色隐藏了表面细分，产生令人愉快的平滑的视觉效果。这种插值效果非常重要，因为它可以帮助我们更少地观察到由于匹配条带 (Match Banding) 影响产生的表面不连续性。简要地来定义，Match Banding 由以下事实引起，即我们的感知往往会增强在边缘处感知的颜色差异。由于这个原因，Gouraud 着色不仅用于提供 3D 对象的光滑外观，而真正必要的则是希望减少组成对象的面的可见性。很显然，有时候想要清晰地可视化物体的面，在这种情况下，平面着色比 Gouraud 着色更有用。

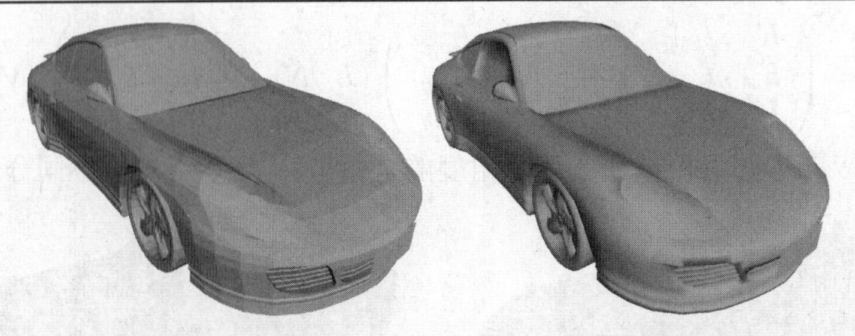

图 6.21 平面着色和 Gouraud 着色。正如所见，平面着色强调组成模型的面的感知

6.9.2 Phong 着色

首先，要提醒读者，不要混淆刚刚描述的 Phong 光照模型和 Phong 着色。Phong 光照模型是一个局部光照模型，Phong 着色是一种对 3D 场景计算得到的光照进行插值的方法。

Phong 着色是一种着色技术，包括沿物体表面计算光照的贡献，而不是只在顶点处。为了实现这一目标，从实际情况出发，应该在片元着色器中执行光照计算。以这种方式对每一个像素计算光照方程，因此这就是把光照计算称为逐像素，或者更确切地称为逐片元光照的原因。逐片元光照计算要求每个片元都知道透过片元可见的点处的表面法向量。为了计算法向量，在顶点着色器中声明一个变量，然后在光栅化阶段进行线性插值，从而得到每个像素的法向量。绘制效果如图 6.22 所示，相对于视口中像素总数，Gouraud 着色和 Phong 着色的视觉差异与视口中绘制的三角形数量密切相关。如果对象由许多三角形组成，以至于它们的平均屏幕大小大约为一个或两个像素，那么这两种着色技术的绘制效果看起来非常相似。

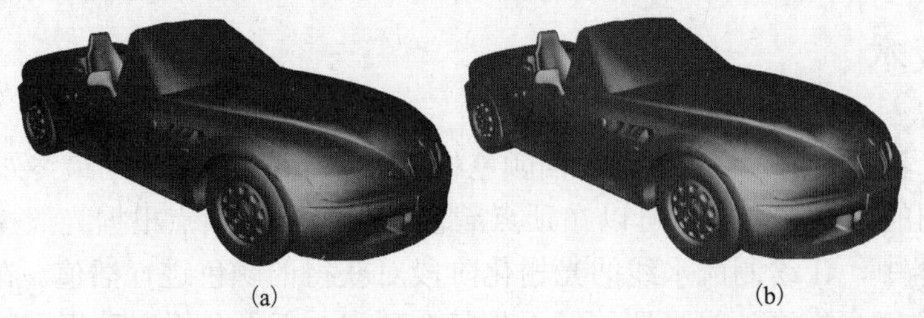

图 6.22 (参见彩插) (a) Gouraud 着色；(b) Phong 着色。请注意，由于稀疏的曲面细分，用 Phong 着色(逐像素)会使一些表面细节具有更好的外观

6.9.3 升级客户端：使用 Phong 光照

本章的最后一个客户端只包含一个着色模型更新。我们没有假设每种材料都是朗伯材料，而是使用 6.8 节介绍的 Phong 模型。相对于以前的客户端，唯一的变化是片元着色器计算每个光源贡献的方法(参见程序清单 6.13)。

```
74 vec3 phongShading( vec3 L, vec3 N, vec3 V, vec3 lightColor){\n\
75   vec3 mat_ambient = vambient.xyz;                         \n\
76   vec3 mat_diffuse = vdiffuse.xyz;                         \n\
77   vec3 mat_specular= vspecular.xyz;                        \n\
78                                                            \n\
79   vec3 ambient = mat_ambient*lightColor;                   \n\
80                                                            \n\
81   // diffuse component                                     \n\
82   float NdotL = max(0.0, dot(N, L));                       \n\
83   vec3 diffuse = (mat_diffuse * lightColor) * NdotL;       \n\
84                                                            \n\
```

```
85    // specular component                                    \n\
86    vec3 R = (2.0 * NdotL * N) - L;                          \n\
87    float RdotV = max(0.0, dot(R, V));                       \n\
88    float spec = pow(RdotV, vshininess.x);                   \n\
89    vec3 specular = (mat_specular * lightColor) * spec;      \n\
90    vec3 contribution =  ambient +diffuse +  specular;       \n\
91    return contribution;                                     \n\
92 }                                                           \n\
```

程序清单 6.13　片元着色器中计算 Phong 着色的函数(代码片段摘自 http://envymycar- book.com/chapter6/3/shaders.js)

6.10　高级反射模型

在上一节，已经看到了多年来一直作为参考标准的局部光照模型。随着采用顶点着色器和片元着色器对绘制流水线进行编程技术的出现，许多其他光照模型已经广泛用于不同材料的真实感绘制，如金属、编织物、头发等。接下来，简要描述一些模型，增加一些可供我们使用的表达工具。建议读者也尝试自己实现一些其他模型并进行实验。

6.10.1　Cook-Torrance 模型

我们知道，Phong 光照模型有一些限制。特别地，它不能为非塑性、非反射性材料生成逼真的外观，它主要是基于经验观察，而不是物理原理。

基于物理原理的第一个局部光照模型由 James Blinn 在 1977 年提出。实际上，Blinn 模型基于 Torrance 和 Sparrow 开发的反射物理模型。Torrance 和 Sparrow 反射模型假设对象表面由数千个微面片组成，这些微面片像小镜子一样，方向有些随机分布。以一个表面为例，在宏观层次上，微面片的分布决定了该表面的镜面反射行为。后来，Cook 和 Torrance[5]扩展了这个模型，重现了金属的反射行为。

Cook-Torrance 模型定义为

$$L_r = L_p \frac{DGF}{(\boldsymbol{N} \cdot \boldsymbol{L})(\boldsymbol{N} \cdot \boldsymbol{V})} \tag{6.60}$$

其中，分子的 F、D 和 G 是它的三个基本分量。

D 项对 Torrance 和 Sparrow 的微面片假设进行建模，称为粗糙度项。该项建模为 Spizzichino-Beckmann 分布

$$D = \frac{1}{m^2 \cos^4 \alpha} \exp^{\frac{-\tan \alpha}{m}} \tag{6.61}$$

其中，m 是微面片的平均斜率。

G 是几何项，对自阴影效应进行建模。参见图 6.23，可以注意到，微面片可以通过降低表面某点的辐射亮度(阴影效应)来创建自阴影效应，或通过降低射出辐射亮度(掩蔽效应)来阻断一些反射光。该项的计算公式为

$$G_1 = \frac{2(\boldsymbol{N} \cdot \boldsymbol{H})(\boldsymbol{N} \cdot \boldsymbol{V})}{(\boldsymbol{V} \cdot \boldsymbol{H})} \tag{6.62}$$

$$G_2 = \frac{(\boldsymbol{N} \cdot \boldsymbol{H})(\boldsymbol{N} \cdot \boldsymbol{L})}{(\boldsymbol{V} \cdot \boldsymbol{H})} \tag{6.63}$$

$$G = \min\{1, G_1, G_2\} \tag{6.64}$$

其中，G_1 产生掩蔽效应，G_2 产生阴影效应。

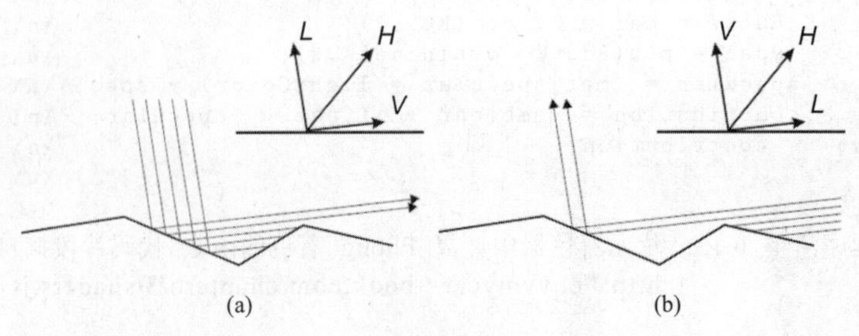

图 6.23　(a) 掩蔽效应；(b) 阴影效应

F 项是 Fresnel 项，考虑了 Fresnel 反射定律。Cook 和 Torrance 的最初工作是不同类型材料的 Fresnel 方程的重要信息来源。Fresnel 效应不仅取决于材料，还取决于入射光的波长/颜色。即使没有这种依赖关系，它的公式仍然相当复杂：

$$F = \frac{1}{2}\frac{(g-c)^2}{(g+c)^2}\left[1+\frac{(c(g+c)-1)^2}{(c(g-c)+1)^2}\right] \tag{6.65}$$

其中，$c=\sqrt{V \cdot H}$，$g=\sqrt{c^2+\eta^2-1}$，η 是材料的折射率。由于该式的复杂性，如果不需要高度逼真，通过下面的简化公式可以得到一个良好的近似：

$$F = \rho(1-\rho)(1-\boldsymbol{N}\cdot\boldsymbol{L})^5 \tag{6.66}$$

图 6.24 左上角的图像给出了如何用 Cook-Torrance 模型绘制对象的思想。可以看到，汽车似乎是由金属组成的。

图 6.24　用不同反射模型绘制的汽车。(a) Phong；(b) Cook-Torrance；(c) Oren-Nayar；(d) Minnaert

6.10.2　Oren-Nayar 模型

Oren 和 Nayar[32]提出该反射模型来改善朗伯材料的漫反射光分量的真实感。事实上，一些漫反射材料没有很好地用朗伯模型来描述，如黏土和一些编织物，表现出回归反射现象。回归反射是光线反射回光源方向的光学现象。在数学上，Oren-Nayar 模型定义为

$$L_r = k_D L_p(\boldsymbol{N}\cdot\boldsymbol{L})(A + BC\sin(\alpha)\tan(\beta)) \tag{6.67}$$

式(6.67)需要进一步的解释：α 是表面法向量与入射光之间的夹角，且 $\alpha = \arccos(\boldsymbol{N}\cdot\boldsymbol{L})$；$\beta$ 是法向量和观察方向之间的夹角，且 $\beta = \arccos(\boldsymbol{N}\cdot\boldsymbol{V})$；$A$ 和 B 是与表面粗糙度相关的参数，C 是光线向量 $\boldsymbol{L}$ 和观察向量 $\boldsymbol{V}$ 之间的方位角。

粗糙度通过假设表面的微面片模型来确定，在这种情况下也是如此，而粗糙度建模为平均值为零的高斯分布。因此，在这种情况下，粗糙度与 Gaussian(σ)的标准偏差有关。在此前提下，可以在 σ 的基础上计算参数 A 和 B

$$A = 1.0 - 0.5\frac{\sigma^2}{\sigma^2 + 0.33}, \quad B = 0.45\frac{\sigma^2}{\sigma^2 + 0.09} \tag{6.68}$$

计算由参数 C 表示的角度需要一些计算工作量。直观的计算方法是将光线和观察向量投影到与表面相切的平面上，然后恢复方位角。换句话说，必须进行以下计算：

$$C = \cos(\phi_V - \phi_L) = (L' \cdot V') \tag{6.69}$$

$$L' = \boldsymbol{L} - (\boldsymbol{L}\cdot\boldsymbol{N})\boldsymbol{N} \tag{6.70}$$

$$V' = \boldsymbol{V} - (\boldsymbol{V}\cdot\boldsymbol{N})\boldsymbol{N} \tag{6.71}$$

可以注意到，这是我们所描述的第一个反射模型，其中，反射光不仅取决于入射光的入射角，还取决于方位角。

6.10.3 Minnaert 模型

本章所介绍的最后一个局部光照模型是 1941 年由 Marcel Minnaert 提出的[30]。这个模型基本上是一个朗伯模型，但添加了一个暗化因子(Darkening Factor)，从而能够很好地描述某些材料的性能，如丝绒的反射行为或月亮的视觉效果。事实上，Minnaert 开发这样的光学模型，试着从光学观点来解释月亮的视觉外观。在数学上，它被定义为

$$L_r = \underbrace{k_D L_p(N\cdot L)}_{\text{漫反射}}\underbrace{((N\cdot L)^K(N\cdot V)^{K-1})}_{\text{暗化因子}} \tag{6.72}$$

其中，K 是用于调整材料外观的指数。为了与 Phong 光照模型的视觉效果进行比较，读者可参考图 6.24。

6.11 自测题

一般性题目

1．什么类型的几何变换也可以作用于法向量而不需要求逆矩阵和转置矩阵？
2．如果看一个金属勺的里面，会看到倒转的图像。不过，如果看一下勺子的背面则不会发生这种情况。为什么？如果勺的表面是漫反射的，会发生什么？
3．找出 Blinn-Phong 模型的 V 值与 L 值，使得它与 Phong 模型的结果完全相同。
4．考虑一个立方体并假设环境光分量为 0。需要多少个点光源以保证整个表面发亮？
5．通常，场景中所有元素的环境光系数都设置为相同值。讨论场景中环境光系数的

计算方法。提示：例如，深隧道内的环境光系数与开放空间中地面的环境光系数相同吗？

客户端题目

1. 通过设置光照和材料的属性修改 Phong 模型的客户端，给出清晨、白天、黄昏和夜晚的感觉。然后，使用计时器在这些设置之间进行循环，模拟每天自然光的变化。
2. 修改 Phong 模型的客户端，为它添加多个光源。由于它的非能量守恒性质，将会发生什么？如何解决这个问题？
3. 修改 Cook-Torrance 的客户端，并尝试实施逐顶点和逐像素的 Minnaert 光照模型。

第7章　纹　　理

目前，纹理映射是三维场景真实感绘制中使用最为广泛的技术。简言之，纹理映射是将二维图像应用于三维几何，如为赛车贴上贴图。本章将介绍纹理映射技术在虚拟世界中的实现方法。在赛车游戏的虚拟世界中，将利用纹理映射技术为多边形网络表示的赛车贴上光栅图像形式的贴图。

7.1　引言：是否需要纹理映射

假设希望对棋盘进行建模。如果采用纹理映射技术，可以首先利用 6 个四边形创建一个长方体，然后在正方体的顶面粘贴一张黑白相间颜色模式的图像，如图 7.1(b)所示。但是，不采用纹理映射技术也可以达到相同的效果：利用 5 个多边形构建侧面和底面，然后利用 64 个黑色和白色正方形来构建每一个棋盘方格，如图 7.1(a)所示。因此，理论上说纹理映射技术不是必需的。然而，在不采用纹理映射技术的情况下，必须通过修改几何模型，利用 8×8=64 个四边形表示一个个相同的小表面，替换掉单一四边形表示的表面，才能够实现颜色显示模式这一单一目标。在这种小规模的模型创建中，为了避免学习新的建模技术而耗费的计算代价还是可接受的。但是，对于一幅很小的图像，如 1024×1024，则需要增加 1 048 576 个新的四边形来修改几何模型，以确保图像的每一个像素对应一个四边形。

高效的建模需要使得纹理映射技术成为广泛使用的技术。此外，纹理映射还具有很多其他功能。仍以赛车贴图为例，通过纹理映射可以移动贴图或者改变贴图的大小，还可以为表面附加非颜色信息，如表面的法线等。

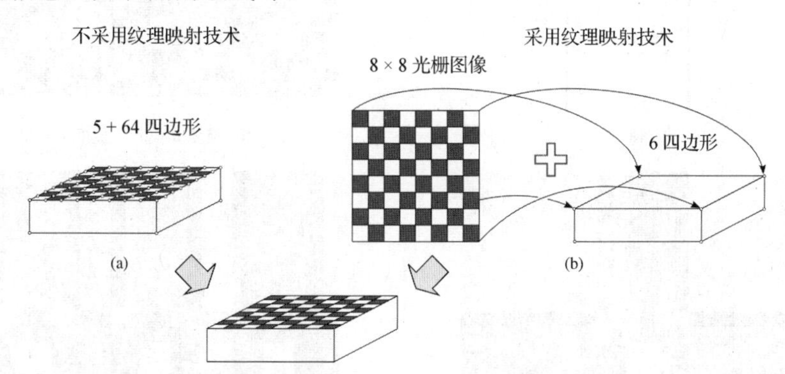

图 7.1　由 69 个具有颜色的四边形创建的棋盘和利用 6 个四边形附加 8×8 纹理创建的棋盘

7.2　基本概念

纹理是一个光栅图像，其像素称为纹素(纹理元素)。纹理中的位置通常称为纹理坐标或 UV 坐标。纹理坐标通过原点位于图像左下角的参考系统进行表示，坐标轴分别为$(sx, 0)$，

(0, sy)，因此纹理对应于(0,0)与(1,1)之间的矩形区域，称为纹理空间，如图 7.2(a)所示。纹理可能需要覆盖在三维表面上，从而定义了一个从二维纹理空间到三维表面的映射函数 M。函数 M 形式的确定和计算主要依赖于表面的表示方式，如多边形网格、隐式曲面、代数曲面等。以多边形网格为例，可以通过为几何模型的每个顶点分配一对纹理坐标来定义函数 M，多边形内部点的函数 M 可以通过对多边形顶点所分配的纹理坐标进行插值得到。纹理空间与多边形网格之间的匹配通常称为网格参数化(Mesh Parameterization)。网格参数化涉及内容广泛，将在 7.9 节进行简单介绍。本书将采用参数易于求取的简单示例，或者是使用已经指定参数化的多边形网格表面。对多边形网格参数化感兴趣的读者可以参考 Floater 等人的著作[12]。

如果纹理坐标的值超出纹理空间，如(–0.5, 1.2)，应该如何处理呢？下面，将简要介绍如何定义一个从$[-\infty,-\infty][+\infty,+\infty]$到$[0,1]^2$的完整映射来避免特殊情况，从而完成特定的操作。这种映射方式称为纹理环绕(Texture Wrapping)，通常分为截取(Clamp)和重复(Repeat)两种模式

$$\begin{aligned}\text{clamp}(x) &= \min(\max(0.0, x), 1.0)\\ \text{repeat}(x) &= x - \lfloor x \rfloor\end{aligned}$$

其中，x 是纹理坐标。图 7.2(a)展示了$[0,1]^2$区域外的纹理坐标值，图 7.2(b)，(c)，(d)分别展示了对纹理坐标两个分量全部使用重复模式、截取模式或者对 u 分量使用重复模式，v 分量使用截取模式的效果。

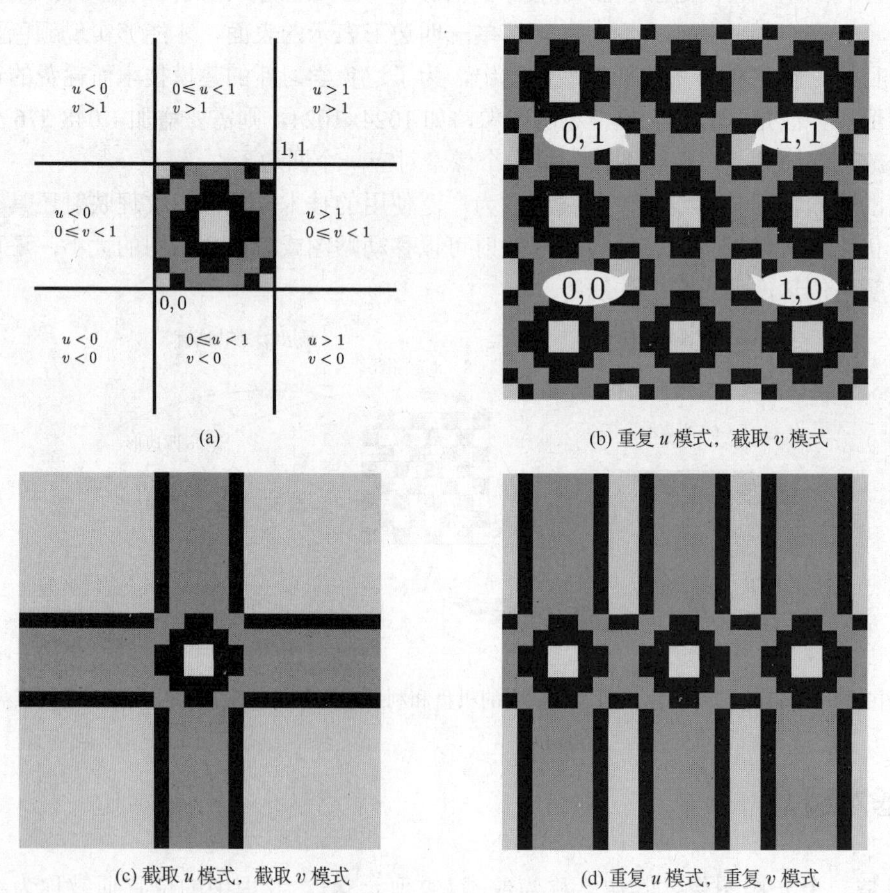

(a)

(b) 重复 u 模式，截取 v 模式

(c) 截取 u 模式，截取 v 模式

(d) 重复 u 模式，重复 v 模式

图 7.2 纹理坐标包装的典型方式。截取和重复

绘制流水线中的纹理

纹理映射功能的实现需要以下两个步骤：

1. 为每个顶点分配纹理坐标，然后通过插值获得每个片元的纹理坐标。这一步涉及几何变换&属性设置(GT&AS)阶段和光栅化阶段，将在7.4节进行详细介绍。
2. 利用每个片元的纹理坐标获取纹理的颜色，然后对片元进行绘制。

图7.3展示了绘制流水线中与纹理相关的操作具体的实施位置。

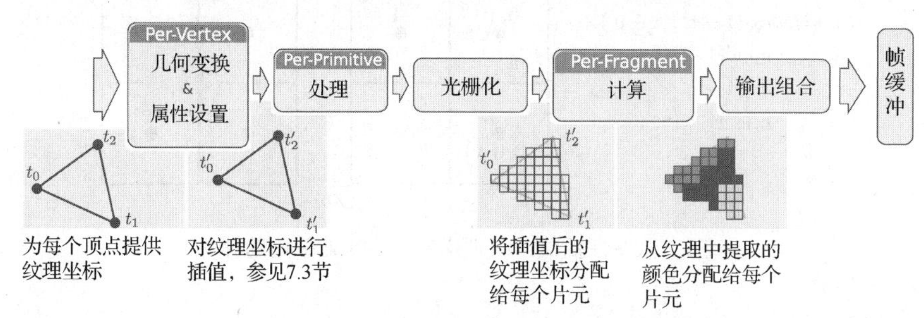

图7.3 绘制流水线中纹理相关的操作

7.3 纹理过滤：从片元纹理坐标到片元颜色

在确定了片元的纹理坐标，即纹理在纹理空间中的相应位置之后，应该如何选择正确的颜色呢？如果在一个像素和纹素都无限小的连续空间中，只需要根据相应的纹理坐标来选择颜色。但是，由于资源的限制，计算机处理的都是离散空间，所以像素与纹素无法一一对应。像素在纹理空间中的投影可能小于纹素对应的四边形，这种情况称为纹理放大效应；像素的投影也可能包含多个纹素，此时称为纹理缩小效应。如图7.4所示，无论哪种情况，都需要确定颜色与片元进行匹配的方法。

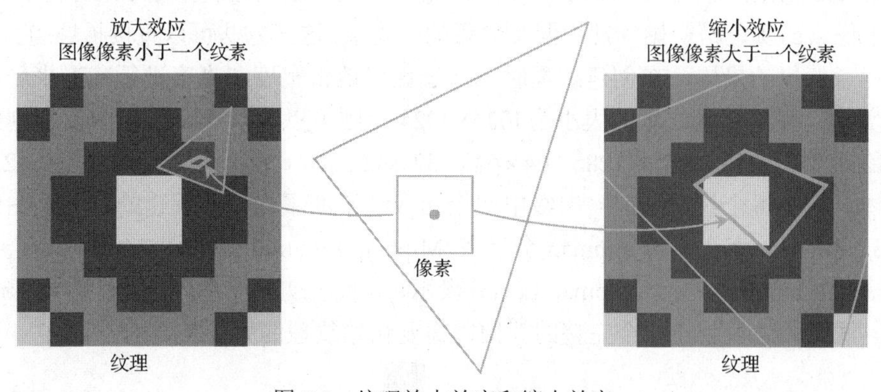

图7.4 纹理放大效应和缩小效应

7.3.1 纹理放大效应

纹理放大效应最直接的解决方式就是选择相应纹理坐标的纹素颜色，这种方法称为最近邻插值。显然，纹理放大得越多(像素的投影越小)，纹素的可见度越高。

此外，可以通过对四个相邻纹素的颜色进行线性插值来得到更平滑的结果。如图7.5所示，利用原点位于下一行纹素中心位置的局部坐标系来表示纹理坐标 $(u',v') \in [0,1]^2$ 。图 7.5(a)中的公式通过对四个纹素的颜色 c_{00}， c_{10}， c_{11} 和 c_{01} 进行插值而计算颜色 c，每个纹素的权重由其中点坐标决定。由于分别需要在 u 方向和 v 方向进行线性插值，因此这种方法称为双线性插值。图 7.5(b)展示了公式中使用的另一种几何插值方式，将一个假设的纹素置入纹理坐标中心，每个纹素的权重就是它与假设纹素的差值。虽然最近邻插值可以产生正确的图像，但是双线性插值却能得到更真实的效果。

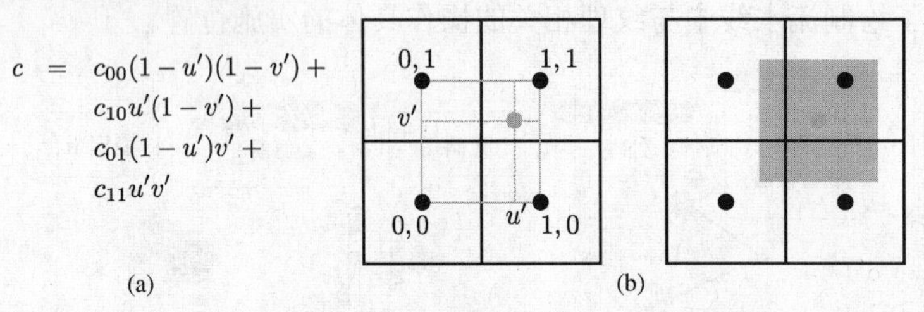

图 7.5 双线性插值。纹理坐标 (u',v') 处颜色的计算

7.3.2 多重映射的纹理缩小效应

纹理缩小效应是指像素在纹理空间的投影包含几个纹素的情况。在这种情况下，采用最近邻插值方法可能导致相邻的片元分别选择了相距较远的纹素颜色，这种纹理采样将没有任何意义。同样地，由于使用的是四个纹素为一组的稀疏采样，所以双线性插值是无意义的。

纹理缩小效应的解决方法是对像素投影所包含的纹素进行组合后分配给像素。如果按照这种方式进行计算，则需要多次访问纹理，确切地说，需要访问投影到视平面上的所有的纹素。多重映射(Mipmapping)技术能够以更高效的方式获得相同效果，mip 一词来源于拉丁语 multum in parvo，意为多个相同的个体。

如图 7.6 所示的理想情况，2×2 的四边形纹理正好投影在一个像素上。在这种情况下，可以赋予像素 4 个纹素的平均值。或者，也可以预先计算出由一个像素组成的纹理图像的变体，变体图像中像素的颜色是初始纹理中四个纹素的平均值。这一方法可以直接扩展为大小为 $n \times n$ 的纹理的任意情况的投影，在创建纹理时，通过迭代地将宽度和高度进行减半来创建同一纹理的不同变体。假如初始纹理的大小为 1024×1024，则可以为同一个纹理图像分别创建大小为 512×512， 256×256， 128×128， 64×64， 32×32， 16×16， 8×8， 4×4， 2×2 和 1×1 个纹素的变体，其中每个纹素是前一层级中四个相应纹素的平均值。创建的每一个图像就是一个 mipmap，mipmap 集合称为 mipmap 金字塔(Mipmap Pyramid)，如图 7.7 所示。金字塔中的每个 mipmap 由 mipmap 层次(Mipmap Level)表示，0 代表初始纹理，1 代表第一层 mipmap，以此类推。注意，为了创建一个完整的架构，需要初始纹理的大小是 2 的方幂。

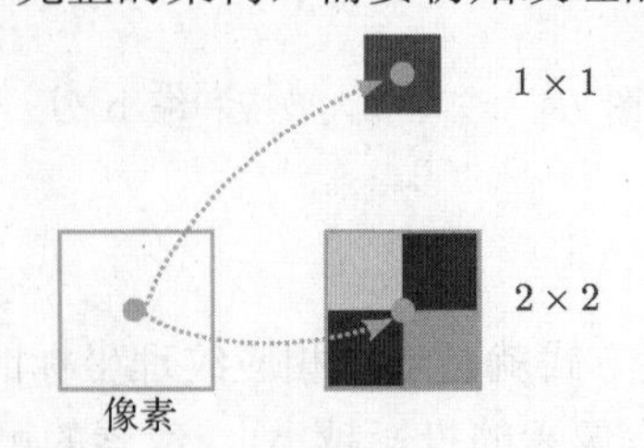

图 7.6 最简单形式的多重纹理示例。一个像素覆盖四个纹素，需要预先计算单纹素纹理，其颜色为四个纹素的均值

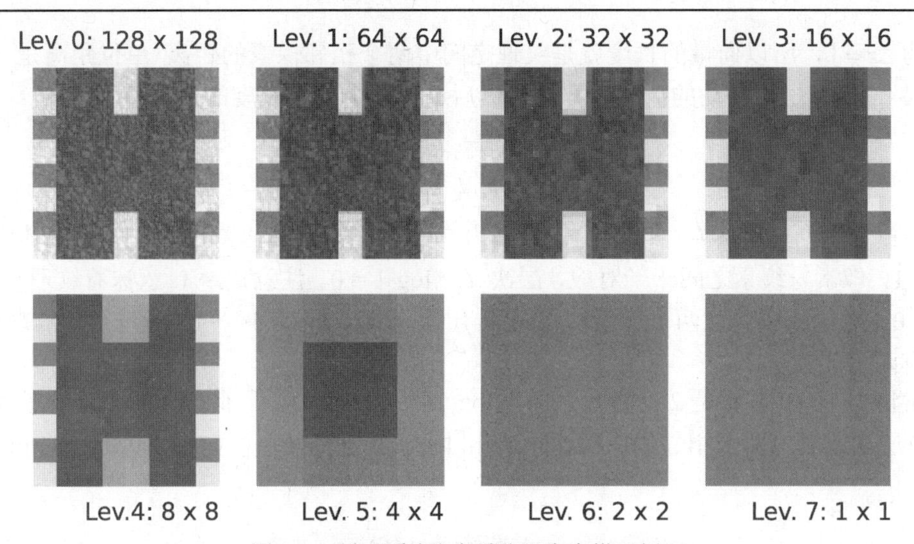

图 7.7 （参见彩插）多重纹理金字塔示例

选择合适的 mipmap 层次

从图 7.6 所示的理想情况中可以看出，最高的 mipmap 层次是正确的，像素到纹理空间的投影恰好与纹素相匹配。通常情况下，通过计算像素在纹理空间中的投影大小就可以确定每个片元的 mipmap 层。如果像素是 4 个纹素大小，mipmap 层次就是 1；如果像素是 16 个纹素大小，层次就是 2，以此类推。一般地，设 $\rho = \text{texel} / \text{pixel}$ 是像素所覆盖的纹素数量，mipmap 层次为 $L = \log_2 \rho$ 。

为了计算 ρ，可以将像素的四个角投影于纹理空间，然后计算相应四边形的面积。但是这种方法的计算开销很大。此外，还可以利用图形 API 计算 ρ 的近似值。图 7.8 给出了坐标为 $(x,y)^{\mathrm{T}}$ 的像素及其在纹理空间的投影 (u,v) 。简单起见，将 (u,v) 表示为纹素 $([0,0]\times[sx,sy])$ 的形式，而不是标准纹理坐标 $([0,0]\times[1,1])$ 的形式。通过计算下式可知，在屏幕空间中沿着 x 坐标移动时纹理坐标的变化值。

$$\begin{pmatrix} \frac{\partial u}{\partial x} \\ \frac{\partial v}{\partial x} \end{pmatrix} = \begin{pmatrix} \frac{u(x+\Delta x,y)-u(x,y)}{\Delta x} \\ \frac{v(x+\Delta x,y)-v(x,y)}{\Delta x} \end{pmatrix}$$

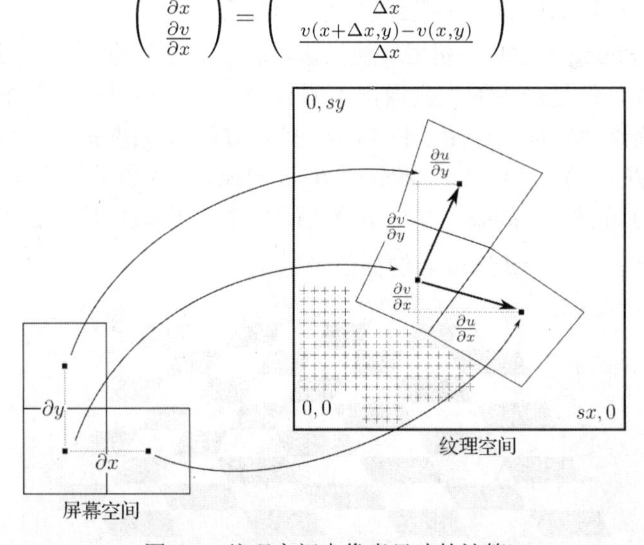

图 7.8 纹理空间中像素尺寸的计算

因为 $\Delta x = 1$，所以向量的长度就是纹理空间中两个相邻像素的距离(单位距离是一个像素的大小)。沿着 y 坐标移动的情形也一样，然后选择两个向量长度的最大值

$$\rho = \max\left(\left\|\begin{bmatrix} \frac{\partial u}{\partial x} \\ \frac{\partial v}{\partial x} \end{bmatrix}\right\|, \left\|\begin{bmatrix} \frac{\partial u}{\partial y} \\ \frac{\partial v}{\partial y} \end{bmatrix}\right\|\right)$$

例如，$\rho = 16$，层次 $L = \log_2 16 = 4$，这并不代表像素分别在 x 和 y 方向包含 16 个纹素。如果 $\rho = 1$，像素与纹素之间一一对应，层次 $L = \log_2 1 = 0$。注意，$\rho < 1$ 意味着纹理放大效应，例如 $\rho = 0.5$ 表示纹素包含两个像素，mipmap 层次为 $L = \log_2 0.5 = -1$，所以初始纹理在 x 和 y 方向具有两倍的分辨率。

通常情况下，ρ 并不是 2 的方幂，所以 $\log_2 \rho$ 不是一个整数。此时，可以选择使用最近的(nearest)层次或者对两个相邻的层次 $(\lfloor \log_2 \rho \rfloor, \lceil \log_2 \rho \rceil)$ 进行插值，如图 7.9 所示的 mipmap 示例。

图 7.9 (参见彩插)mipmap 效果。图中使用不同的颜色来展示每个片元的 mipmap 层次

7.4 透视校正插值：从顶点纹理坐标到片元纹理坐标

之前曾经介绍过，通过对顶点属性进行线性插值获取片元的颜色或法线的方法。那么，将 UV 纹理坐标作为顶点属性，是否有助于问题的求解呢？遗憾的是，问题因此反而更加复杂。在棋盘格纹理示例中，如果对纹理坐标进行线性插值，然后使用透视投影(详见 4.6.2.2 节)，将得到图 7.10 所示的结果。原因在于透视投影无法保持距离的比例(详见 4.6.2.2 节)。也就是说，一条线段的透视投影的中点并不是线段中点的投影。读者可能会产生疑问，这是否意味着在 Gourad 着色和 Phong 着色中，利用透视投影对颜色或法线进行线性插值也将产生错误的结果。答案是肯定的，但是产生的失真通常不明显。下面，将以一个简单的二维模型为例，计算给定片元的正确纹理坐标。如图 7.11 所示，线段 $a'b'$ 是线段 ab 在投影平面上的投影，点 $p' = \alpha' a' + \beta' b', \alpha' + \beta' = 1$ 是点 $p = \alpha a + \beta b, \alpha + \beta = 1$ 的投影。线段的顶点 (a, b) 分别赋予值为 0 和 1 的纹理坐标。但问题是，如果已知点 p' 的插值坐标，应该如何找到正确的纹理坐标，使得纹理坐标恰好是点 p 相对于线段端点的插值坐标。

图 7.10 透视投影和线性插值导致纹理映射的错误结果

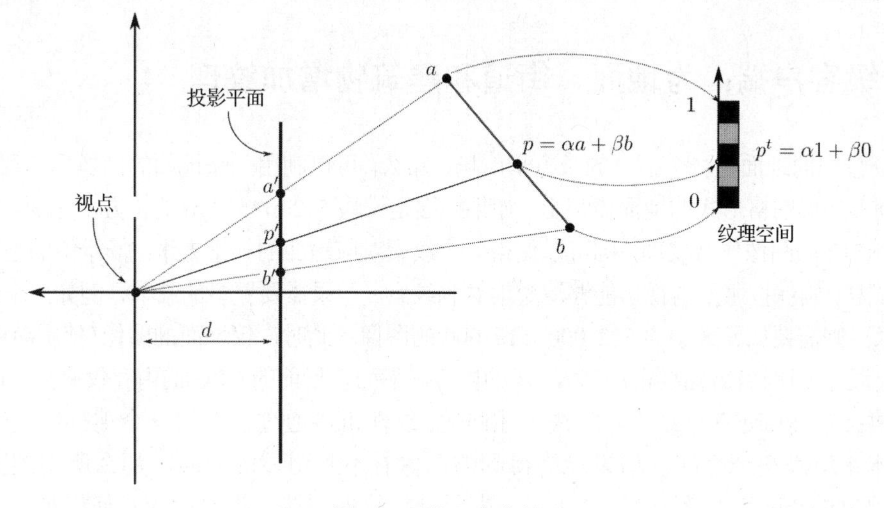

图 7.11 获取完美投影

使用齐次坐标，并且将 a' 替换为 $\dfrac{a}{a_z/d}$，b' 替换为 $\dfrac{b}{b_z/d}$，可得

$$p'=\begin{pmatrix}\alpha'a'+\beta'b'\\1\end{pmatrix}=\begin{pmatrix}\alpha'\frac{a}{a_z/d}+\beta'\frac{b}{b_z/d}\\1\end{pmatrix}=\begin{pmatrix}\frac{\alpha'}{w_a}a+\frac{\beta'}{w_b}b\\1\end{pmatrix}$$

其中，w_a 为 a_z/d，w_b 为 b_z/d。根据以前知识有 $\begin{pmatrix}a\\1\end{pmatrix}=\begin{pmatrix}aw\\w\end{pmatrix},\forall w\neq 0$。点 p' 与任何非零值相乘，总可以得到沿着视点与 p' 所定义的直线上所有的点，也就是投影到同一点 p' 的所有的点。将 p' 与 $\dfrac{1}{\frac{a'}{w_a}+\frac{\beta'}{w_b}}$ 相乘可得

$$p'=\begin{pmatrix}\frac{\alpha'}{W_a}a+\frac{\beta'}{W_b}b\\1\end{pmatrix}\frac{1}{\frac{\alpha'}{w_a}+\frac{\beta'}{w_b}}=\begin{pmatrix}\frac{\frac{\alpha'}{w_a}}{\frac{\alpha'}{w_a}+\frac{\beta'}{w_b}}a+\frac{\frac{\beta'}{w_b}}{\frac{\alpha'}{w_a}+\frac{\beta'}{w_b}}b\\\frac{1}{\frac{\alpha'}{w_a}+\frac{\beta'}{w_b}}\end{pmatrix}$$

注意，与 a 和 b 相乘的项的和为 1，说明点位于线段 $\overline{ab}$ 上。而且，通过构造，对于直线 L 上的点 p，这两个项则是点 p 的质心坐标，也就是所求纹理坐标的别名。

$$t_{p'}=\frac{\alpha'\frac{t_a}{w_a}+\beta'\frac{t_b}{w_b}}{\alpha'\frac{1}{w_a}+\beta'\frac{1}{w_b}}$$

上式还可以写为如下形式：

$$t_{p'}=\alpha'\begin{bmatrix}t_a\\1\end{bmatrix}+\beta'\begin{bmatrix}t_b\\1\end{bmatrix}=\alpha'\begin{bmatrix}t_a/w_a\\1/w_a\end{bmatrix}+\beta'\begin{bmatrix}t_b/w_b\\1/w_b\end{bmatrix}$$

这个公式称为双曲线插值(Hyperbolic Interpolation)。公式可以直接扩展为 n 个值的插值，因此可以得到透视正确的三角形属性插值的计算规则。以三角形 (a,b,c) 为例，其纹理坐标为 t_a，t_b，t_c，以及位于点 $p'=\alpha'a+\beta'b+\gamma'c$ 的片元。p' 的纹理坐标的计算公式如下所示：

$$t_{p'}=\frac{\alpha'\frac{t_a}{w_a}+\beta'\frac{t_b}{w_b}+\gamma'\frac{t_c}{w_c}}{\alpha'\frac{1}{w_a}+\beta'\frac{1}{w_b}+\gamma'\frac{1}{w_c}}\tag{7.1}$$

7.5 升级客户端：为地面、街道和建筑物增加纹理

假设场景中的地面是一个巨大的长方形广场，那么，可以利用一张地面的图像作为纹理，然后将其映射到多边形网格形式的地面模型上。如果地面是一块 512 m×512 m 的正方形平面，那么使用大小为 512×512 的图像作为纹理，则可以使得一个纹素对应地面的一平方米。场景中的地面不能类似于草地，需要确保按照车内视角能够清楚地看到纹素。如果需要更多的细节，例如一个纹素覆盖一平方厘米，则需要像素大小为 512 000×512 000 的图像。此时，仅地面的图像(使用简单的 RGB 模型，每个通道 8 比特)就需要占用 786 GB 的内存。然而，目前的 CPU 的内存仅有数 GB 而已。

纹理拼接(Texture Tiling)可以解决上述问题。纹理拼接通过一个挨一个地摆放同一个图像的多个副本来填满整个空间。如果最终得到的图像看不到明显的间断，那么所用的图像就称为可拼接的(Tileable)，如图 7.12(a)所示。为了进行纹理拼接，需要改变几何模型，将对应于整个地面的大四边形转换为 1000×1000 个小四边形。更高效的方式是在两个坐标方向上都使用重复模式的纹理环绕，然后分配纹理坐标 (0,0)，(512,0)，(512,512)，(0,512)。

(a) (b)

图 7.12 (a)可平铺图像和图像 9 个副本的拼接结果；(b)不可拼接图像。高亮的边界用于表示边界的一致性(或者一致性缺失)

下面，将为客户端增加一个函数用于创建纹理，如程序清单 7.1 所示。

```
12 NVMCClient.createTexture = function (gl, data) {
13   var texture = gl.createTexture();
14   texture.image = new Image();
15
16   var that = texture;
17   texture.image.onload = function () {
18     gl.bindTexture(gl.TEXTURE_2D, that);
19     gl.pixelStorei(gl.UNPACK_FLIP_Y_WEBGL, true);
20     gl.texImage2D(gl.TEXTURE_2D, 0, gl.RGBA, gl.RGBA, gl.↩
         UNSIGNED_BYTE, that.image);
21     gl.texParameteri(gl.TEXTURE_2D, gl.TEXTURE_MAG_FILTER, gl.↩
         LINEAR);
22     gl.texParameteri(gl.TEXTURE_2D, gl.TEXTURE_MIN_FILTER, gl.↩
         LINEAR_MIPMAP_LINEAR);
23     gl.texParameteri(gl.TEXTURE_2D, gl.TEXTURE_WRAP_S, gl.REPEAT↩
         );
24     gl.texParameteri(gl.TEXTURE_2D, gl.TEXTURE_WRAP_T, gl.REPEAT↩
         );
25     gl.generateMipmap(gl.TEXTURE_2D);
26     gl.bindTexture(gl.TEXTURE_2D, null);
27   };
28
29   texture.image.src = data;
30   return texture;
31 }
```

程序清单 7.1 创建纹理(代码片段摘自 http://envymycarbook.com/chapter7/0/0.js)

第 13 行使用 WebGL 命令 createTexture( ) 创建了一个 WebGL 纹理对象，并且为纹理对象增加了一个 JavaScript 图像对象 Image 作为成员，同时给出了纹理加载的路径。第 17 行至第 27 行设置了加载图像时，创建纹理的方式。

创建纹理首先需要将纹理与纹理目标(Texture Target)进行绑定。纹理目标指明了后续调用所使用的纹理。目前所用的纹理都是二维图像，但实际上 WebGL 还包含多种其他类型的纹理。例如，由一行像素组成的纹理 gl.TEXTURE_1D，由二维纹理叠加形成的纹理 gl. TEXTURE_3D。

第 18 行中的函数调用创建了纹理 gl. TEXTURE_2D。第 20 行将硬盘中的 JavaScript 图像与纹理进行关联，这也是在图像存储器中生成图像的位置。gl. TEXTURE_2D 的第 1 个参数是纹理目标(后续调用也以此为目标)。第 2 个参数是纹理的层次(Level)，0 代表原始图像，$i=1\cdots\log(\text{size})$ 为多重映射的第 i 层次。

第 3 个参数给出了纹理在图像存储器中的存储方式，即每个纹理有 4 个通道 gl. RGBA。第 4 个参数和第 5 个参数指明了图像(即第 6 个参数)的读取方式，gl. RGBA 表示图像有 4 个通道，gl.UNSIGNED_BYTE 表示每个通道的编码方式为无符号字节码(0…255)。

第 21 行指定了在纹理放大效应下的采样方式(线性插值)，第 22 行指定纹理缩小效应下的采样方式。纹理缩小效应下将忽略参数 gl. LINEAR_MIMAP_LINEAR，参数表示纹理必须在同一层次内进行线性插值，多重映射层之间也应该进行线性插值。请读者通过改变 gl. LINEAR_MIMAP_NEAREST 的值比较其中的差别。第 23 行和第 24 行指定了两个坐标方向的环绕模式都是 gl.REPEAT。第 26 行，WebGL 生成了多重映射金字塔。函数 gl.bindTexture(gl. TEXTURE_2D, null)的调用将纹理与纹理目标之间进行绑定解除(Unbind)。虽然这一设置不是必要的，但是任何使用 gl.TEXTURE_2D 修改纹理参数的函数都将影响所创建的纹理。所以强烈建议读者最后将每个纹理参数都设置为绑定解除。

下面，将在 oninitialize 函数中添加程序清单 7.2 所示的代码段，以创建四个纹理：地面、街道、建筑物表面以及房顶的纹理。

```
398    NVMCClient.texture_street = this.createTexture(gl, ↩
           ../../../media/textures/street4.png);
399    NVMCClient.texture_ground = this.createTexture(gl, ↩
           ../../../media/textures/grass.png);
400    NVMCClient.texture_facade = this.createTexture(gl, ↩
           ../../../media/textures/facade.png);
```

程序清单 7.2　从文件中加载图像并创建纹理(代码片段摘自 http://envymycarbook. com/chapter7/0/0.js)

在着色程序中访问纹理

以上介绍了创建纹理对象的方法。下面将介绍如何在着色器中利用纹理映射单元(Texture Mapping Unit)或称为纹理单元(Texture Unit)来处理纹理。纹理单元与顶点着色器和片元着色器协同工作，依据纹理对象设定的参数访问纹理。程序清单 7.3 给出了处理纹理的顶点着色器和片元着色器。顶点着色器沿着纹理坐标进行处理，处理方式与其对位置的处理方式一样，片元着色器也采用相同的方式。

```
2    var vertex_shader = "\
3      uniform   mat4 uModelViewMatrix;  \n\
4      uniform   mat4 uProjectionMatrix; \n\
5      attribute vec3 aPosition;         \n\
6      attribute vec2 aTextureCoords;    \n\
7      varying vec2 vTextureCoords;      \n\
```

```
8      void main(void)                         \n\
9      {                                       \n\
10       vTextureCoords = aTextureCoords;       \n\
11       gl_Position = uProjectionMatrix *      \n\
12       uModelViewMatrix * vec4(aPosition, 1.0);\n\
13     }";
14   var fragment_shader = "\
15     precision highp float;              \n\
16     uniform sampler2D uTexture;         \n\
17     uniform vec4 uColor;                \n\
18     varying vec2 vTextureCoords;        \n\
19     void main(void)                     \n\
20     {                                   \n\
21       gl_FragColor = texture2D(uTexture, vTextureCoords); \n\
22     } ";
```

程序清单 7.3 用于纹理映射的最简单顶点和片元着色器(代码片段摘自 http://envymycarbook. com/chapter7/0/shaders.js)

第 16 行声明了类型为 sampler2D 的二维全局变量 uTexture，作为纹理单元的引用(uTexture)，纹理单元将对二维纹理进行采样。第 21 行对纹理单元 uTexture 绑定的坐标为 vTextureCoords 的 gl.TEXTURE_2D 纹理数据进行访问。纹理单元利用 0 到 MAX_TEXTURE_IMAGE_UNITS(硬件相关值，可以调用函数 gl.getParameter 得到)之间的数值进行索引。JavaScript 端或者客户端需要完成两件工作：将纹理绑定到纹理单元，然后将纹理单元的索引传递给着色器。程序清单 7.4 给出了上述步骤的实现过程。第 318 行将纹理单元 0 设为当前活跃纹理单元；第 319 行将纹理 this.texture_ground 绑定到纹理目标 gl.Texture_2D。这样，纹理单元 0 现在可以对纹理 this. Texture_ground 进行采样。最后，第 320 行将 uTexture 设为 0。

```
318    gl.activeTexture(gl.TEXTURE0);
319    gl.bindTexture(gl.TEXTURE_2D, this.texture_ground);
320    gl.uniform1i(this.textureShader.uTextureLocation, 0);
```

程序清单 7.4 纹理访问设置(代码片段摘自 http://envymycarbook.com/chapter7/0/0.js)

图 7.13 展示了将纹理应用于场景元素后的客户端绘制效果。

图 7.13 (参见彩插)基础纹理映射(参见客户端 http://envymycarbook.com/chapter7/0/0.html)

7.6 升级客户端：添加后视镜

通过纹理映射技术添加后视镜就是将静态图片(如源于硬盘或网络)转换为每一帧的绘制结果。其中棘手的问题是如何生成图像并放到后视镜上。

第 6 章曾经介绍，完美反射表面的入射光将沿着镜像方向，即曲面法线的对称方向进行反射。也就是说，在图 7.14 中，从赛车手的视角框架 V 看到的后视镜中的图像，与从视角框架 V'所看到的图像相同，V' 是 V 相对于后视镜所在 xy 平面的镜像面。镜子是赛车的组成部分，那么其四个角可以利用赛车框架进行表示。假设后视镜的点已经添加于赛车框架中，则 $p_i: i=0\cdots3$ 采用的是世界坐标。此时，假设框架 V 也采用世界坐标。为了获得相对于后视镜平面的镜像框架，首先需要创建一个 xy 平面包含后视镜的任意框架 M。例如，可以将 p_0 作为原点，$\frac{(p_1-p_0)}{\|p_1-p_0\|}$ 和 $\frac{(p_3-p_0)}{\|p_3-p_0\|}$ 分别为 x 轴和 y 轴，$x\times y$ 为 z 轴，那么，镜像框架的公式为

$$V' = MZ_mM^{-1}V$$

也就是在框架 M 的坐标系中表示框架 V，然后镜像 z 分量，最后将其表示为世界坐标。

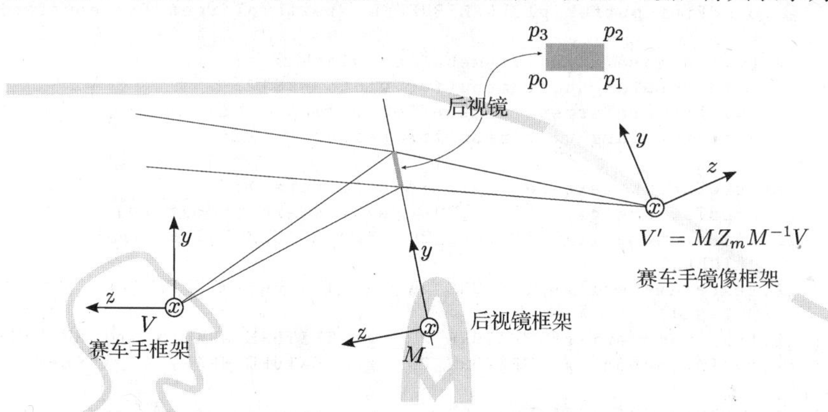

图 7.14 通过基于后视镜所在平面镜像视框架获得后视镜的示意图

然后，以 V' 为视角框架绘制场景，并将绘制结果作为纹理，映射到后视镜的多边形网格上。注意，不需要将全部图像都映射到多边形上，只需要映射穿过镜子的截头锥体部分。映射过程需要使用纹理坐标，这通过利用顶点 p_i 在观察窗口的投影来为其分配纹理坐标实现

$$t_i = \boldsymbol{T}\ \boldsymbol{P}\ V'p_i$$

其中，$\boldsymbol{P}$ 是投影矩阵，$\boldsymbol{T}$ 是将坐标 NDC$[-1,1]^3$ 映射到纹理空间 $[0,1]^3$ 的矩阵，详细内容请参考 7.7.5 节。注意，实际只是需要结果的前两项。

绘制到纹理(RTT)

绘制到纹理是一种可以进行离屏绘制(off-screen)的方式。离屏绘制是指将渲染的结果进行存储，而不是显示于屏幕上。

程序清单 7.5 为客户端增加了一个新函数用于创建替代性(Alternative)帧缓存。第 41 行调用的 gl.bindFrameBuffer (gl.FRAMEBUFFER, null) 函数清楚地指明 WebGL 需要在何处重定向

光栅化的结果。默认值(Null)表示采用屏幕帧缓存，此外也可以创建一个新的帧缓存。下面，将首先将介绍如何创建帧缓存对象。程序清单 7.5 第 13 行创建了一个 TextureTarget 对象，这是一个帧缓存及其纹理的简单容器。第 14 行创建了一个 WebGL 对象 framebuffer，然后将其设置为当前的输出缓存，以及后续操作的目标。第 17 行到 20 行设置像素的大小。第 36 行为帧缓存分配关联颜色(Color Attachment)，即写入颜色的缓存器。此时，关联颜色就是在第 22 行到第 30 行创建的纹理。也就是说，新的帧缓存通道以及位平面是由纹理 textureTarget. texture 来定义的。如果帧缓存是当前的活动缓存，那么这个纹理就作为输出缓存。但这个纹理一般用于显示后视镜中的图像。需要特别注意，当帧缓存用于绘制的时候，其关联颜色不能绑定为纹理目标。这经常造成程序错误，换句话说，不能同时读和写一个纹理。

```
 6 NVMCClient.rearMirrorTextureTarget = null;
 7 TextureTarget = function () {
 8   this.framebuffer = null;
 9   this.texture = null;
10 };
11
12 NVMCClient.prepareRenderToTextureFrameBuffer = function (gl, ↩
      generateMipmap, w, h) {
13   var textureTarget = new TextureTarget();
14   textureTarget.framebuffer = gl.createFramebuffer();
15   gl.bindFramebuffer(gl.FRAMEBUFFER, textureTarget.framebuffer);
16
17   if (w) textureTarget.framebuffer.width = w;
18   else textureTarget.framebuffer.width = 512;
19   if (h) textureTarget.framebuffer.height = h;
20   else textureTarget.framebuffer.height = 512;;
21
22   textureTarget.texture = gl.createTexture();
23   gl.bindTexture(gl.TEXTURE_2D, textureTarget.texture);
24   gl.texParameteri(gl.TEXTURE_2D, gl.TEXTURE_MAG_FILTER, gl.↩
        LINEAR);
25   gl.texParameteri(gl.TEXTURE_2D, gl.TEXTURE_MIN_FILTER, gl.↩
        LINEAR);
26   gl.texParameteri(gl.TEXTURE_2D, gl.TEXTURE_WRAP_S, gl.REPEAT);
27   gl.texParameteri(gl.TEXTURE_2D, gl.TEXTURE_WRAP_T, gl.REPEAT);
28
29   gl.texImage2D(gl.TEXTURE_2D, 0, gl.RGBA, textureTarget.↩
        framebuffer.width, textureTarget.framebuffer.height, 0, gl↩
        .RGBA, gl.UNSIGNED_BYTE, null);
30   if (generateMipmap) gl.generateMipmap(gl.TEXTURE_2D);
31
32   var renderbuffer = gl.createRenderbuffer();
33   gl.bindRenderbuffer(gl.RENDERBUFFER, renderbuffer);
34   gl.renderbufferStorage(gl.RENDERBUFFER, gl.DEPTH_COMPONENT16, ↩
        textureTarget.framebuffer.width, textureTarget.framebuffer↩
        .height);
35
36   gl.framebufferTexture2D(gl.FRAMEBUFFER, gl.COLOR_ATTACHMENT0, ↩
        gl.TEXTURE_2D, textureTarget.texture, 0);
37   gl.framebufferRenderbuffer(gl.FRAMEBUFFER, gl.DEPTH_ATTACHMENT↩
        , gl.RENDERBUFFER, renderbuffer);
38
39   gl.bindTexture(gl.TEXTURE_2D, null);
40   gl.bindRenderbuffer(gl.RENDERBUFFER, null);
41   gl.bindFramebuffer(gl.FRAMEBUFFER, null);
42
43   return textureTarget;
44 }
```

程序清单 7.5　创建一个新的帧缓存(代码片段摘自 http://envymycarbook.com/chapter7/1/1.js)

第 37 行将缓存器指定为深度缓存器。首次出现的 renderbuffer 对象是另一种类型的缓存器。renderbuffer 对象与纹理类似，但更加通用，其中的数据并不要求必须是 gl_FragColor 的输出，如模板或者深度缓存。第 34 行的函数调用表明实际的存储值是 16 比特的深度值。注意，即使没有指定深度，也可以创建以及使用帧缓存。例如，不需要进行深度测试的特定的绘制效果。最后，将 TextureTarget 作为函数的返回值。

图 7.15 展示的是以驾驶员视角在后视镜中看到的场景。

图 7.15 (参见彩插)对后视镜进行纹理绘制的效果(参见客户端 http://envymycarbook.com/chapter7/1/1.html)

7.7 纹理坐标生成以及环境映射

至此，已经介绍了如何将图像粘贴到几何图形上。但是，利用目前的技术还可以完成更多的任务。例如，可以通过改变每一帧的纹理坐标实现平板上的标志滚动。这仅是一个极简单的例子，其含义在于，如果纹理坐标是特定参数(例如时间)的函数，而且对于纹理内容没有更多的限制，那么纹理可以成为真实感绘制的有效工具。

环境映射(Environment Mapping)是用于绘制三维场景中周围环境反射的纹理映射。环境映射是一个宽泛的概念，因为没有明确指出周围环境是否有别于三维场景或者是否是场景的一部分。在一些常用的技术中，环境是以纹理形式存储的图像。

7.7.1 球体映射

如果使用照相机对完美反射的球体进行拍摄，将得到除球体背面以外的周围环境的照片，如图 7.16(a)所示。假设照片拍摄于无限远的距离处，那么投影是正交的，如图 7.16(b)所示。此时，可以在视线的反射方向(蓝色绘制)与环境图像之间建立起一一对应的关系。球体映射思想是：将图像作为纹理，将上述对应关系用于普通对象，然后计算作为反射光线的函数的纹理坐标。平行反射光线将总是映射为相同的纹理坐标，无论之间相距多远，这是由球体映射所造成的近似误差。平行光线之间的距离相对于反射环境的距离越短，误差越不明显。如果反射环境趋于无限远，或者球体和物体趋于无限小，近似误差将趋于 0。

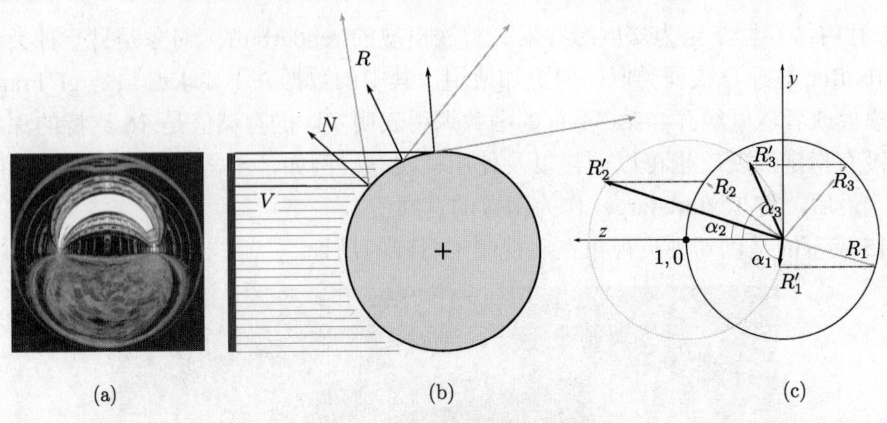

图 7.16 (a)球体贴图示例；(b)通过拍摄球体反射的正交图像创建球体图；(c)反射光线到纹理空间的映射

7.7.1.1 纹理坐标的计算

图 7.16(c)展示了二维场景中反射光线到纹理空间的映射。给定归一化的光线 $R=(y,z)$, $R=(y,z+1)$ 与 z 轴形成角 α。纹理坐标 $t=\dfrac{\sin(\alpha)}{2}+\dfrac{1}{2}$，通过简单的除法和加法运算可以将$[-1,1]$映射为典型纹理空间$[0,1]$。将 $\sin(\alpha)$ 写为 R 的形式，将得到如下的参考书中常见的公式：

$$s = \frac{R_x}{2\sqrt{R_x^2+R_y^2+(R_z+1)^2}}+\frac{1}{2}$$

$$t = \frac{R_y}{2\sqrt{R_x^2+R_y^2+(R_z+1)^2}}+\frac{1}{2}$$

7.7.1.2 局限性

除了上述近似性问题，由于球体映射依赖于视点，球体映射仅对创建球体的视点有效。此外，纹理数据并不是对环境的均匀采样，而是在中心密集，在边缘稀疏。在实际实现中，由于曲面上的邻点可能对应于距离较远的纹理坐标，因此物体表面的曲面细分将容易导致球体映射在边缘位置产生失真(Artifact)，如图 7.17 所示。

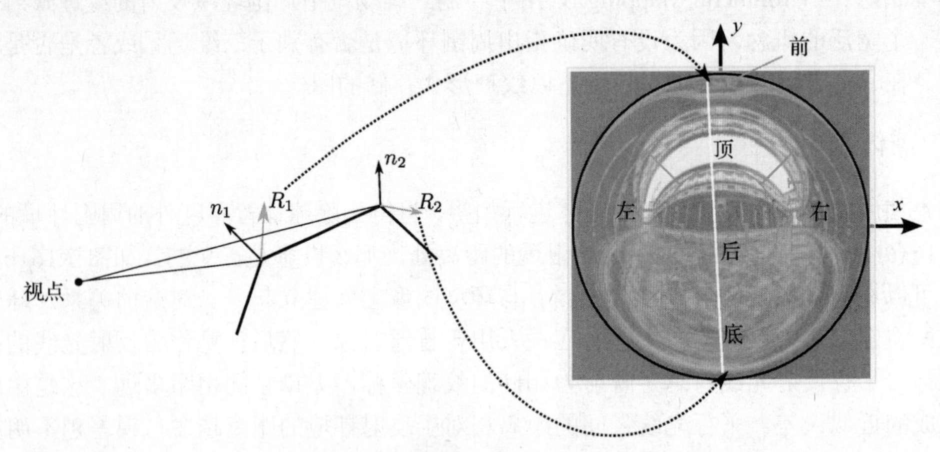

图 7.17 球体映射产生的典型失真

7.7.2 立方体映射

与球体映射一样，立方体映射也是基于映射环境为无限远的假设，并且在反射光线和纹理坐标之间建立对应关系。

假设在场景的中间位置放置一个理想的立方体，然后分别沿着三条轴线的两个方向(参见图 7.18)从立方体的中心拍摄将得到 6 张照片。每张照片的视窗与立方体的相关面完全匹配。立方体包含了全部的环境。图 7.18(b)展示了立方体的创建，其中每一个正方形都是立方体的一个面。

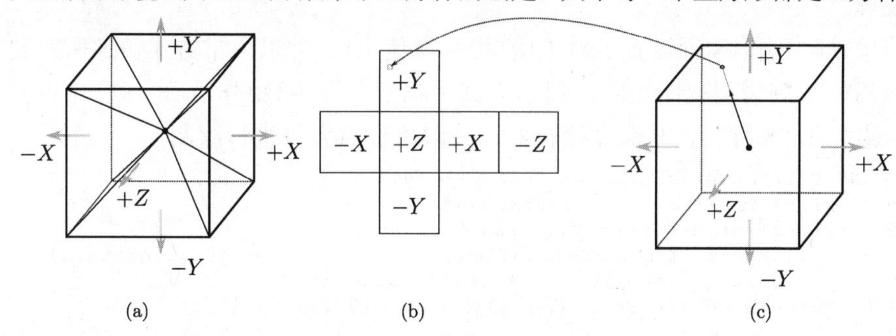

图 7.18 (a)立方体中间位置拍摄的 6 张图像；(b)立方体映射：立方体展开为 6 个正方形平面图像；(c)在一个方向上的纹理坐标映射

纹理坐标计算

在立方体映射中，反射方向到纹理贴图的映射非常直观，就是求取源于立方体中心的反射光线的延长方向与立方体的交，这里的纹理贴图称为立方体贴图(Cube Map)。求解公式如下所示：

$$\begin{aligned} s &= \frac{1}{2}\frac{R_1}{R_{\max}+1} \\ t &= \frac{1}{2}\frac{R_2}{R_{\max}+1} \end{aligned} \tag{7.2}$$

其中，$R_{\max}$ 是绝对值中的最大值，即 $R_{\max} = \max(|R_x|,|R_y|,|R_z|)$，$R_1$ 和 R_2 是另外两个分量。

局限性

立方体映射与球体映射相比优点在于：任何视见体方向的立方贴图都是有效的，所以沿着 $(0,0,-1)$ 方向的奇异点不会有失真，从立方体到立方贴图的映射也不会产生扭曲。但是，立方体映射与球体映射都是基于环境足够远这一相同假设。

7.7.3 升级客户端：为视域增加一个天空盒子

下面，将增加一个天空盒子(Skybox)。顾名思义，天空盒子是一个包含整个世界的大盒子，盒子表面是从场景看到的环境的图像。那么，从场景中的哪个点观察环境呢？答案是任意点。因为天空盒子非常巨大，所以只有取景方向有意义。天空盒子是立方体映射的最简单的运用，甚至不需要用到反射。天空盒子的基本思想是：只需要在一个无限大的立方体上绘制立方贴图。显然，无法将立方体顶点置于无限远处。但是，将立方体顶点置于无限远处所产生的两个结果可以利用其他方式获得：

1. 绘制于屏幕的立方体的比例只取决于取景方向。可以通过中心位于观察者位置的单位立方体(也可以是任何尺寸)的绘制来完成。

2. 场景中的任何对象都比盒子离视点更近，所以场景中多边形网格光栅化的每个片元都可以通过深度测试。这可以通过绘制立方体后，告知 WebGL 绘制立方体时不要写入深度缓存器而实现。因此，此后绘制的一切对象都可以通过深度测试。

创建立方贴图与创建二维纹理方法相同，因此对代码将不再进行逐行解释。但是，二者的目标不同：立方体映射使用 gl.TEXTURE_CUBE_MAP 代替 gl.TEXTURE_2D，从而得到 gl.TEXTURE_CUBE_MAP_[POSITIVE|NEGATIVE]_[X|Y|Z]，用于在立方体的每个表面上加载一个二维纹理。

程序清单 7.6 中第 48 行设置了着色器(稍后将使用)，并以通常方式传递所需要使用的投影矩阵。然后，复制模型视图矩阵，但是将其平移部分置零(矩阵最后一列)，也就是将视点设置成为原点。第 58 行禁止写深度缓存器，并对单位立方体进行绘制。

```
47  NVMCClient.drawSkyBox = function (gl) {
48    gl.useProgram(this.skyBoxShader);
49    gl.uniformMatrix4fv(this.skyBoxShader.↩
        uProjectionMatrixLocation, false, this.projectionMatrix);
50    var orientationOnly = this.stack.matrix;
51    SglMat4.col$(orientationOnly,3,[0.0,0.0,0.0,1.0]);
52
53    gl.uniformMatrix4fv(this.skyBoxShader.uModelViewMatrixLocation↩
        , false, orientationOnly);
54    gl.uniform1i(this.skyBoxShader.uCubeMapLocation, 0);
55
56    gl.activeTexture(gl.TEXTURE0);
57    gl.bindTexture(gl.TEXTURE_CUBE_MAP, this.cubeMap);
58    gl.depthMask(false);
59    this.drawObject(gl, this.cube, this.skyBoxShader, [0.0, 0.0, ↩
        0.0, 1]);
60    gl.depthMask(true);
61    gl.bindTexture(gl.TEXTURE_CUBE_MAP, null);
62  }
```

程序清单 7.6　绘制天空盒子(代码片段摘自 http://envymycarbook.com/chapter7/3/3.js)

程序清单 7.7 给出了一个简单的着色器，只是基于取景方向对立体贴图进行采样。它与处理二维纹理的着色器唯一的区别是包含一个特定的采样器 sampleCube，以及一个以三维向量为参数的特定函数 textureCube，这个函数利用式(7.2)获取立体图。

```
2    var vertexShaderSource = "\
3      uniform   mat4 uModelViewMatrix; \n\
4      uniform   mat4 uProjectionMatrix; \n\
5      attribute vec3 aPosition;        \n\
6      varying vec3 vpos;               \n\
7      void main(void)                  \n\
8      {                                \n\
9        vpos = normalize(aPosition);   \n\
10       gl_Position = uProjectionMatrix*uModelViewMatrix * vec4(↩
           aPosition, 1.0);\n\
11     }";
12   var fragmentShaderSource = "\
13     precision highp float;         \n\
14     uniform  samplerCube  uCubeMap; \n\
15     varying vec3 vpos;             \n\
16     void main(void)                \n\
17     {                              \n\
18       gl_FragColor = textureCube (uCubeMap,normalize(vpos));\n\
19     } ";
```

程序清单 7.7　绘制天空盒子的着色器(代码片段摘自 http://envymycarbook.com/chapter 7/3/shaders.js)

7.7.4 升级客户端：为赛车增加反射效果

为赛车增加反射效果的方法很简单，与程序清单 7.7 所示的着色器类似，不同之处在于，是在反射方向指示的位置获取纹理。

所需的法线和位置将作为属性输入并进行插值，如程序清单 7.8 所示。然后通过第 35 行的内部函数，利用式(6.6)来计算反射方向。因为反射计算是在视图参考系中进行的，而立体贴图在世界坐标系中表示。所以将矩阵 uViewToWorldMatrix 传递给着色器，用于将视图参考系转换为世界坐标系。

以上不是唯一的处理方法，还可以在世界坐标系中直接计算折射方向，这样可以避免在片元着色器中进行最后的转换。

```
5   shaderProgram.vertexShaderSource = "\
6     uniform   mat4 uModelViewMatrix;          \n\
7     uniform   mat4 uProjectionMatrix;         \n\
8     uniform   mat3  uViewSpaceNormalMatrix; \n\
9     attribute vec3 aPosition;                 \n\
10    attribute vec4 aDiffuse;                  \n\
11    attribute vec4 aSpecular;                 \n\
12    attribute vec3 aNormal;                   \n\
13    varying  vec3 vPos;                       \n\
14    varying  vec3 vNormal;                    \n\
15    varying  vec4 vdiffuse;                   \n\
16    varying  vec4 vspecular;                  \n\
17    void main(void)                           \n\
18    {                                         \n\
19    vdiffuse = aDiffuse;                      \n\
20      vspecular = aSpecular;                  \n\
21      vPos = vec3(uModelViewMatrix * vec4(aPosition, 1.0)); \n\
22      vNormal =normalize( uViewSpaceNormalMatrix *  aNormal);\n\
23      gl_Position = uProjectionMatrix*uModelViewMatrix * vec4(←
          aPosition, 1.0);\n\
24    }";
25  shaderProgram.fragmentShaderSource = "\
26    precision highp float;          \n\
27    uniform mat4 uViewToWorldMatrix;  \n\
28    uniform  samplerCube uCubeMap;    \n\
29    varying  vec3 vPos;               \n\
30    varying vec4 vdiffuse;            \n\
31    varying vec3 vNormal;             \n\
32    varying vec4 vspecular;           \n\
33    void main(void)                   \n\
34    {                                 \n\
35      vec3 reflected_ray = vec3(uViewToWorldMatrix* vec4(reflect←
          (vPos,vNormal),0.0));\n\
36      gl_FragColor = textureCube (uCubeMap,reflected_ray)*←
          vspecular+vdiffuse;\n\
37    }";
```

程序清单 7.8 实现反射贴图的着色器(代码片段摘自 http://envymycarbook.com/chapter7/4/ shaders.js)

计算动态立体贴图以达到更精确的反射效果

已经了解到，立体贴图是基于环境是无限远这样的假设。进行反射贴图时，无论赛车位于场景任何位置，赛车表面都将反射环境，除非场景不存在其他部分(如赛道、建筑物、树木等)。也就是，为每一帧创建一个新的立体贴图，以取代天空盒子的静态反射贴图。从赛车的中部取 6 个观察点，然后用计算结果来填充立体贴图的表面。7.6 节已经介绍了如何绘制到纹理，下面将介绍的方法与之唯一的区别在于纹理是立方贴图的一个面。

注意，代码唯一明显的变化是引入了函数 drawOnReflectionMap。函数的前几行代码如程序清单 7.9 所示。第 62 行将投影矩阵设置为视角 90°，高宽比设置为 1。第 2 行将视口置为创建的帧缓存的大小。然后分别从 6 个轴平行方向绘制除赛车以外的整个场景。为进行绘制需要设定好视图框架(第 65 行)，绑定正确的帧缓存(第 66 行)，并清除缓存内容。

```
61 NVMCClient.drawOnReflectionMap = function (gl, position){
62   this.projectionMatrix = SglMat4.perspective(Math.PI↩
       /2.0,1.0,1.0,300);
63   gl.viewport(0,0,this.cubeMapFrameBuffers[0].width,this.↩
       cubeMapFrameBuffers[0].height);
64   // +x
65   this.stack.load(SglMat4.lookAt(position,SglVec3.add(position↩
       ,[1.0,0.0,0.0]),[0.0,-1.0,0.0]));
66   gl.bindFramebuffer(gl.FRAMEBUFFER, this.cubeMapFrameBuffers↩
       [0]);
67   gl.clear(gl.COLOR_BUFFER_BIT | gl.DEPTH_BUFFER_BIT);
68   this.drawSkyBox(gl);
69   this.drawEverything(gl,true, this.cubeMapFrameBuffers[0]);
70
71   // -x
72   this.stack.load(SglMat4.lookAt(position,SglVec3.add(position↩
       ,[-1.0,0.0,0.0]),[0.0,-1.0,0.0]));
73   gl.bindFramebuffer(gl.FRAMEBUFFER, this.cubeMapFrameBuffers↩
       [1]);
74   gl.clear(gl.COLOR_BUFFER_BIT | gl.DEPTH_BUFFER_BIT);
75   this.drawSkyBox(gl);
76   this.drawEverything(gl,true, this.cubeMapFrameBuffers[1]);
```

程序清单 7.9　在 y 方向创建映射贴图(代码片段摘自http://envymycarbook.com/chapter7/4/0.js)

图 7.19 展示了使用天空盒子的客户端的截屏，街道采用了法线映射(稍后将介绍)，赛车采用了反射映射。

图 7.19　(参见彩插)添加反射映射(参见客户端 http://envymycarbook.com/chapter7/4/4.html)

7.7.5 投影纹理映射

本节将介绍如何像投影仪一样在场景中投影一个图像。这与环境映射的方法类似，因此本节不涉及任何新的概念，仅仅是纹理坐标的生成以及正确使用。

投影仪的描述类似视图参考框架，在概念层面，二者也是一样的。唯一的区别在于图像没有在视图平面上映射场景，而是理想化地置于视图平面上，然后映射到场景中。为实现上述步骤，只需要将每个点的位置映射到投影仪的视图平面，将获得的纹理坐标赋值到场景中的每个点。

$$\overbrace{\begin{bmatrix} s \\ t \\ r \\ q \end{bmatrix}}^{t} = \overbrace{\begin{bmatrix} \frac{1}{2} & 0 & 0 & \frac{1}{2} \\ 0 & \frac{1}{2} & 0 & \frac{1}{2} \\ 0 & 0 & \frac{1}{2} & \frac{1}{2} \\ 0 & 0 & 0 & 1 \end{bmatrix}}^{T} \boldsymbol{P}_{\text{proj}} \; \boldsymbol{V}_{\text{proj}} \; \overbrace{\begin{bmatrix} x \\ y \\ z \\ 1 \end{bmatrix}}^{p}$$

其中，$\boldsymbol{P}_{\text{proj}}$ 和 $\boldsymbol{V}_{\text{proj}}$ 分别是投影仪的投影矩阵和视图矩阵，T 是从典型视见体空间 $[-1,+1]^3$ 到空间 $[0,+1]^3$ 的转换。注意，用于处理纹理的最终值其实是标准化的数值，例如 $(s/q, t/q)$，坐标 r 在此没有用到。

7.8 利用纹理映射为几何模型增加细节

至此，已经介绍了使用纹理映射为场景增加颜色信息的方法。纹理是有颜色的，可以是一幅图片或者周围的环境。可以更加抽象地理解为：纹理是为简略的曲面(几何模型)描述添加了详细的颜色信息。

仔细观察真实世界的物体将发现，几乎每个物体都可以视为一个简略的、大型的几何模型，模型表面具有精细的几何细节。例如，树干可以视为有树皮(细节)的大圆柱，屋顶可以视为有瓦片的矩形，街道可以视为有沥青质感的平面。在计算机图形学中，这种观察事物的方式的优点在于，几何细节通常可以作为一个纹理图像进行有效存储，从而在恰当的情况下使用，如图 7.20 所示。下面，将介绍一些不需要改变几何就可以用纹理映射增加几何细节的方法。

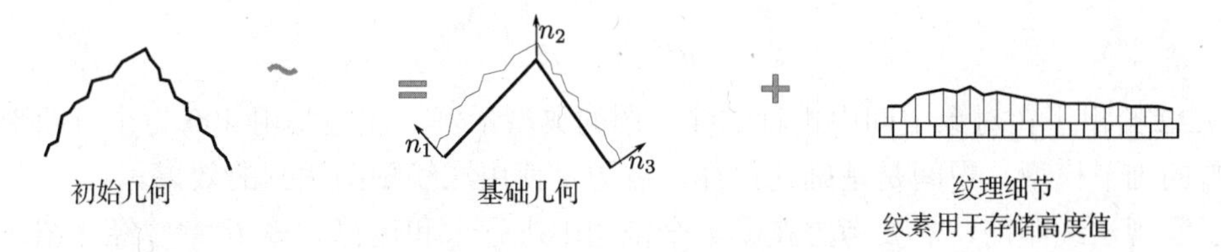

图 7.20 基于简单基本几何模型和利用纹理编码为高度场的几何细节来表示精细几何模型

7.8.1 位移贴图

在位移贴图技术中，纹理的每个纹素都存储一个值，用于表示几何模型上对应点在法线方向上的移动距离。为了实现这个方法，需要在流水线的若干位置利用细分曲面替换原始几何模型，而在细分曲面中，每个顶点对应一个像素以方便替换。位移贴图方法使用了片元着色器中的光线投射算法。这种方法并不是严格意义上的纹理映射，将在 9.3 节进行详细介绍。

7.8.2 法线贴图

法线贴图使用纹理存储法线，然后在光栅化过程中使用纹理来计算每个片元的光照。这种纹理称为法线图(Normal Map)。

与位移贴图不同，法线贴图并不会改变几何结构，仅仅将法线值替换成改变几何将会得到的数值。也就是说，几何上的每一个点的法线值与周围点的法线值并不是几何连续的，因此可以看出，表面呈现的观感与其法线值是密切相关的，即光照依赖于法线值。

图 7.21 展示了没有使用精确的几何结构而使用了法线贴图所导致的错误。视线 r_1 到达基础几何模型的 p 点，法线 n_p 用于着色。但是，对于实际的几何模型，交点将是 p'，法线是 $n_{p'}$，这就是典型的视差。视差取决于两个因素：真实表面距离基础几何结构的距离，以及视线与基础几何结构形成的角度。

视线 r_2 将完全不会与对象相交，但是却会与真实几何体相交。这是偶发情况造成的视差。也就是说，可以在物体的剪影中获得几何的真实形状。简言之，实现法线贴图就是重现 6.9.2 节讲述的 Phong 绘制，用纹理值扰动插值得到的法线。

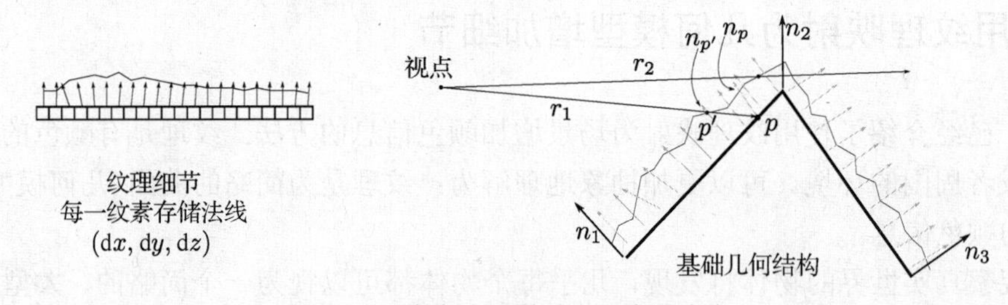

图 7.21 法线贴图利用纹理编码法线

对象空间法线贴图

使用法线贴图需要选择在哪个参考框架中描述法线的扰动。如果采用描述对象所用的参考框架，则称为对象空间法线贴图(Object Space Normal Mapping)。此时，法线图贴所存储的数值可以直接与插值法线 n 相加

$$\boldsymbol{n}' = \boldsymbol{n} + \boldsymbol{d}$$

图 7.22 给出了在对象空间中进行法线贴图的典型示例。左边是用 400 万个三角形创建的头部雕塑的细节模型，中间是基础几何体，右边是使用法线贴图达到的效果。

为了实现法线贴图，需要考虑在哪一个空间中进行求和运算。第 6 章曾经介绍，通常在世界空间中进行光照定义。然而，法线贴图的值是定义在对象空间中。因此，法线贴图有两种实现方式：对法线贴图的每个向量进行对象-世界空间的变换；或者，进行相反的变换，对光线位置(或者平行光的方向)进行世界-对象空间的变换。第一种方式必须在片元着色器中运行矩阵乘法，第二种方式可以在顶点着色器中转换光线位置或者光线方向，然后通过插值获取片元的数值。

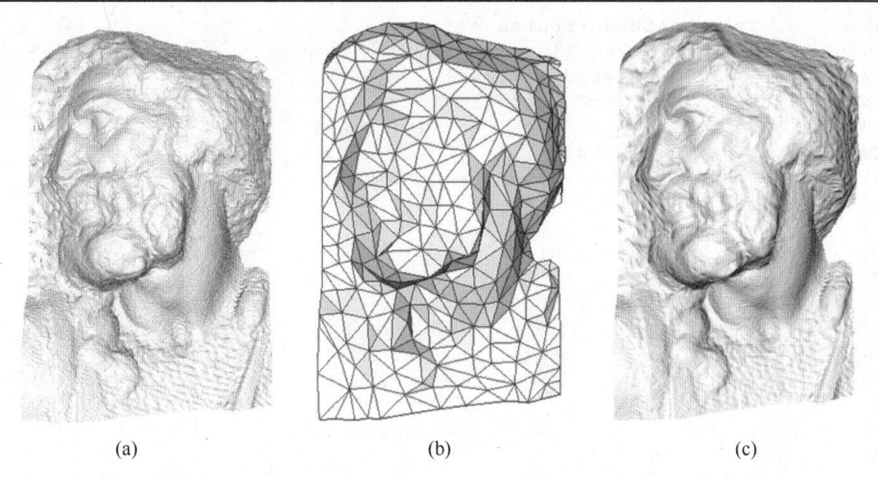

图 7.22　对象空间法线贴图。(a) 400 万个三角形形组成的原始网格。(b) 500 个三角形组成的同一物体的网格；(c) 使用在低分辨率网格上使用法线贴图(图片引自 M. Tarini[39])

7.8.3　升级客户端：添加沥青

在绘制中把沥青作为街道的褶皱。因为街道位于水平面上，所以可以使用对象空间法线贴图。客户端的修改方式将非常直接，7.5 节已经对街道应用了纹理，下面需要为沥青加载一个包含法线图的纹理，然后修改着色器以处理新纹理。图 7.23 给出了一个法线图，图中三个坐标 (x, y, z) 分别用于存储颜色的 R、G、B 分量。注意，存储在纹理中的颜色值间隔为 $[0, M]$，而对象空间中法线的坐标间隔为 $[0,1]$。纹理之所以整体呈现蓝色的原因是：向上的方向值存储在蓝色通道，并且由于街道总是位于正半空间，而另外两个空间可能都是正的或者负的，所以纹理值平均会比较小。程序清单 7.10 给出了使用法线图的片元着色器。获取法线贴图后将其由 $[0,1]$ 区间映射为 $[-1,1]$ 区间(第 25 行到第 27 行)，然后将这个数值作为法线值来计算着色(第 28 行)。为了编码的可读性，纹理采用的是简单的朗伯材料，这对于沥青是可行的，但是也可以使用任何复杂的着色。

图 7.23　(参见彩插) 图像浏览器中呈现的法线贴图的效果

```
15    var fragmentShaderSource = "\
16      precision highp float;              \n\
17      uniform sampler2D texture;          \n\
18      uniform sampler2D normalMap;        \n\
19      uniform vec4  uLightDirection;      \n\
20      uniform vec4 uColor;                \n\
21      varying vec2 vTextureCoords;        \n\
22      void main(void)                     \n\
23      {                                                  \n\
24        vec4 n=texture2D(normalMap, vTextureCoords);     \n\
25        n.x =n.x*2.0 -1.0;                               \n\
26        n.y =n.y*2.0 -1.0;                               \n\
27        n.z =n.z*2.0 -1.0;                               \n\
28        vec3 N=normalize(vec3(n.x,n.z,n.y));             \n\
29        float shade =  dot(-uLightDirection.xyz , N);    \n\
30        vec4 color=texture2D(texture, vTextureCoords);\n\
31        gl_FragColor = vec4(color.xyz*shade,1.0);        \n\
32      }";
```

程序清单 7.10　对象空间进行法线贴图的片元着色器(代码片段摘自 http://envymycarbook. com/chapter7/2/shaders.js)

7.8.4　切空间法线贴图

假设希望定义一个不针对任何预定义的映射 M 的法线图，但该法线图可以应用于任何需要的地方，类似于可以在赛车的任意位置粘贴贴纸。此时，由于无法预先确定纹素映射的对应点的法线值，因此无法简单将法线的变化存储为一个绝对值。换句话说，进行法线贴图的方式与进行颜色贴图的方式相同：创建纹理时不考虑具体应用。

从纹理将颜色应用于曲面，与应用法线的最大区别是，存储于纹素中的颜色不需要转换就可以映射到曲面上：无论对一个对象使用何种几何变换，红色纹素始终是红色的。然而，法线值并非如此，因为法线需要定义在一个三维参考框架中。在对象空间法线贴图中，法线的参考框架与物体的参考框架相同，因此，可以直接为法线赋予确切值。

在纹理空间中创建一个以 t 为中心，轴分别为 $\boldsymbol{u}=[1,0,0]$， $\boldsymbol{v}=[0,1,0]$ 和 $\boldsymbol{n}=[0,0,1]$ 的三维框架 C_t。下面，需要解决的问题是，如何将框架 C_t 中定义的 t 点的数值映射为曲面上 t 的投影点 $p=M(t)$ 的对应值。解决方法是创建一个原点为 $M(t)$ 的框架 T_f，框架的三个轴分别为

$$
\begin{aligned}
\boldsymbol{u}_{\text{os}} &= \frac{\partial M}{\partial u}(p) \\
\boldsymbol{v}_{\text{os}} &= \frac{\partial M}{\partial v}(p) \\
\boldsymbol{n}_{\text{os}} &= \boldsymbol{u}_{\text{os}} \times \boldsymbol{v}_{\text{os}}
\end{aligned}
$$

于是，可以将 C_t 框架中的向量 $[x,y,z]^{\mathrm{T}}$ 映射到 T_f 框架中，即 $M_p(x,y,z)=x\,\boldsymbol{u}_{\text{os}}+y\,\boldsymbol{v}_{\text{os}}+z\,\boldsymbol{n}_{\text{os}}$。注意，所创建的向量 $\boldsymbol{u}_{\text{os}}$ 和 $\boldsymbol{v}_{\text{os}}$ 与曲面是相切的。因此，由其所生成的向量集合称为切空间(Tangent Space)，框架 T_f 称为切框架(Tangent Frame)。

另外，还需要注意，由于仅仅需要进行向量变换，所以 C_t 与 T_f 之间的变换不涉及框架的原点。

习惯上，将 $\boldsymbol{u}_{\text{os}}$、$\boldsymbol{v}_{\text{os}}$ 和 $\boldsymbol{n}_{\text{os}}$ 分别记为 T(切向)，B(次法线双切)，N(法线)。为了保持一致性，本书将使用另一概念。

确定了切空间的计算方法之后，就可以通过与 T_f 的逆矩阵相乘，将对象空间的光位置或

者方向变换到切空间，来完成法线贴图。对于对象空间中的法线贴图而言，转换过程需要逐个顶点完成，然后对结果进行插值。

为三角形网格计算切框架

如果 M 存在解析形式，$\boldsymbol{u}_{os}$ 和 $\boldsymbol{v}_{os}$ 的计算将变为偏导数的计算。但是，三角形网格通常只有纹理坐标，如图 7.24 所示。下面，将使用第 4 章介绍的框架来计算顶点 v_0 的切向量 $\boldsymbol{u}_{os}$ 和 $\boldsymbol{v}_{os}$。

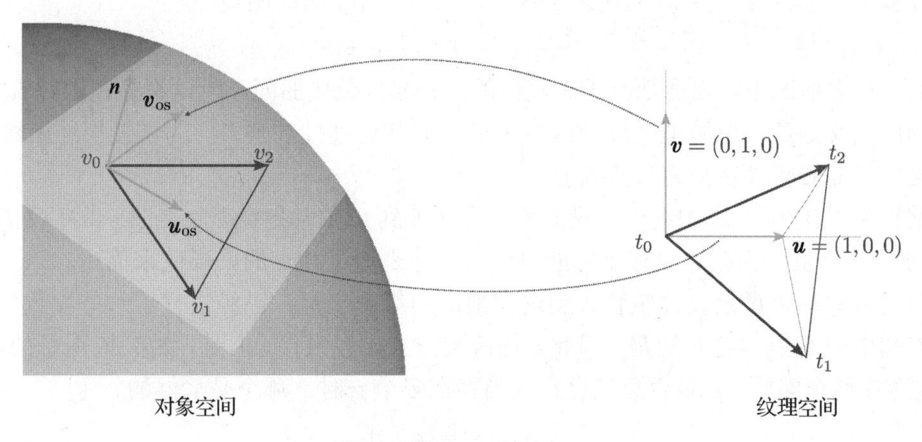

图 7.24　从纹理坐标中推导切框架

考虑以 v_0 为原点，坐标轴分别为 $v_1 - v_0$ 和 $v_2 - v_0$ 的框架 V_f，以及以 t_0 为原点，坐标轴分别为 $t_1 - t_0$ 和 $t_2 - t_0$ 的框架 I_f。由于顶点位置以及三角形顶点的纹理坐标已知，所以框架是已知的。另外一个非常重要的信息是，$\boldsymbol{u}_{os}$ 和 u 在各自的框架中具有相同的坐标，所以可以通过在框架 I_f 中找到 $\boldsymbol{u} = [1,0,0]^{\mathrm{T}}$ 的坐标 $\boldsymbol{u}_I$ 而找到 $\boldsymbol{u}_{os}$，即 $\boldsymbol{u}_{os} = u_{Iu}\boldsymbol{v}_{10} + u_{Iv}\boldsymbol{v}_{20}$。

向量 $\boldsymbol{u}$ 的端点为 $t_0 + \boldsymbol{u}$。第 4 章曾介绍，可以将框架 I_f 中的坐标 $t_0 + \boldsymbol{u}$ 表示为

$$
\begin{aligned}
u_{\mathrm{Iu}} &= \frac{((t_0 + \boldsymbol{u}) - t_0) \times \boldsymbol{t}_{20}}{\boldsymbol{t}_{10} \times \boldsymbol{t}_{20}} = \frac{\boldsymbol{u} \times \boldsymbol{t}_{20}}{\boldsymbol{t}_{10} \times \boldsymbol{t}_{20}} = \frac{[1,0]^{\mathrm{T}} \times \boldsymbol{t}_{20}}{\boldsymbol{t}_{10} \times \boldsymbol{t}_{20}} = \frac{\boldsymbol{t}_{20v}}{\boldsymbol{t}_{10} \times \boldsymbol{t}_{20}} \\
u_{\mathrm{Iv}} &= \frac{\boldsymbol{t}_{10} \times ((\boldsymbol{t}_0 + \boldsymbol{u}) - \boldsymbol{t}_0)}{\boldsymbol{t}_{10} \times \boldsymbol{t}_{20}} = \frac{\boldsymbol{t}_{10} \times \boldsymbol{u}}{\boldsymbol{t}_{10} \times \boldsymbol{t}_{20}} = \frac{\boldsymbol{t}_{10} \times [1,0]^{\mathrm{T}}}{\boldsymbol{t}_{10} \times \boldsymbol{t}_{20}} = \frac{-\boldsymbol{t}_{10u}}{\boldsymbol{t}_{10} \times \boldsymbol{t}_{20}}
\end{aligned}
$$

因此有

$$
\boldsymbol{u}_{\mathrm{os}} = \frac{\boldsymbol{t}_{20v}}{\boldsymbol{t}_{10} \times \boldsymbol{t}_{20}}\ \boldsymbol{v}_{10} + \frac{-\boldsymbol{t}_{10u}}{\boldsymbol{t}_{10} \times \boldsymbol{t}_{20}}\ \boldsymbol{v}_{20}
$$

对 v_I 使用相同的推导过程，即

$$
\boldsymbol{v}_{\mathrm{os}} = \frac{-\boldsymbol{t}_{20u}}{\boldsymbol{t}_{10} \times \boldsymbol{t}_{20}}\ \boldsymbol{v}_{10} + \frac{\boldsymbol{t}_{10v}}{\boldsymbol{t}_{10} \times \boldsymbol{t}_{20}}\ \boldsymbol{v}_{20}
$$

进行上述推导需要确保点 v_0 所在的表面是由三角形 (v_0, v_1, v_2) 表示的。确切地说，v_0 的切平面包含三角形。但这并不正确，因为还有位于不同平面的三角形共享顶点。使用其中任何一个将得到不同的切框架。第 6 章中计算顶点法线时也考虑了相同的问题，并且得出了相同的结论：使用共享同一顶点的三角形计算框架的均值，将得到顶点的切框架。

7.9 网格参数化

第 3 章曾经提到，三维参数曲面是一个将二维区域($\Omega\in \mathbb{R}^2$)的点映射到三维曲面($S\in \mathbb{R}^3$)的函数 f。例如，可以将图 7.25 的平面表示为

$$f(u,v)=(u,v,u)$$

当计算平面上顶点 (x,y,z) 的纹理坐标时，可以使用 f 的逆函数

$$g(x,y,z)=f^{-1}(x,y,z)$$

但是，很多情况下，表面都是手工建模的，并非参数化曲面，所以不存在函数 f。网格参数化一词的含义是从一个简单区域到网格 S 的双射和连续性的映射。为了使用逆函数 g 来定义纹理坐标，需要将 S 转换为参数表面。

当网格参数化用于 uv 映射时，只需要一个从 S 到 Ω 的单射函数 g（不需要将 Ω 的每个点都映射到 S）。注意，当指定纹理坐标的时候，实际是通过顶点的采样值来描述 g。

本章的客户端通过定义建筑物、街道和地面的纹理坐标，已经进行了一些参数化工作。由于客户端中的 Ω 和 S 都是矩形，因此 g 的确定方式比较直接。但是，图 7.26 所示的情形下，g 的确定存在两个问题：g 是否总是存在？当存在多个 g 时，哪个是最好的？

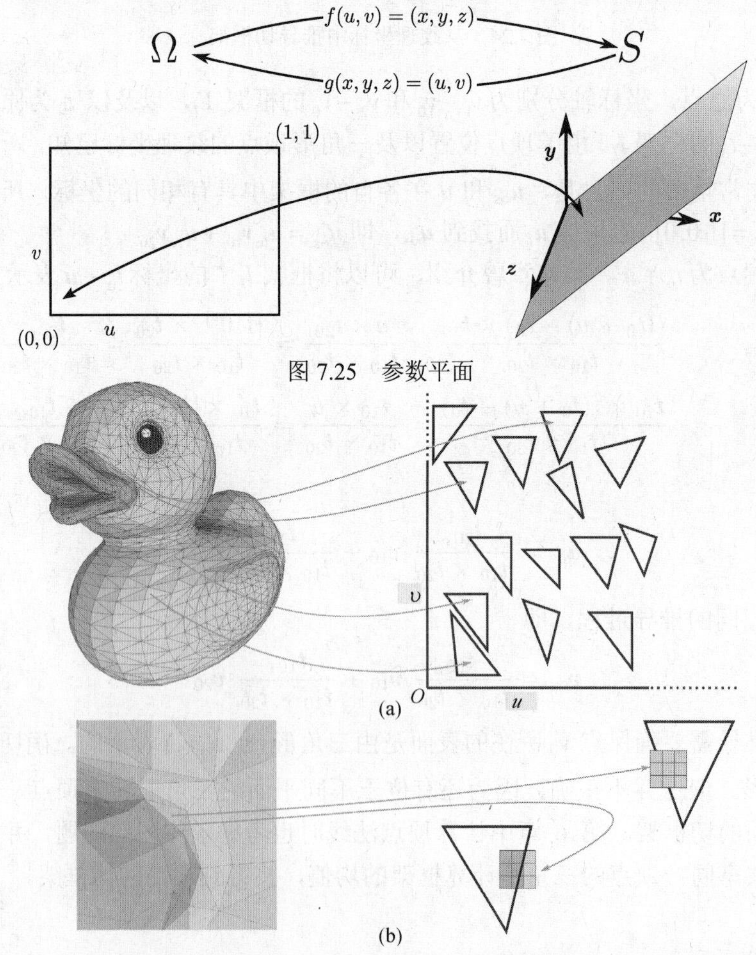

图 7.25 参数平面

图 7.26 （参见彩插）(a)解开网格的简单方法。g 仅在三角形内部连续；(b)不连续所导致的问题

7.9.1 接缝

上述第一个问题的答案是肯定的。如图 7.26 所示，提取 S 的每个三角形，然后将其置于平面 Ω 上，通过这种方式使得三角形之间互不重合。采用这种简单方法得到的单射函数 g，可以将 S 的每个点都映射到 Ω 上。但是，网格上的相邻三角形通常不会映射为相邻三角形，即 g 不是连续的。

那么，对 g 的连续性是否敏感？是的。进行纹理采样的前提是 S 上的相邻点映射为 Ω 上的相邻点。考虑利用双线性插值的纹理获取情况，通过采样点的四个纹素获取纹理。当对三角形边线附近进行采样时[参见图 7.26(b)]，颜色将受到 Ω 的相邻三角形的影响。如果 g 是不连续的，相邻纹素将与 S 的任意一点，或者未定义值的不属于 $g(S)$ 的值相对应。

参数化过程中 g 的不连续性称为接缝(seam)。创建 g 所使用的方法仅仅是接缝问题最不理想的情况，因为每个三角形的每个边都将产生接缝。

如何知道是否能够避免接缝呢？假设网格 S 由橡胶制成，所以可以随意将其变形。如果设法将 S 平铺到 Ω 上，则可以得到一个无缝参数 g。例如，假设 S 是一个半球，Ω 是一个平面(参见图 7.27)，就可以将 S 平铺到 Ω 上，然后定义 $g(x,y,z)=(x,z)$。反之，如果 S 是一个球体，就没有办法将其转换到平面上。此时，需要切开这个球体，创建一个接缝，然后就可以将切开的球体延展到平面上。没有接缝的参数化函数 g，例如上面提到的半球，称为全局参数化(Global Parameterization)。

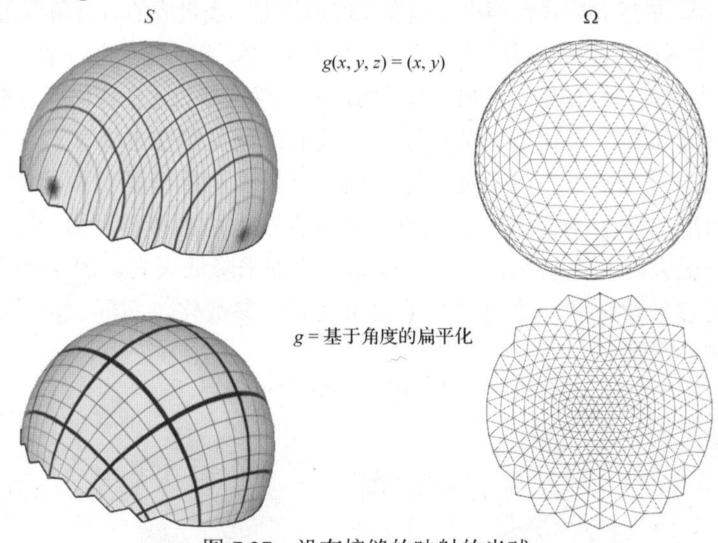

图 7.27 没有接缝的映射的半球

在实际操作中，很少遇到针对复杂形体的平面区域上的全局参数化。遇到的通常都是图 7.28 中的情况。另一方面，也可以在比平面更加复杂的区域中发现一些无缝参数。

图 7.28 采用 Graphite[14]计算的赛车模型及其参数化

7.9.2 参数化的质量

如上所述，相同的 S 和 Ω 可能有若干不同的参数化方法。那么，在这些参数化方法中哪一个才是最好的呢？又应该如何衡量给定的 g 是否足够好呢？

下面仍以 S 和 Ω 为例，假设 S 是由纸制成的，因此可以弯曲但不可以延展。如果能够在平面上展开 S，就可以得到没有失真的参数化函数 g。另外，需要对结构进行局部延展，这样它就可以变得平坦。需要进行的延展数量称为失真，失真是参数化的一个特征。

以平面 S 上位于点 $\boldsymbol{p}$ 的小正方形为例，图像放置在 Ω 上。针对 Ω 的正方形的图像有三种情况：

- 如果是相同面积和相同角度的正方形，那么参数化称为等距参数化。
- 如果是与正方形有相同面积的平行四边形，那么参数化称为等积参数化。
- 如果是不同面积的正方形，那么参数化称为保形或者保角参数化。

注意，每个等距参数化都是保形或者等积的。

问题在于，是否在意失真。对这个问题的回答是肯定的。参数化过程的失真将造成纹理的不均匀采样。S 上一块较大的面积可能仅对应纹理空间中的几个纹素。视觉上评估参数化质量的传统方法是设置一个规则模式图作为纹理图像，然后观察其映射到网格的时候，参数化的规则程度。参数化越接近于等距，描述的模式在网格上的面积就越相近，线组成的右侧角度在网格上也会保持靠右。由图 7.27 可以看出，直角映射所获得的参数化在中间位置是正确的(上面一行)，但是靠近边缘的就会变差，参考文献[38]提出的更加复杂的算法可以确保参数化在任何地方都是规律的。

如前所述，参数化是一个很宽泛的话题，相关的研究文献也非常多，关于如何获取高质量的参数化的方法也有很多。本节需要关注的问题是失真和接缝是参数化的两个相互联系的特征。例如，三角形的细小参数化是 0 失真，但却存在大量的接缝。另一方面，展开的半球没有接缝但是却有很大程度上的失真，而可以通过切割来降低失真。图 7.29 展示了一个没有接缝的效果不好的参数化，和一个有接缝的效果良好的参数化。实际上，接缝将网格分割为分布于纹理空间的三个部分。

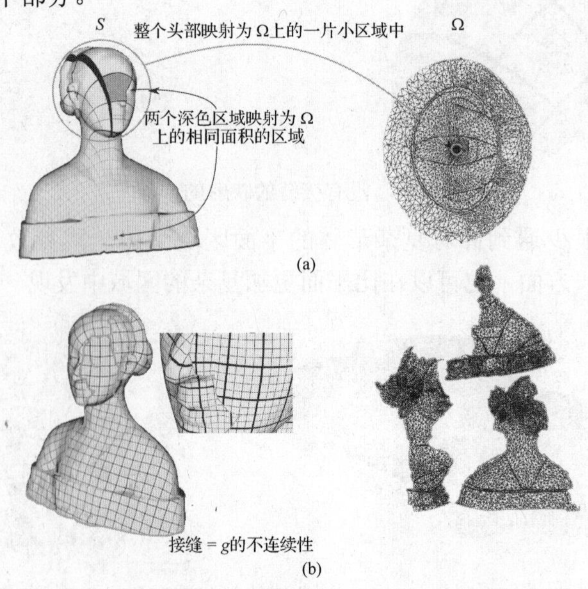

图 7.29　(a) 失真的参数化；(b) 接近等距

7.10 三维纹理及其用途

三维纹理或者体积纹理实际上就是一组尺寸为 $sx \times sy$ 的 sz 层纹理的累积，通过三个坐标 UVT 来获取。注意，通过考虑维度 z 将过滤(最大化和最小化/多重映射)扩展到三维，即获取坐标周围的 $2\times2\times2=8$ 个纹素。所以，第 i 层多重映射是通过 8 个纹素的平均值创建的。OpenGL 和 OpenGL ES 支持三维纹理，但 WebGL API 不支持，所以在客户端运行时是不可见的。本节将简单介绍一下其用途。

目前为止，已经通过外表面对体对象进行表示。3.5 节曾经介绍，场景可以通过体素进行编码，所以基于体素的表示方式将能够自然地映射到三维纹理上。如果希望可视化体数据的一个切面，那么只需要绘制一个平面，然后将三维纹理坐标分配到顶点上，由纹理采样完成剩余的部分。

体绘制是一个更加有趣的技术。体绘制是指如何在二维设备上绘制体数据，图 3.17 给出了示例。体绘制所涉及的内容非常宽泛，读者可以参考文献[45]。

参与介质是指填充没有精确的边界的体积的元素，如雾和烟。光和这些物质的交互并不会停止于表面。在这些示例中，三维纹理经常由模拟介质动态的仿真算法进行动态更新。

7.11 自测题

一般性题目

1. 如不使用透视校正插值，利用除了近裁剪距离不同，其他设置都相同的两个取景器观察相同的场景。哪一个设置的误差较为不明显？正交投影的误差是多少？
2. 绘制面积为 $n\times n$ b/w 的棋盘需要的纹理大小是多少？是否需要一个像素数为 $n\times n$ 的图像，或者是否可以使用一个更小的图像？提示：使用纹理环绕。
3. 在球体映射和立方体映射的网格参数中，S 和 Ω 分别代表什么？哪一个是不太失真的参数？哪一个有接缝？
4. 圆环是否可以在没有接缝的平面中参数化？如果是存在一个接缝呢？需要多少个接缝？
5. 三维纹理的原理是什么？大小为 $sx\times sy\times sz$ 的三维纹理与 sz 层二维纹理的区别是什么？

客户端题目

1. 在位于赛车上的浮动多边形上制作一个动态文本。提示：让纹理坐标 u 随时间而变化，用 repeat 作为纹理环绕模式。
2. 创建客户端实现赛车前灯的映射纹理。提示：参阅 7.7.5 节。

第 8 章　阴　　影

8.1　阴影现象

通过第 6 章的学习可以知道，光线和材质之间的很多种交互可以在光子离开光源并最终进入眼睛之前发生。如我们所见，由于问题的复杂性，局部光照模型在交互式应用中已经被应用。另外，为了提高局部光照模型的真实感，出现了为局部光照模型增加一些全局光照效应的技术。例如，在 7.7.4 节中，使用立方体贴图来给汽车增加反射光效，也就是增加光的一次反射。

在本章中，介绍如何增加另一种全局效果：阴影。阴影是什么？我们的直觉是：由于某些物体对光线的阻挡而产生的一个比其周围环境相比更暗的区域。阴影现象对于生成更真实的图像而言至关重要。阴影区域的存在能帮助我们更好地感知场景中物体的空间关系。对于复杂的物体，它们自身由于不同部分之间的遮挡关系也会产生阴影，也就是自阴影，可以让我们更好感知它们的形状。现在，给阴影一个更加正式的定义：如果光线离开一个光源朝着点 $\mathbf{p}$ 传播，但在到达点 $\mathbf{p}$ 之前接触到了 $\mathbf{p}'$，我们就说点 $\mathbf{p}$ 处在该光源的阴影中。

图 8.1 展示了三个不同种光源的阴影生成实例：点光源，平行光和面光源。面光源的特性是，很多从同一光源发出的光线可能聚集到同一个点上面。这就意味着，可能实际上只有一部分光线到达物体表面的一个点，而其他光线被阻挡了。这就是从一个阴影区域的边缘向其内部靠近时黑暗程度增加的原因，该现象被称为半影。而且你观察一下周围，半影是可观察到的阴影中最常见的类型之一，这是因为在现实中很难找到足够小的光源被视为点光源。假设不考虑半影现象，出于光线种类或简化操作的原因，得到的阴影则称为硬阴影。

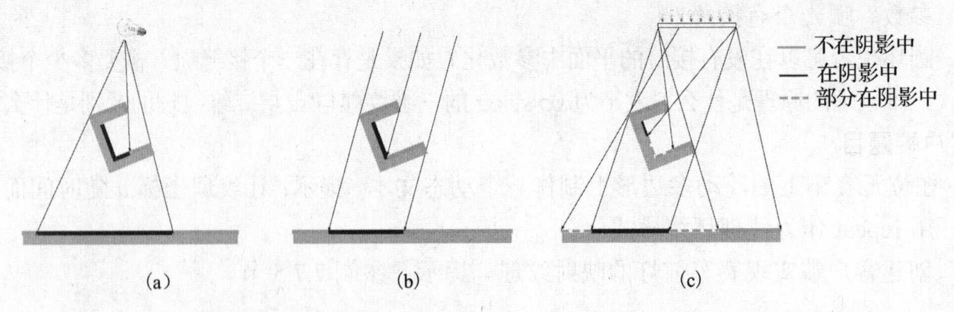

图 8.1　(a) 点光源产生的阴影；(b) 平行光产生的阴影；(c) 面光源产生的阴影

注意，在前面仅仅给出了阴影的一个几何学定义，但没有阐释阴影中的一点看上去应该有多暗，因为这取决于采用的光照模型和物体的材质属性。例如，设想使用一个全光照模型实现真实世界的完全模拟，模拟场景为一个封闭房间，里面放置一个光源，并且房间所有表面为反射率等于 1 的全反射表面，因此物体表面会把射入的光向各个方向反射。在这种情况下，一个点是否在阴影中并不重要，它无论如何都会被照亮，因为即使从光源到该点的直线传播路径被阻挡了，光子也会不停地被反射直到它们到达场景的每一个点上(唯一可忽略不计的区别是，每个光子从光源到达物体表面的传播距离不同)。我们对上面的场景设置进行一些改变：假设房间所有的表面都是完全镜面反射表面。在这种情况下，所有的点就不一定全部被照亮了，但这仍不取决于它们是否在阴影内。最后，假设使用一个局部照明模型，如 Phong 光照模型。在这种模型中，反射光强仅仅依赖直接来自于光源的光线和环境光项。因此利用该模型，可以描述阴影中的一个点看起来较暗，而该点有多暗取决于环境光项：如果环境光项为 0，也就是没有考虑间接光线，那么阴影中的每个点都会是纯黑的；否则，环境光项乘以颜色就是最终阴影效果作用下的颜色。

通过讨论上面的例子来强调一个事实：用局部光照模型确定阴影区域是有意义的，物体处于阴影中和接收更少光线有着直接关系。

在这一章里我们会接触到一些实时渲染阴影的技术。由于合成准确的阴影现象是非常困难的，我们会做一些假设来专注于基础概念。这些假设包括：

- 光照模型是局部的(参见 6.5 节)：我们允许发射光子在到达相机镜头之前至少被反射一次。
- 光源是点光源或者平行光源，而不是面光源：这将会简化阴影算法，但将让我们无法生成半影。

8.2 阴影贴图

阴影贴图是一个简单的阴影绘制技术：执行场景的渲染操作，对于每一个产生的片元，测试其对应的 3D 点是否位于阴影中。

阴影贴图的精妙之处在于如何执行这个测试。让我们回想图 8.2 中阐述的平行光的例子：假设设置一个虚拟相机，该相机设置为正交投影，并且投影方向和平行光方向一致。从该虚拟相机进行场景的绘制，产生的绘制结果与从相机位置观察场景看到的内容一致[图 8.1(b)]。但一个点如果能在相机中可见，就意味着从这个点到相机图像平面的路径是没有障碍物的。而且由于在阴影贴图方法中把光源当成虚拟相机，因此对该相机可见的点是不在阴影中的。可以把这个相机当成一个光源相机。在这种情况下，现在重新定义一个点何时位于阴影中：若点 **p** 对场景的光源相机不可见，则点 **p** 位于对应光源的阴影中。此外，深度缓存中的存储内容被称成阴影图，包含了每个片元对应的 3D 点到光源的距离。

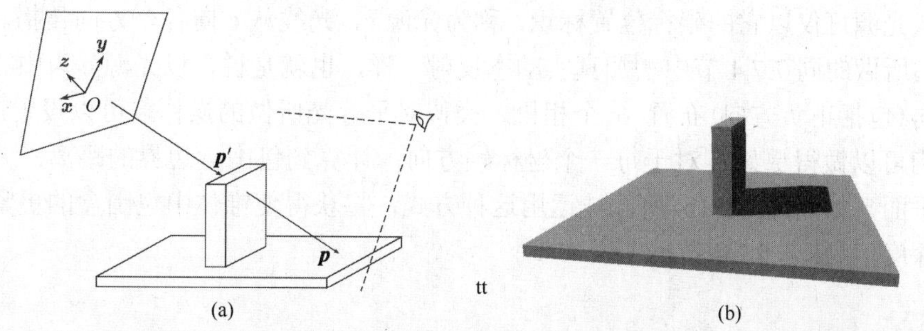

图 8.2 (a)一个由两个平行六面体组成的简单场景被一个平行光源照射；(b)场景绘制效果图

从光源位置渲染场景后，假如想知道一个给定的点 **p** 在场景内是否被照亮，可以把它投影至光源相机上，然后把投影得到的沿 *z* 轴的深度值和深度缓存中的对应值比较。如果大于深度缓存中的值，这意味着 **p** 处在阴影中，因为此时在从点 **p** 到光源的连线上存在一点 **p′**，它投影时产生的深度值比点 **p** 更小(参见图 8.2)。

此时，我们就掌握了阴影贴图算法的所有关键内容：

1. [**阴影图生成**]以光源(光源相机)为相机位置绘制场景，把得到的深度值存储在深度缓存中。
2. [**阴影判断**]从观察者相机绘制场景，对于每个生成的片元，把其对应的场景中的 3D 点投影到光源相机。然后，访问深度缓存的对应值，来测试该片元是否处在光源的阴影中，并据此计算光照。

注意，在阴影贴图算法的实际执行过程中，由于 WebGL 不允许绑定深度缓冲进行采样，因此无法使用深度缓存。为了突破这种限制，如 8.3 节中所述，使用纹理来代替深度缓存。同样，在阴影图生成过程中，也不需要把片元颜色写到颜色缓存中。

创建光源

在前面的例子中创建了一个使用正交投影的平行光源。对于 6.7 节中描述的多种光源，已经掌握了如何把它们和虚拟相机结合来创建光源相机。需要光源相机满足以下条件：

1. 每个对光源可见的点也对光源相机可见。
2. 光源相机得到的投影跟其发出光线一样但方向相反。

注意，第一个条件的要求实际上比较苛刻，因为只对观察者相机中看见的场景感兴趣。我们会在 8.4 节中更加详细讨论这一方面，而这里通过设置视锥体来实现第一要求，因此整个场景对光源相机都可见。

平行光

这是我们在第一个例子中用到的最简单的情况。***d*** 为一个表示光线方向的单位向量。设$-\boldsymbol{d}$为 z 轴，然后如 4.5.1.1 节所述推算另两个轴，并把场景的包围盒的中心设置为原点(参见图 8.3)。设置投影为正交投影，那么视锥体就是一个以原点为中心的盒子(请回想视空间表述的投影，其中的原点为光源相机框架的原点)，并且这个盒子的边长与包围盒的对角线相等，因此可以保证视锥体包含场景的包围盒，当然也包括整个场景。

点光源

一个点光源可仅以它的坐标位置标识，称为光源 **c**，光线从 **c** 向各个方向传播。在这种情况下，我们所做的同 7.7.4 节中增加真实动态反射一样，也就是说，以光源 **c** 为中心，沿主要坐标轴方向(包括正负方向)布置 6 个相机。类似对平行光所做的操作，可以设置远平面到 *l* 处，但我们可以做得更好，对于每一个坐标轴方向，计算到包围盒边界的距离，并在此距离处设置远平面，如同图 8.3(b)所示。运用这种方式，将获得使锥体中包围盒的更紧密边界和更准确地深度值(参见 5.2.4 节)。

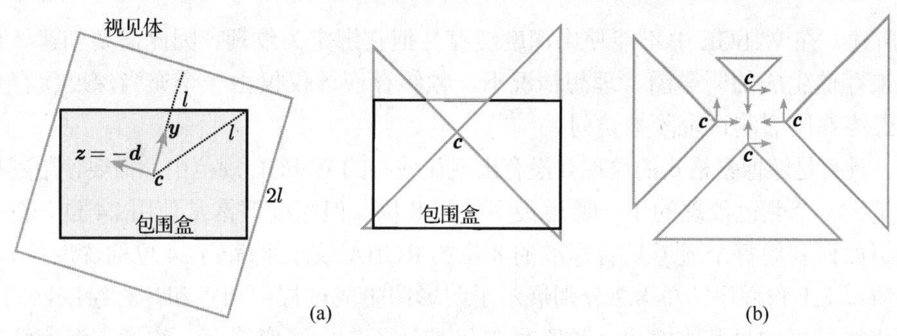

图 8.3　(a)平行光的光源相机；(b)点光源的光源相机(右)

聚光灯

一个聚光灯光源定义为 $L=(\mathbf{c},\boldsymbol{d},\beta,f)$，其中，**c** 表示其在空间中的位置，***d*** 是聚光灯的指向，β 表示张角，f 表示强度下落衰减指数。在这里，我们关注几何部分,因此 f 就被忽略了。聚光灯光源的所有光线从 **c** 发出，并呈圆锥状向前传播，该圆锥的顶点为 **c**，对称轴为 ***d***，张角围 β。设置光源相机框架的 z 轴方向为 $-\boldsymbol{d}$，并如 4.5.1.1 节所述计算另两个轴向，然后设置 **c** 为原点(参见图 8.4)。投影为参数略显复杂的透视投影。

从远平面距离 far 着手。如图 8.4(a)所示，可以将此值设为场景包围盒顶点在方向 ***d*** 上投影的最大值。确定了远平面 far 的值，现在可以计算包含圆锥体的最小金字塔形平截头体的底面为

$$b = 2\arctan\beta\ \text{far}$$

然后将其缩小，得到视平面的尺寸(也就是说，在距离 near 处的平面)

$$b' = b\ \frac{\text{near}}{\text{far}}$$

因此，左 = 底 = $-b'/2$，并且 顶 = 右 = $-b'/2$。因此计算包含圆锥的金字塔体的最小外壳，而不是圆锥体本身。最后一部分是在图像空间中完成的：在阴影图生成中，抛弃离图像中心距离超过 $b'/2$ 的所有片元。

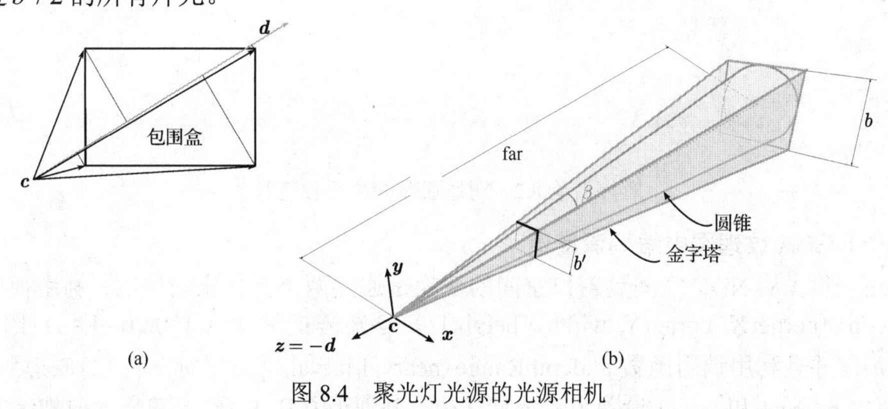

图 8.4　聚光灯光源的光源相机

8.3　升级客户端程序：增加阴影

现在为场景中的物体增加在太阳光照作用下的投影阴影的能力，这种能力与平行光光源相机的作用相似。首先要做的是准备必要的图形资源来执行绘制到纹理操作，以此填充阴影

图。如前所述，在 WebGL 中不能使用深度缓存并把它绑定为纹理，因此需要创建一个帧缓存对象，用来存储生成的阴影图。理想情况下，帧缓存应该仅仅由一个充当深度缓存角色的纹理构成，最终在阴影测试阶段被访问。

然而，具有足够像素格式的纹理并没有出现在核心的 WebGL 规范中，需要使用其扩展库①。更明确的是，一个颜色纹理的单一通道最多使用 8 位，但深度值常常使用 24 位。在下一部分中，会介绍如何利用每个通道只有标准的 8 位的 RGBA 纹理来编码 24 位的深度值。

程序清单 8.1 和程序清单 8.2 分别展示了阴影图生成过程中顶点和片元绘制器的代码。这是从光源相机进行的最基本渲染，这么做仅仅是为了生成深度缓存。注意，深度缓存仍然存在，只是对其内容进行复制而生成用做阴影图的纹理。下面阐述具体的实现细节。

```
84  var vertex_shader = "\
85  uniform    mat4 uShadowMatrix;\n\
86  attribute vec3 aPosition;\n\
87  void main(void)\n\
88  {\n\
89    gl_Position = uShadowMatrix * vec4(aPosition, 1.0);\n\
90  }";
```

程序清单 8.1　阴影通路的顶点着色器

```
92   var fragment_shader = "\
93   precision highp float;\n\
94   float Unpack(vec4 v){\n\
95     return v.x  + v.y / (256.0 ) + v.z/( 256.0*256.0)+v.w/ ( ↩
         256.0*256.0*256.0);\n\
96  //    return v.x; \n\
97   }\n\
98   vec4 pack_depth(const in float d)\n\
99   { if(d==1.0) return vec4(1.0,1.0,1.0,1.0);\n\
100    const vec4 bit_shift = vec4( 1.0   , 256.0    ,256.0*256.0   , ↩
         256.0*256.0*256.0 );\n\
101    const vec4 bit_mask  = vec4( 1.0/256.0   , 1.0/256.0  , ↩
         1.0/256.0  , 0.0);\n\
102    vec4 res = fract(d * bit_shift);\n\
103    res -= res.yzwx  * bit_mask;\n\
104    return res;\n\
105  }\n\
106  void main(void)\n\
107  {\n\
108    gl_FragColor = vec4(pack_depth(gl_FragCoord.z));\n\
109  }";
```

程序清单 8.2　阴影通路的片元着色器

在一个 RGBA 纹理图中编码深度值

应该还记得，从 NDC 空间到窗口空间的变换是通过两个操作来设置的：利用视口变换矩阵(gl.viewport(cornerX, cornerY, width， height))，该矩阵把坐标 (x,y) 从 $[(-1,-1),(1,1)]$ 映射到 $[(0,0),(w,h)]$，并且利用调用函数 gl.depthRange(nearval,farval) 把 z 坐标从 $[-1,1]$ 映射到[nearval, farval]。假定 nearval 和 farval 设置为系统默认值：分别为 0 和 1，然后阐释如何把区间 [0,1] 中的一个值编码成一个四通道纹理。或者，可以简单地编码为 $z' = \frac{z - \text{nearval}}{\text{farval-nearval}}$。

因此，设置 d= gl FragCoord.z(gl FragCoord 作为 GLSL 的内置变量，包括片元在窗口空间

① 可能在规范中进行了简短描述，但我们将要展示的技巧值得大家了解。

中的坐标)为可以在四通道纹理中利用 8 比特位进行编码的浮点值(通道数和比特位数可能有不同的取值，这只是最常见的设置)。具体地讲，把这纹理的四个通道当成以 B 为基底的区间 [0,1] 中的参数，从而把 d 表示为

$$d = a_0\frac{1}{B} + a_1\frac{1}{B^2} + a_2\frac{1}{B^3} + a_3\frac{1}{B^4} \tag{8.1}$$

为了直观，设置 $B=10$，因此每个纹理通道可能存储一个 0～9 之间的整数。以 $d=0.987654$ 为实例，此时可以设置 $a_0=9$， $a_1=8$， $a_2=7$ 和 $a_3=6$ 而得到

$$\begin{array}{rcccccccccc} d &=& 9\frac{1}{10} &+& 8\frac{1}{10^2} &+& 7\frac{1}{10^3} &+& 6\frac{1}{10^4} && \\ d &=& 0.9 &+& 0.08 &+& 0.007 &+& 0.0006 &=& 0.9876 \end{array}$$

显然，利用这个简单的编码方法只是近似 d 的值，但这对于实际应用已绰绰有余。现在，需要的是一个高效的算法来得到系数 a_i。想要的只是取 a_0 的第一个十进制位，a_1 的第二位，a_2 的第三位和 a_3 的第四位。然而，在 GLSL 中没有能挑选出一个数中某一十进制位的函数，但存在一个函数 frac(x) 能返回 x 的小数部分，也就是 $\text{frac}(x)=x-\text{floor}(x)$，因此能得到

$$i^{\text{th}}\,\text{digit}(d) = \left(\text{frac}(d10^{i-1}) - \frac{\text{frac}(d10^i)}{10}\right)10 \tag{8.2}$$

例如，0.9876 的第二位数是

$$2^{\text{nd}}\text{digit}(0.9876) = \left(\text{frac}(\overbrace{0.9876\cdot 10}^{\text{shift}}) - \frac{\text{frac}(\overbrace{0.9876\cdot 10^2}^{\text{mask}})}{10}\right)10$$
$$= (0.876-0.076)\,10 = 8$$

这是一个很简单的原理，去除所有的数值位，除了想要的那个。首先把小数点放置在数位 0.9876 · 10=9.8765 的左边，然后调用 frac 函数来去除整数部分，并保留 0.8765。然后通过减去 0.0765 来去除剩下的数位。可以用很多不同的方式得到这一结果，但通过这种方式，可以实现逐分量乘积和 vec4 类型向量减法两种操作的并行执行。

现在，可以评价程序清单 8.2 中 pack_depth 函数的执行了。首先，各通道是 8 位的，因此 B 的值是 $2^8=256$。向量 bit_shift 包含了一系列系数，这些系数与由式(8.2)中表达式 shift 的 d 相乘，而 bit_mask 包含了表达式 mask 中的系数。 既然 res 中的值在区间[0, 1]内，也就是说，式(8.2)中的最后一个乘法没有执行。原因就是[0, 1]与[0, 255]之间的转换是在写入纹理值的时候执行的。获取一个此前已编写进纹理的浮点值只需要执行式(8.1)，并且通过程序清单 8.4 中 Unpack 函数来实现。

在阴影图算法的阴影通路中，用从光源位置观察场景获得的场景深度填充了阴影图，然后就可以从观察者视点绘制场景了，并施加光照和阴影效果。而阴影图算法中的光照通路比标准光照通路稍微复杂一些，但如程序清单 8.3 和程序清单 8.4 中顶点和片元着色器代码所示，实际执行起来并不困难。顶点着色器通常运用组合模型、视图和投影三个矩阵得到 uModelViewProjectionMatrix 以在观察者裁减空间内转换顶点。同时，该矩阵像阴影通路中在光照空间里转换顶点一样，对相同的输入位置进行变换。因为这在阴影通路中已经发生，并用变化的 vShadowPosition 使它对片元着色器可用。片元着色器现在负责完善变换管线来获取访问阴影图(uShadowMap)的坐标，并在阴影测试中比较阴影图中深度值(Sz)和当前片元深度(Fz)。

```
150 var vertex_shader = "\
151   uniform   mat4 uModelViewMatrix;                              \n\
152   uniform   mat4 uProjectionMatrix;                             \n\
153   uniform   mat4 uShadowMatrix;                                 \n\
154   attribute vec3 aPosition;                                     \n\
155   attribute vec2 aTextureCoords;                                \n\
156   varying vec2 vTextureCoords;                                  \n\
157   varying   vec4 vShadowPosition;                               \n\
158   void main(void)                                               \n\
159   {                                                             \n\
160     vTextureCoords  = aTextureCoords;                           \n\
161     vec4 position   = vec4(aPosition, 1.0);                     \n\
162     vShadowPosition = uShadowMatrix     * position;             \n\
163     gl_Position     = uProjectionMatrix * uModelViewMatrix\n\
164     * vec4(aPosition, 1.0);                                     \n\
165   }";
```

程序清单 8.3　光照通路顶点着色器

```
167 var fragment_shader = "\
168   precision highp float;                                  \n\
169   uniform sampler2D uTexture;                             \n\
170   uniform sampler2D uShadowMap;                           \n\
171   varying vec2 vTextureCoords;                            \n\
172   varying vec4 vShadowPosition;                           \n\
173   float Unpack(vec4 v){                                   \n\
174     return v.x   + v.y / (256.0) +                        \n\
175     v.z/(256.0*256.0)+v.w/ (256.0*256.0*256.0);           \n\
176   }                                                       \n\
177   bool IsInShadow(){                                      \n\
178     vec3  normShadowPos = vShadowPosition.xyz / ↩
          vShadowPosition.w;\n\
179     vec3  shadowPos     = normShadowPos * 0.5 + vec3(0.5);    ↩
            \n\
180     float Fz = shadowPos.z;                               \n\
181     float Sz = Unpack(texture2D(uShadowMap, shadowPos.xy));   ↩
            \n\
182     bool  inShadow = (Sz < Fz);                           \n\
183     return inShadow;                                      \n\
184     }                                                     \n\
185   void main(void){                                        \n\
186       vec4 color = texture2D(uTexture,vTextureCoords);\n\
187       if(IsInShadow())                                    \n\
188           color.xyz*=0.6;                                 \n\
189       gl_FragColor = color;                               \n\
190   }";
```

程序清单 8.4　光照通路片元着色器

注意，阴影测试的引入仅仅影响光照计算，而所有其他着色机制都不会改变。

8.4 阴影贴图的伪影和局限

当应用一个算法在场景中引入阴影时，基本是在尝试解决一个可视问题。即使理论上是正确的，这些阴影技术必须处理所使用的数学工具中的误差和局限。尤其是，使用阴影贴图技术必须面对机器有限计算能力带来的固有问题，以及深度映射纹理的分辨率。

8.4.1 有限的数值精度：表面缺陷

在光照通路中，一旦在光空间中计算了片元的 z 分量 F_z，并检索到存储在阴影深度图中

的实际值 S_z，剩下的只需要把这两个值进行比较以确定片元是否在阴影中。注意，从理论上来说，这两个值存在的关系只能是以下两者之一：

$$F_z > S_z$$
$$F_z = S_z$$

由于在阴影通路中使用了深度测试，F_z 和 S_z 不会存在 $F_z < S_z$ 关系，因此在深度缓冲的特定位置，S_z 是整个场景能够产生的最小值。真正的问题是从绘制管线的开始到阴影测试都在使用有限精度算术运算(也就是浮点数)。这意味着被计算出来的数字会产生舍入操作，并不断积累，最后导致两个概念一致的数字在实际中是不同的。图 8.5 给出了数值误差对阴影绘制效果的影响，称之为表面缺陷：每个 z 分量都会偏离准确值一点点，使得片元的阴影测试显得极为随机：

1. 应该被照亮，在与自身比较时没有通过阴影测试。
2. 在被照亮片元的下面通过了阴影测试。

(a)没有深度偏移

(b)正确的深度偏移

(c)过量深度偏移

图 8.5 阴影贴图缺陷。深度偏移的效果

一种常用的解决表面缺陷问题的方法是：给予被测试片元一些优势使 F_z 大于阴影贴图中的对应值 S_z。这意味着把 F_z 靠近光源，大幅度减少把被照亮片元当成阴影中片元的误分类。这项工作通过修改程序清单 8.4 中的第 20 行代码来完成

```
bool  inShadow =  ((Fz - DepthBias) > Sz);
```

通过从 Fz 减去一个较小的值(或把它加进 S_z)，能更加精准地识别出被照亮的片元。注意，不依赖于被绘制场景而用于深度偏移的最佳值是不存在的，因此它必须通过反复试验来近似地设定。

通过这种方式，可以解决把被照亮片元当成阴影中片元的误分类，但这增加了把阴影中片元当成被照亮片元的误分类。考虑到后者带来的影响远没有前者那么引人注意，因此这种处理方式经常被视为一个可以接受的折中方法。

避免封闭物体的缺陷

然而，可以利用被绘制场景的一些属性，以减轻寻找充足数量的深度偏移值的负担。特别地，如果场景中所有物体都是水密性的，那么可以完全放弃深度偏移的使用。我们的想法是在阴影通道中只绘制物体的背面，也就是设置面剔除模式为正面剔除而不是通常的背面剔除。利用这种方式，可以把物体正面的缺陷现象转移到背面：

- 不再有把物体原本暴露在光线下的部分表面错误地判定为处于阴影中这种细小的精度问题，因为物体背面离前表面足够远，从而不再产生自阴影。

- 另一方面，即使现在背面产生自阴影，但精度问题会造成漏光，从而使物体背面被错误地认为被照亮了。

阴影通道中的这种剔除反转的净效应是：避免了把被照亮片元判定为处在阴影中，但会造成把处在阴影中的片元判定为被光源照亮。然而，避免把处在阴影中的背面片元误判为被光源照亮的是很容易实现的：实际上，在一个封闭物体中，远离光源的表面从光源视点上看是背光的，这足以正确地判定没有被照亮的表面。为了检测这个条件，在光照通道中必须能够检测正在被着色的片元是否代表背对光源视点的一部分表面：片元着色器必须检测插值的表面法线 N 是否指向光向量(点光源或聚光灯光源)或者光照方向(平行光)L 的同一半球，也就是是否满足 $N \cdot L > 0$。

8.4.2 有限的阴影图分辨率：走样

有了阴影贴图技术，我们要做的就是通过一个查找表(也就是阴影图)近似可见度函数：在阴影通道中构造一个后面用于光照通道的查找表。对于所有基于查找表的近似方法，绘制结果的输出质量依赖于代表粒度或者分辨率的查找表大小。这意味着阴影测试很大程度上依赖于阴影图纹理的大小：纹理越大，阴影测试越准确。更正式地讲，影响阴影贴图方法精准度的原因和造成线或者多边形光栅化中锯齿现象的原因是一样的(详见 5.3.3 节)，也就是走样。尤其是，当阴影图中的一个纹素投影到从观察者视点产生的多个片元上时会发生走样现象：当执行光照通道中计算时，每一个 F_i 都会被逆投影到阴影图的同一个位置 T 上，因此 T 的占用域会大于单个片元。换句话说，我们对阴影图纹理进行了放大。图 8.6 展示了一个平行光的走样实例。虽然任何类型光源都存在着个问题，但当被场景的绘制部分离光源相机源点很远时，透视投影光源相机产生的走样现象更明显。

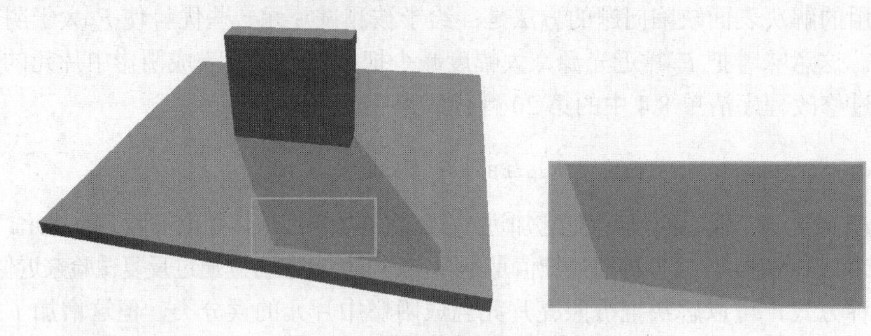

图 8.6 阴影图放大导致的走样

8.4.2.1 百分比渐进过滤(PCF)

缓和 T 的占用域的尖锐边缘的一个方法是柔和阴影边缘，该方法不只是执行一个对应再投影纹元 T 的阴影测试，而是执行一系列测试：在 T 的邻域内采样，然后平均化布尔结果，并且得到一个在区间[0, 1]内的用于片元光照计算的一个值。可能会把这种方法和 5.3.3 节中的抗锯齿所用的面积平均法做比较，而它们本质上是依据同一思想的。

这里需要强调，不会仅执行一个使用采样点平均深度值的阴影测试(这将意味着对一个平均深度值提供的不存在的表面元素进行测试)；相反地，对每一个采样点执行测试，然后对结果取均值。这个处理过程被称为百分比渐进过滤，它以深度图的多路存取为代价来提升阴影绘制质量。

柔和阴影边缘也可用于模拟半影的视觉效果(仅当半影区很小)。但无论如何，不应该将其与计算半影效果的方法相混淆。

图 8.7 展示了一个使用百分比渐进过滤来降低阴影走样的客户端。

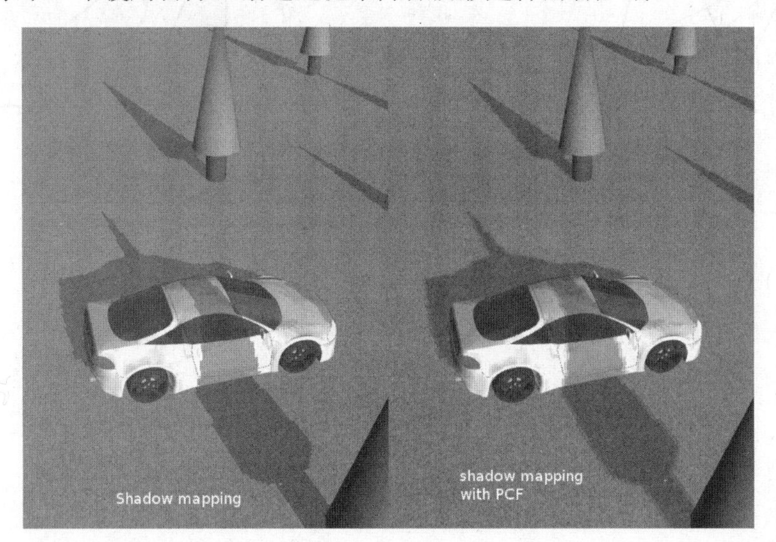

图 8.7 (参见彩插) 百分比渐进过滤阴影贴图(参见客户端 http://envymycarbook.com/chapter8/0/0.html)

8.5 阴影体

阴影体就是 3D 空间中一个区域，在该区域内每个点都处在阴影中。图 8.8(a)展示了由一个球体和一个点光源产生的阴影体。可以这样定义阴影体：由光线沿投影物体轮廓延长至无穷远处形成的表面和物体被直接照亮表面两者包围的区域(球体的上部分表面)。由于对场景外的世界不感兴趣，因此仅考虑阴影体与场景包围盒的相交部分。可以使用阴影体的边界来检测一个点是否处在阴影中，具体方法如下：假设分配一个计数器，对于每一条视线，该计数器初始值设为 0，然后穿过场景的每条视线。一条视线每次穿过边界进入一个阴影体，把计数器增加 1，而每次它穿过边界离开一个阴影体，把计数器减少 1。通过计算一条视线和边界法线的点积，可以判定该视线是进入还是离开阴影体：如果点积为负值，代表视线进入阴影体，否则代表视线离开阴影体。因此，当一条视线到达一个表面时，只需要检查计数器的值等于 0 还是大于 0。如果计数器的值等于 0，那么视线与表面的交点不在阴影体内，如果计数器的值大于 0，那么交点处在阴影体内。这或许可以称之为差异测试。图 8.8(b)展示了一个更加复杂的场景实例，场景中有四个球体，它们的阴影体之间相互嵌套和重叠。可以验证，上述阴影检测方法同样适用于这种复杂场景。但当视点本身处在阴影中时，这种方法就会出现问题。图 8.9 中的例子展示了这样一种情况：视线在没有进入任何阴影体的情况下到达了物体表面，这是因为视线的起点已经处在阴影体内。幸运的是，这个问题可以通过在视线与表面第一次相交后计数交点个数来解决：如果视线离开阴影的次数多于进入阴影体的次数，那么交点处在阴影体中，否则不在阴影体中。

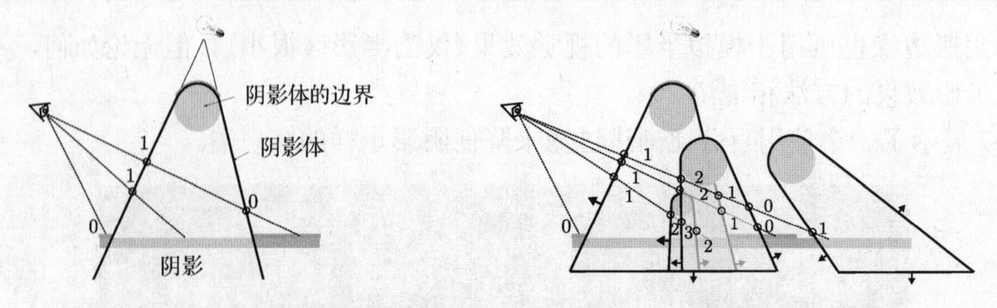

图 8.8　(a)球投影的阴影体的例子；(b)多个物体的阴影体是它们的聚合

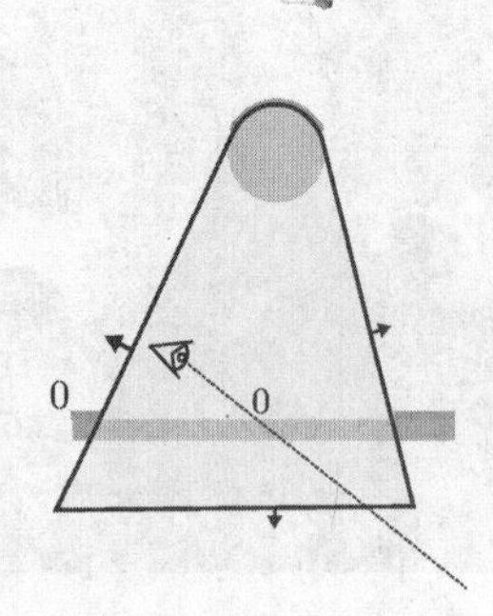

图 8.9　如果观察者在阴影体内部，则测试失败

8.5.1　构建阴影体

如上所述，需要沿着光线延伸投影体的轮廓边线，因此第一步就是找出轮廓边线。假设物体由水密性网格表示，如图 8.10(a)所示，对于一条边，当且仅当两个共享该边的两个面中，一个正对相机而另一个背对相机时，可以确定该边位于对应于给定光源相机的物体轮廓上。

对于每一条轮廓边线，可以构建一个以该轮廓边线和其在与 z 轴正交的平面上投影为底边的四边形。通过这种方式，可以利用投影体的所有轮廓边线创建一个需要封闭两端的锥体边界。该锥体靠近光源的一端开口可以用物体的面光正面来封闭，而远离光源的一端开口可以利用物体正面在轮廓线投影平面上的投影来封闭。注意，被投影的物体表面必须被反转(也就是它们索引中的两个需要被交换)，因此它们将会朝向包围体的外表面。

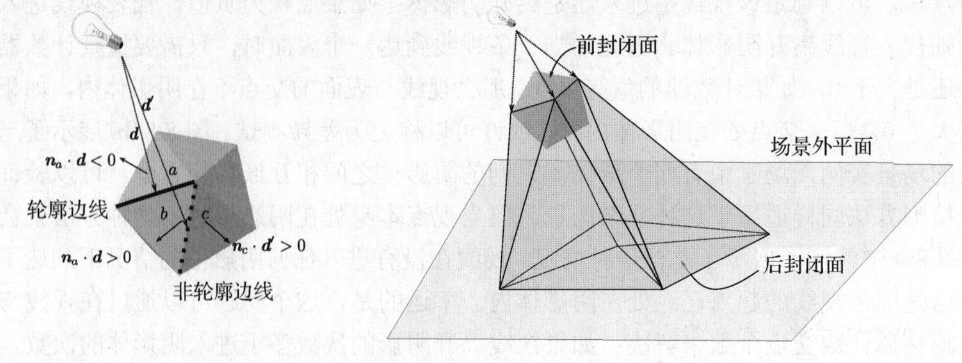

图 8.10　(a)决定轮廓边线；(b)沿轮廓延长并封闭两端

8.5.2 算法

上述阴影体方法的描述中，好像我们会跟踪每一条视线，但在光栅化管线中不跟踪视线而是光栅化基元图元。幸运的是，可以使用模板缓存(详见 5.3.1 节)来获得同样的结果，具体描述如下：

1. 假定所有片元都处在阴影中，绘制场景并且计算着色。
2. 禁止深度和颜色缓存的写入。注意，从现在开始深度缓存内容不会被改变，并且包含了观察者相机的场景深度信息。
3. 开启模板测试功能。
4. 设置模板测试为深度测试失败的增量。
5. 开启正面剔除并绘制阴影体。在这个步骤之后，每个模板缓存的像素将会包含相应视线在到达一些物体表面后离开阴影体的次数。
6. 设置模板测试为深度测试失败的增量。
7. 开启背面剔除并绘制阴影体。在这个步骤之后，模板缓存中每个像素的值将会减少一个数值，该数值为对应视线在到达一些物体表面后进入阴影体的次数。因此，如果在绘制通道的最后，该值为 0，那么这表示该片元不在阴影中。
8. 如果物体表面后片元接触到的正面和背面的数目相等，设置模板测试来传递 0 值。
9. 如同被完全照亮一样绘制场景。这是正确的，因为阴影中的片元被模板测试遮蔽了。

利用阴影体技术，即使能得到像素级阴影边缘，并且不会出现使用阴影贴图产生的纹理放大走样，但仍需要一个不容易被修改的密集填充率来柔和阴影边界。注意，每当光源和投影阴影的物体的相对位置发生了变化，阴影体都需要重新计算，这种处理非常笨重。实际上，阴影体的创建通常在 CPU 上完成，并且需要避免数值精度造成的误差。例如，如果两个相邻三角形的法线非常相近，那么它们的共享边可能被错误地当成轮廓的边，导致阴影体产生一个空洞。

8.6 自测题

一般性题目

1. 当观察者相机和光源相机重合时，或者它们虽然重合但是视图框架的 z 轴方向相反时，描述你会得到什么样的阴影。
2. 我们知道阴影图技术的近似误差来自数值精度和纹理分辨率。解释如何减少光源相机视锥体来影响这些误差。
3. 如果有 n 个光源，那么需要 n 个绘制通道来创造阴影贴图，并且光照通道中的片元着色器至少需要访问 n 次纹理来确定片元是否在某些光源的阴影中。这肯定对帧率有影响。针对平行光源、点光源或者聚光灯光源，是否能够使用锥体剔除以减少时间消耗。
4. 如果开启阴影图纹理的贴图分级细化功能会发生什么？
5. 假定有一个场景，其中所有光都是平行光，并且所有投影体都是球形的。阴影体技术如何从这些假定中获得优势？

客户端题目

1. **UFO 的比赛！**设想有一些不明飞行物在比赛。这些物体都是圆盘状，完全平坦并且半径为 3 m，时刻与地面保持平行。把这圆盘状物体加入场景中，通过执行没有阴影图的阴影图算法来让这些物体投射阴影，也就是阴影图算法不执行阴影通道过程。提示：思考利用阴影图可以解决什么问题，为什么这种情况下问题会如此简单以至于不需要使用阴影图。

   变化情况 1：UFO 不总与地面平行，它们可以改变朝向。

   变化情况 2：这次 UFO 不再是简单的圆盘了，它们可以是各种形状。然而，我们知道它们飞得很高，因此比任何东西都离太阳更加近。思考如何利用阴影图来优化投射阴影，并减少存储深度值的纹理和简化着色器。提示：需要多少位来存储阴影贴图中的深度？

2. 在一个建筑物旁边放置一个 2 m×2 m 的玻璃平板。在这个平板上映射一个 RGBA 图像作为纹理，该图像的α通道值取 0 或者 1(也可以使用 http://envymycarbook.com/media/textures/ smiley.png 中的图像)。为车前灯执行阴影图算法，因此当车前灯照亮玻璃平板时，该平板上的图像就会被映射到墙壁上。提示：在阴影通道中考虑透明度。

第 9 章　基于图像的 Impostor 技术

Impostor 技术最初由文献[27]提出，将 Impostor 技术定义为“一种能够保留真实物体绘制重要的可视特性，并且速度要比直接绘制真实物体快的绘制技术”。7.7.3 节中曾经介绍了 Impostor 技术在天空盒子中的应用，通过将场景的全视角图片绘制在一个立方体上来展现场景远处的景色。这样，视觉上呈现的一座座山脉实际上仅仅是由图片表示的。

本章将介绍一些利用简单的几何图形实现基于图像的 Impostor 技术。通过特定的方式组织图像来进行三维对象的绘制，同时尽可能呈现几何图形表示的与对象一样的视觉效果。虽然 Impostor 技术采用的几何图形与对象的几何模型之间可以没有任何关联，但同样能够实现对象的绘制。

假设将要绘制一棵树。树木有着复杂的几何表示（在需要仿真模拟树枝和树叶的情况下），但通常情况下，视点与树木的距离不会近到需要清晰地分辨每一片树叶。那么可以利用一个以树的图片作为纹理的矩形来表示树。通过将矩形朝向视点，可以降低图片深度不一致的视觉感受。本章将介绍一些 Impostor 技术，利用这些技术足以通过较小的执行代价使我们的客户端获得照片级真实感。

基于图像的 Impostor 技术是基于图像的绘制技术（Image Based Rendering，IBR）的一个子集。Impostor 技术是场景特定部分的绘制技术，IBR 通常是指所有用数码图像创建具有照片真实感人工图像的技术。近些年，针对当前存在的大量 IBR 技术提出了多种不同的分类方式。分类可以使多样的技术变得系统化，并且可以更好地度量方法之间的差异。一种有趣又简单实用的分类方式是 Lengyel 提出的[23]IBR 连续性（IBR continuum）方法，根据 Impostor 技术中使用的几何图形的数量将绘制技术划分为不同的类型，如图 9.1 所示。

需要特别强调，Impostor 技术的定义也包括完全通过几何建模表示初始对象的方法，但是本章将仅考虑基于图像的表示方法。根据 IBR 连续性规则，可以将应用了大量的图像而没有任何几何图形的技术，应用了一些辅助几何图形（通常很简单）同时配合着一些图像来获得良好效果的绘制技术，以及利用附加了图像的简单几何图形代替复杂几何图形的技术区分开。下面，将介绍一些简单并且实用的技术，从没有应用几何图形或应用少量几何图形的技术开始，到依赖于复杂几何图形的技术。

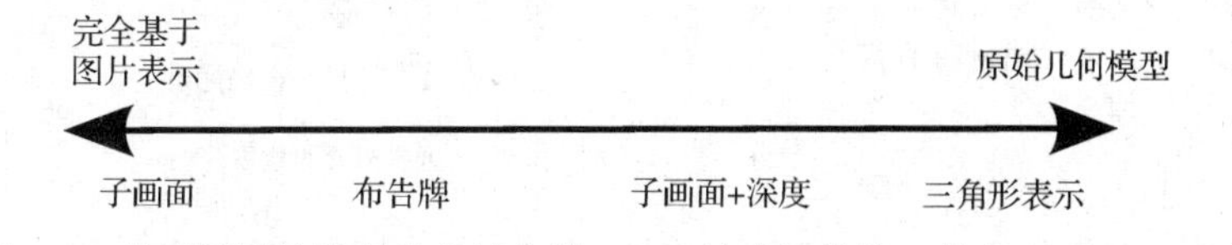

图 9.1　基于图像的绘制技术的分类：IBR 技术连续统一体（IBR continuum）

9.1　图像

图像（sprite）是常用于展示场景元素动态效果而插入于场景中的二维图像或动画。图 9.2 展示了著名电子游戏 Pac-Man 的子画面，其中图 9.2（a）用于产生动画效果。注意，由于子画面是覆盖在背景上的，因此未被绘制的像素点则是透明的。子画面看起来或许是不值得使用的不成熟技术。但是，当 1977 年 Atari 公司最初提出子画面的时候，这项技术给游戏行业带来了突破性的进展。当时的刷新率使得游戏无法展示动态元素，硬件子画面以及通过电子线路按特定顺序点亮屏幕任意位置的像素区域，可以实现以直接覆盖的模式展示动画，而不需要重绘背景。当观看早期电子游戏时，有时可能会发现子画面和背景过渡位置产生的走样失真。这是因为子画面是预定义的，在屏幕的任何位置都将相同。随着三维游戏的发展，子画面技术变得不再重要，而是成为实现 9.2.4 节将介绍的镜头光斑(Lens Flare)之类效果的工具。近年来，随着二维游戏在网页手机上的火热流行，在不使用专门的硬件的情况下，子画面以矩形的纹理形式再度广泛使用。

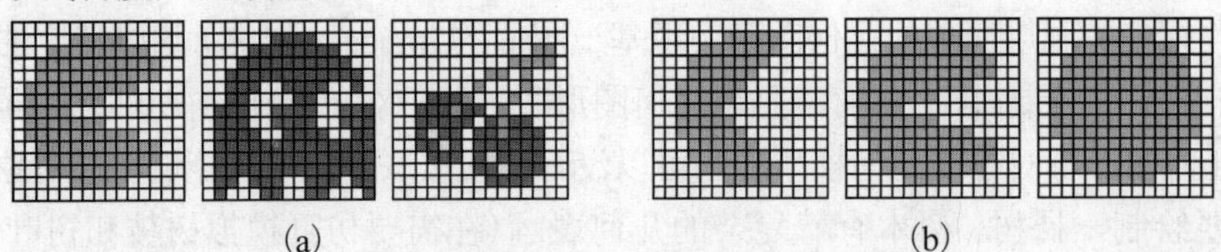

图 9.2　子画面示例。(a) Pac-Man 游戏中的主角，幽灵和樱桃；(b) 主角的动画

9.2　布告板

本章简介部分中已经提到了布告板(Billboarding)。严格来说，布告板是一个带有纹理(通常具有 alpha 通道)的矩形。布告板是一种用于三维场景的子画面，可以通过调整方向提供子画面无法展现的深度感。图 9.3 给出了本节将使用的布告板的表示方法。例如，在正交框架 B 中定义的矩形位于 xy 平面的 y+半空间中相对于 y 轴对称。

根据所采用的不同的框架 B，可以将布告板划分为不同的类型，包括静态布告板、屏幕对齐布告板、轴对齐布告板和球形布告板。

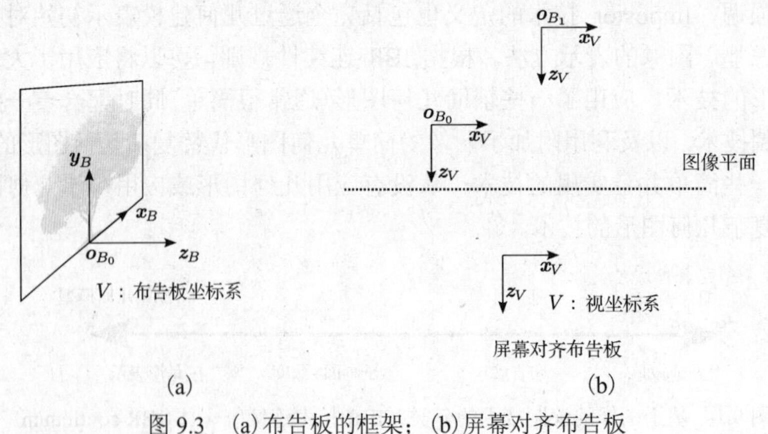

图 9.3　(a) 布告板的框架；(b) 屏幕对齐布告板

9.2.1　静态布告板

静态布告板(Static Billboard)的框架 B 只是简单地在世界空间中定义一次并保持不变。静态布告板最直接的应用就是用于表示路旁或者建筑上的广告牌。灵活来说，天空盒子就是静态布告板的特殊形式，只是天空盒子是立方体而不是矩形。

通常，参考书中很少提到静态布告板一词，这是因为如果框架 B 是静态的，那么布告板就是几何图形的一部分。本节提出这一概念是为了呈现完整的概念结构体系。

9.2.2　屏幕对齐布告板

屏幕对齐布告板(Screen-Aligned Billboards)的框架 B 的轴线与视框架 V 的轴线一致，因此布告板总是平行于视平面(这也是其名字的来历)，只是框架 B 的起始位置发生改变。屏幕对齐布告板相当于可放大的子画面，可用于模拟镜头光斑，覆盖输出以及其他小工具 gadget，或是替换场景远处的几何图形。

9.2.3　升级客户端：添加屏幕位置固定小工具

下面将对客户端进行一个非常简单的改进，其中并不会引入新的概念或是 WebGL 技术。为保持代码的简洁性，将定义一个 OnScreenBillboard 类，包含矩形、贴图纹理、框架 B 以及布告板绘制函数，如程序清单 9.1 所示。

```
7  function OnScreenBillboard(pos, sx, sy, texture, texcoords) {
8    this.sx = sx;          // scale width
9    this.sy = sy;          // scale height
10   this.pos = pos;        // position
11   this.texture = texture; // texture
12   var quad_geo = [-1, -1, 0, 1, -1, 0, 1, 1, 0, -1, 1, 0];
13   this.billboard_quad = new TexturedQuadrilateral(quad_geo, ↩
       texcoords);
14 };
```

程序清单 9.1　布告板的定义(代码片段摘自http://envymycarbook.com/chapter9/0/0.js.)

图 9.4　(参见彩插)添加面向平面布告板小工具的客户端(参见客户端 http://envymycarbook.com/chapter9/0/0/html)

需要特别注意的是，如何建立屏幕对齐 Impostor 的框架 B，以及在哪个点进行绘制。如果希望速度表或者赛车手的图像覆盖场景的其余元素，只需要简单地重复 5.3.4 节的工作。也就是说，在 NDC 空间里直接表示 Impostor，完成所有对象的绘制并且禁止深度测试之后再进行绘制。如果希望呈现一些发烧友级效果，例如，在场景中央呈现一些文字，也就是说，部分被建筑物或是树木遮挡。通过在视点空间中建立框架 B，并且在场景绘制结束之后绘制布告板可以轻松实现这种效果。

程序清单 9.2 给出了图 9.4 所示速度表的初始化代码。分别创建了表盘显示和数字显示两种模式。

```
15 NVMCClient.initializeScreenAlignedBillboard = function (gl) {
16   var textureSpeedometer      = this.createTexture(gl, ↩
       ../../../media/textures/speedometer.png);
17   var textureNeedle           = this.createTexture(gl, ↩
       ../../../media/textures/needle2.png);
18   this.billboardSpeedometer = new OnScreenBillboard([-0.8, ↩
       -0.65], 0.15, 0.15, textureSpeedometer, [0.0, 0.0, 1.0, ↩
       0.0, 1.0, 1.0, 0.0, 1.0]);
19   this.createObjectBuffers(gl, this.billboardSpeedometer.↩
       billboard_quad, false, false, true);
20   this.billboardNeedle       = new OnScreenBillboard([-0.8, ↩
       -0.58], 0.09, 0.09, textureNeedle, [0.0, 0.0, 1.0, 0.0, ↩
       1.0, 1.0, 0.0, 1.0]);
21   this.createObjectBuffers(gl, this.billboardNeedle.↩
       billboard_quad);
22
23   var textureNumbers = this.createTexture(gl, ↩
       ../../../media/textures/numbers.png);
24   this.billboardDigits = [];
25   for (var i = 0; i < 10; ++i) {
26     this.billboardDigits[i] = new OnScreenBillboard([-0.84, ↩
         -0.27], 0.05, 0.08, textureNumbers, [0.1 * i, 0.0, 0.1 *↩
          i + 0.1, 0.0, 0.1 * i + 0.1, 1.0, 0.1 * i, 1.0]);
27     this.createObjectBuffers(gl, this.billboardDigits[i].↩
         billboard_quad, false, false, true);
28   }
29 };
```

程序清单 9.2　布告板初始化(代码片段摘自http://envymycarbook.com/chapter9/0/0.js)

表盘显示方式使用了两种不同的布告板，一个用于表示表盘(Plate)，一个用于指针(Needle)。绘制速度表的时候，将首先绘制表盘，然后绘制指针，使指针可以依据赛车当前的速度进行旋转。我们创建了 10 个布告板用于数字显示模式，这些布告板全都引用一个包含数字 0～9 的图像的纹理 textureNumbers，并且确保布告板 i 的纹理坐标映射到数字 i 的纹理矩形上。

9.2.4　升级客户端：添加镜头光斑效果

当光线进入照相机的镜头时，光线通过镜头系统的折射而产生视频或者 CCD 中的图像效果。此外，明亮光源的入射光线还将造成不期望的内部反射效应，这将导致如图 9.5 所示的真实照片中呈现的失真效果——镜头光斑(Lens Flare)。镜头光斑通常呈现为圆形或者六边形，基本沿着光源(图中的太阳)投射至其对面的一条直线。图像中还可以看到的另一个失真现象是高光溢出(Blooming)，这是明亮光源在图像中传播产生的图像效果。以上都是建模中非常复杂的光学效果(虽然已经有技术解决了这个难题)，但是通过使用屏幕对齐 Impostor，可以很好地进行模拟，这些光学效果模型早在 20 世纪 90 年代的电子游戏中就得以普遍应用。图 9.6 展示了确定光斑的大小和位置的方法。光斑可作为后期处理的效果来实现，即在三维场景绘制完毕后的图像中进行显示。光斑可视为亮度较高的彩色区域，图 9.6(b)展示的亮度纹理(Luminance Texture)是一种单一通道的纹理。如果将亮度纹理作为一个红色矩形的纹理，通过片元着色器中的片元颜色乘以 alpha 通道的值，便可以模拟纹理多边形的颜色。于是，将得到一个由纯红到黑色的红色阴影。如果启用颜色融合方式绘制这个纹理矩形，并对 gl.ONE 设置融合系数，gl.ONE 中的结果将是纹理多边形的颜色与帧缓存中颜色的简单加和，这样通过亮度纹理的值使得红色通道值的增加(注意 0 表示黑色)。这样，通过组合更多的 Impostor，可以得到任何类型的光斑。对于主光斑，即光源光斑，可以使用一组星形和圆形纹理。由于三个通道上的所有颜色与 Impostor 交叠，将得到一个白斑，因此实现了高光溢出效果。

图 9.5　镜头光斑效果。光线在照相机的光学器件中的折射在图像上产生光斑。注意，太阳直径的增加称为高光溢出

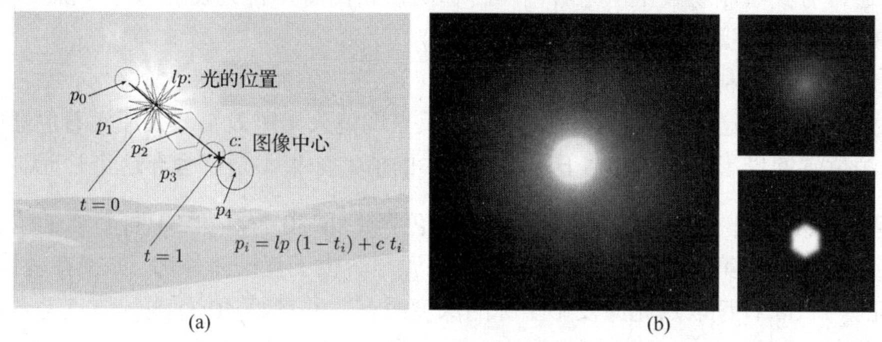

图 9.6　(参见彩插) (a) 镜头光斑在屏幕空间中的位置；(b) 用于效果模拟的纹理实例

注意，如果光源是不可见的，则不需要创建镜头光斑。如 5.2 节所述，一个点是不可见的，或是由于其在视锥体外，或是被沿同一视线靠近视点的对象所遮挡。

9.2.4.1　遮挡查询

程序清单 9.3 给出了如何通过遮挡查询(Occlusion Query)实现特定点可见性的测试。WebGL 1.0 不提供相应实现，但在不久的将来可能就会实现。遮挡查询通过使用 API 统计通过深度测试的片元数目。函数 gl.genQueries(第 2 行)创建一个 query 对象。函数 gl.beginQuery(gl.SAMPLES_PASSED, idQuery)(第 3 行)通知 WebGL 开始计数，gl.endQuery( )通知 WebGL 停止计数，然后计数结果通过函数 gl.getQueryObjectiv(idQuery, gl.QUERY_RESULT，nFragments)(第 7 行)进行读取。例如，可以在场景绘制结束后在光源位置绘制一个顶点。如果查询的结果不是 0，这就表明该点是可见的。显然不需要实际地绘制这个点，因此第 4 行禁止了颜色缓存的写入。

```
1  isPositionVisible = function(gl,lightPos){
2  gl.genQueries(1,idQuery);
3  gl.beginQuery(GL_SAMPLES_PASSED,idQuery);
4  gl.colorMask(false,false,false,false);
5  this.renderOneVertex(lightPos);
6  gl.endQuery();
7  n_passed = gl.getQueryObjectiv(gl.QUERY_RESULT,idQuery);
8  return(n_passed>0);}
```

程序清单 9.3　可用于测试位于 lightPos 的点是否可见的函数。函数应该在场景绘制结束之后调用

WebGL 1.0 中没有遮挡查询，因此需要通过其他方式测试一个点的可见性。通过以下步骤可以模拟遮挡查询的功能：

1. 绘制场景。
2. 在光源位置绘制一个点，将颜色属性设置为(1,1,1,1)(白色)。
3. 用 gl.readPixels 函数读取点投影对应的像素点，检查颜色是否为(1,1,1,1)。如果是，就意味着点通过了深度测试，并且输出了一个可视的白色像素点，因此是可见的。

遗憾的是，这种方法并不总是有效的。在进行光源绘制之前，测试像素点可能本身就是白色的，因此将得到错误测试。本章最后的练习部分将提出关于这个问题的一种解决方法。根据经验，由于执行速度的原因，最好避免从 GPU 到 CPU 存储器的回读；而且从 GPU 回读数据，则意味着需要运行 JavaScript 代码操作数据，这也将非常影响执行速度。下面将给出一个不需要回读的方式：

1. 按通常方式绘制场景，但当着色器传递阴影贴图时，将其设置为储存深度缓存(参见 8.3 节中的程序清单 8.2)。
2. 按通常方式绘制场景。
3. 绑定步骤 1 创建的深度纹理，绘制布告板呈现镜头光斑效果。在片元着色器中，测试光源位置的投影 z 值是否小于深度纹理中的值。如果不是，舍弃这个片元。

程序清单 9.4 给出了实现上述方法的片元着色器。第 30 行至第 31 行将光的位置转换至 NDC 空间，第 32 行至第 37 行的测试用于检查光源是否位于视锥体外部，如果在视锥体外部，则舍弃片元。第 38 行读取点光源投影坐标的深度缓存，并在第 40 行测试该点是否可见，以实现舍弃不可见片元。

```
20    uniform sampler2D uTexture;            \n\
21    uniform sampler2D uDepth;              \n\
22    precision highp float;                 \n\
23    uniform vec4 uColor;                   \n\
24    varying vec2 vTextureCoords;           \n\
25    varying vec4 vLightPosition;           \n\
26    float Unpack(vec4 v){                  \n\
27      return v.x    + v.y / (256.0) + v.z/(256.0*256.0)+v.w/ ←
          (256.0*256.0*256.0);\n\
28    }                                      \n\
29    void main(void)                                  \n\
30    { vec3 proj2d = vec3(vLightPosition.x/vLightPosition.w,←
        vLightPosition.y/vLightPosition.w,vLightPosition.z/←
        vLightPosition.w);\n\
31      proj2d = proj2d * 0.5 + vec3(0.5);         \n\
32      if(proj2d.x <0.0) discard;                 \n\
33      if(proj2d.x >1.0) discard;                 \n\
34      if(proj2d.y <0.0) discard;                 \n\
35      if(proj2d.y >1.0) discard;                 \n\
36      if(vLightPosition.w < 0.0) discard;        \n\
37      if(proj2d.z < -1.0) discard;               \n\
38      vec4 d = texture2D(uDepth, proj2d.xy);\n\
39      if(Unpack(d) < proj2d.z)                   \n\
40      discard;                                   \n\
41      gl_FragColor = texture2D(uTexture, vTextureCoords); \n\
42    }                                                    \n\
43   ";
```

程序清单 9.4　处理遮挡光源的镜头光斑的片元着色器(代码片段摘自http://envymycarbook.com/chapter9/2/shaders.js)

程序清单 9.5 给出了 JavaScript 端绘制镜头光斑的代码。注意，函数 drawLensFlares 在场景绘制结束后被调用。第 65 行至第 67 行禁用了深度测试并且启动融合方式，第 73 行更新了布告板在 NDC 空间的位置。与阴影映射方式相同，将用于存储深度缓存(this.shadowMap-TextureTarget.texture)的帧缓存的纹理对象与布告板的纹理进行绑定。

```
64  NVMCClient.drawLensFlares = function (gl,ratio) {
65    gl.disable(gl.DEPTH_TEST);
66    gl.enable(gl.BLEND);
67    gl.blendFunc(gl.ONE,gl.ONE);
68    gl.useProgram(this.flaresShader);
69    gl.uniformMatrix4fv(this.flaresShader.←
        uProjectionMatrixLocation, false, this.projectionMatrix);
70    gl.uniformMatrix4fv(this.flaresShader.uModelViewMatrixLocation←
        , false, this.stack.matrix);
71    gl.uniform4fv(this.flaresShader.uLightPositionLocation,  this.←
        sunpos);
72
73    this.lens_flares.updateFlaresPosition();
74    for(var bi in this.lens_flares.billboards){
75        var bb = this.lens_flares.billboards[bi];
76        gl.activeTexture(gl.TEXTURE0);
77        gl.bindTexture(gl.TEXTURE_2D,this.shadowMapTextureTarget.←
            texture);
78        gl.uniform1i(this.flaresShader.uDepthLocation,0);
79        gl.activeTexture(gl.TEXTURE1);
80        gl.bindTexture(gl.TEXTURE_2D,this.lens_flares.billboards[←
            bi].texture);
81        gl.uniform1i(this.flaresShader.uTextureLocation,1);
82        var model2viewMatrix = SglMat4.mul(SglMat4.translation([bb←
            .pos[0],bb.pos[1],0.0,0.0]),
83          SglMat4.scaling([bb.s,ratio*bb.s,1.0,1.0]));
84        gl.uniformMatrix4fv(this.flaresShader.←
            uQuadPosMatrixLocation, false, model2viewMatrix);
85        this.drawObject(gl, this.billboard_quad,this.flaresShader)←
            ;
86      }
87    gl.disable(gl.BLEND);
88    gl.enable(gl.DEPTH_TEST);
89  };
```

程序清单 9.5　镜头光斑的绘制函数(代码片段摘自http://envymycarbook.com/chapter9/1/1.js)

当取景相机是光学相机，并且总是对相同纹素执行深度测试的特殊情况下，这便仍是阴影映射。此外，还可以呈现更好的视觉效果。本章在习题中提出了初步改进方法，并在第 10 章的习题中讨论核心的改进方法。

图 9.7 展示了实现镜头光斑的客户端的快照。

9.2.5　轴对齐布告板

轴对齐布告板(Axis-Aligned Billboards)的 y 轴坐标 $\boldsymbol{y}_B = [0,1,0]^{\mathrm{T}}$, $\boldsymbol{z}_B$ 指向视点[详见图 9.3(a)]，即指向它，在平面 $y = \boldsymbol{o}_{By}$ 的投影为

$$
\begin{aligned}
\boldsymbol{y}_B &= [0,1,0]^{\mathrm{T}} \\
\boldsymbol{z}'_B &= (\boldsymbol{o}_V - \boldsymbol{o}_B)\cdot[1,0,1]^{\mathrm{T}} \\
\boldsymbol{z}_B &= \frac{\boldsymbol{z}'_B}{\|\boldsymbol{z}'_B\|} \\
\boldsymbol{x}_B &= \boldsymbol{y}_B \times \boldsymbol{z}_B
\end{aligned}
$$

图 9.7 (参见彩插)镜头眩光效果的客户端(参见客户端http://envymycarbook.com/chapter7/4/4.html)

注意，正交投影的轴线与屏幕对齐布告板的轴线是相同的。轴对齐布告板常用于具有圆柱对称特性对象的表示，这意味着在同一平面上(不是在平面上或者平面下)，从各个方向观察到的对象都基本相同。因此，树木是采用轴对齐布告板表示的典型对象。

9.2.5.1 升级客户端: 提升树木的视觉效果

下面，将重写 4.8.1 节的 drawTree 函数，采用轴对齐布告板替换柱体和锥体。

作为树木布告板的纹理图片的像素点包含 alpha 通道及非零的 alpha 值。图 9.8 通过将 alpha 通道映射到灰度范围来进行说明。注意，alpha 值不简单是 1 或 0，而是通过调节以减少离散表示造成的走样效应。这种情况下，矩形的颜色无关紧要，因为将由纹理的颜色(以及 alpha)替代。与 5.3.4 节绘制挡风玻璃的方式一样，我们将采用融合方式将布告板的颜色与帧缓存器的颜色进行组合。为了正确处理透明性，需要像画家(Painter)算法一样，自后向前绘制非透明对象。程序清单 9.6 给出了树木绘制主要的代码。注意，drawTrees 函数在场景绘制结束后被调用。第 36 行进行了排序工作。this.billboard_trees.order 是一个索引数组，位置 i 指出树 i 的自前向后的顺序。JavaScript 函数 sort 用一个比较函数执行数组排序，比较函数用于比较布告板与观察者之间的距离。第 39 行至第 47 行依据上述方法计算每个广告牌的方向。第 48 行禁止深度缓存的写入，第 49 行至第 50 行设置颜色的融合模式，并且绘制布告板。注意，绘制的顺序取决于排序的数组(第 59 行)。

图 9.8 利用布告板展示树木纹理时的 alpha 通道(参见客户端 http://envymycarbook.com/chapter9/2/2.html)

```
33 NVMCClient.drawTrees = function (gl) {
34   var pos = this.cameras[this.currentCamera].position;
35   var billboards = this.billboard_trees.billboards;
36   this.billboard_trees.order.sort(function (a, b) {
37     return SglVec3.length(SglVec3.sub(billboards[b].pos, pos)) -↩
           SglVec3.length(SglVec3.sub(billboards[a].pos, pos))});
38
39   for (var i in billboards) {
40     var z_dir = SglVec3.to4(SglVec3.normalize(SglVec3.sub(pos, ↩
         billboards[i].pos)),0.0);
41     var y_dir = [0.0, 1.0, 0.0,0.0];
42     var x_dir = SglVec3.to4(SglVec3.cross(y_dir, z_dir),0.0);
43     billboards[i].orientation = SglMat4.identity();
44     SglMat4.col$(billboards[i].orientation,0,x_dir);
45     SglMat4.col$(billboards[i].orientation,1,y_dir);
46     SglMat4.col$(billboards[i].orientation,2,z_dir);
47   }
48   gl.depthMask(false);
49   gl.enable(gl.BLEND);
50   gl.blendFunc(gl.ONE, gl.ONE_MINUS_SRC_ALPHA);
51
52   gl.useProgram(this.textureShader);
53   gl.uniformMatrix4fv(this.textureShader.↩
       uProjectionMatrixLocation, false, this.projectionMatrix);
54   gl.activeTexture(gl.TEXTURE0);
55   gl.uniform1i(this.textureShader.uTextureLocation, 0);
56   gl.bindTexture(gl.TEXTURE_2D, this.billboard_trees.texture);
57
58   for (var i in billboards) {
59     var b = billboards[this.billboard_trees.order[i]];
60     this.stack.push();
61     this.stack.multiply(SglMat4.translation(b.pos));
62     this.stack.multiply(b.orientation);
63     this.stack.multiply(SglMat4.translation([0.0, b.s[1], 0.0]))↩
         ;
64     this.stack.multiply(SglMat4.scaling([b.s[0], b.s[1], 1.0, ↩
         1.0]));
65     gl.uniformMatrix4fv(this.textureShader.↩
         uModelViewMatrixLocation, false, this.stack.matrix);
66     this.drawObject(gl, this.billboard_quad, this.textureShader,↩
           [0.0, 0.0, 0.0, 0.0]);
67     this.stack.pop();
68   }
69   gl.disable(gl.BLEND);
70   gl.depthMask(true);
71 };
```

程序清单 9.6　使用深度排序绘制轴对齐布告板(代码片段摘自 http://envymycarbook.com/ chapter9/2/2.js)

那么，随着树木数量的增加，对 CPU 中的布告板进行排序所带来的开销是否将成为算法效率的瓶颈？答案是肯定的。有两种简单的方法可以避免深度排序。第一种方法是不使用颜色融合，而是丢弃 alpha 值小的片元。因此，在片元着色器将进行类似 if (color[4] <0.5) discard; 的测试。第二种避开排序的方法是不排序，仅仅忽略这个问题！这些解决方案都会造成走样失真，但这些失真在某种程度上是可以接受的，尤其是采用第二种方案。提示，考虑两个颜色相同深度不同的片元，无论是否排序都没有影响。由于树木都是通过复制生成的，而且大多是绿色着色，因此不进行排序也不会产生任何问题。

9.2.6 动态布告板

目前为止所介绍的布告板的图像都是预定义的，独立于时间和视框架。动态布告板(On-the-fly Billboarding)的图像将由待绘制对象的几何创建纹理。通过具体实例可以更好地了解动态布告板的优点。

假设，赛车比赛的赛道将从远处靠近并穿越具有很多建筑物的城市。在到达城市之前，城市的样貌在屏幕上的投影将不会产生太多改变，因此可以忽略几何图形而采用纹理创建布告板表示城市。逐渐靠近城市的过程中，布告板的投影将变得越来越大，在特定位置开始将能够看到纹理放大效应(纹理像素比像素点更大，详见 7.3.1 节)。在产生放大效应之前，可以通过刷新纹理重新进行真实模型的绘制纹理。动态布告板有助于减少计算开销，但同时也要求建立终止使用布告板的准则。

动态布告板技术通常称为 Impostor 技术(参见文献[1])。为了强调其重要特性，将其称为动态布告板。这样也可以保留保持 Impostor 一词更原始和一般的含义。

9.2.7 球形布告板

球形布告板(Spherical Billboard)的轴线 $\boldsymbol{y}_B$ 与 $\boldsymbol{y}_V$ 一致，轴线 $\boldsymbol{z}_B$ 指向视点(详见图 9.9)。注意，通常情况下不可以直接设置 $\boldsymbol{z}_B=\boldsymbol{o}_V-\boldsymbol{o}_B$，因为这样可能造成 $\boldsymbol{z}_B$ 和 $\boldsymbol{y}_B$ 并非是正交的，但是可以如下进行定义：

$$\boldsymbol{y}_B = \boldsymbol{y}_V$$
$$\boldsymbol{z'}_B = \frac{\boldsymbol{o}_V - \boldsymbol{o}_B}{\|\boldsymbol{o}_V - \boldsymbol{o}_B\|}$$
$$\boldsymbol{x}_B = \boldsymbol{y}_B \times \boldsymbol{z'}_B$$
$$\boldsymbol{z}_B = \boldsymbol{x}_B \times \boldsymbol{y}_B$$

这与 4.5.1.1 节介绍的一样。通过构建一个非正交的框架$[\boldsymbol{x}_B,\boldsymbol{y}_B,z'_B]^{\mathrm{T}}$，重新计算 z'_B 使其与其他两轴线正交[详见图 9.9(b)]。

球形布告板适用于球对称对象。除了灌木、球和星球，也许无法想到更多这种类型的对象。考虑云、雾、烟等没有明确和规则的轮廓，但却占据一定空间的对象。此类的参与媒介(participating media)可以通过组合球形布告板进行绘制。这并非因为其有球对称性，而是由于没有明确的形状。

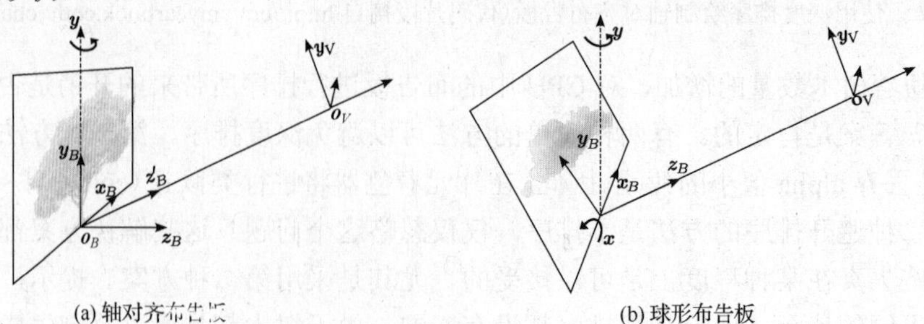

图 9.9 (a) 轴对齐布告板：布告板仅仅绕框架 B 的轴线 $\boldsymbol{y}$ 转动；(b) 球形布告板：轴线 z_B 总是指向视点 $\boldsymbol{o}_V$

9.2.8 布告板云

目前，布告板通过扩展已经可以更准确的描述复杂的三维对象，同时保持其绘制的简单性。布告板云(Billboard Cloud) 是一种扩展布告板[6]。如其名字所表明的，布告板云通过组合一组任意方向的布告板表示对象。

布告板的纹理通过原始几何图形的投影(即栅格化)获得。通过放置一个照相机，使其视平面与布告板矩形一致，然后绘制原始几何图形来实现。绘制的结果就是 Impostor 的纹理效果。注意，需要将背景的 alpha 值初始化为 0。这是一种非常简化的解释，因为其中包含许多细节以确保所有的原始几何图形都被表示并且充分采样。图 9.10 给出了最初提出这一技术的文章中的实例，文中同时提出了一种从纹理原始三维几何模型[6]自动生成布告板云的技术。当然也可以如客户端所示通过手工创建，如图 9.10 所示。

这种 Impostor 技术比简单的布告板保留了“更多的三维特性”。事实上，布告板云可以是方向独立的，因此可以完全替代对象。换句话说，当照相机运动时，没有必要旋转布告板。

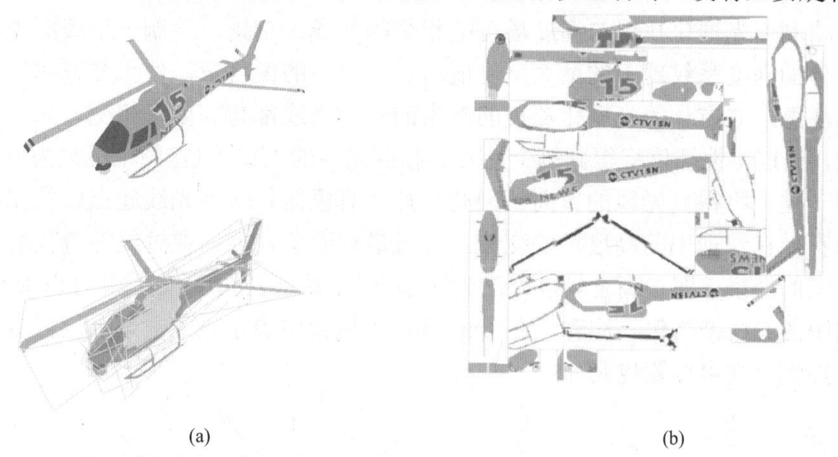

(a)　(b)

图 9.10　(参见彩插)文献[6]中的布告板云实例(论文作者提供)。(a)原始模型和用于仿真的一组多边形组件；(b)原始模型的投影创建的布告板上的纹理

升级客户端：再次提升树木的视觉效果

实现布告板云并不需要进行任何额外的工作，只需要用将其存储为带纹理的几何模型，正如同对赛车所采取的方法一样。唯一需要注意的是，使用 9.8 节提出的用于避免排序的方法，即舍弃 alpha 值小的片元。图 9.11 显示了相应客户端的快照。

图 9.11　(参见彩插)利用布告板云表示树木的客户端的快照(参见客户端 http://envymycarbook.com/chapter9/3/3.html)

9.3　光线跟踪 Impostor

由于可编程 GPU 的出现以及分支和迭代的设计方式，许多全新类型的 Impostor 技术被提出。本节将介绍这些算法的体系结构，从一般化的视角看待这些算法。

7.8.1 节曾介绍，纹理可以包含位移值，因此可以存储一个高度场。7.8.2 节展示了如何调整法线使得高度场看起来更为真实。但是，这种解决方案仅限于前向几何模型，即高度场在阴影是不可见的。下面，将介绍利用光线跟踪技术显示高度图。回顾 1.3.1 节，光线跟踪技术通过从视点发射光线到场景，进行光线与对象的相交测试。图 9.12 给出了存储于布告板中的与光线相交的高度场(利用二维图形以更好地进行说明)。光线跟踪中最费时的部分就是相交测试，本节将利用光栅化找出与高度场可能相交的光线。首先，绘制一个底面为布告板的立方体，立方体的高度是纹理中的最大高度值增加一个小的偏移量，使得立方体尽可能容纳整个高度场。注意，立方体的光栅化覆盖的像素的对应光线都与高度场相交。如果将位置作为顶点的属性，通过属性插值将得到每个片元的相应光线的入口点(在图中标记为 i)。视点减去入口点并归一化，将得到光线的方向。因此，片元着色器将获得光线起点以及光线的方向，计算自身跟存储在纹理中的高度场的交集，并且进行着色计算。通过线性查找可以获取光线与高度图之间的交集，即自高度场以外的光线起点(在盒子表面)开始，并且以很小的步长 δ，在纹理空间中的光线栅格化。注意，在 Impostor 的框架中表示光线，顶点位置 $\mathbf{p}_i$ 的值需要在这个空间中指定，视点位置也是如此。

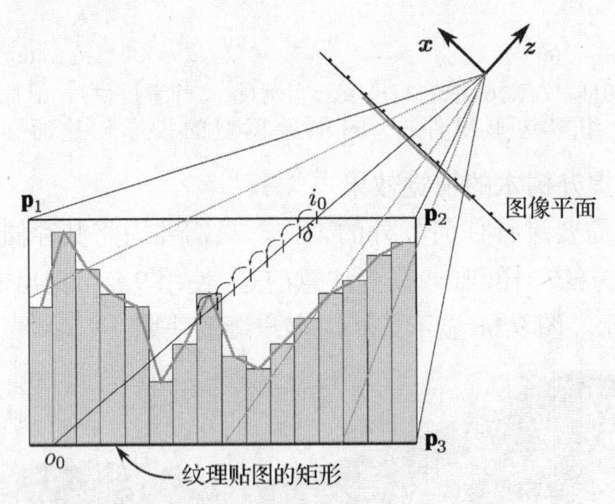

图 9.12　片元着色器进行高度场光线跟踪的方法

综上所述，这些技术中存在两个“相互关联”的基石：

- 纹理中存储的数据。
- 光线跟踪需要找到光线与哪些对象的交点，而后着色交点。

下面，将介绍一些实例。可以用一个 RGBA 纹理来获取颜色，在 alpha 通道中储存深度，或者可以再增加一个纹理用于存储其他的材料属性，如漫射和反射系数或者法线。

可以修改着色器，通过检查撞击点的相邻纹素来计算法线。

可以更改片元着色器以确定点是否位于光源的阴影中。通过将照相机作为属性进行传递，而后从撞击点开始，沿着光的方向追踪光线，测试光线是否与表面相交。注意，如果只是这么做，那么仅仅关心自阴影，即那些通过高度场产生的阴影。如果考虑完整的场景，应该执行两个阶段的绘制：首先从光源处绘制盒子，然后执行上述光线跟踪，并且在纹理上写入哪些纹素是在阴影中，然后从视点开始绘制。

9.4 自测题

一般性题目

1．针对下述论题进行讨论：

- 如果绘制对象是完全平面的，那么没有必要创建布告板。
- 如果绘制对象是完全平面的，那么布告板与物体大小相等。
- 布告板所用纹理的像素的大小必须要大于或等于视窗。

2．哪些因素将影响发现采用布告板替换了原始几何模型的距离？

3．绘制布告板时是否可以使用 mipmap 技术？

客户端题目

1．通过在第一步中改变视窗使其仅限于光源位置的投影，来改进镜头光斑的绘制技术。

2．为赛车创建一个简单的布告板云。赛车的布告板云由赛车边界盒的 5 个面(除去底面)组成；通过对每个面进行正交绘制获取纹理。当赛车距离观察者足够远的时候，更改客户端以使用布告板云替换纹理模型。提示：确认距离时考虑片元投影的大小以及车边界盒对角线的长度。为此执行以下操作：

(a) 位置为 $([0,0,-z_{car}],[0,diag,-z_{car}])$ (在视点空间中) 的片元，z_{car} 是汽车边界盒的中心 z 轴的坐标，diag 是其对角线。

(b) 计算屏幕空间中线段的长度 $diag_{ss}$。

(c) 启发式地为 $diag_{ss}$ 找到一个阈值，以实现原始几何模型到布告板云的转换。

注意，这与从观察者到车的距离是不同的，因为需考虑通过间接估计得到的边界盒的大小，在这个距离下可能发生纹理放大效应。

第10章 高级技术

在这一章将运用一些高级技术来给客户端增加一些奇特效果，其中主要使用屏幕空间技术。屏幕空间技术是针对场景绘制时生成的图像进行处理并形成输出结果的技术。

作为实例，将看到如何模拟照相机的离焦和运动效果，以及如何添加一些更高级的阴影效果，除此之外，还将看到实现这些技术的基本概念和工具。

10.1 图像处理

信号处理是一系列数学工具和算法，旨在分析和处理多种性质的信号，如声音、图像和视频。随着数字计算机的出现，许多从模拟域发展起来的信号处理技术已经变成算法，从而促进了现代数字信号处理技术的发展。数字图像处理，通常简称为图像处理，是指给定一幅输入数字图像，对其进行精细加工从而产生不同特征的图像或者一系列相关信息/符号的所有算法。这些处理以各种不同的目标为导向，如图像增强，目的是提高图像质量(噪声去除、清晰度增加)；图像修复，目的是恢复输入图像中一些损坏的部分或颜色；图像压缩，目的是在保存输入图像外观的同时减少输入数据的数量，此处仅列举几个例子来说明。

图像处理传统上被认为是计算机视觉的工具，计算机视觉的目的是分析图像或视频，提取其构成信息，如光源、照相机位置和方向等。在这个意义上来说，计算机视觉可以被看成是计算机图形学的逆过程。计算机视觉不仅限于提取某一类的信息，它也涉及图像解释，例如，在图像搜索应用中，对图像中描绘的对象进行自动标记。

自从可编程和并行 GPU 出现以后，许多图像处理算法可以在非常短的时间内执行，因此，图像处理也变成计算机图形学的一种工具(本章将按照这种情况处理)，图 10.1 给出了它们之间关系的示意图。

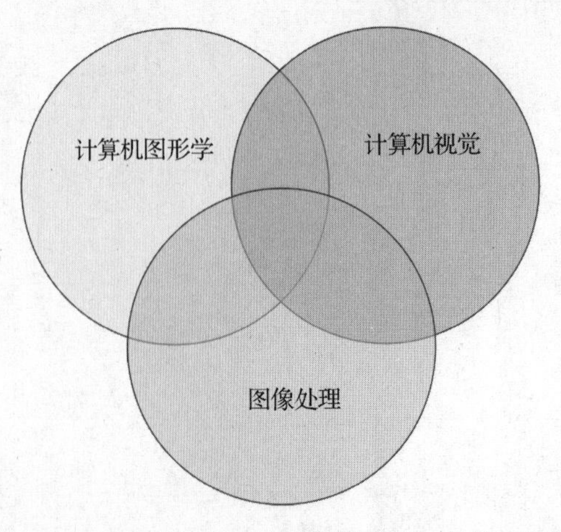

图 10.1　计算机图形学、计算机视觉和图像处理的关系

自从可编程着色硬件面世以来，现代 GPU 已经成为一种计算工具，这类计算不一定与三维场景绘制有关。可以说，如果最初的图形加速器是为了加速图形绘制流水线某个部分的电路系统，那么现代 GPU 本质上是用于计算机图形学的并行多核处理单元。当然这有点过于绝对，GPU 的结构仍然专为图形计算(处理器之间通信、内存模型等)而设计，但是事实上是，GPU 可以用于求解大型线性方程组，评估二维或三维数据的快速傅里叶变换(FFT)，进行天气预报，对蛋白质序列或者蛋白质折叠进行评估，计算物理模拟等，所有这些都需要并行超级计算机。现代 GPU 的使用方式被称为基于 GPU 的通用计算(GPGPU)。

下面将集中介绍一些可以在客户端获得有趣视觉效果的图像处理算法。我们将看到如何使图像局部变模糊，以及如何使用这样的操作来获取景深效果，如何提取图像边缘使得在客户端获得一些不自然但看起来有趣的效果，以及最终如何通过增加所生成图像的清晰度来提高渲染细节。

10.1.1 模糊

许多图像滤波操作可以表示为输入图像 I 的特定区域加权求和。图 10.2 给出了此过程。在数学上，滤波图像 I' 的像素 (x_0, y_0) 的值可以表示为

$$I'(x_0, y_0) = \frac{1}{T} \sum_{x=x_0-N}^{x_0+N} \sum_{y=y_0-M}^{y_0+M} \boldsymbol{W}(x+N-x_0, y+M-y_0) I(x, y) \tag{10.1}$$

其中，N 和 M 是滤波窗口半径，$\boldsymbol{W}(x, y)$ 是定义滤波的权重矩阵，T 是权重的绝对值之和，作为归一化因子，滤波窗口的大小定义了滤波支持域，通常称为滤波器内核大小，滤波包含的像素总数是 $(2N+1)(2M+1) = 4NM + 2(N+M) + 1$。通常我们强调，窗口是正方形的而不是长方形的(即 $N = M$)。

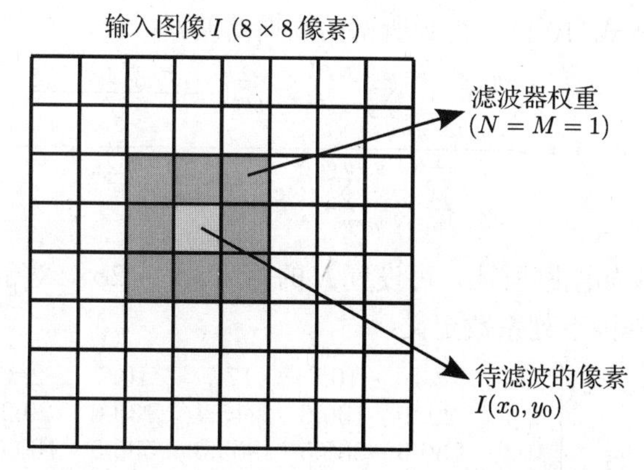

图 10.2 内核大小为 3×3 像素的一般滤波器。正如所见，滤波器权重的掩码集中于待滤波的像素

采用更简单的形式，模糊操作可以通过取滤波所支持的像素平均值得到。因此，当 $N = M = 2$ 时，该操作对应的权重矩阵为

$$\boldsymbol{W}(i, j) = \begin{bmatrix} 1 & 1 & 1 & 1 & 1 \\ 1 & 1 & 1 & 1 & 1 \\ 1 & 1 & 1 & 1 & 1 \\ 1 & 1 & 1 & 1 & 1 \\ 1 & 1 & 1 & 1 & 1 \end{bmatrix} \tag{10.2}$$

此时 $T=25$。正如我们所见，$\boldsymbol{W}(i,j)$ 表示常权重函数。在这种情况下，式(10.1)可以看成是具有 box 函数的图像卷积。这就是该类型的模糊滤波通常称为 box 滤波的原因。显然，随着窗口大小增加，模糊效果也会加大。事实上，以这种方式，像素值在更广的支持域下取平均值。图 10.3 显示了将该滤波器应用于图像的示例(RGB 颜色通道分别过滤)。

(a) (b)

图 10.3 (参见彩插)(a)原始图像；(b)用 9×9 的 box 过滤器进行模糊化的图像($N=M=4$)

通过使用 box 过滤器获得的模糊也可以通过其他平均函数获取。一个可选择方案是，我们认为接近中心像素 (x_0,y_0) 的像素比远离中心像素的像素更有影响力。为此，通常选择高斯函数作为权重函数。二维高斯函数定义如下：

$$g(x,y)=\frac{1}{2\pi\sigma}\mathrm{e}^{-\frac{(x^2+y^2)}{2\sigma^2}} \tag{10.3}$$

函数的支持域(即定义域)是整个 $\mathbb{R}^2$ 平面，但考虑到当原点的距离 $(\sqrt{(x^2+y^2)})$ 大于 3σ 时，高斯值非常接近于 0，而实际上函数的定义域是有限的。因此，较好的选择是选取的高斯内核的支持域依赖于 σ 的值。

通过将高斯函数代入式(10.1)，得到所谓的高斯滤波器：

$$I'(x,y)=\frac{\sum_{x=x_0-N}^{x_0+N}\sum_{y=y_0-N}^{y=y_0+N}I(x,y)\mathrm{e}^{(-\frac{(x-x_0)^2+(y-y_0)^2}{2\sigma})}}{\sum_{x=x_0-N}^{x_0+N}\sum_{y=y_0-N}^{y=y_0+N}\mathrm{e}^{(-\frac{(x-x_0)^2+(y-y_0)^2}{2\sigma})}} \tag{10.4}$$

对于内核的大小，正如刚刚所述，可设置 N 的值为 3σ 或 2σ。对于高斯滤波器，$\sigma=1$ 的像素对应的 7×7 权重矩阵由下列系数定义：

$$\boldsymbol{W}(i,j)=\frac{1}{10\,000}\begin{bmatrix} 0.2 & 2.4 & 10.7 & 17.7 & 10.7 & 2.4 & 0.2 \\ 2.4 & 29.2 & 130.6 & 215.4 & 130.6 & 29.2 & 2.4 \\ 10.7 & 130.6 & 585.5 & 965.3 & 585.5 & 130.6 & 10.7 \\ 17.7 & 215.4 & 965.3 & 1591.5 & 965.3 & 215.4 & 17.7 \\ 10.7 & 130.6 & 585.5 & 965.3 & 585.5 & 130.6 & 10.7 \\ 2.4 & 29.2 & 130.6 & 215.4 & 130.6 & 29.2 & 2.4 \\ 0.2 & 2.4 & 10.7 & 17.7 & 10.7 & 2.4 & 0.2 \end{bmatrix} \tag{10.5}$$

请注意，在矩阵的边界，距离变为 3σ，高斯函数的值迅速趋于零，这些权重的图形表示如图 10.4 所示，该滤波的应用实例如图 10.5 所示。

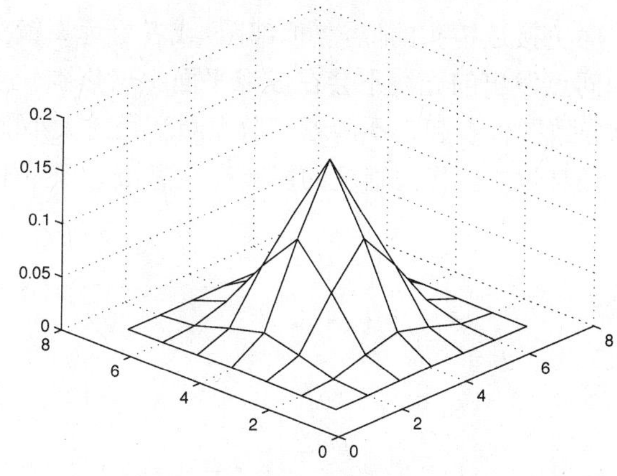

图 10.4　7×7 高斯滤波器的权重

(a)　　(b)

图 10.5　(参见彩插) (a) 原始图像；(b) 用 9×9 高斯滤波器进行模糊化的图像 (σ=1.5 像素)

10.1.2　升级客户端：一个具有景深的更好的摄像机

目前，假设通过一个理想针孔照相机观察世界，但在许多意义上，一个实际照相机与理想照相机差很多，其中一点就是，我们的眼睛不可能聚焦视野内的所有事物，也就是视野内事物不可能都具有明确的轮廓和细节。如果尝试把一个对象放在距离摄像机非常近的位置，会注意到背景将变"模糊"，即离焦。相反，如果尝试聚焦于场景中远处的某个点，近处对象将会离焦。图 10.6 给出了一个背景离焦的示例。

图 10.6　离焦示例。捕捉场景时汽车是清晰的而背景模糊。对象框架聚焦显示的深度范围称为相机的景深(感谢 Francesco Banterle 提供此图)

图 10.7 解释了这种现象发生的原因。照相机镜头使到镜头距离为 d 的光线聚焦到成像平面。除了距离 d，其他距离的从相同点发出的光线不会正好聚焦到镜头后面的成像平面。但这

些光线会聚焦到比成像平面更接近镜头的位置(顶部图)或者更远离镜头的位置(底部图)。在这两种情况下，从空间相同点发出的光线不会在成像平面上聚焦到一点，而是聚焦到一个圆形区域，称为散光圆，这导致图像看起来不清晰。散光圈半径的大小随着该点沿光轴到 d 的距离线性增加，散光圈半径对生成图像清晰度的影响在距离 d 一定范围内是可以接受的。这样的范围称为景深。

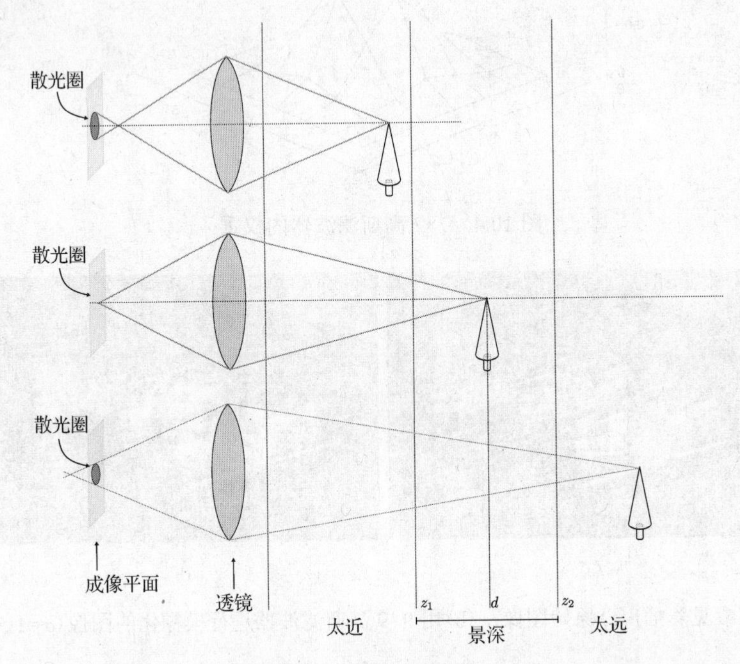

图 10.7　景深和散光圈

下面将使用模糊化来再现这种效果。用$[z_1, z_2]$表示三维物体聚焦的景深范围。然后，对于每个不在此区间内的 z，线性地增加模糊效果来模拟真实照相机的离焦效果。为此，把散光圈半径的大小(以像素为单位)以及模糊滤波器内核的大小表示为

$$\begin{cases} c = \frac{R_{\max}}{z_1 - \text{near}}(z_1 - z)\ , z < z_1 \\ c = 0, \qquad z_1 \leqslant z \leqslant z_2 \\ c = \frac{R_{\max}}{z_1 - \text{near}}(z - z_2)\ , z > z_2 \end{cases} \tag{10.6}$$

上式中 c 的值限制在$[0.0, R_{\max}]$区间，以避免内核大小增加太多。

10.1.2.1　全屏四边形

现在，我们将介绍一项在后处理中主要运用的技术：在绘制结果上增加更多数据并进行处理来生成最终图像。模糊化是此类众多示例中的第一个。

标准操作方法如下：

1. 将场景绘制到纹理。
2. 把生成的纹理绑定为源。
3. 绘制一个恰好覆盖屏幕的四边形，纹理坐标等于(0,0)，(1,0)，(1,1)，(0,1)。通常，这在 NDC 空间中绘制完成，因此，四边形的坐标为(−1,−1,−1)，(1,−1,−1)，(1,1,−1)和(−1,1,−1)。这称为全屏四边形。

通过绘制一个全屏四边形，为每个像素激活一个片元，所以，可以获取步骤 1 中绘制的所有像素点。

程序清单 10.1 给出了 JavaScript 代码的重要部分。从第 201 行到第 213 行，绘制场景并保存到深度缓存，正如在 8.3 节中对阴影映射所做的一样。事实上，重新使用同样的帧缓存、变量和着色器。从第 215 行到第 221 行，再次绘制场景，这次保存的是颜色缓存。

原则上，如果有多重绘制目标，就不需要绘制场景两次。在撰写本书时，这个功能还不在 WebGL API 中，但可以在多个缓冲区同时输出。所以，相同的着色器可以在一个缓冲区上写一种颜色，但在其他缓冲区写另一个颜色值。着色语言的唯一变化就是，在片元着色器中存在变量 gl_FragColor[i]，其中，i 是将要绘制的缓冲区索引。

最后，在第 230 行至第 243 行中，绘制了一个全屏四边形，与前两个绘制中填充的纹理进行绑定，并且启用下一步将要讨论的 depthOfFieldShader。请注意，第 233 行中，以米为单位，用两个数值来确定景深。这点很重要，因为当读取纹理深度时，必须注意参考系的选取，在参考系中所读取的值在区间[0, 1]内，并且以米为单位将它们的值进行比较。更明确地来说，我们知道 z_v (即观察空间中的 z) 的值将通过透视投影进行如下转换：

$$z_{\mathrm{NDC}} = \overbrace{\frac{f+n}{f-n}}^{\mathrm{A}} + 2\overbrace{\frac{fn}{f-n}}^{\mathrm{B}}\frac{1}{z_V}$$

类似 4.10 节中用透视矩阵 $\boldsymbol{P}_{\text{persp}}$ 乘 $[x,y,z,1]^{\mathrm{T}}$，在区间[0, 1]上有

$$z_{01} = (z_{\mathrm{NDC}}+1)/2$$

```
200   if (this.depth_of_field_enabled) {
201     gl.bindFramebuffer(gl.FRAMEBUFFER, this.↩
          shadowMapTextureTarget.framebuffer);
202
203     this.shadowMatrix = SglMat4.mul(this.projectionMatrix, this.↩
          stack.matrix);
204     this.stack.push();
205     this.stack.load(this.shadowMatrix);
206
207     gl.clearColor(1.0, 1.0, 1.0, 1.0);
208     gl.clear(gl.COLOR_BUFFER_BIT | gl.DEPTH_BUFFER_BIT);
209     gl.viewport(0, 0, this.shadowMapTextureTarget.framebuffer.↩
          width, this.shadowMapTextureTarget.framebuffer.height);
210     gl.useProgram(this.shadowMapCreateShader);
211     gl.uniformMatrix4fv(this.shadowMapCreateShader.↩
          uShadowMatrixLocation, false, this.stack.matrix);
212     this.drawDepthOnly(gl);
213     this.stack.pop();
214
215     gl.bindFramebuffer(gl.FRAMEBUFFER, this.↩
          firstPassTextureTarget.framebuffer);
216     gl.clearColor(1.0, 1.0, 1.0, 1.0);
217     gl.clear(gl.COLOR_BUFFER_BIT | gl.DEPTH_BUFFER_BIT);
218     gl.viewport(0, 0, this.firstPassTextureTarget.framebuffer.↩
          width, this.firstPassTextureTarget.framebuffer.height);
219     this.drawSkyBox(gl);
220     this.drawEverything(gl, false, this.firstPassTextureTarget.↩
          framebuffer);
221     gl.bindFramebuffer(gl.FRAMEBUFFER, null);
222
223     gl.viewport(0, 0, width, height);
224     gl.disable(gl.DEPTH_TEST);
225     gl.activeTexture(gl.TEXTURE0);
```

```
226     gl.bindTexture(gl.TEXTURE_2D, this.firstPassTextureTarget.↩
          texture);
227     gl.activeTexture(gl.TEXTURE1);
228     gl.bindTexture(gl.TEXTURE_2D, this.shadowMapTextureTarget.↩
          texture);
229
230     gl.useProgram(this.depthOfFieldShader);
231     gl.uniform1i(this.depthOfFieldShader.uTextureLocation, 0);
232     gl.uniform1i(this.depthOfFieldShader.uDepthTextureLocation, ↩
          1);
233     var dof = [10.0, 13.0];
234     var A = (far + near) / (far - near);
235     var B = 2 * far * near / (far - near);
236     gl.uniform2fv(this.depthOfFieldShader.uDofLocation, dof);
237     gl.uniform1f(this.depthOfFieldShader.uALocation, A);
238     gl.uniform1f(this.depthOfFieldShader.uBLocation, B);
239
240     var pxs = [1.0 / this.firstPassTextureTarget.framebuffer.↩
          width, 1.0 / this.firstPassTextureTarget.framebuffer.↩
          width];
241     gl.uniform2fv(this.depthOfFieldShader.uPxsLocation, pxs);
242
243     this.drawObject(gl, this.quad, this.depthOfFieldShader);
244     gl.enable(gl.DEPTH_TEST);
245   }
```

程序清单 10.1 景深实现(JavaScript 端)(代码片段摘自 http://envymycarbook.com/ chapter10/0/0.js)

在程序清单 10.2 所示的片元着色器中，读取了纹理中的深度值，这些值在区间[0, 1]内(参见第 40 行)：必须进行逆变换以便在观察空间中表示它们，然后用景深区间来测试它们(第 41 行至第 42 行)。这就是为什么把 ***A*** 和 ***B*** 的值传递到着色器上，因为它们是透视变换矩阵的元素，必须对从区间 [0,1] 到观察空间的变换进行逆变换。

你可能会好奇为什么不简化它，然后直接在 [0,1] 范围内传递景深区间。可能可以这样，但如果希望像用户期待的那样以米为单位来表示区间，那么至少应该在 JavaScript 端把观察空间转换到 [0,1] 区间。考虑到函数 ComputeRadiusCoc。实际上，半径不会随着区间端值的距离而线性增加，而是随着它们倒数的距离线性增加(读者可以将上述方程代入函数来证明)。这不代表它没有意义，但是没有实现式(10.6)所描述的内容。

```
14    precision highp float;
15    const int MAXRADIUS ="+ constMAXRADIUS+";
16    uniform sampler2D uDepthTexture;
17    uniform sampler2D uTexture;
18    uniform float uA,uB;
19    uniform float near;
20    uniform vec2 uDof;
21    uniform vec2 uPxs;
22    varying vec2 vTexCoord;
23    float Unpack(vec4 v){
24      return v.x   + v.y / (256.0) +
25        v.z/(256.0*256.0)+v.w/ (256.0*256.0*256.0);
26    }
27    float ComputeRadiusCoC( float z ) {
28      float c = 0.0;
29      // circle of confusion is computed here
30      if ( z < uDof[0] )
31        c = float(MAXRADIUS)/(uDof[0]-near)*(uDof[0]-z);
32      if ( z > uDof[1] )
33        c = float(MAXRADIUS)/(uDof[0]-near)*(z-uDof[1]);
34      // clamp c between 1.0 and 7.0 pixels of radius
```

```
35        if ( int(c) > MAXRADIUS)
36          return float(MAXRADIUS);
37        else
38          return c;
39        }
40      void main(void)
41      {
42        float z_01 =Unpack(texture2D(uDepthTexture,vTexCoord));
43        float z_NDC = z_01*2.0-1.0;
44        float z_V   = -uB / (z_NDC-uA);
45        int radius  = int(ComputeRadiusCoC(z_V));
46        vec4 accum_color = vec4(0.0 ,0.0 ,0.0 ,0.0) ;
47
48        for ( int i = -MAXRADIUS ; i <= MAXRADIUS ; ++i )
49          for ( int j = -MAXRADIUS ; j <= MAXRADIUS ; ++j )
50            if (    (i >= -radius ) && ( i <= radius )
51                &&  (j >= -radius ) && ( j <= radius ) )
52                accum_color += texture2D( uTexture ,
53                  vec2( vTexCoord.x +float(i) *uPxs[0],
54                        vTexCoord.y+float(j) *uPxs[1]));
55        accum_color /= vec4((radius*2+1)*(radius*2+1));
56        vec4 color = accum_color;
57      //  if(radius > 1) color+=vec4(1,0,0,1);
58      gl_FragColor = color
```

程序清单 10.2 景深实现(着色器端)(代码片段来自 http://envymycarbook. com/code/chapter10/0/shaders.js)

请注意，在滤波器循环中，不能直接使用第 45 行中计算得到的半径值，因为着色器编译器必须能够展开循环。因此，把最大内核的大小作为循环的限制，并且测试从内核中心到内核外且贡献为零的位置的片元距离。

通过将模糊图像的计算分解为一个只沿 x 轴方向数值求和的“水平阶跃”和一个在竖直方向上对上一步骤结果求和的“竖直阶跃”，能更有效地实现相同操作。最终结果是一致的，但绘制速度会更快，因为每个像素需要进行 $N+M$ 步操作而非 $N\times M$ 步。图 10.8 展示了从景深摄像机进行观察的快照。实际上，这种解决方案会产生图像伪影，最明显的问题就是由于深度不连续引起的。假设一个对象离照相机非常近，并且焦点对准。对于物体轮廓周围，焦点没有对准的物体的一部分受到焦点对准的背景对象的影响，最终结果是对象和背景之间的边界看起来有一点模糊。这个问题可以通过不计算与所考虑像素深度值相差太大的像素点而得到一定程度的解决。另一个改进方法是通过采样深度图的多个值并相应地进行颜色模糊。

图 10.8 景深客户端的快照(参见客户端 http://envymycarbook.com/chapter10/0/0.html)

另一个可选择方法是从当前观察点周围圆内位置多次绘制场景，并设定视锥体使其一直在焦距 d 处通过相同的矩形。对所生成的图像进行累积，然后通过取平均值得到最终图像。在这种方式下，距离 d 的所有物体会准确投射到成像平面的相同点，其余的会根据距离逐渐模糊。

10.1.3 边缘检测

目前已有许多算法用于提取给定图像的特征。在这些算法中，最重要的一类是识别并提取图像边缘。这里，描述完成这个工作的一些基本滤波器，特别是 Prewitt 和 Sobel 滤波器。这两个滤波器都是建立在图像一阶水平和垂直导数的数值近似的基础上。

首先，让我们了解一下一阶导数的数值近似。实函数 $f(x)$ 的一阶导数可计算为

$$\frac{\mathrm{d}f(x)}{\mathrm{d}x} = \lim_{\delta \to 0} \frac{f(x+\delta) - f(x)}{\delta} \tag{10.7}$$

对于某个很小的 δ 值，计算可近似为

$$\frac{\mathrm{d}f(x)}{\mathrm{d}x} = \frac{f(x+\delta) - f(x)}{\delta} \tag{10.8}$$

在离散情况下，式(10.8)改写为

$$\Delta_x(x_i) = f(x_{i+1}) - f(x_i) \tag{10.9}$$

其中，$f(x_i)$ 是离散函数，即函数 $f(\cdot)$ 的第 i 个样本。这个导数的数值近似称为前向差分，另一个定义称为后向差分

$$\Delta_x(x_i) = f(x_i) - f(x_{i-1}) \tag{10.10}$$

而中心差分定义为

$$\Delta_x(x_i) = \frac{f(x_{i+1}) - f(x_{i-1})}{2} \tag{10.11}$$

考虑定义在二维离散域的数字图像，图像梯度为向量 $\Delta = (\Delta_x, \Delta_y)$，其中 Δ_x 是水平导数，Δ_y 是垂直导数。利用中心差分，图像梯度可计算为

$$\Delta(x,y) = \begin{pmatrix} \Delta_x(x,y) \\ \Delta_y(x,y) \end{pmatrix} = \begin{pmatrix} I(x+1,y) - I(x-1,y) \\ I(x,y-1) - I(x,y+1) \end{pmatrix} \tag{10.12}$$

在这种情况下，Δ_x 和 Δ_y 分别代表离散的偏导数 $\partial I(x,y)/\partial x$ 和 $\partial I(x,y)/\partial y$。

此时，很容易地用梯度的大小来定义边缘的强度

$$\mathcal{E}(x,y) = \sqrt{\Delta_x^2(x,y) + \Delta_y^2(x,y)} \tag{10.13}$$

用 ε 表示最终提取的边缘图像。

因此，考虑式(10.13)，给定一个输入图像 $I(x,y)$，像素点 (x_0, y_0) 的边缘响应很容易地用矩阵形式表示为

$$\begin{aligned} I_h(x_0,y_0) &= \sum_{x=x_0-1}^{x_0+1} \sum_{y=y_0-1}^{y_0+1} \boldsymbol{w}_{\Delta_x}(x+1-x_0, y+1-y_0) I(x,y) \\ I_v(x_0,y_0) &= \sum_{x=x_0-1}^{x_0+1} \sum_{y=y_0-1}^{y_0+1} \boldsymbol{w}_{\Delta_y}(x+1-x_0, y+1-y_0) I(x,y) \\ \mathcal{E}(x_0,y_0) &= \sqrt{I_h^2(x_0,y_0) + I_v^2(x_0,y_0)} \end{aligned} \tag{10.14}$$

其中，$I_h(x,y)$ 是水平导数的图像，$I_v(x,y)$ 是垂直导数的图像，而权重矩阵 $\boldsymbol{W}_{\Delta_x}(i,j)$ 和 $\boldsymbol{W}_{\Delta_y}(i,j)$ 定义为

$$\boldsymbol{W}_{\Delta_x} = \begin{bmatrix} 0 & 0 & 0 \\ -1 & 0 & 1 \\ 0 & 0 & 0 \end{bmatrix} \quad \boldsymbol{W}_{\Delta_y} = \begin{bmatrix} 0 & 1 & 0 \\ 0 & 0 & 0 \\ 0 & -1 & 0 \end{bmatrix} \tag{10.15}$$

滤波器式(10.14)是最基本的滤波器，基于一阶导数来提取图像边缘。

两个一阶导数的数值近似比刚刚描述的一个更准确，这两个数值近似分别为 Prewitt 操作符

$$\boldsymbol{W}_{\Delta_x} = \begin{bmatrix} -1 & 0 & 1 \\ -1 & 0 & 1 \\ -1 & 0 & 1 \end{bmatrix} \quad \boldsymbol{W}_{\Delta_y} = \begin{bmatrix} 1 & 1 & 1 \\ 0 & 0 & 0 \\ -1 & -1 & -1 \end{bmatrix} \tag{10.16}$$

和 Sobel 操作符

$$\boldsymbol{W}_{\Delta_x} = \begin{bmatrix} 1 & 0 & -1 \\ 2 & 0 & -2 \\ 1 & 0 & -1 \end{bmatrix} \quad \boldsymbol{W}_{\Delta_y} = \begin{bmatrix} -1 & -2 & -1 \\ 0 & 0 & 0 \\ 1 & 2 & 1 \end{bmatrix} \tag{10.17}$$

通过代替式(10.14)的权重矩阵，得到更准确的边缘计算结果。请注意，这些内核的权重与中心差分近似得到的矩阵权重相似。图 10.9 为两个边缘检测器得到的结果。正如在其他滤波器示例中，滤波器被独立应用到每个图像颜色通道。

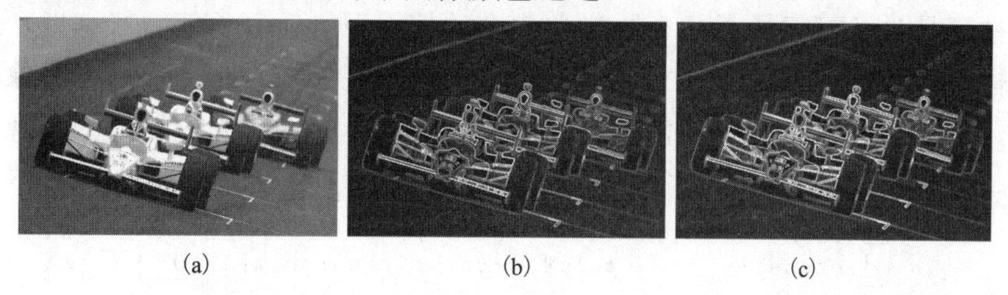

(a)　(b)　(c)

图 10.9　(参见彩插) (a) 原始图像；(b) Prewitt 滤波器；(c) Sobel 滤波器

10.1.4　升级客户端：卡通渲染

卡通渲染(Toon Shading 或 Cel Shading)指的是能让客户端看起来像卡通的渲染技术。这种渲染技术广泛应用于电子游戏中[任天堂的塞尔达传说：风之杖(The Legend of Zelda-The Wind Waker)]。卡通渲染属于所谓的非真实感图像技术(Non-Photorealistic Rendering，NPR)。NPR 旨在产生偏重于艺术和插图风格的非真实感图像。术语 NPR 存在争议，主要在于试图通过表明不是什么来定义事物，还因为它听起来像是一个简化的定义：因为在计算机图形学中，旨在绘制真实感图形，那么 NPR 技术仅是一个不实用的技术吗？

通常来说，NPR 技术试图使渲染结果看起来像手绘的。在客户端，将边缘检测和颜色量化相结合来实现。更准确地来说，将通过使用两个简单的技巧来完成卡通渲染效果。

第一个技巧是在对象轮廓上绘制黑色边缘。像景深客户端，我们渲染场景，然后制作全屏四边形来处理结果。接着利用 10.1.3 节的理论在屏幕空间计算边缘，用式(10.14)描述的滤波器和 Sobel 操作符内核生成边缘映射图。边缘映射图是单通道图像，它的强度值表示像素“边缘”。假定感兴趣的边缘强度值很大，定义一个阈值，超过阈值的像素点被认为是位于边缘的，这样的像素点在最终图像上被绘制成黑色。在代码示例中，使用一个固定阈值，而不是自适应阈值，可以产生更好的效果。程序清单 10.3 中的代码显示了片元着色器提取边缘映射图。

colorSample 是包含渲染场景和应用于全屏四边形的纹理。请注意，边缘强度为每个颜色通道边缘强度的均值。

```
37  float edgeStrength(){                                          \n\
38    vec2 tc = vTextureCoords;                                      \n\
39    vec4 deltax = texture2D(uTexture,tc+vec2(-uPxs.x,uPxs.y)) \n\
40      +texture2D(uTexture,tc+vec2(-uPxs.x,0.0))*2.0          \n\
41      +texture2D(uTexture,tc+vec2(-uPxs.x,-uPxs.y))          \n\
42      -texture2D(uTexture,tc+vec2(+uPxs.x,+uPxs.y))          \n\
43      -texture2D(uTexture,tc+vec2(+uPxs.x,0.0))*2.0          \n\
44      -texture2D(uTexture,tc+vec2(+uPxs.x,-uPxs.y));         \n\
45  \n\
46    vec4 deltay = -texture2D(uTexture,tc+vec2(-uPxs.x,uPxs.y))\n\
47      -texture2D(uTexture,tc+vec2(0.0,uPxs.y))*2.0            \n\
48      -texture2D(uTexture,tc+vec2(+uPxs.x,uPxs.y))            \n\
49      +texture2D(uTexture,tc+vec2(-uPxs.x,-uPxs.y))           \n\
50      +texture2D(uTexture,tc+vec2(0.0,-uPxs.y))*2.0           \n\
51      +texture2D(uTexture,tc+vec2(+uPxs.x,-uPxs.y));          \n\
52                                                               \n\
53    float edgeR =sqrt(deltax.x*deltax.x + deltay.x*deltay.x); \n\
54    float edgeG =sqrt(deltax.y*deltax.y + deltay.y*deltay.y); \n\
55    float edgeB =sqrt(deltax.z*deltax.z + deltay.z*deltay.z); \n\
56    return (edgeR + edgeG + edgeB) / 3.0;}                   \n\
```

程序清单 10.3 计算边缘强度的代码(代码片段摘自 http://envymycarbook.com/ chapter10/1/shaders.js)

第二个技巧是为了模拟场景中有限颜色集合的使用而量化着色值。特别地，这里使用一个简单扩散模型，即颜色量化的三个层次：暗、正常、亮。这样，一个绿色对象将会产生一部分是深绿，另一部分是绿，剩下部分是亮绿。这种简单的量化光照模型的实现代码参见程序清单 10.4。

```
23  vec4 colorQuantization( vec4 color ){                       \n\
24    float intensity =   (color.x+color.y+color.z)/3.0;       \n\
25    // normal                                                  \n\
26    float brightness = 0.7;                                    \n\
27    // dark                                                    \n\
28    if ( intensity < 0.3)                                      \n\
29    brightness = 0.3;                                          \n\
30    // light                                                   \n\
31    if ( intensity > 0.8)                                      \n\
32    brightness = 0.9;                                          \n\
33    color.xyz = color.xyz * brightness / intensity;           \n\
34    return color ; }                                           \n\
```

程序清单 10.4 简单量化模型(代码片段摘自 http://envymycarbook.com/ chapter10/1/shaders.js)

对于景深客户端，遵循相同的方案，但这次只需要生成颜色缓存，然后可以渲染全屏四边形。步骤如下：

1. 渲染场景生成颜色缓存。
2. 绑定步骤 1 生成的纹理，并渲染全屏四边形。对于每个片元，如果它位于强度值高的边缘，则输出黑色，否则输出扩散光照模型的量化版本的颜色(参见程序清单 10.5)。

图 10.10 显示了最终结果。

```
57      void main(void)                          \n\
58      {                                        \n\
59        vec4 color;                            \n\
60        float es = edgeStrength();             \n\
61          if(es > 0.15)                        \n\
62          color = vec4(0.0,0.0,0.0,1.0);\n\
63        else{                                  \n\
64          color = texture2D(uTexture, vTextureCoords);  \n\
65          color = colorQuantization( color );           \n\
66        }                                      \n\
67        gl_FragColor = color;                  \n\
68      } ";
```

程序清单 10.5　第二通道的片元着色器(代码片段摘自 http://envymycarbook.com/ chapter10/1/shaders.js)

图 10.10　(参见彩插)卡通着色端(参见客户端 http://envymycarbook.com/chapter10/1/1.html)

有很多方法可以获得更复杂的卡通渲染。在这个简单的实现中，仅使用了颜色缓存，但也可以考虑在深度缓存中进行边缘提取，在这种情况下，需要像在 10.1.2 节所做的那样，需要另一个来渲染。对于完整的处理方法和 NPR 技术的概述可以参阅文献[1]。

10.1.5　升级客户端：一个更好的平移摄像机

通过增加景深，已经不再局限于 10.1.2 节介绍的针孔摄像机模型。现在，还将考虑真实照片的另一个方面：曝光时间。目前为止，假设曝光时间是无限小，所以无论对象移动多么快，每个对象在摄像时都是完全静止的。现在假设曝光时间不是无限小，并且打开快门时场景发生变化，然后进行仿真。图 10.11 给出了一个场景，在曝光时间内，汽车从左侧运动到右侧。这种情况下发生的事情为：汽车表面上不同的点会投射到相同的像素点，最终颜色由它们共同决定。因此产生的结果是，图像上运动对象到达的区域会变模糊。这种模糊称为运动模糊，在摄影学上，它被用来获取平移效果，其中，移动物体清晰而背景模糊。这种方式非常简单：当快门打开的同时，摄影师瞄准移动对象，使对象关于照相机框架的相对运动几乎为 0。在 4.11.2 节中，为摄像机增加了一个特殊的视图模式，让它持续对准汽车。下面模拟运动模糊以再现这一效果。

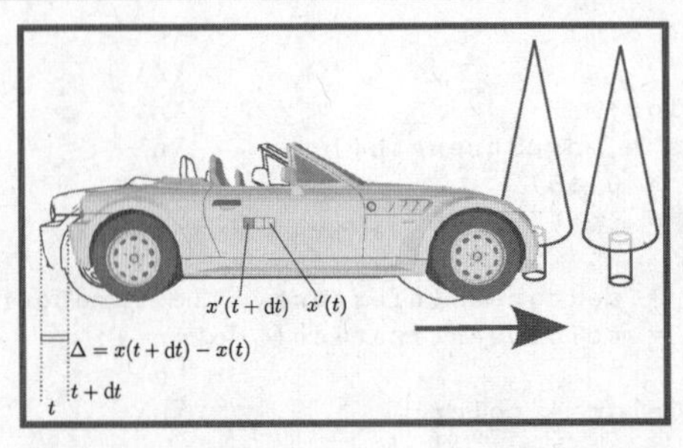

图 10.11　运动模糊。因为汽车在曝光时移动了 Δ, $x'(t+\mathrm{d}t)$ 位置处像素值是区间 $x'(t+\mathrm{d}t)+\Delta$ 之前像素点的累积

模拟运动模糊的最直接的方法是简单地模拟现实中发生的事情，即在曝光间隔内进行场景的多重渲染并对渲染结果平均。此方法的缺点是需要多次渲染场景，这可能是一个瓶颈。将用一个更有效地方法实现运动模糊，作为后处理步骤。首先，需要计算速度缓存，即其中的每个像素点保持一个速度向量，速度向量表明投射到该像素的点在屏幕上移动的速度。当有了速度缓存之后，就像图 10.12 所示的那样，通过沿着与像素关联的速度向量对当前渲染进行采样，输出最终图像的像素点颜色。

图 10.12　(参见彩插)速度向量(参见客户端 http://envymycarbook.com/chapter10/2/2.html)

速度缓存

通常在两种不同的情况下需要速度缓存的创建：场景静止而照相机移动或者某个对象运动而照相机固定。这里处理问题的统一版本，即在照相机参考系中同时考虑对象和照相机的运动。

注意，处理图元坐标几何变换所遵循的基本流程是将模视矩阵(Model View Matrix)和投影矩阵传递到着色器程序。然后，在顶点着色器中，总是用一行代码将位置从对象空间变换到裁剪空间：

```
gl_Position = uProjectionMatrix * uModelViewMatrix * vec4(aPosition, 1.0);
```

无论照相机是否固定，场景是否静止，这个表达式总是将坐标从对象空间变换到裁剪空间(因此用窗口坐标系)。假设投影矩阵不会变化(这是非常合理的，因为在点击相机的过程中不会变焦)，如果为前一帧的每个顶点存储模视矩阵，并且连同当前帧的模视矩阵传递给着色器，将能够计算前一帧和当前帧中每个顶点在屏幕空间的位置，则它们的差就是速度向量。

所以，对于每一帧，必须修改代码来跟踪前一帧模视矩阵的值(即代码中的 stack.matrix)。

由于绘制的每一个场景元素都是NVMCClient的JavaScript对象，所以，简单地用一个成员来扩展每个对象，存储前一帧的模视矩阵。程序清单10.6给出了应用于树木绘制时产生的变化：在第89行，在树trees[i]被渲染后，将模视矩阵存储在trees[i].previous_transform中。这个值将被传递到计算速度缓存的着色器中。

```
84    for(var i in trees){
85      var tpos = trees[ i].position;
86      this.stack.push();
87      this.stack.multiply(SglMat4.translation(tpos));
88      this.drawTreeVelocity(gl,trees[i].previous_transform);
89      trees[i].previous_transform =this.stack.matrix;
90      this.stack.pop();
91    }
```

程序清单10.6 在前一帧存储模视矩阵(代码片段摘自http://envymycarbook.com/ chapter10/2/2.js)

程序清单10.7给出了计算速度缓存的着色器程序。传递当前帧和前一帧的模视矩阵，片元着色器中插值两个位置，所以，可以计算像素的速度向量为两个插值之间的差。在第111行至第112行，执行透视除法得到NDC空间的坐标，在第113行计算速度向量；在第114行，重新映射向量$[-1,1]^2$到$[0,1]^2$，所以，可以通过分别在红色和绿色通道写入速度向量的x和y分量，将它作为颜色输出。

```
90    var vertex_shader = "\
91      uniform   mat4 uPreviousModelViewMatrix;    \n\
92      uniform   mat4 uModelViewMatrix;            \n\
93      uniform   mat4 uProjectionMatrix;           \n\
94      attribute vec3 aPosition;                   \n\
95      varying vec4 prev_position;                 \n\
96      varying vec4 curr_position;                 \n\
97      void main(void)                             \n\
98      {                                           \n\
99        prev_position   = uProjectionMatrix*↩
            uPreviousModelViewMatrix  *vec4(aPosition, 1.0);\n\
100       curr_position   = uProjectionMatrix*uModelViewMatrix    *↩
            vec4(aPosition, 1.0);      \n\
101       gl_Position    = uProjectionMatrix*uPreviousModelViewMatrix↩
              *vec4(aPosition, 1.0);  \n\
102     }                                           \n\
103   ";
104
105   var fragment_shader = "\
106     precision highp float;       \n\
107     varying vec4 prev_position; \n\
108     varying vec4 curr_position; \n\
109     void main(void)             \n\
110     {                           \n\
111       vec4 pp = prev_position / prev_position.w;\n\
112       vec4 cp = curr_position / curr_position.w;\n\
113       vec2 vel= cp.xy- pp.xy;                   \n\
114       vel   = vel*0.5+0.5;                      \n\
115       gl_FragColor =vec4(vel,0.0,1.0);          \n\
116     }                                           \n\
117   ";
```

程序清单10.7 计算速度缓存的着色器程序(代码片段摘自http://envymycarbook.com/ chapter10/2/shaders.js)

程序清单10.8给出的片元着色器用于执行全屏四边形的最终渲染。我们拥有velocity-VectorShader产生的uVelocityTexture纹理和包含正常场景渲染结果的uTexture纹理。对于每个片元，沿着速度向量，使用uTexture的STEPS采样。由于速度向量写入时只有8位精度，第 19 行用函数 Vel(..)读取和转换的未必是 velocityVectorShader 计算的值。除非现场是静态的(即什么都不移动)，否则上述问题是可以接受的，由于这种近似，我们注意到，图像周围的一些模糊，因此，在第 30 行简单地把一些非常小的速度向量设置为[0,0]。

```
13    var fragment_shader = "\
14      precision highp float;                          \n\
15      const int STEPS =10;                            \n\
16      uniform sampler2D uVelocityTexture;             \n\
17      uniform sampler2D uTexture;                     \n\
18      varying vec2 vTexCoord;                         \n\
19      vec2 Vel(vec2 p){                               \n\
20        vec2 vel = texture2D ( uVelocityTexture , p ).xy; \n\
21          vel = vel* 2.0- 1.0;                        \n\
22        return vel;                                   \n\
23      }                                               \n\
24      void main(void)                                 \n\
25      {                                               \n\
26        vec2 vel = Vel(vTexCoord);                    \n\
27        vec4 accum_color = vec4(0.0 ,0.0 ,0.0 ,0.0);  \n\
28                                                      \n\
29        float l = length(vel);                        \n\
30        if ( l < 4.0/255.0) vel=vec2(0.0,0.0);        \n\
31        vec2 delta = -vel/vec2(STEPS);                \n\
32        int steps_done = 0;                           \n\
33        accum_color= texture2D( uTexture , vTexCoord);\n\
34        for ( int i = 1 ; i <=   STEPS ; ++i )        \n\
35            {                                         \n\
36            vec2 p = vTexCoord + float(i)*delta;      \n\
37              if( (p.x <1.0) && (p.x > 0.0)           \n\
38                  && (p.y <1.0) && (p.y >0.0) ){      \n\
39                  steps_done++;                       \n\
40                  accum_color += texture2D( uTexture , p);\n\
41              };                                      \n\
42            }                                         \n\
43        accum_color /= float(steps_done+1);           \n\
44        gl_FragColor = vec4(accum_color.xyz ,1.0);    \n\
45      }                                               \n\
```

程序清单 10.8 平移效果渲染的最终着色器程序(代码片段摘自 http://envymycarbook. com/chapter10/2/shaders.js)

图 10.13 给出了客户端运动中的平移效果。

图 10.13 (参见彩插)运动模糊客户端的屏幕快照(参见客户端 http://envymycarbook.com/chapter10/2/2.html)

10.1.6　锐化

有很多图像增强技术用于提高图像的清晰度。在这里，介绍一种最常用的技术——反锐化掩码法，通过提取图像细节，把它们再添加到原始图像上来提高对图像细节的视觉感知。最初，这种技术由专业摄影师在类似领域开发。关于原始摄影技术的完整而有趣地描述建议读者参阅文献[22]。

图像细节提取是基于图像 I 的平滑/模糊计算；称这样的图像为 I_{smooth}。基本思想是模糊/平滑图像比原始图像包含更少的高频/中频细节。所以，可以简单地通过从 I 中减去 I_{smooth} 计算得到细节；图像 $I-I_{\text{smooth}}$ 表示输入图像的细节。所获得细节的数量和粒度取决于图像 I_{smooth} 是如何获取的(例如，如果使用 box 滤波器或高斯滤波器，内核的大小和类型)。

提取的细节重新添加到原始图像，使得细节增强，因此，我们的视觉系统感知的这些细节比原始图像的细节更加清晰。在数学上，可以通过以下方式实现：

$$I_{\text{unsharp}}(x,y) = I(x,y) + \lambda(I(x,y) - I_{\text{smooth}}(x,y)) \tag{10.18}$$

其中，I_{unsharp} 是清晰度增加的输出图像。参数 λ 用来调整重新添加的细节数量。较高的 λ 值可能会使细节太多，从而导致图像失真，而较低的 λ 值可能使对图像的修改不会被感知到。λ 值的选取取决于图像内容和我们希望取得的效果。图 10.14 为使用反锐化掩码法的细节增强的示例。

(a)　　(b)

图 10.14　(参见彩插) (a) 原始图像；(b) 使用反锐化掩码法后的图像

图 10.5 中描绘的是 I_{smooth} 图像；λ 的值设为 0.6。

10.2　环境光遮蔽

环境光遮蔽技术是一种实时渲染解决方案，通过考虑到达表面上的点 **p** 的光的总量，来提高局部照明模型的真实感。

正如第 8 章中所见和讨论的，由于遮光板产生的阴影，场景的某一部分接收不到光照或较少光照。此外，相同的三维模型的几何结构也可以产生自阴影效果，导致点 **p** 接受的光线比其他表面点少(参见图 10.15)。

环境光遮蔽的思想是，考虑光线如何从各个方向投射过来，光线可能被遮光板阻挡，也可能被与点 **p** 在同一表面的周围区域阻挡。可以把它看成 Phong 模型中环境光系数的优化版本：不必假设“某些光线”由于全局效果将到达每一点，而是评价点 **p** 的邻域，观察实际到达点 **p** 的此类光线的数量。

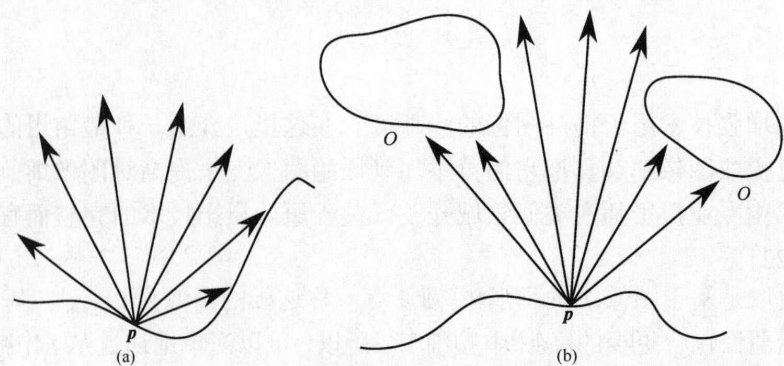

图 10.15　遮蔽示例。(a)由于对象表面的自遮蔽，点 p 只收到特定的光线；(b)由于遮光板 O 遮挡，点 p 只接收到很少光线

环境光遮蔽的实现需要计算所有光线中可能到达表面上点 p 的光线部分，并使用称为环境光遮蔽项($\mathcal{A}$)的量，在局部照明模型中提高整个阴影的真实感。项 $\mathcal{A}$ 的计算方法如下：

$$\mathcal{A}(\mathbf{p}) = \frac{1}{2\pi}\int_{\Omega} V(\mathbf{p},\omega)\,(\boldsymbol{n}_p\cdot\omega)\,\mathrm{d}\omega \tag{10.19}$$

其中，$\boldsymbol{n}_{\mathbf{p}}$ 是点 p 的法向量，$V(\cdot)$ 称为可见性函数，如果来自点 p 的射线在被遮挡的方向 ω，则函数的值为 1，否则函数值为 0。由于式(10.19)计算代价高，项 $\mathcal{A}$ 通常预先计算并为场景的每个顶点或纹素进行存储，这里假设场景本身是静态的。通过考虑半球上一组方向并叠加所有方向的贡献来实现积分运算。显然，考虑的方向越多，$\mathcal{A}$ 的值就越准确。环境光遮蔽项从 0 开始(即该点没有接收到任何光线)到 1(即点 p 周围区域完全无遮挡)。

典型地，环境光遮蔽项用于调节 Phong 照明模型的环境光部分，其调节方法如下：

$$L_{\text{outgoing}} = \mathcal{A}L_{\text{ambient}} + K_D L_{\text{diffuse}} + K_S L_{\text{specular}} \tag{10.20}$$

由于场景中对象几何形状导致被接收的光线很少，该局部光照模型能够产生场景的较暗部分。图 10.16 显示了一个三维模型示例，分别用标准 Phong 光照模型和只用逐顶点环境光遮蔽项渲染。注意，只使用环境光遮蔽项可能大大增加场景的细节感知(这已被 Langer 等人的实验所证明[21])。

环境光遮蔽项也可以有其他使用方法和其他光照模型，例如，通过增加一个纯扩散模型，使暴露在光线下的部分比光线难以到达的那一部分更明亮：

$$L_{\text{reflected}} = \mathcal{A}(\boldsymbol{L}\cdot\boldsymbol{N}) \tag{10.21}$$

我们想强调，这种技术在渲染阶段没有任何代价，因为一切都是预先计算的。这就是将它描述为实时渲染解决方案的原因。

图 10.16　环境光遮蔽的效果。(a)Phong 模型；(b)只使用环境光遮蔽项。环境光遮蔽项用 Meshlab 计算(http://meshlab.sourceforge.net/)。该三维模型是 capital 扫描模型的简化版(感谢 Florenz 艺术史研究所提供此图 http://www.khi.fi.it/)

屏幕空间环境光遮蔽

刚刚描述的环境光遮蔽技术有一些局限性。最重要的就是该技术无法应用于动态场景。如果一个对象改变它在场景中的位置或者发生变形，预计算的环境光遮蔽项不再有效，需要重新计算。换一种方式说，前面描述的环境光遮蔽只能用于可视化静态场景。另一个限制是，如果场景很复杂而且使用大量的方向向量来计算式(10.19)的积分，那么预计算需要很长的时间。

在这里，用另一种方式来获得和环境光遮蔽类似的视觉效果，但这种方式具有许多优点：屏幕空间环境光遮蔽(SSAO)。屏幕空间环境光遮蔽的思想是，在渲染时为每个像素计算环境光遮蔽项，而不是为每个顶点预先计算 $\mathcal{A}$。这种处理方式具有一些优点：因为在屏幕空间中进行计算，它与场景的复杂度无关而是取决于屏幕分辨率而非场景的复杂度，因此，也可以应用于动态场景。

近年来，学者们提出许多思想来开发一种有效的方法，用于计算屏幕空间中环境光遮蔽[1]。Bavoil 等人提出了 SSAO 技术[3]，而后 Dimitrov 等人进行改进[7]，将要描述的技术是一个简化的 SSAO。这项技术基于视界角概念。

参考图 10.17(b)，让 **p** 是表面 $\mathcal{S}$ 上的一点，$\boldsymbol{n_p}$ 是点 **p** 处的法向量。现在让 pl_θ 表示通过 z 轴的平面且与平面 xy 呈 θ 角。$\mathcal{S}$ 与这个平面的相交部分生成 $\mathcal{S}_\theta$，如图 10.17(c)所示。这样，式(10.19)可改写为

$$\mathcal{A}(p) = \frac{1}{2\pi}\int_{\theta=-\pi}^{\theta=\pi} \overbrace{\int_{\alpha=0}^{\pi/2} V(p,\omega(\theta,\alpha))W(\theta)\mathrm{d}\alpha\,\mathrm{d}\theta}^{\mathcal{S}_\theta\text{项的贡献}} \tag{10.22}$$

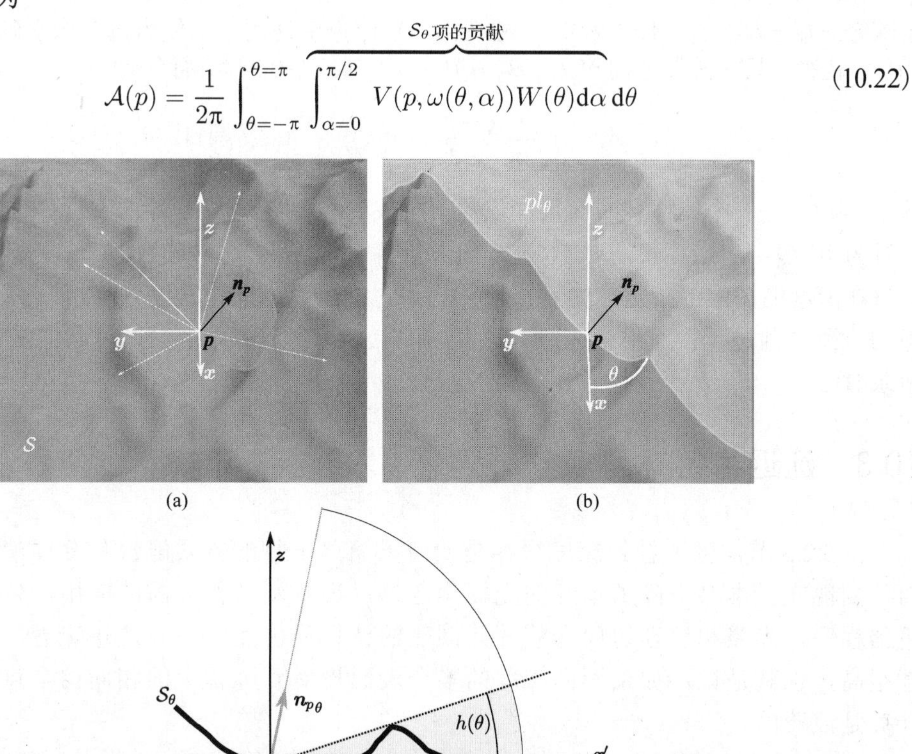

图 10.17 在特定方向 θ 上的视界角 $h(\theta)$ 和切角 $t(\theta)$

下面将集中讨论内积分的贡献。让我们在点 $\mathbf{p}$ 用 $\boldsymbol{n}_\theta$ 和切向量 $\boldsymbol{x}_\theta$ 建立一个切向框架。我们要找到俯仰角 α 的范围，使得从点 $\mathbf{p}$ 出发的光线与 $\mathcal{S}_\theta$ 相交，即使 $V(p,\omega(\theta,\alpha))=1$ 的 α 值。这个范围显示为图 10.17(c)中的较暗区域。

假设已知该视界角，称之为 H_z。然后重写式(10.22)

$$\mathcal{A}(p) = \frac{1}{2\pi}\int_{\theta=-\pi}^{\theta=\pi}\int_{\alpha=0}^{Hz}\cos\alpha\ W(\theta)\mathrm{d}\alpha\mathrm{d}\theta \tag{10.23}$$

因为当 $\alpha>0$ 时，内积分的贡献为 0。请注意，还用通用的权重函数 $W(\theta)$ 来代替 $\boldsymbol{n}_{\boldsymbol{p}}\cdot\omega(\theta,\alpha)$(稍后会详细说明)，权重函数 $W(\theta)$ 与 α 无关，所以可以把它从积分中提取出来。

现在介绍感兴趣的部分。H_z 是在切向框架中表示的值，但表示的表面 $\mathcal{S}$ 是深度缓存，这意味着可以在由 x' 和 z 确定的框架中表示 z 值。因此，通过采样深度缓存计算得到 $h(\theta)$ 和 $t(\theta)$ 两个角度，对这两个角度求差得到 H_z。$h(\theta)$ 是 x' 轴方向的视界角，$t(\theta)$ 是切向向量 $\boldsymbol{x}_0$ 和 $\boldsymbol{x}'$ 的夹角。很容易地得到：$H_z = h(\theta)-t(\theta)$，这样，式(10.23)变为

$$\mathcal{A}(p) = \frac{1}{2\pi}\int_{\theta=-\pi}^{\pi}(\sin(h(\theta))-\sin(t(\theta)))\,W(\omega)\mathrm{d}\omega \tag{10.24}$$

给定点 $\mathbf{p}$ 和多个方向的视界角的相关信息，让我们来近似估计光线不发生自遮蔽的半球区域。该区域越大，环境光遮蔽项的值就越大。

在渲染时用双重算法很容易计算式(10.24)。在进行第一重渲染时，生成深度贴图，正如景深客户端一样(参见 10.1.2 节)，并在第二重渲染中使用，以便为每个像素确定角度 $h(\theta)$ 和 $t(\theta)$。显然，只在离散方向 $N_d(\theta_0,\theta_1,\cdots,\theta_{Nd-1})$ 上对式(10.24)进行估计

$$\mathcal{A}(p) = \frac{1}{2\pi}\sum_{i=0}^{N_d}(\sin(h(\theta_i))-\sin(t(\theta_i)))\,W(\theta) \tag{10.25}$$

其中，$W(\theta)$ 是一个线性衰减函数，依赖于所找到的视界角的距离 r。在原来的公式中，它被设置为 $W(\theta)=1-r/R$。仅需要 16 个方向向量就可以提供一个好的真实环境光遮蔽项的近似。通过在深度贴图中沿指定方向 θ 移动并找到它的最大值来计算视界角。移动范围在某个感兴趣的半径 R 内进行，而不是在整个深度贴图上。切角 $t(\theta)$ 很容易从像素的法向量确定(参见附录 B)。

10.3　延迟着色

在 5.2.3 节，已经看到深度缓存是如何以简单可靠的方式解决隐藏面消除问题的。然而，到现在，本书中除了单纯的光栅化之外，还看到其他方面的应用。依赖于指定的着色器程序，光照和纹理访问会使片元创建的计算代价非常高。这意味着，如果深度复杂性很高，也就是说，如果不同深度的多个表面投射到屏幕上的相同像素点，那么，许多计算是浪费的。

延迟着色的思想是把寻找可视片元的工作从计算最终颜色的工作中分离出来。在第一重绘制或者几何绘制中，场景只被光栅化而没有任何着色计算。反而，在多个缓存上为片元输出用于计算最终颜色的插值(如位置、法向量、颜色、纹理坐标等)。

在第二重绘制中，渲染一个全屏四方形并约束这组缓存，通常称为 GBuffer，这样，对于屏幕上的每个像素，可以获取第一重绘制时写入的所有值并着色。

正如之前所提到的，由于在 WebGL 中没有 MRT，第一重渲染时实际上至少由两个渲染组成：一个用于存储深度和法向量，另一个用于存储颜色属性。

除了解决深度复杂性问题，延迟着色的另一个主要优点在于可以很容易解决多光源问题。然而，在 6.7.4 节中已经实现了多光源，方法是简单地通过在片元着色器上迭代所有光源，然后在最终结果中组合其贡献，所以读者可能会好奇为什么用延迟着色会更好。答案就是，利用延迟着色，可以很容易组合几个着色器，例如，每个光源一个着色器，消除迭代并在片元着色器中进行分支，设置更简洁的流水线。在基本示例中这可能看上去差别不明显，但在大型项目中却有天壤之别。

延迟着色也有缺点。在 5.3.3 节中已经提及硬件反走样，硬件反走样只在光栅化时用颜色进行处理，而非着色结果，所以，这显然是错误的。通过检测第一重渲染时生成的图像边缘并在后处理过程中模糊化，可以缓和该问题。

10.4 粒子系统

术语粒子系统指的是使用大量粒子的动画技术，可以把粒子描述为零维或者很小的实体，根据预定义行为或者物理模拟在空间中运动，产生没有固定形状的运动实体的错觉。大量现象可以有效地用粒子系统表示，常见的有：烟、火、爆炸、雨、雪、水流，如何渲染粒子取决于所表示的现象，例如，表示火的小色圈或表示雨的小直线段。

10.4.1 粒子系统的运动

粒子系统动画通过定义系统状态和函数集使其随时间变化，它们依赖于要实现的特定视觉效果。

典型地，粒子运动包含加速度、速度和位置。例如，对于粒子 i，存在 $x_i(t)=(a_i(t), v_i(t), p_i(t))$。这组粒子的演变可写成

$$x_i(t+i) = \begin{pmatrix} p_i(t+1) \\ v_i(t+1) \\ a_i(t+1) \end{pmatrix} = \begin{pmatrix} f(t, a_i(t), v_i(t), p_i(t)) \\ g(t, a_i(t), v_i(t), p_i(t)) \\ h(t, a_i(t), v_i(t), p_i(t)) \end{pmatrix} = \begin{pmatrix} f(t, x_i(t)) \\ g(t, x_i(t)) \\ h(t, x_i(t)) \end{pmatrix} \tag{10.26}$$

其中，已知粒子当前加速度、速度和位置，函数 $f(\cdot)$，$g(\cdot)$ 和 $h(\cdot)$ 提供下一时刻粒子的加速度、速度和位置。这些函数基本上分成两类：基于物理的且试图模拟现象的物理行为；或者用于提供自然现象的相同视觉效果，但与其背后的实际物理学没有任何联系。

粒子的状态以许多其他参数为特征，例如，粒子颜色可以是时间或位置的函数，粒子形状可以是加速度的函数，等等。

此外，粒子的运动还可以是其他粒子属性的函数，例如：

$$\begin{cases} p_i(t+1) = f(t, a_1(t), v_i(t), p_i^1(t), p_i^2(t), \cdots, p_i^k(t)) \\ v_i(t+1) = g(t, a_1(t), v_i(t), p_i^1(t), p_i^2(t), \cdots, p_i^k(t)) \\ a_i(t+1) = h(t, a_1(t), v_i(t), p_i^1(t), p_i^2(t), \cdots, p_i^k(t)) \end{cases} \tag{10.27}$$

在这种情况下，第 i 个粒子也会受到最近的 k 个粒子的位置影响，用 $p_i^1(t), p_i^2(t), \cdots, p_i^k(t)$ 表示。

粒子系统内的粒子集不是固定的。每个粒子都由发射器生成，以起始状态进入系统，然

后在一定时间内更新状态，最后被移除。粒子的生命周期并不是一直严格依赖于时间。例如，当实现雨的模拟时，粒子可能在场景上面的平面创建，着地时移除。再以烟火模拟为例，所有粒子在烟火源点(烟火的发射器)产生，并带有初始速度，沿着下行抛物线从系统中移除。粒子的创建应该是随机的，这样能避免产生影响最终结果的可见模式。

10.4.2 粒子系统的渲染

粒子系统的渲染也取决于现象本身。通常每个粒子被渲染成小的与平面对齐的公告牌，这样做非常有效，因为在观察单个粒子时不存在视差，还可以有更简单的表示方式，就像点和线段。对于密集的参与介质，例如烟雾，将启用混合并累计 alpha 通道的值，即越多的粒子投射到相同像素点，渲染结果就越不透明。

10.5 自测题

一般性题目

1. 想象一下，generateMipmap 函数突然被 WebGL 规范移除！如何完全在 GPU 上生成给定纹理的 mipmap 层(即没有回读)？
2. 假定在 800×600 像素的图像上，迭代应用内核大小为 5 的模糊滤波器。应该使用多少次滤波器才能使位于 (20,20) 的像素点的颜色被位于 (100,100) 的点影响？
3. 修改式(10.4)给出的高斯滤波器以使像素的水平邻域比竖直邻域权重更高。
4. 假设场景内的对象被标记为凸的和凹的。如何利用这些信息来加速环境光遮蔽项的计算。
5. 详细解释该表述：“环境光遮蔽正是全方位可见光源相机的阴影贴图的实现？”

客户端题目

1. 对于如何实现天空盒的渲染不会在深度缓存进行写操作。但是，10.1.2 节所实现的客户端正确地进行了模糊化，为何如此？
2. 修改 10.1.2 节的客户端，使它对天空盒的片元不使用模糊滤波器，但当天空盒超出景深时，仍然显示为模糊的。
3. 构造一个观察模式，从图像中心开始失去焦点。
4. 通过在以下缓存中进行边缘检测来改进卡通渲染客户端：

   (a) 深度缓冲区。

   (b) 法向量缓冲区。提示：需要像在深度缓存中所做的那样打包法向量。
5. 通过给黑色边缘加粗来改进卡通渲染客户端。提示：增添一个渲染通道，目的是通过每个方向上的一个像素来扩大所有强边缘像素。
6. 改进光晕效果的实现(参见 9.2.4 节)提示：使用全屏四边形避免一个渲染通道。
7. 仅使用 7.8.3 节中的标准街道地图，创建一个环境光遮蔽贴图，即纹理中每个纹素都存储环境光遮蔽项。提示：如果纹素 x，y 处的法向量与纹素邻域内的每个法向量的点积都是负的，那么把环境光遮蔽项设为 1(即完全不遮挡)。

第11章　全局光照

三维场景的全局光照是场景中光源发出的光经过多次互相反射而传播的结果。本章将介绍一些场景中由于全局光照而产生颜色的计算方法，这些算法中大部分都是以不同的形式模拟光线的传播过程。这些模拟方法计算环境中从光源出发到达其他表面面片的光线的分布情况，然后计算表面面片反射光线的分布情况，直到达到平衡。然而，一些仿真算法仅针对照相机可见的点计算平衡光，此类算法大多数是基于光线跟踪的。第 1 章已经简要介绍了光线跟踪的基本思想，本章将继续讨论这一概念以提供更多的细节和认知。另一些算法计算整个场景的平衡光，因此无论场景中的曲面片是否可见，都将为其计算平衡光。本章将介绍此类算法中的两个例子，分别是光子映射(Photon Mapping)和辐射度(Radiosity)算法。

注意，本章与之前章节的叙述方式完全不同。之前的章节通常都是在升级客户端小节中介绍实际的算法执行。然而，本章的主要目的是提供全局光照算法背后的基本思想，并不是解释如何有效地实现算法，因此没有提供算法实现。实际上，全局光照算法的实现是一个复杂而且非常专业的主题。如果读者希望深入学习这一主题的相关内容，可以参考其他书籍，例如 Henrik Wann Jensen 撰写的关于光子映射的书籍[15]，其中包含了利用 C 语言编写的光子映射的实现过程；Dutre 等人撰写的关于全局光照的书籍[9]；在 Pharr 和 Humphreys 撰写的关于全局光照的书籍[34]中包含了很多关于光线跟踪技术的细节。

11.1　光线跟踪

光线由源点 $\mathbf{o}$ 及其延伸方向 $\boldsymbol{d}$ 定义。原则上，光线可以是无限延伸的。光线上的任一点 $\boldsymbol{p}$ 可以通过一个标量参数 t 定义为 $\mathbf{p}=\mathbf{o}+t\boldsymbol{d}$ 。当 $t\geqslant 0$ 时，将生成沿着光线的有效点。如果方向是归一化的，那么 t 表示点到光线源点的欧氏距离。

光线跟踪在全局光照计算中具有如下重要作用：

(a) 模拟源于光源并且穿越场景的光线的传播。

(b) 从照相机开始，通过跟踪穿越场景的光线，收集光线的所有信息，计算由一个像素到达照相机的光的总量(经典光线跟踪，蒙特卡罗光线跟踪等)。

追踪一条光线是指从光线源点出发沿光线方向延伸光线，并收集相关信息。收集的实际信息取决于应用和场景类型。本章将讨论范围限定为含有不透明实体对象的场景。光线跟踪中主要的计算开销源于光线-场景的相交(Ray-Scene Intersection)计算，与实际应用无关。场景通常被认为是由一个或多个实体对象构成的，因此计算光线与场景做相交包含光线-对象的相交计算。由于参数 t 表示沿着光线上的一点，光线-对象的相交计算可以通过求解参数 t 实现。研究学者投入了大量的工作以致力于发现针对各种不同类型对象的高效的光线-对象相交算法。下面将讨论的光线-对象相交计算方法仅针对两种类型的对象：代数表面和参数表面。

11.1.1 光线-代数表面相交

代数表面(algebraic surface)上的每一个点 $\mathbf{p}$ 满足一个形如 $f(x,y,z)$ 的代数方程。其中，f 是一个关于点坐标的多项式。通常，如果一束光线与代数表面相交，那么表面上则至少存在一个点 $\mathbf{p}_i$ 位于光线的传播路径上，即满足如下关系：

$$f(p_{i,x}, p_{i,y}, p_{i,z}) = 0 \text{ 和 } \mathbf{p}_i = \mathbf{o} + t_i \boldsymbol{d} \tag{11.1}$$

经过代换，可以得到 t_i 的代数方程

$$f(o_x + t_i d_x, o_y + t_i d_y, o_z + t_i d_z) = 0 \tag{11.2}$$

任何多项式根的求解方法都可以用于计算 t_i 的值。下面，将详细介绍光线与平面以及球体相交的计算过程。

11.1.1.1 光线-平面相交

具有最简单形式的平面代数方程为

$$ax + by + cz + d = 0 \tag{11.3}$$

将光线方程代入平面方程可得

$$a(o_x + t_i d_x) + b(o_y + t_i d_y) + c(o_z + t_i d_z) + d = 0 \tag{11.4}$$

或者变换为

$$t_i = -\frac{(ao_x + bo_y + co_z + d)}{(ad_x + bd_y + cd_z)} \tag{11.5}$$

因此，光线-平面相交的计算是所有光线-对象相交中最简单的。

11.1.1.2 光线-球体相交

球体具有形式最简单的二阶代数方程。半径为 r，中心位于 c 的球体的代数方程为

$$(x - c_x)^2 + (y - c_y)^2 + (z - c_z)^2 - r^2 = 0 \tag{11.6}$$

可以简写为

$$(\mathbf{p} - \mathbf{c}) \cdot (\mathbf{p} - \mathbf{c}) - r^2 = 0 \tag{11.7}$$

球体与光线的交点 $\boldsymbol{p}_i$ 必定满足以下方程：

$$(\mathbf{p}_i - \mathbf{c}) \cdot (\mathbf{p}_i - \mathbf{c}) - r^2 = 0 \text{ 和 } \mathbf{p}_i = \mathbf{o} + t_i \boldsymbol{d} \tag{11.8}$$

将光线方程代入球体方程：

$$(\mathbf{o} + t_i \boldsymbol{d} - \mathbf{c}) \cdot (\mathbf{o} + t_i \boldsymbol{d} - c) - r^2 = 0 \tag{11.9}$$

展开后可得

$$t_i^2(\boldsymbol{d} \cdot \boldsymbol{d}) + 2t_i(\boldsymbol{d} \cdot (\mathbf{o} - \mathbf{c})) + ((\mathbf{o} - \mathbf{c}) \cdot (\mathbf{o} - \mathbf{c})) - r^2 = 0 \tag{11.10}$$

式(11.10)是一个关于 t 的二次方程。二次方程有两个根，因此光线-球体相交将得到两个交点，最小的正实根将作为相交参数的值。

11.1.2　光线-参数表面相交

注意，参数化对象的表面经常表示为形如 $\mathbf{p}=s(u,v)$ 的参数方程，即参数表面上的每个点的坐标是参数 u 和 v 的函数。因此，对于光线与参数表面的相交，需要满足：

$$\mathbf{o}+t_i\boldsymbol{d}=\mathbf{p}_i=g(u_i,v_i) \tag{11.11}$$

于是，将得到包含三个未知参数的三个方程：

$$g(u_i,v_i,t_i)=0 \tag{11.12}$$

有些类型表面的参数方程可能是非线性的，可以使用多元牛顿迭代法来求解代数方程组。

可以将三角形 $T=\{\mathbf{p}_1,\mathbf{p}_2,\mathbf{p}_3\}$ 可视为最简单的参数曲面。三角形上的点满足方程 $\mathbf{p}=\boldsymbol{a}+\boldsymbol{b}u+\boldsymbol{c}v$，其中，$u$，$v$ 是标量参数，取值范围为 $[0,1]$，$u+v$ 取值范围也是 $[0,1]$，$\boldsymbol{a}$、$\boldsymbol{b}$ 和 $\boldsymbol{c}$ 与三角形三个顶点的关系为 $\boldsymbol{a}=\mathbf{p}_1$，$\boldsymbol{b}=\mathbf{p}_2-\mathbf{p}_1$，$\boldsymbol{c}=\mathbf{p}_3-\mathbf{p}_1$。对于与光线-三角形相交，可以得到如下的线性方程组：

$$\begin{bmatrix} -\boldsymbol{d} & \boldsymbol{b} & \boldsymbol{c} \end{bmatrix} \times \begin{bmatrix} t_i \\ u_i \\ v_i \end{bmatrix} = [\mathbf{o}-\mathbf{a}] \tag{11.13}$$

光线-三角形相交计算的常用方法是求解上述线性方程组。如果所得的 t_i 值大于 0，而且 u_i、v_i 以及 u_i+v_i 的取值范围为 $[0,1]$，那么光线与三角形相交，交点 $\mathbf{p}_i$ 为 $\mathbf{o}+t_i\boldsymbol{d}$。

11.1.3　光线–场景相交

计算光线-场景相交最简单的方法是，首先进行光线与场景中每一个元素的相交测试，然后选择对应于光线参数 t_i 最小正值的点。这种计算方法的开销与场景中对象的数量呈线性关系，因此适用于由较少数量对象构成的场景。然而，大部分真实的场景都是由成百上千或者更多的对象组成的。这种情况下，线性的光线-场景相交计算方法由于速度太慢而难以接受。所以，近几年提出了很多用于加速这一线性计算过程的方法。广泛使用的加速方法(详细内容参见文献[34])包括：均匀空间分割(Uniform Spatial Subdivision，USS)和层次结构，例如 kD 树和层次包围盒(Bounding Volume Hierarchy，BVH)。上述方法都是通过利用计算加速结构(Acceleration Structures)使得光线仅与可能位于光线传播路径上的少量对象进行相交计算，以减少光线-对象相交测试次数。任何加速方法的首要步骤都是计算场景的轴对齐包围盒(Axis Aligned Bounding Box，AABB)，然后进行包围盒与光线的相交测试。下面，将首先介绍 AABB 的概念以及光线-AABB 相交测试的计算方法。然后再讨论用于光线-场景相交计算的均匀空间分割(USS)和层次包围盒 (BVH)方法。

11.1.3.1　光线-AABB 包围盒求交

如前所述，场景的包围盒是一个完全覆盖场景所有顶点的简单的几何图元。轴向包围盒是一种最易于计算的包围盒。顾名思义，轴向包围盒是包围盒平面与坐标轴对齐的矩形盒子。换言之，AABB 的六个包围盒平面与三个基本轴面平行。另一种类型的包围盒是方向包围盒(Oriented Bounding Box，OBB)，方向包围盒以更加紧凑的方式包围对象的体积空间，而且不要求包围盒平面与轴面平行。图 11.1 给出了 AABB 包围盒以及 OBB 包围盒的实例。下面将仅讨论 AABB 包围盒，因为 AABB 是将要介绍的算法所使用的包围盒。

场景 AABB 包围盒的计算依赖于场景中对象的最小坐标和最大坐标。最小和最大坐标定义了 AABB 包围盒的两个端角点，记为 c_{min}=AABB.min 和 c_{max}=AABB.max。

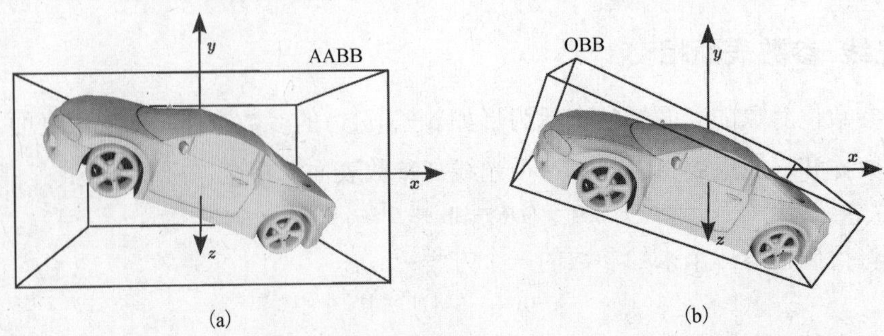

图 11.1 (a) 轴向包围盒(AABB)；(b) 方向包围盒(OBB)

AABB 包围盒的每一对平面分别平行于相应的笛卡儿直角平面。例如，与 xy 面平行的 AABB 包围盒的两个面上每个点的 z 坐标分别为 $c_{\min,z}$ 和 $c_{\max,z}$。因此，与 xy 面平行的 AABB 包围盒的两个面的代数方程为

$$z - c_{\min,z} = 0 \ , \ z - c_{\max,z} = 0 \tag{11.14}$$

与这两个面相交的光线参数的计算非常简单

$$\frac{(c_{\min,z} - o_z)}{d_z} \quad 和 \quad \frac{(c_{\max,z} - o_z)}{d_z} \tag{11.15}$$

两个参数中最小的 $t_{\min,z}$，对应于光线与平行于 xy 平面的 AABB 包围盒最近的交点，而 $t_{\max,z}$ 对应于最远的交点。可以用类似方式计算光线参数 $t_{\min,x}$，$t_{\max,x}$ 和 $t_{\min,y}$，$t_{\max,y}$，分别对应于光线与 yz 平面和 zx 平面平行的包围平面最近和最远的交点。光线与矩形包围盒的相交将得到一对交点，这对交点可以通过三组光线-包围盒-平面交点计算。如果光线与包围盒相交，那么最远的交点中最近的将是光线-AABB 交点中最远的，而最近的交点中最远的将是光线-AABB 包围盒交点中最近的。因此，最近的光线-AABB 包围盒交点的光线参数 $t_{\min}$ 为 $\max(t_{\min,x}, t_{\min,y}, t_{\min,z})$，最远的光线-AABB 包围盒交点的光线参数 $t_{\max}$ 是 $\min(t_{\max,x}, t_{\max,y}, t_{\max,z})$。如果 $t_{\min} < t_{\max}$，那么光线没有与 AABB 包围盒真正相交，最近的光线-AABB 包围盒交点由光线参数 $t_{\min}$ 给出。光线-AABB 包围盒相交计算的伪代码如算法 11.1 所示。

```
function ray-AABB()
    INPUT ray, AABB

    // ray parameter for the point of intersection
    OUTPUT t_min, t_max
{
    t_min,x = (AABB.min.x-ray.o.x)/ray.d.x
    t_max,x = (AABB.max.x-ray.o.x)/ray.d.x
    if (t_min,x > t_max,x)
        swap(t_min,x,t_max,x)
    endif

    t_min,y = (AABB.min.y-ray.o.y)/ray.d.y
    t_max,y = (AABB.max.y-ray.o.y)/ray.d.y
    if (t_min,y > t_max,y)
        swap(t_min,y,t_max,y)
    endif

    t_min,z = (AABB.min.z-ray.o.z)/ray.d.z
    t_max,z = (AABB.max.z-ray.o.z)/ray.d.z
    if (t_min,z > t_max,z)
        swap(t_min,z,t_max,z)
```

```
    endif

    t_min = max(t_min,x, t_min,y, t_min,z)
    t_max = min(t_max,x, t_max,y, t_max,z)
}
```

程序清单 11.1 光线-AABB 包围盒相交测试算法

11.1.3.2 基于 USS 的加速模式

顾名思义，均匀空间分割(Uniform Spatial Subdivision，USS)模式将场景所占用的空间均匀剖分，场景中的对象根据其空间占用而分配到对应的子空间中(如图 11.2 所示)。实际划分的空间是场景的 AABB 包围盒。因此，划分将生成一个均匀的三维网格结构。三维网格的每一个体素与一组对象相关联。如果一个对象完全或者部分位于一个体素内，那么这个对象将被分配到这个体素的对象列表中。基于均匀空间分割(USS)加速模式的第一步(也是重要的一步)，就是生成 USS 网格体素对象列表。程序清单 11.2 给出了一个针对三角形场景的简单且常用的对象列表的计算方法。

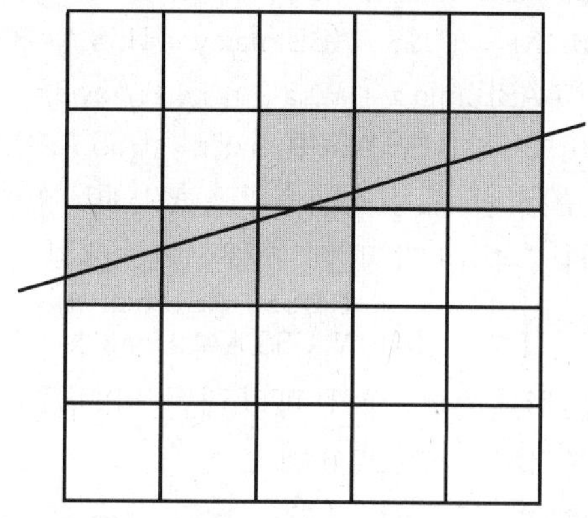

图 11.2 均匀空间分割思想的二维表示。仅对光线穿越的均匀划分单元内的对象(利用浅灰色高亮)进行相交测试。实际中采用的是 AABB 包围盒的三维网格形式

```
function USSpreProcess()
    INPUT scene: AABB, triangleList
    OUTPUT USS: {AABB, N, objectList[N][N][N]}
              // assumes N^3 as the grid resolution
{
    for every T in triangleList
        p_min = min coordinates of the three vertices of T
        p_max = max coordinates of the three vertices of T
        index_min=ivec3((p_min − AABB.min)/(AABB.max − AABB.min))
        index_max=ivec3((p_max − AABB.min)/(AABB.max − AABB.min))
        for i = index_min.x to index_max.x
            for j = index_min.y to index_max.y
                for k = index_min.z to index_max.z
                    append T to USS.objectList[i][j][k]
                endfor
            endfor
        endfor
    endfor
}
```

程序清单 11.2 USS 预处理算法

基于 USS 的光线跟踪算法中，光线首先与 USS 相关的 AABB 包围盒相交。如果存在有效相交，光线将按照一次一个体素的方式在 USS 的三维网格中推进。在光线穿越的每一个体素中，进行光线与体素对象列表相关三角形的相交测试。如果找到了有效的交点，那么这个

交点表示光线和场景的最近交点，终止光线推进。否则，光线将被推进至下一个体素。这个过程一直重复，直到找到交点或者光线穿出 AABB 包围盒。光线推进操作中两个关键的步骤是：找到入口体素索引，然后沿着光线从当前体素推进至下一个体素。上述计算必须准确而高效。然而，简单利用光线-AABB 包围盒相交测试发现入口体素，并沿着路径到下一个体素的计算方法效率很低。下面，将介绍如何通过适当改进这种方法以得到高效的算法。

11.1.3.3 USS 网格遍历

与 AABB 包围盒一样，USS 由三组平面组成，分别平行于不同的笛卡儿直角平面。如前所述，光线与平行于笛卡儿平面的平面进行相交计算很简单。与 *yz* 平面，*zx* 平面和 *xy* 平面平行的各个平面相交的光线参数分别是

$$\begin{aligned}
t_{x,i} &= (\text{USS.AABB.min.x} + i\Delta x - \text{ray.o.x})/\text{ray.d.x} \\
&\quad \text{where } \Delta x = (\text{USS.AABB.max.x} - \text{USS.AABB.min.x})/N \\
t_{y,j} &= (\text{USS.AABB.min.y} + j\Delta y - \text{ray.o.y})/\text{ray.d.y} \\
&\quad \text{where } \Delta y = (\text{USS.AABB.max.y} - \text{USS.AABB.min.y})/N \\
t_{z,k} &= (\text{USS.AABB.min.z} + k\Delta z - \text{ray.o.z})/\text{ray.d.z} \\
&\quad \text{where } \Delta z = (\text{USS.AABB.max.z} - \text{USS.AABB.min.z})/N
\end{aligned}$$

索引 i, j 和 k 是 USS 三维网格的索引。索引的初值以及索引的增幅取决于光线方向的坐标符号。例如，对于平行于 *yz* 平面的面，索引 i 的初值、增幅、最大值以及交点坐标如下所示：

$$(i, \Delta i, i_{\text{limit}}, x) = \begin{cases} (N, -1, -1, \text{USS.AABB.max.x}), & \text{ray.d.x} < 0 \\ (0, 1, N, \text{USS.AABB.min.x}), & \text{其他} \end{cases} \quad (11.16)$$

光线相交参数的公式不仅形式简单，而且可以利用其以增量形式给出沿着光线的下一交点的参数表达式。沿着坐标轴的增量表达式分别为

$$\begin{aligned}
t_{x,i+\Delta i} &= t_{x,i} + \Delta t_x \\
&\quad \text{where } \Delta t_x = (\Delta i \Delta x)/\text{ray.d.x} \\
t_{y,j+\Delta j} &= t_{y,j} + \Delta t_y \\
&\quad \text{where } \Delta t_y = (\Delta j \Delta y)/\text{ray.d.y} \\
t_{z,k+\Delta k} &= t_{z,k} + \Delta t_z \\
&\quad \text{where } \Delta t_z = (\Delta k \Delta z)/\text{ray.d.z}
\end{aligned}$$

图 11.3 给出了上述过程在二维情况下产生的交点。对于源点位于 USS 内部的光线，必须通过调整索引的初始值以确保光线参数大于 0。有多种调整方法，一种迭代调整方法如程序清单 11.3 中代码所示。

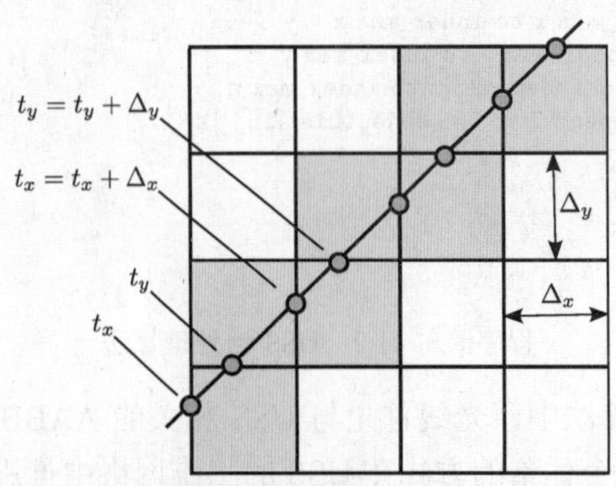

图 11.3 USS 中高效的光线遍历(二维形式展示)。首次计算的相交参数 t_x、t_y 以及 Δ_x、Δ_y 的值将用于计算下一组 t_x 和 t_y 的值

```
t_{x,i} = (USS.AABB.min.x + i Δx − ray.o.x)/ray.d.x
t_{y,j} = (USS.AABB.min.y + j Δy − ray.o.y)/ray.d.y
t_{z,k} = (USS.AABB.min.z + k Δz − ray.o.z)/ray.d.z
while (t_{x,i} < 0 && t_{y,j} < 0 && t_{z,k} < 0)
    if (t_{x,i} < t_{y,j} && t_{x,i}) < t_{z,j})
        t_{x,i} += Δt_x
        i += Δi
    else if (t_{y,j} < t_{z,k})
        t_{y,j} += Δt_y
        j += Δj
    else
        t_{z,k} += Δt_z
        k += Δk
    endif
endwhile
```

程序清单 11.3　将源于 USS 边界内部的光线考虑在内的代码

给定 t 的初值以及索引值，基于 USS 的光线–场景相交算法如程序清单 11.4 中代码所示。

```
function USS_ray_traverse()
    OUTPUT t
{
    while(i ≠ i_limit && j ≠ j_limit && k ≠ k_limit)
        [t, intersectFlag] = ray_object_list_intersect(ray, objectList[i][j][k]);
        if (intersectFlag == TRUE && pointInsideVoxel(ray.o+t*ray.d,i,j,k)) ↩
            // intesection found
            return TRUE;
        endif
        if (t_{x,i} < t_{y,j} && t_{x,i} < t_{z,j})
            t_{x,i} += Δt_x
            i += Δi
        else if (t_{(y,j)} < t_{z,k})
            t_{y,j} += Δt_y
            j += Δj
        else
            t_{z,k} += Δt_z
            k += Δk
        endif
    endwhile
    return FALSE
}
```

程序清单 11.4　光线 USS 遍历的增量算法

算法使用函数 ray_object_list_intersect 进行光线与列表中每一个对象的相交测试。如果存在多个交点，则返回最近的交点。在 USS 中，对象很可能是多个体素的一部分，因此，与体素相关的光线与列表相交可能产生体素以外的交点，可能产生错误的最近交点探测。这一问题可以通过检查交点是否位于当前体素内部或者外部而避免。与 AABB 包围盒一样，USS 体素边界与轴平面平行。因此，可以通过检查点的坐标相对于体素边界的坐标而轻松进行点内部或外部的测试。

USS 网格的分辨率可以由用户直接规定，也可以通过逐体素平均三角形密度来间接计算。分辨率越高，光线相交测试速度越快。但是需要更长的单位计算时间以及大量存储空间来用于 USS 的存储，而且将增加一些为场景空白部分进行光线跟踪而产生的额外计算开销。USS 在一致对象分布(Homogeneous Object Distribution)的场景执行效果较好，而对于存在大型并且重叠对象的场景执行效果较差。对存在由大量三角形构成的小对象的大规模场景进行光线跟踪时，USS 的执行效果也不好，如放置了一个茶壶的足球场。为避免这一问题，提出了嵌入式 USS 结构。下一节将介绍的基于层次结构的光线跟踪加速技术可以很好地处理这一问题。

11.1.3.4 基于 BVH 的加速模式

层次包围盒(Bounding Volume Hierarchy，BVH)模式使用递归划分技术，它首先将场景中的对象划分为两部分，划分将持续进行，直到划分部分仅包含一个或预定义数目的对象，如图 11.4 所示。递归划分过程将生成一个对象列表的二叉树。顾名思义，对象的包围体在对象划分中具有重要作用。与 USS 一样，常用的包围盒是 AABB 包围盒。然而，USS 将场景沿着每一个轴进行划分，而在 BVH 技术中，包围盒被与三个轴平面平行的任意平面划分为层次结构。每一次场景划分都将生成两个不同的对象集和，每一个集和的元素属于分割轴平面的一边。对象相对于分割面的边侧由对象的候选点的边侧决定。例如，对于由三角形组成的场景，三角形的边侧由三角形中心点决定。分割面的选择是基于特定启发方法的。例如，一个简单的启发方法可以是选择与 AABB 包围盒最长的相垂直的面，或者选择可以将最长的一侧划分为两个大小一致的两部分的平面位置，或者选择可以将对象划分为两侧数目相等的平面位置。完成划分后，计算每一个划分的包围盒，两个包围盒将成为层次结构上的两个节点，节点将进一步被递归划分，直到子节点的对象数目达到预定义的较小的数值。递归划分所得的层次结构是一个二叉树，树中每一个节点是一个包围盒。BVH 的生成必须先于光线-场景相交测试。BVH 节点的内容以及 BVH 生成的伪代码实例如程序清单 11.5 所示。

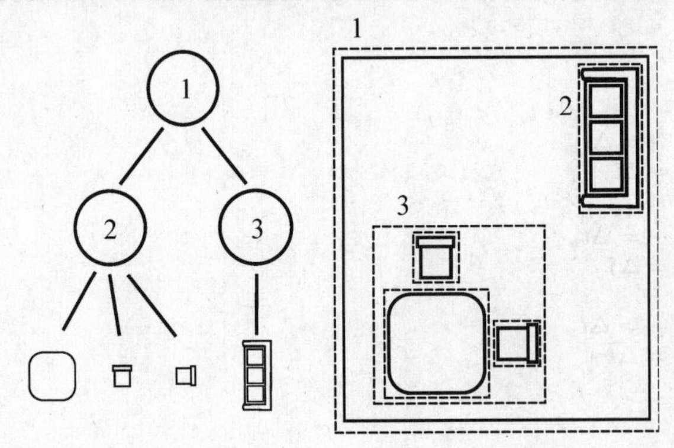

图 11.4 包围盒层次实例。房间划分为深度为 3 的二叉树

```
BVHnode
{
   AABB
   objectList or // No object list for intermediate nodes.
   partitionPlane // No Partition plane for leaf node.
}

function BHVCreate() // recursive function.
   INPUT root: BVHnode
       list : list of objects
   OUTPUT left, right: BVHnode
{
   if (list.size < thresholdSize)
   {
      left = right = null
      objectList = list
      return
   }
   P: Choose subdivision plane // based on certain heuristic
   leftList = empty
   rightList = empty
   for each object in objectlist
```

```
            if (object is on left of P) insert(object,leftList)
            else insert(object,rightList)
        endfor
        leftAABB = computeAABB(leftList)
        rightAABB = computeAABB(rightList)
        leftNode = (leftAABB, leftList)
        rightNode = (rightAABB, rightList)
        root.left = leftNode
        root.right = rightNode
        root.partitionPlane = P
        BVHcreate(leftNode,leftList)
        BVHcreate(rightNode,rightList)
    }
```

程序清单 11.5　BVH 生成算法

BVH 创建过程所使用的空间划分方法可以用来排序对象列表(划分排序)，通过对象索引和列表中对象的数目重置叶子节点的对象列表。基于 BVH 的光线加速模式中进行光线-场景相交测试时，光线首先与 BVH 树的根节点的 AABB 包围盒进行相交测试。如果有交点，则递归地进行光线与子节点的 AABB 包围盒的相交测试，直到递归结束。与子节点相交测试的顺序取决于光线方向以及与节点相关的分割面。在找到了交点的情况下递归过程仍将持续进行，直到递归栈为空时结束。找到与叶节点的交点时，光线参数 t 被设置，并且用于在光线-AABB 包围盒相交测试中证明交点是否足够近。光线-BVH 相交的伪代码实例如程序清单 11.6 所示。

```
function rayBHV() // recursive function
    INPUT ray : Ray,
          node : BVHnode.
    OUTPUT ray.t : nearest point of intersection if any,
           hit  : true/false.
{
    if node==null return
    if (intersect(node.AABB, ray)
    {
        if (node.isLeaf)
        {
            t = intersect(ray,node.objectList)
            if (t < ray.t) ray.t = t
        }
        else
        {
            if (ray.direction[partitionPlane.axis] < 0)
                rayBVH(node.rightNode)
            else rayBVH(node.leftNode)
        }
    }
}
```

程序清单 11.6　光线-BVH 相交测试算法

在光线-BVH 相交测试中，光线-AABB 包围盒的相交计算起到主导作用，因此这一测试必须高效执行。BVH 的构建与 USS 结构的构建所需的计算能力是相当的，在多数场景中，光线-BVH 相交计算性能优于光线-USS 相交计算。BVH 对于执行性能的改进依赖于节点划分平面选择的启发式方法。相比于利用空间大小或对象数目划分节点的方法，基于曲面面积进行划分的启发式方法(Surface Area Heuristics，SAH)提高了执行性能。然而，寻找最优划分仍然是一个开放的研究课题。

11.1.4 基于光线跟踪的绘制

引言中曾提到，光线跟踪方法用于高质量的绘制。在基于光线跟踪的绘制中，光线从一个虚拟的照相机出发，穿越所绘制图像的每一个像素以计算场景颜色。一般的光线跟踪算法与程序清单 11.7 中算法类似。

```
function rayTraceRendering()
    INPUT camera, scene
    OUTPUT image
{
    for row = 1 to rows
        for col = 1 to cols
            ray = getRay(row,col,camera)
            image[row][col] = getColor(ray, scene)
        endfor
    endfor
}
```

程序清单 11.7 基本光线跟踪算法

函数 getRay 用于计算穿越图像数组中每一个像素的光线。计算光线的方法取决于相机的类型。对于之前所介绍的基于光栅化的绘制中所使用的标准针孔式相机，这一过程很简单。首先在相机空间计算光线，在相机空间中，图像窗口与 xy 平面平行，并且靠近那些远离坐标原点 0 的单元。然后，使用相机矩阵的逆矩阵($\boldsymbol{M}_{\text{camera}}^{-1}$)将光线从相机空间转换到世界空间。为简化计算，假设窗口以 z 轴为中心，图像原点位于图像窗口左下角。进而，穿越像素(col, row)中心光线的计算如下所示：

$$\text{ray.o} = \boldsymbol{M}_{\text{camera}}^{-1}(0,0,0)^{\mathrm{T}}$$

$$\text{ray.d} = \boldsymbol{M}_{\text{camera}}^{-1}\left(w\left(\frac{(\text{col}+0.5)}{\text{cols}}-0.5\right), h\left(\frac{(\text{row}+0.5)}{\text{rows}}-0.5\right), -\text{near}\right)^{\mathrm{T}}$$

其中，$\boldsymbol{M}_{\text{camera}} = P_{\text{rsp}}M, w$ 和 h 是图像窗口的宽度和高度，图像的分辨率为 cols×rows。函数 getColor 获取射向相机方向光线的颜色，将这个颜色分配给像素。函数中执行的实际计算将不同的光线跟踪绘制方法区分开来。函数 getColor 可以简单地返回对象的漫反射颜色，或是通过计算直接照明公式获取并返回点的颜色，如第 6 章所述。颜色也许需要与从曲面纹理映射所获取的纹理进行调制。这一过程称为基于光线投射的绘制，生成的图像类似于简单光栅化绘制生成的图像。由于使用光栅硬件的绘制能够以更快的速度生成图像，所以光线投射不常用于图像生成。大多数基于光线跟踪的绘制方法通常在函数 getColor 中利用特定形式的全局光照模型计算以获取颜色，不同的光线跟踪渲染方法的不同之处在于函数 getColor 中使用的不同方法。尽管方法各不相同，但是函数 getColor 的第一步都是计算沿着源于相机的光线的最近可视点，然后计算这一可视点的颜色。下面，将详细介绍两个流行的基于光线跟踪的绘制方法中使用的光照计算技术：经典光线跟踪算法和蒙特卡罗光线跟踪算法。

11.1.5 经典光线跟踪

用于绘制的经典光线跟踪算法于 1980 年由 Whitted 在其绘制方面的著作[41]中提出。经典光线跟踪与光线投射绘制方法一样需要计算光线与曲面交点的直接光照和纹理。此外，经典光线跟踪算法通过扩展还能够支持阴影、场景中多对象间的镜面互反射和透明性处理。经典光线跟踪详细算法如程序清单 11.8 所示。

```
function getColor()
    INPUT ray, scene
{
    (t, object, intersectFlag) = raySceneIntersect(ray,scene)
    if (intersectFlag==FALSE) return backgroundColor
    color = black
    for i=1 to #Lights
        shadowRay = computeShadowRay(ray,t,object,scene,lights[i])
        if (inShadow(t,ray,scene) == FALSE)
            color += computeDirectLight(t,ray,scene.lights[i])
        endif
    endfor
    if (isReflective(object)) // Interreflection support
        newRay = reflect(ray,t,object)
        color += object.specularReflectance * getColor(newRay,scene)
    endif
    if (isRefractive(object)) // transparency support
        newRay = refract(ray,t,object)
        color += object.transparency * getColor(newRay,scene)
    endif
    return color
}
```

程序清单 11.8 经典光线跟踪中像素颜色的计算方法

从算法中可以看出，通过跟踪创建的附加光线可以自然地处理阴影、镜面反射和透光性。与基于光栅化的绘制不同，光线跟踪不需要复杂的算法投入来支持这些特性。为避免混淆，将源于相机的光线称为初始射线(Primary Ray)，附加光线称为次生射线(Secondary Ray)。对于所有的次生射线，其原点是初始射线与场景的交点，但是方向相反。

通过计算光源造成的阴影线的向量差分可以得到点光源的阴影线方向。这种方法也可扩展到面光源，通过将面光源的曲面划分为较小的面，然后计算以面中心为光源而造成的阴影线的向量差分得到阴影线的方向。如果有对象出现在曲面点和光源之间，那么曲面点在阴影之下，阴影计算可以转换为寻找阴影线-对象相交的 t_i，然后检查不等式 $0<t_i<1$。以上光线-场景对象相交测试，以及 t 值检查在函数 inShadow 中完成。注意，函数 inShadow 不需要寻找最近的交点。当找到满足 $0<t<1$ 的交点时，则不需要继续进行阴影线与场景中其他对象的相交计算。因此，不利用标准的光线-场景相交算法寻找最近点，而单独写一个 inShadow 算法更好。此外，被对象阴影覆盖的点的相邻点也很有可能被阴影覆盖。因此，获取最近的阴影对象信息，并且首先为近邻初始光线和捕获的对象的阴影线进行相交测试，可以用来加速阴影计算。

通过将次生光线的方向设置为初始光线的反射和折射光的方向，然后递归调用函数 getColor 而分别处理沿着初始光线的最近点的光的反射和折射。当光线不与场景中任何对象相交时，或者接触到一个非反射和非折射的对象时，递归终止。在一个高度反射和折射的封闭环境，算法可能陷入无限循环，尽管此类场景并不多见。大多数算法通过引入递归调用的次数而确保算法的安全执行，在递归次数到达特定的预定义的最大值(通常设为5)时停止递归。

由于场景中镜面光反射器以及完全或部分透明的对象之间的互反射和互折射，经典光线跟踪算法能够利用全局光照进行准确的绘制。经典光线跟踪也被扩展用于在场景中支持漫反射和半透明表面的相互反射。

11.1.6 路径跟踪

路径跟踪(Path Tracing)是一种基于蒙特卡罗的光线跟踪方法，路径跟踪用于绘制包含任意曲面特征的场景的全局光照效果。从初始射线开始，将递归生成的光线连接在一起形成的光线集合称为路径。因此，在效果上可以将路径跟踪视为经典光线跟踪方法的简单扩展。两种算法不同之处在于，路径跟踪中二次反射光线不被限制于镜面类表面，折射光不限制于透明表面。通过蒙特卡罗方向采样可以得到任意表面生成的光线。经典光线跟踪方法从相机到像素中心生成初始光线，在路径跟踪中多条初始光线通常由像素的随机位置生成。包含不透明表面的场景的路径跟踪算法如程序清单 11.9 中代码所示(参见图 11.5)。

```
function pathTraceRendering()
INPUT camera, scene
OUTPUT image
{
    for row = 1 to rows
        for col = 1 to cols
            for i = 1 to N
                ray = getPathRay(row,col,camera)
                image[row][col] = getPathColor(ray, scene)/N
        endfor
    endfor
}

function getPathColor()
    INPUT ray, scene
{
    (t, object, intersectFlag) = raySceneIntersect(ray,scene)
    if (intersectFlag==FALSE) return backgroundColor
    color = black
    for i=1 to #Lights
        shadowRay = computeShadowRay(ray, t,object,scene,lights[i])
        if (inShadow(t,ray,scene) == FALSE)
            color += computeDirectLight(t,ray,scene.lights[i])
        endif
    endfor
    if (isReflective(object)) // Interreflection support
        (newRay, factor) = sampleHemisphere(ray, t, object)
        color += factor * getPathColor(newRay, scene)
    endif
    return color
}
```

程序清单 11.9 路径跟踪算法

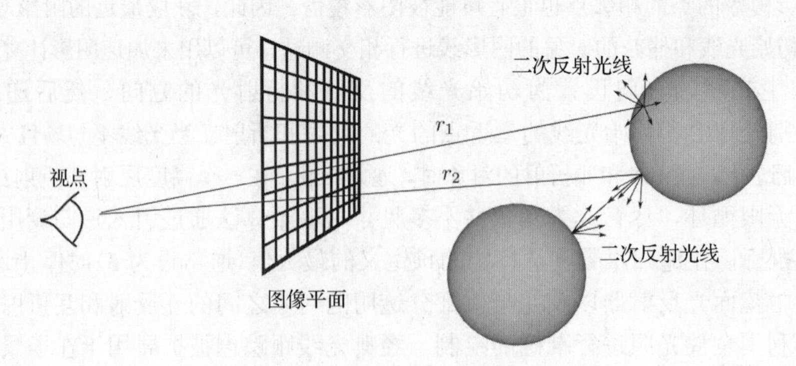

图 11.5 路径跟踪。光线每次接触到曲面时射出一束新的光线，一个新的路径被生成

如前所述，可以看出基于路径跟踪的绘制方法和经典绘制方法非常相似。不同之处在于基于路径跟踪的绘制的二次反射光线方向的计算是通过对半球进行蒙特卡罗采样。蒙特卡罗

采样将生成曲面的上半球的一个随机方向，并沿着这一方向计算光照。其他方向采样方法包括均匀采样、余弦重要性采样、BRDF 重要性采样，等等。采样与一个因子相关，且该因子用于与函数 getPathColor 返回的颜色相乘。这个因子与采样方式以及表面的 BRDF 有关。每一种蒙特卡罗采样方法也称为随机采样方法，与在实数 [0,1] 区间均匀采样的均匀随机采样器有关，但与采样类型无关。许多编程语言都以库函数的形式提供了此类采样器函数。下面的讨论中将采样函数命名为 rand()，利用采样函数讨论一些半球采样器及其相关的乘数因子。

均匀半球采样　半球是球体的一半，并且可以具有无限多的方向。曲面上点的半球方向取决于面的法线。对任意有向半球进行方向采样时，首先需要进行标准半球的均匀采样，例如绕 z 轴的单位半径的半球，然后旋转方向以匹配半球的实际方向。可以利用球坐标 (θ,ϕ) 描述穿越标准半球表面中心位置的采样向量，其中，θ 是绕 z 轴的角度，ϕ 是方向向量投影与 x 轴形成的角度。生成采样向量之后，使用 TBN 矩阵进行转换。标准半球上均匀采样方向的计算如程序清单 11.10 所示。

```
function uniformHemisphereSample1()
    INPUT object, p, ray
    OUTPUT direction, factor
{
    // Uniform sampling the canonical hemisphere
    θ = arccos(rand())
    φ = 2π rand()
    sample_d = (sin(θ) cos(φ), sin(θ) sin(φ), cos(θ))^T
    // Let T, B, N are the unit tangent, bitangent, and
    // normal vectors at the object point p
    (direction, factor) = ([T B N] * sample_d, 2π cos(θ) (object.brdf(ray.d,↩
        sample_d)) )  // Rotation
}
```

程序清单 11.10　任意方向单位半球的均匀采样算法

采样也可以在整个球体上进行，丢弃法线与表面角度大于 90° 的点的向量。实际上，可以通过检测采样向量与法线的点积的符号进行角度检测，选择点积符号为正的采样向量。由于丢弃了半个方向，因此这种方法认为是无效的，但是这种方法的优点在于不需要进行 TBN 矩阵转换。基于球体均匀采样的方法如程序清单 11.11 所示。

```
function uniformHemisphereSample2()
    INPUT object, p, ray
    OUTPUT direction, factor
{
    Let N be the unit normal vectors at the object point p
    while(TRUE)
        θ = arccos(1−2∗rand())
        phi = 2π rand()
        sample_d = (sin(θ) cos(φ), sin(θ) sin(φ), cos(θ))^T
        // Uniform sampling the canonical hemisphere
        if (dot(N,sample_d) > 0)
            (direction, factor) = (sample_d, 2π dot(N,sample_d) object.brdf(ray.d,↩
                sample_d) ) // Rotation
        endif
    endwhile
}
```

程序清单 11.11　任意方向单位半球上均匀采样的舍弃算法

基于余弦的半球重要性采样 基于余弦的半球重要性采样方法中，采样方向以余弦θ分布在绕法线的半球上，因此在法线附近采样密度最大，远离法线时则依据余弦函数降低。蒙特卡罗光照技术中使用的均匀采样方向倾向于使用余弦采样方向，主要是因为这种方法使得沿着远离法线方向的光线跟踪产生的颜色贡献可以根据因子 $\cos\theta$ 而减小。根据因子 $\cos\theta$ 进行采样相比于根据单一因子降低颜色贡献的方式更好。由于分布非常依赖采样方向与法向量的角度，因此不可以使用完整球体采样方法。程序清单 11.12 给出了一个广泛使用的余弦采样方法。

```
function cosineHemisphereSample()
    INPUT object, p, ray
    OUTPUT direction, factor
{
    // Uniform sampling the canonical hemisphere
    θ = arcsin(√rand())
    φ = 2π rand()
    sample_d = (sin(θ) cos(φ), sin(θ) sin(φ), cos(θ))^T
    // Let T, B, N are the unit tangent, bitangent, and
    // normal vectors at the object point p
    (direction, factor) = ([T B N] * sample_d, π object.brdf(ray.d,sample_d) ) // ↩
        Rotation
}
```

程序清单 11.12 半球的余弦重要性采样算法

11.2 多通道算法

上一节讨论的基于光线跟踪的光照计算依赖于视点。因此，当视点改变时所有与光照相关的计算必须重新进行。通常，都是先计算出场景中光照贡献(全局光照计算通道)并且将其存储在一个数据结构中，然后在光线投射或基于光栅化渲染时通过访问这个数据结构计算像素的颜色。利用这样的方式可以实现快速绘制。然而，全局光照通道计算非常耗时。多通道方法适于对全局光照绘制的场景进行快速漫游，如游戏的绘制。有许多关于实施全局光照计算通道方法的文献。下面将介绍两种方法：光子跟踪和辐射度方法。

11.2.1 光子跟踪

光子跟踪是一种双通道渲染技术，两个通道均基本使用光子跟踪技术进行光线-场景相交计算。第一个通道用于仿真光子行为：从光源发射的大量光子在场景中传播，直到完全被吸收或者丢失在空间中。每一个光子由光源的特定位置依据一个初始方向射出。光子的发射位置是在光源表面随机采样的，采样方向是从法线周围半球到采样位置表面进行随机采样的。光子携带代表光源的能量谱，并在场景中传播。光子沿着由传播方向定义的光线进行传播。如果光子在传播过程中碰到表面，那么由于表面的吸收作用将丢失一部分能量，减弱的能量进行折射。光子沿着折射方向继续传播，并进行相交计算，直到不再撞击任何表面(丢失在空间中)或能量显著减弱。光子的每次撞击过程都将存储于一个与撞击表面或者场景相关的数据结构中。第二个通道是真正的绘制通道，从眼睛直到视窗进行跟踪光线以及光线-表面的相交测试。通过搜索交点的圆形邻域以发现光子撞击，与表面 BRDF 调制的点能量谱的加权和将反射到眼睛中。

基于光子跟踪的全局光照计算技术相对简单，但计算开销巨大。光子跟踪场景的绘制质量取决于所跟踪的光子数目，数目越多质量越大。相对简单的场景的光照计算需要跟踪成千上万的光子，即便是计算如此高数量的光子，也通常无法避免在光源无法直接照射的位置的噪声。最近有很多研究工作致力于提高光子跟踪绘制的效率和质量。

11.2.2　辐射度

辐射度方法于 1984 年提出，目的是在漫反射场景中计算光的互反射。6.2 节将辐射度一词(通常符号表示为 B)作为辐照度和出射度的替换术语。在全局光照计算中，辐射度一词是指用于计算场景中稳态辐射度的方法。在辐射度方法中，光的传播过程建模为场景中每一个曲面与其他所有曲面辐射度之间关系的方程组。曲面的稳态辐射度将通过求解线性方程组而得到。下面，将介绍如何建立上述线性方程组以及线性方程组的不同求解方法。最后，将介绍利用已经计算好的辐射度进行场景绘制的方法。

辐射度方法基于两个重要的假设：

1. 能够以某种方法将任何场景的曲面分割为辐射度均匀的小面片。因此，该方法假设场景中的曲面都被分割为大量具有均匀辐射度的小面片。
2. 分割后的小面片是平的，而且本质上是漫反射的。

11.2.3　形状因子

在辐射度方法中，每一个曲面片既是发射器，同样也是接收器。所有曲面片中只有一小部分属于实际的光源，是发射器，其他曲面片射出反射光，是二次发射器。从场景中其他曲面片到达一个曲面片的光通量，一部分将被反射，其余的光因为被吸收而消失。下面，将利用第 6 章中推导出的面光源的光照表达式，推导第 i 个发射曲面片 Φ_i 发射的到达接收曲面片 j 的通量关系式。绕接收曲面片 j 上一点的微分面积的辐射度表达式为

$$E_j = L_i \int_{A_i} \cos\theta_i \cos\theta_j V_{\mathrm{d}A_i,\mathrm{d}A_j} \mathrm{d}A_i / R^2_{\mathrm{d}A_i,\mathrm{d}A_j} \tag{11.17}$$

其中，θ_i 和 θ_j 是由连接两个曲面片 $\mathrm{d}A_i$ 和 $\mathrm{d}A_j$ 的交线与曲面片 $\mathrm{d}A_i$($\mathrm{d}A_j$)的法线形成的角。$V_{\mathrm{d}Ai,\mathrm{d}Aj}$ 和 $R_{\mathrm{d}Ai,\mathrm{d}Aj}$ 分别为可见性和两个不同曲面片之间的距离。可见性是一个二元值，取值为 1 或 0，取决于微分面积 $\mathrm{d}A_i$ 和 $\mathrm{d}A_j$ 是否相互可见。假设曲面片上的辐射度是常数，并且曲面是漫反射的，在这些条件下，光通量和辐射度通过表达式 $L = \Phi / (\pi A)$ 相关联。下面，将使用这一关系代替 L_i，使用 Φ_i 代替曲面片 i 的辐射度。下面，计算整个曲面 j 接收到的从曲面 i 射出的光通量。使用辐射度和光通量之间的关系式 $\mathrm{d}\Phi = E\mathrm{d}A$，并且对这个面积上的微分光通量进行积分，得到下式：

$$\Phi_{i\to j} = \int_{A_j} E_j \mathrm{d}A_j = \Phi_i/(\pi A_i) \int_{A_j}\int_{A_i} \cos\theta_i \cos\theta_j V_{\mathrm{d}A_i,\mathrm{d}A_j} \mathrm{d}A_i / R^2_{\mathrm{d}A_i,\mathrm{d}A_j} \tag{11.18}$$

现在，可以写出从曲面 i 发射并到达曲面 j 的光通量分量的表达式

$$F_{i\to j} = \Phi_{i\to j}/\Phi_i = 1/(\pi A_i) \int_{A_j} \mathrm{d}A_j \int_{A_i} \cos\theta_i \cos\theta_j V_{\mathrm{d}A_i,\mathrm{d}A_j} \mathrm{d}A_i / R^2_{\mathrm{d}A_i,\mathrm{d}A_j} \tag{11.19}$$

分量表达式包含的项与曲面的几何特征与方向有关，而与曲面的光特征无关。这一分量被称为形状因子，在辐射度计算中起到重要作用。

如前所述，场景中每一曲面片是初始或者是二次的发射器。那么，如果曲面 i 向曲面 j 发射，曲面 j 也必须向曲面 i 发射。使用之前的推导也可以写出分量 $F_{j\to i}$ 的表达式。由曲面 j 发射而被曲面 i 接收的通量分量表达式如下所示：

$$F_{j\to i}=1/(\pi A_j)\int_{A_i}\mathrm{d}A_i\int_{A_j}\cos\theta_i\cos\theta_j V_{\mathrm{d}A_i,\mathrm{d}A_j}\mathrm{d}A_j/R^2_{\mathrm{d}A_i,\mathrm{d}A_j} \tag{11.20}$$

注意，两个分量的表达式是非常相似的，除了右侧分量的面积项。这意味着，分量相互关联，其关系为：$A_iF_{i\to j}=A_jF_{j\to i}$。这个关系在辐射度转换公式的推导中非常有用，并且在计算形状因子(参见图 11.6)的过程中也非常有用，因为如果 $F_{i\to j}$ 已知，那么通过简单应用这一关系式可以得到 $F_{j\to i}$，反之亦然。

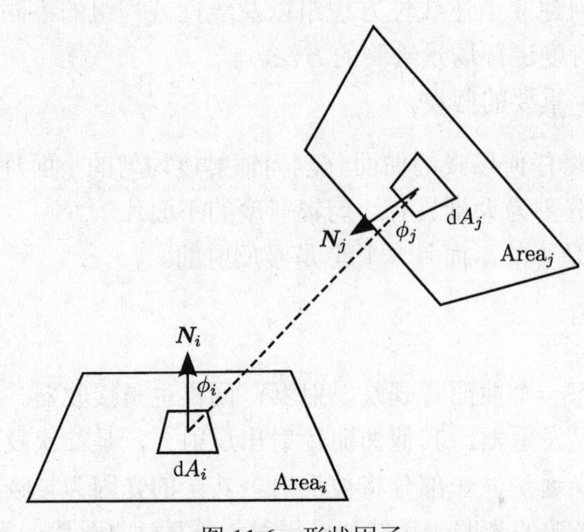

图 11.6　形状因子

11.2.4　通量传输方程和辐射度传输方程

下面将推导离开任何曲面片 i 的总通量表达式。离开曲面片的总通量分为两部分：发射和折射。发射是曲面的特征。如果曲面是一个光源，那么将具有非 0 发射项，否则为 0。假设每一曲面片的发射通量 Φ_i^e 是一个已知的先验量。折射项 Φ_i^r 源于被曲面片接收的通量的折射。以上定义的形状因子可用于表示源于任何地方的通量分量。接收的光中有一部分被折射。折射分量也是一个材料特性，称为反射率ρ，是一个对于所有曲面片的已知先验量。基于上述分析，可以利用场景中离开其他曲面片的光通量，写出离开任意曲面片 i 的光通量的表达式

$$\Phi_i=\Phi_i^e+\Phi_i^r=\Phi_i^e+\rho_i\sum_{j=1}^{N}F_{j\to i}\Phi_j \tag{11.21}$$

这个公式称为光通量传输方程(Flux Transport Equation)。

均匀发射曲面的通量与其辐射度的关联公式为 $\Phi=BA$。下面，将使用这一关系式将光通量替换为辐射度，以推导辐射度的转换公式

$$B_iA_i=B_i^eA_i+\rho_i\sum_{j=1}^{N}F_{j\to i}B_jA_j \tag{11.22}$$

两侧都除以 A_i，可得

$$B_i = B_i^e + \rho_i \sum_{j=1}^{N} F_{j\to i} B_j A_j / A_i \tag{11.23}$$

使用形状因子的关系式将 $F_{j\to i}A_j / A_i$ 替换为 $F_{i\to j}$，可得

$$B_i = B_i^e + \rho_i \sum_{j=1}^{N} F_{i\to j} B_j \tag{11.24}$$

这个公式称为辐射度传输方程(Radiosity Transport Equation)。注意，两个转换公式非常相似。唯一不同的是公式中形状因子项中曲面片的索引顺序。在光通量传输方程中，顺序是从曲面片 j 到曲面片 i，在辐射度传输方程中，是另外一种索引方式。

为曲面片 i 所建立的两个转换公式对于从 1 到 N 的每一个曲面片都成立。因此，如果为每一个 i 都建立表达式，将得到一个线性方程组，并根据其他所有曲面的通量来表达场景中的每一个曲面片的通量。之前注意到，形状因子 $F_{i\to j}$ 或 $F_{j\to i}$ 取决于场景中曲面片的方向和位置，因此可以独立于场景中的光源进行计算。因此需要求解线性方程组的能力，以获得由于场景中发射光的互反射而产生的通量。下面，将介绍辐射度求解方法，首先需要介绍一些形状因子的计算方法。

形状因子的计算

研究学者提出了许多形状因子的计算方法，其中包括利用解析法求解两个可见曲面之间的形状因子。然而，现实场景的大部分曲面与其他曲面都是部分或者完全隔离的。因此，必需在使用解析方法之前解决可见性问题。由于可见性是计算中代价最高的一部分，而且解析法仅用于完全可见的一对曲面，所以并不常用。以下的讨论将涉及一些在计算中求解可见性的方法。如前所述，可以利用如下规则的特性降低通常的计算开销，即当计算得到了 $F_{i\to j}$ 之后，$F_{j\to i}$ 可以通过一个简单的算子完成计算。下面，将介绍一些用于实际的形状因子的计算方法。

蒙特卡罗求积法计算形状因子　两个曲面之间的形状因子是一个四维积分。利用蒙特卡罗积分方法计算形状因子如程序清单 11.13 所示。

```
F_{i→j} = 0
for N times
    Let p_i be a randomly sampled point on Patch i
    Let n_i be the normal to the patch at p_i
    Let p_j be a randomly sampled point on Patch j
    Let n_j be the normal to the patch at p_j
    d = p_j − p_i
    R = |d|
    shadowRay = (p_i,d)
    V = inShadow(ray, scene) ? 0:1
    ΔF = dot(d/R, n_j) dot(−d/R, n_j) (V/πR^2)
    F_{i→j} += (ΔF/N)
endfor
F_{j→i} = F_{i→j} (A_i/A_j)
```

程序清单 11.13　利用蒙特卡罗采样计算两个曲面片之间的形状因子的算法

注意，算法使用了光线跟踪一节介绍的 inShadow 函数来计算两个点之间的可见性。这个算法相对直接。然而需要强调的是，基于光线跟踪的可见性计算需要完整的光线-场景相交测试，因此必须在每一对曲面之间计算形状因子，因此这种方法开销很大。

半球/半立方体方法 这是一类计算曲面片和场景中其他曲面片之间的形状因子的方法。由于计算只在曲面上的一个点(通常是中心点)进行，该方法在本质上是逼近的。因此，曲面的形状因子近似于绕着该点微分曲面的形状因子，以及场景中其他部分。由于接收曲面是一个微分曲面片，形状因子公式从一个双积分简化为单积分

$$F_{j\to i} \approx F_{j\to \mathrm{d}A_i} = \int_{A_j}\int \cos\theta_i \cos\theta_j V_{\mathrm{d}A_i,\mathrm{d}A_j} \mathrm{d}A_j / R^2_{\mathrm{d}A_i,\mathrm{d}A_j} \tag{11.25}$$

此外，朝着其他曲面片发射的曲面片，必须都位于接收曲面片的上半球。如果想要计算所有发射曲面片的形状因子，那么原则上应该仅在上半球曲面上进行积分。下面给出这种形状因子的表达式：

$$F_{\mathcal{H}_j\to i} \approx \int_{\mathcal{H}_j}\int \cos\theta_i V_{\mathrm{d}A_i,\mathrm{d}\omega_j}\mathrm{d}\omega_j \approx \sum_k \cos\theta_k V_{i,k}\Delta\omega_k = \sum_k V_{i,k}\,\mathrm{factor}_k \tag{11.26}$$

其中，$\mathcal{H}_j$ 代表通过曲面片 i 上的单位半球且曲面片 j 对曲面片 i 可见的面积，$\mathrm{d}\omega_j$ 取代了 $\cos\theta_j \mathrm{d}A_j / R^2_{\mathrm{d}Ai,\mathrm{d}Aj}$。对于单位半球，$R=1$ 和$\theta_j=1$。因此，在半球上的积分面积表示了积分实体角。然而，在后续介绍的数值法中，利用半立方体取代半球之后，情况并非如此。这里对于可见性的解释有所不同:表示通过微分实体角曲面 j 是否可见的。公式中的求和项近似在 $\mathcal{H}_j$ 之上的积分，积分是通过对离散的半球的细分进行求和的，$V_{i,k}$ 是曲面片 j 到曲面片 i 通过实体角 k 的可见性。项 factor_k 表示通过第 k 个离散的实体角半球曲面面积部分的解析的形状因子，其值是第 k 个实体角方向余弦的$\Delta\omega_j$ 倍，可以基于特定的离散方式计算为一个先验量。这种计算形状因子的方法，需要通过半球的每一个离散的划分确定曲面片 j 的可见性。如果不是通过离散的划分确定曲面片 j 的可视性，而是通过半球的每一个划分 k 确定曲面片 j 的可见性，那么这就成为已经讨论的问题，也沿着光线寻找最近对象。通过离散的实体角曲面片 j 可见部分的形状因子的公式如下所示：

$$\Delta F_{j\to i} \approx \Delta F_{\mathcal{H}_j\to i} = \mathrm{factor}_k \tag{11.27}$$

整个曲面片 j 形状因子的计算公式为 $F_{j\to i} = \sum \delta F_{j\to i}$。利用这些公式，可以写出用于计算曲面片之间形状因子的算法，如程序清单 11.14 中算法所示。

```
for all j
    F_{j→i} = 0
endfor

Let H_i be the unit hemisphere around p_i the center of patch i.
Let N be the number of discrete subdivision of the hemisphere
for k = 1 to N
    // assuming N is the number of discrete subdivision of the hemisphere
    // Let d_k be direction from the  center of patch i through the center of the k-↩
        th solid angle ray = (p_i,d_k)
    j = nearestObject(ray, scene)
    F_{j→i} += factor_k
endfor
```

程序清单 11.14　半球上利用基于投射的方法计算曲面片与所有其他曲面片之间的形状因子的算法

注意，这个算法在形状因子公式中利用最近的对象取代了可见性函数，返回沿着通过实体角方向的路径。通过完成这项工作，能够更新接收曲面片和所有对接收有贡献的曲面片之间的形状因子。通过有效地对半球进行离散化，可以得到一个足够良好的形状因子的近似。

基于半球方法的变形方法是半立方体方法，这种方法利用半立方体取代了半球。半立方体可以覆盖半球的所有方向，其优点在于 5 个面是矩形平面。因此，通过投射整个场景到半立方体的每一个面，并且在离散的半立方体像素上绘制曲面片，或许可以采用基于硬件的可视化计算。受益于硬件加速技术，这种方法相比光线跟踪快得多，因此，是最早提出的形状因子计算加速方法之一。

11.2.5　辐射度方程组求解

至此，已经得到了求解辐射传送和通量传送方程的线性方程组的所有部分。可以将方程组写为矩阵形式 $\boldsymbol{MA}=\boldsymbol{B}$，其中，$\boldsymbol{A}$ 表示平衡通量或者辐射项的未知向量，$\boldsymbol{B}$ 表示射出通量或辐射项的向量，$\boldsymbol{M}$ 表示方阵，其中，包含已知的反射和计算得到的形状因子。向量和矩阵的大小取决于场景中的曲面片。方程组 $\boldsymbol{A}=\boldsymbol{M}^{-1}\boldsymbol{B}$ 的求解可以通过逆矩阵与向量的乘积进行计算。对于大小为 N 的向量，计算复杂度为 $O(N^3)$。由于这一复杂度，对于一个合理复杂程度的场景(大于 10 000 曲面片)，求解其辐射度或光通量方程组是不现实的。需要注意，曲面片必须足够小以满足均匀亮度需求。因此，即使对于一个小场景，曲面片的数目达到或超过 10 000 是常见的。另一种用于求解辐射度和光通量的方法是使用迭代法求解线性方程组。可以使用三个著名的求解方程组方法的任何一个。独立于使用的求解方法，所有迭代方法都始于一个关于辐射度光通量贡献的初始猜测(参见程序清单 11.15)，基于之前的猜测更新所有曲面片的辐射度，更新过程将一直重复直至收敛。

```
for patch i=1 to N // Initialize
    B_i = B_i^e
endfor
```

程序清单 11.15　基于收集方法的初始化

下面，我们将首先介绍基于雅可比方法(参见程序清单 11.16)和高斯方法(参见程序清单 11.17)的辐射度方程组求解算法。相同的方法也将应用于求解通量方程组。

```
// Jacobi Iteration: Radiosity Gathering Method
while (not converged)
    for patch i=1 to N
        $Bnew_i = B_i^e + \rho_i \sum_j B_j F_{i \rightarrow j}$
    endfor
    for patch i=1 to N
        B_i = Bnew_i
    endfor
endwhile
```

程序清单 11.16　基于雅可比迭代法计算平衡辐射度

```
// Gauss-Seidel Iteration: Radiosity Gathering Method
while (not converged)
    for patch i=1 to N
        B_i = B_i^e + ρ_i Σ_j B_j F_{i→j}
    endfor
endwhile
```

程序清单 11.17　基于高斯迭代法计算平衡辐射度

注意，雅可比方法和高斯方法之间的差别不大。高斯方法相对快速，而且不需要任何中间向量。因此二者之中，一般更倾向于高斯方法。

第三个迭代算法(参见程序清单 11.18)与光子跟踪类似，都是模拟光传播的自然过程。这个迭代方法从场景中最亮的曲面片发射光线。也就是从最亮的反射曲面片开始。从发射器发射光线后，选择下一个最亮的且目前还没有发射光线的曲面片来发射光线，这个过程一直重复直到达到平衡。

```
// Southwell Iteration: Radiosity Shooting Method
for patch i=1 to N // Initialize
        B_unshot_i = B_i^e
endfor
while (not converged)
    // Let j be the patch with highest B_unshot
    for patch i=1 to N
        ΔB = ρ_i Σ_j B_unshot_j F_{i→j}
        B_i += ΔB
        B_unshot_i += ΔB
    endfor
    B_unshot_j = 0
endwhile
```

程序清单 11.18 基于索斯维尔(Southwell)迭代法计算平衡辐射度

这个算法需要增加用以记录仍未被发射的辐射度以及总辐射度的向量。每当完成从曲面片 j 的光线发射，向量被设置为 0，以避免曲面片相同光线的重复错误发射。

以上所有迭代算法都需要进行平衡条件检查。当所有曲面片的增量通量减少到小于一个阈值时，可认为达到平衡假设条件。实际上，迭代计算将执行一个固定的次数。在这种情况下，选择一个基于发射的方法增加全部光照计算的准确度。除了准确度相关的原则，因为一些其他原因算法也是倾向的，避免了存储需求以及可调节形状因子的计算。注意，形状因子矩阵需要 N^2 存储空间以及对应的计算数量级。然而，注意迭代求解依次求解一个曲面片(最亮的一个)。因此，也许选择仅从这个曲面片相对于其他曲面片计算形状因子，使用半球或基于半立方体反复，而避免 N^2 计算量和存储量。但是，这种方法需要将发射算法中 ΔB 的计算步骤修改为

$$\Delta B = \rho_i \sum_{j=1} B_j F_{j\to i} A_j / A_i \tag{11.28}$$

从辐射度的解进行绘制

辐射度方法计算场景中每一曲面片上的平衡辐射度，不论曲面片是否可见。为创建场景的绘制图像，绘制步骤必须在辐射度计算之后。这一步骤的目的是通过计算求解来创建场景的真实感绘制图像。最简单的方法是面片辐射度直接用于颜色。均匀漫反射曲面片的辐射度与其反射率通过辐射关系式 $B = \pi L$ 建立联系。这个辐射度可以用做对虚拟相机可见的曲面片上任一点的颜色。遗憾的是，这样的绘制生成一个侧面外观。

消除侧面外观的一个简单方法是，通过相连曲面的辐射度面积加权平均，计算曲面片上顶点的辐射度，然后进行 Gouraud 插值绘制。尽管所得绘制效果是平滑的，但该方法仍然受困于网格的不精确，并且可能产生模糊化高光以及阴影和光的渗透。下一节，将讨论用于生成高质量绘制的基于收集的方法。

最终收集 基于最终收集的绘制通过一个像素的曲面上的可见点的辐射度通过收集围绕这个点的半球射出的光来计算。任何直接光照计算方法，包括 2.2.3 节介绍的用于计算环境光源，以及 2.2.2 节介绍的，都可以用来修改用于最终的收集。

当使用基于环境光的方法时，采样过程保持不变。跟踪每一条从感兴趣点发出的采样光线以发现可见的曲面片。沿采样光线的可见曲面片的辐射度通过求平均来估算点的辐射度。

辐射度方法计算场景中每一曲面片的出射平衡辐射度。因此，场景中每一曲面片都被视为一个潜在的光源。由于面光源的直接光照计算方法可以用来计算场景中每个曲面片上任一点的光照。这样，可以使用基于面光源的收集方法来绘制真实感图像。

在收集过程中使用每一曲面进行光照计算的一个缺点是，在一个复杂的场景中，仅有一小部分的场景曲面片是可见的。不可见曲面片对于点的光照贡献是 0，因此，任何为收集这些曲面片的光线的计算都是浪费的。基于半立方体的方法解决了这一问题。在这种方法中，在感兴趣的点上建立一个虚拟的单位半立方体。通过使用硬件 Z 缓冲绘制方法，场景投射到这个半立方体的面上。Z 缓冲算法消除了不可见面。半立方体上的每一个像素代表可见曲面片的一个小块，因此，可以视为半立方体中心处照亮曲面点的光源。

如果像素足够小，那么像素的直接光照可以通过 $B_j F_{\text{pixel}}$ 近似，其中，B_j 是曲面片 j 投射到像素的辐射度，$F_{\text{pixel}} = \dfrac{\cos\theta_1 \cos\theta_2}{\pi r_{12}^2}\Delta A$，$\Delta A$ 是像素面积，对于半立方体所有像素基本相同。

F_{pixel} 表达式中的余弦项和 r 项取决于半立方体上像素所在的面以及像素的坐标。对于像素坐标为 $(x,\ y,\ 1)$ 的顶面，$F_{\text{pixel}} = \dfrac{1}{\pi(x^2 + y^2 + 1)}\Delta A$。对于侧面，像素坐标是 $(\pm 1, y, z)$，$F_{\text{pixel}} = \dfrac{z}{\pi(1 + y^2 + z^2)^2}\Delta A$。对于像素坐标为 $(x, \pm 1, z)$ 前面和背面，$\Delta F_{\text{pixcel}} = \dfrac{z}{\pi(x^2 + 1 + z^2)^2}\Delta A$ 。在基于收集的计算中，只有辐射度 B_j 是投射依赖的。方程的其余部分可以被预先计算，在最后收集时进行相乘计算。在基于光子跟踪的方法中，最终收集方法可以调整以生成无噪声绘制。与辐射度方法不同，基于光子跟踪的方法不计算平衡辐射度，而是在撞击点存储光子信息。因此，必须每次在通过半立方体像素的可视曲面点上计算辐射度。

附录 A NVMC 类

在 2.5.1 节介绍了构建服务器框架的方法，并且给出了访问场景元素的若干实例。下面，将给出服务器框架更为详细的描述供读者参考。

A.1 场景元素

```
NVMC.Race.prototype = { ...
    get bbox             : function ...
    get track            : function ...
    get tunnels          : function ...
    get arealigths       : function ...
    get lamps            : function ...
    get trees            : function ...
    get buildings        : function ...
    get weather          : function ...
    get startPosition    : function ...
    get observerPosition : function ...
    get photoPosition    : function ...
};
```

Race 类包含场景中的所有元素，除了参赛者(赛车)。场景元素包括：场景边界盒、赛道、隧道、树木、建筑物、面光源、路灯和天气。当然，还可以包含更多的场景元素(如人、旗帜等)，但是我们的目的并不是开发一个电子游戏，而是学习计算机图形学，因此我们仅仅创建涉及所介绍技术的重要元素。

边界盒

```
race.bbox = [];
```

bbox 是长度为 6 的浮点型数组，用于存储场景边界盒的最小和最大角点[minx,miny,minz, maxx,maxy,maxz]。数组 bbox 确保场景中的每个元素都位于边界盒内部。

赛道

```
race.track = new Track()
Track.prototype = {...
    get leftSideAt   : function ...
    get rightSideAt  : function ...
    get pointsCount  : function ...
};
```

赛道包含两个三维点的数组 race.track.leftSideAt 和 race.track.rightSideAt，分别表示左右边界。点的坐标顺序为 $x_0, y_0, z_0, x_1, y_1, z_1, \cdots, x_{n-1}, y_{n-1}, z_{n-1}$，其中 n 为变量 race.track.pointsCount 的值。

隧道

```
race.tunnels = [];
Tunnel.prototype = {...
    get leftSideAt   : function ...
    get rightSideAt  : function ...
    get pointsCount  : function ...
    get height       : function ...
};
```

隧道的表示与赛道类似，但是增加了一个成员表示隧道的高度。

建筑物

```
race.buildings =  [];
Building.prototype = {...
    get positionAt :  function ...
    get pointsCount :  function ...
    get heightAt   :  function ...
};
```

建筑物通过一个多边形表示其几何外观，多边形由 *xz* 平面上的逆时针顺序的 3D 点集表示，每个点还包含一个高度值。

树木

```
race.trees =  [];
Tree.prototype = {...
    get position   :  function ...
    get height     :  function ...
};
```

树木由地面位置和高度表示。

路灯

```
race.lamps =  [];
Lamp.prototype = {...
    get position   :  function ...
    get height     :  function ...
};
```

路灯和树木类似，由位置和高度表示。

面光源

```
race.arealights   = []
AreaLight.prototype   = {...
    get frame      :  function ...
    get size       :  function ...
    get color      :  function ...
};
```

面光源来自于一个矩形表面。矩形位于坐标系的 *xz* 平面，以原点为中心，利用 frame（4×4 矩阵）设置，大小由 size[0]和 size[1]确定。面光源的颜色由 color（3 值数组）设置。

天气

```
race.weather = new Weather();
Weather.prototype = {...
  get sunLightDirection   :  function ...
  get cloudDensity        :  function ...
  get rainStrength        :  function ...
};
```

天气由 sunLightDirection（3 值数组）描述，the cloudDensity 是实数，取值区间为 0（晴朗的天空）到 1（多云的天空），rainStrength 的取值区间也是从 0（无雨）到 1（暴风雨）。注意，在“客户端升级”中，仅仅使用了太阳光光线方向。天气的其他属性作为提示供读者进行练习。云可以利用 impostors 技术进行绘制，与 10.4 介绍的利用粒子系统绘制树木和雨水类似。

初始位置

Race 对象的最后三个成员用于初始化：赛车起点位置(startPosition)，照相机位置(photoPosition)以及观察相机初始位置(observerPosition)。

A.2 玩家

一个玩家对应于一辆赛车。赛车具有 PhysicsStaticState 和 PhysicsDynamicState 两种状态。PhysicsStaticState 是赛车静态特征集合，全部是 3 值数组。mass 表示赛车的质量，forwardForce(backwardForce)表示向前或向后加速时施加于赛车的力的幅度，brakingFriction 是刹车时赛车前进的摩擦系数。这些值都具有默认值，确保赛车的动作行为与实际的竞赛车辆一致。但是，通过改变这些值可以获得不同的赛车状态。

```
PhysicsStaticState.prototype = {
    get mass               :  function ...
    get forwardForce       :  function ...
    get backwardForce      :  function ...
    get brakingFriction    :  function ...
    get linearFriction     :  function ...
};
```

PhysicsDynamicState 是赛车瞬态特性描述集合。Frame (4×4 矩阵)是赛车的参考坐标系，用于描述赛车的位置和方向。position 和 orientation 是获取赛车位置(坐标系第 4 列)和方向(坐标系第 3 列)的哈希函数。linearVelocity，angularVelocity 和 linearAcceleration 是描述赛车当前速度和加速度的 3 值数组。

```
PhysicsDynamicState.prototype = {
    get position           :  function ...
    get orientation        :  function ...
    get frame              :  function ...
    get linearVelocity     :  function ...
    get angularVelocity    :  function ...
    get linearAcceleration :  function ...
};
```

附录 B　向量积的特性

下面将介绍向量积的基本特性及其几何解释。

B.1　点积

点积也称为两个向量的内积，可以定义为如下符号形式：

$$\boldsymbol{a}\cdot\boldsymbol{b}=\sum_{i=1}^{n}a_1b_1+\cdots+a_nb_n \tag{B.1}$$

这个公式是单纯的代数定义，将向量表示为数字的序列。如果采用几何方式表述，向量将由模和方向表示，因此上式可以写为

$$\boldsymbol{a}\cdot\boldsymbol{b}=\|\boldsymbol{a}\|\|\boldsymbol{b}\|\cos\theta \tag{B.2}$$

其中，θ是两个向量形成的夹角。式(B.2)给出了向量的一些重要特征。

首先，当且仅当两个非零向量正交时，其点积为 0。这很容易证明：由于向量长度非零，能够使得点积为 0 的唯一条件是余弦项为 0，也就是 $\theta=\pm\pi/2$。这个概念同时告诉我们如何获得与特定向量正交的非零向量，如图 B.1(a)所示。

$$\begin{aligned}&[\cdots,a_i,\cdots,a_j,\cdots]\cdot[0,\cdots,0,a_j,0,\cdots,0,-a_i,0,\cdots]\\&=a_ia_j-a_ja_i=0\end{aligned}$$

在 5.1.2.2 节使用了这个式子来定义边界公式。

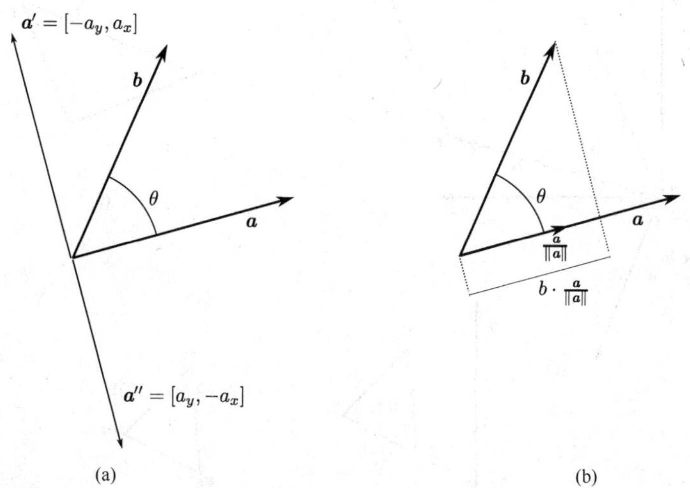

图 B.1　点积。(a)通过交换 $\boldsymbol{a}$ 的坐标，然后将其中一个坐标分量取反而构建 a' 和 a''；(b)向量 $\boldsymbol{b}$ 在向量 $\boldsymbol{a}$ 上的投影长度

如果将两个向量的长度固定，当向量平行时其点积值最大，并且与长度的标量积相等。这是因为向量长度的计算方式如下：

$$\|\boldsymbol{a}\|=\sqrt{\boldsymbol{a}\cdot\boldsymbol{a}}$$

给定两个向量 $\boldsymbol{a}$ 和 $\boldsymbol{b}$，利用点积可以获取 $\boldsymbol{b}$ 在 $\boldsymbol{a}$ 上的投影的长度

$$l = \boldsymbol{b} \cdot \frac{\boldsymbol{a}}{\|\boldsymbol{a}\|}$$

如图 B.1(b)所示。

点积满足以下特性：

交换律：$\boldsymbol{a} \cdot \boldsymbol{b} = \boldsymbol{b} \cdot \boldsymbol{a}$

分配律：$\boldsymbol{a} \cdot (\boldsymbol{b} + \boldsymbol{c}) = \boldsymbol{a} \cdot \boldsymbol{b} + \boldsymbol{a} \cdot \boldsymbol{c}$

标量乘法：$(s_1\boldsymbol{a}) \cdot (s_2\boldsymbol{b}) + s_1 s_2(\boldsymbol{a} \cdot \boldsymbol{b})$

但是不满足结合律：$(\boldsymbol{a} \cdot \boldsymbol{b}) \cdot \boldsymbol{c} \neq \boldsymbol{a} \cdot (\boldsymbol{b} \cdot \boldsymbol{c})$

B.2 向量积

向量 $\boldsymbol{a}$ 和向量 $\boldsymbol{b}$ 的向量积(叉积)是与向量 $\boldsymbol{a}$ 和向量 $\boldsymbol{b}$ 正交的向量，其模值为 $\boldsymbol{p}$，$\boldsymbol{p}+\boldsymbol{a}$，$\boldsymbol{p}+\boldsymbol{a}+\boldsymbol{b}$ 和 $\boldsymbol{p}+\boldsymbol{b}$ 构成的平行四边形的面积，如图 B.2 所示。

向量积一般的计算方法如下所示：

$$\begin{aligned}
\boldsymbol{a} \times \boldsymbol{b} &= \begin{vmatrix} i & j & k \\ a_x & a_y & a_z \\ b_x & b_y & b_z \end{vmatrix} \\
&= i \begin{vmatrix} a_y & a_z \\ b_y & b_z \end{vmatrix} + j \begin{vmatrix} a_x & a_z \\ b_x & b_z \end{vmatrix} + k \begin{vmatrix} a_x & a_y \\ b_x & b_y \end{vmatrix} \\
&= i(a_y b_z - b_y a_z) + j(a_x b_z - b_x a_z) + k(a_x b_y - b_x a_y)
\end{aligned}$$

其中，i，j 和 k 分别为定义向量的坐标系的三个坐标轴。

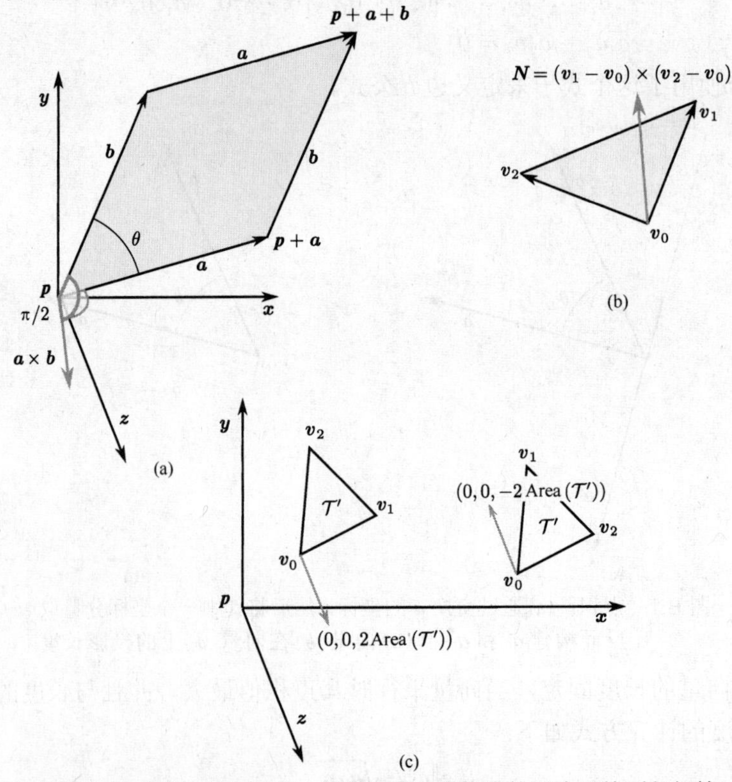

图 B.2 向量积。(a)两个向量的叉积，模与两个向量构成的四边形的面积相等；(b)利用向量计算三角形的法线；(c)利用叉积确定 xy 平面上三个点的方向

与点积相似，叉积也具有相应的几何解释：

$$\|a \times b\| = \|a\|\|b\| \sin\theta \tag{B.3}$$

如果固定两个向量的长度，当向量正交时其叉积值最大，并且与长度的标量积相等。

当且仅当两个非零长度的向量共线时，其叉积为 0。这个结论很容易证明：由于向量长度非零，能够使得叉积为 0 的唯一条件是正弦项为 0，也就是 $\theta = \pi \pm \pi$。

叉积通常用于确定三角形表面的法线。给定一个三角形 $\mathcal{T} = (v_0, v_1, v_2)$，可以定义

$$\boldsymbol{a} = \boldsymbol{v}_1 - \boldsymbol{v}_0$$
$$\boldsymbol{b} = \boldsymbol{v}_2 - \boldsymbol{v}_0$$

因此

$$\boldsymbol{N} = \boldsymbol{a} \times \boldsymbol{b}$$

注意，由于 $\|\boldsymbol{N}\| = 2\text{Area}(\mathcal{T})$，所以法线的模相当于三角形面积的 2 倍(在 5.1.3 节中使用了这一性质来表示质心坐标)。

叉积最常用的性质是其反对称性

$$\boldsymbol{a} \times \boldsymbol{b} = -\boldsymbol{b} \times \boldsymbol{a}$$

如果计算位于 xy 平面的三角形 t' 的法线，我们将得到向量 $\boldsymbol{N}' = (0, 0, \pm 2\text{Area}(\mathcal{T}'))$。$z$ 分量的符号取决于叉积的顺序。如果始终以相同的方式计算叉积，即 $(\boldsymbol{v}_1 - \boldsymbol{v}_0) \times (\boldsymbol{v}_2 - \boldsymbol{v}_0)$，那么符号取决于向量是采用逆时针还是顺时针方向确定的。如果采用逆时针方向，那么 z 分量为正，如果采用顺时针方向 z 分量为负。在 5.5.1 节我们利用了这一特性区分三角形的正面和反面。

参考文献

[1] Tomas Akenine-Möller, Eric Haines, and Natty Hoffman. *Real-Time Rendering*, 3rd edition. AK Peters, Ltd., Natick, MA, USA, 2008.

[2] B. G. Baumgart. A polyhedron representation for computer vision. In *Proc. AFIPS National Computer Conference*, volume 44, pages 589–176, 1975.

[3] Louis Bavoil, Miguel Sainz, and Rouslan Dimitrov. Image-space horizon-based ambient occlusion. In *ACM SIGGRAPH 2008 talks*, SIGGRAPH '08, pages 22:1–22:1, New York, NY, USA, 2008. ACM.

[4] James F. Blinn. Models of light reflection for computer synthesized pictures. In *Proceedings of the 4th annual conference on computer graphics and interactive techniques*, SIGGRAPH '77, pages 192–198, New York, NY, USA, 1977. ACM.

[5] R. L. Cook and K. E. Torrance. A reflectance model for computer graphics. *ACM Trans. Graph.*, 1:7–24, January 1982.

[6] Xavier Décoret, Frédo Durand, François X. Sillion, and Julie Dorsey. Billboard clouds for extreme model simplification. In *ACM SIGGRAPH 2003 Papers*, SIGGRAPH '03, pages 689–696, New York, NY, USA, 2003. ACM.

[7] Rouslan Dimitrov, Louis Bavoil, and Miguel Sainz. Horizon-split ambient occlusion. In *Proceedings of the 2008 symposium on interactive 3D graphics and games*, I3D '08, pages 5:1–5:1, New York, NY, USA, 2008. ACM.

[8] Nyra Din, David Levin, and John A. Gregory. A 4-point interpolatory subdivision scheme for curve design. *Computer Aided Geometric Design*, 4(4):257–268, 1987.

[9] Philip Dutre, Kavita Bala, Philippe Bekaert, and Peter Shirley. *Advanced Global Illumination.* AK Peters Ltd, Natick, MA, USA, 2006.

[10] N. Dyn, D. Levin, and J. A. Gregory. A butterfly subdivision scheme for surface interpolation with tension control. *ACM Transaction on Graphics*, 9(2):160–169, 1990.

[11] Gerald Farin. *Curves and Surfaces for CAGD. A Practical Guide*, 5th edition, AK Peters, Ltd, Natick, MA, USA, 2001.

[12] Michael S. Floater and Kai Hormann. Surface parameterization: a tutorial and survey. In Neil A. Dodgson, Michael S. Floater, and Malcolm A. Sabin, editors, *Advances in Multiresolution for Geometric Modelling*, Mathematics and Visualization, pages 157–186. Springer, Berlin Heidelberg, 2005.

[13] Leonidas Guibas and Jorge Stolfi. Primitives for the manipulation of gen-

eral subdivisions and the computation of voronoi. *ACM Trans. Graph.*, 4(2):74–123, 1985.

[14] INRIA Alice: Geometry and Light. Graphite. `alice.loria.fr/software/graphite`.

[15] Henrik Wann Jensen. *Realistic image synthesis using photon mapping.* A. K. Peters, Ltd., Natick, MA, USA, 2001.

[16] Lutz Kettner. Using generic programming for designing a data structure for polyhedral surfaces. *Comput. Geom. Theory Appl*, 13:65–90, 1999.

[17] Khoronos Group. OpenGL—The Industry's Foundation for High Performance Graphics. `https://www.khronos.org/opengl`, 2013. [Accessed July 2013].

[18] Khronos Group. WebGL—OpenGL ES 2.0 for the Web. `http://www.khronos.org/webgl`. [Accessed July 2013].

[19] Khronos Group. Khronos Group—Connecting Software to Silicon. `http://http://www.khronos.org`, 2013. [Accessed July 2013].

[20] Leif P. Kobbelt, Mario Botsch, Ulrich Schwanecke, and Hans-Peter Seidel. Feature sensitive surface extraction from volume data. In *Proceedings of the 28th annual conference on computer graphics and interactive techniques*, pages 57–66. ACM Press, 2001.

[21] M. S. Langer and H. H. Bülthoff. Depth discrimination from shading under diffuse lighting. *Perception*, 29:49–660, 2000.

[22] M. Langford. *Advanced Photography: A Grammar of Techniques.* Focal Press, 1974.

[23] J. Lengyel. The convergence of graphics and vision. *IEEE Computer*, 31(7):46–53, 1998.

[24] Duoduo Liao. *GPU-Based Real-Time Solid Voxelization for Volume Graphics.* VDM Verlag, 2009.

[25] Charles Loop. Smooth subdivision surfaces based on triangles. Master's thesis, University of Utah, Department of Mathematics, 1987.

[26] William E. Lorensen and Harvey E. Cline. Marching cubes: A high resolution 3D surface construction algorithm. In *Proceedings of the 14th annual conference on computer graphics and interactive techniques*, pages 163–169. ACM Press, 1987.

[27] Paulo W. C. Maciel and Peter Shirley. Visual navigation of large environments using textured clusters. In *1995 Symposium on Interactive 3D Graphics*, pages 95–102, 1995.

[28] Martti Mäntylä. *An introduction to solid modeling.* Computer Science Press, Inc., New York, NY, USA, 1987.

[29] Jai Menon, Brian Wyvill, Chandrajit Bajaj, Jules Bloomenthal, Baining Guo, John Hart, and Geoff Wyvill. Implicit surfaces for geometric modeling and computer graphics, 1996.

[30] M. Minnaert. The reciprocity principle in lunar photometry. *Journal of Astrophysics*, 93:403–410, 1941.

[31] D. Muller and F. P. Preparata. Finding the intersection of two convex polyhedra. Technical report, University of Illinois at Urbana-Champaign, 1977.

[32] Michael Oren and Shree K. Nayar. Generalization of Lambert's reflectance model. In *Proceedings of the 21st annual conference on computer graphics and interactive techniques*, SIGGRAPH '94, pages 239–246, New York, NY, USA, 1994. ACM.

[33] Jingliang Peng, Chang-Su Kim, and C. C. Jay Kuo. Technologies for 3d mesh compression: A survey. *J. Vis. Comun. Image Represent.*, 16(6):688–733, December 2005.

[34] Matt Pharr and Greg Humphreys. *Physically Based Rendering: From Theory to Implementation*, 2nd edition, Morgan Kaufmann Publishers Inc., San Francisco, CA, USA, 2010.

[35] Bui Tuong Phong. Illumination for computer generated pictures. *Commun. ACM*, 18:311–317, June 1975.

[36] R. Rashed. A pioneer in anaclastics: Ibn Sahl on burning mirrors and lenses. *Isis*, 81:464–171, 1990.

[37] Erik Reinhard, Erum Arif Khan, Ahmet Oguz Akyüz, and Garrett M. Johnson. *Color Imaging: Fundamentals and Applications*. AK Peters, Ltd., Natick, MA, USA, 2008.

[38] Alla Sheffer, Bruno Lvy, Maxim Mogilnitsky, and Alexander Bogom Yakov. Abf++: Fast and robust angle based flattening. *ACM Transactions on Graphics*, 2005.

[39] Marco Tarini. *Improving technology for the acquisition and interactive rendering of real world objects.* Universitá degli Studi di Pisa, Pisa, Italy, 2003.

[40] Eric W. Weisstein. Quadratic surface from *MathWorld*–a Wolfram Web resource. `http://mathworld.wolfram.com/QuadraticSurface.html`, 2013. [Accessed July 2013].

[41] Turner Whitted. An improved illumination model for shaded display. *Commun. ACM*, 23(6):343–349, 1980.

[42] Wikipedia. Directx — Wikipedia, the free encyclopedia. `https://en.wikipedia.org/wiki/DirectX`, 2013. [Accessed July 2013].

[43] K. B. Wolf. Geometry and dynamics in refracting systems. *European Journal of Physics*, 16:1417, 1995.

[44] Zoë J. Wood, Peter Schröder, David Breen, and Mathieu Desbrun. Semi-regular mesh extraction from volumes. In *Proceedings of the conference on visualization '00*, pages 275–282, Salt Lake City, UT, USA, 2000. IEEE Computer Society Press.

[45] Magnus Wrenninge. *Production Volume Rendering.* AK Peters/CRC Press, 1st edition, 2012.

[46] D. Zorin. *Subdivision and Multiresolution Surface Representations.* PhD thesis, Caltech, Pasadena, 1997.

[47] D. Zorin, P. Schröder, and W. Sweldens. Interpolating subdivision for meshes arbitrary topology. In *Proceedings of the 23th annual conference on computer graphics and interactive techniques*, pages 189–192, 1996.

[48] Denis Zorin and Peter Schröder. Siggraph 2000 course 23: Subdivision for modeling and animation, 2000.

举报电话：（010）88254396；（010）88258888
传　　真：（010）88254397
E-mail：　dbqq@phei.com.cn
通信地址：北京市海淀区万寿路173信箱
　　　　　电子工业出版社总编办公室
邮　　编：100036